COURS D'HORTICULTURE.

COURS

D'HORTICULTURE

PAR

A. POITEAU.

TOME SECOND.

PRIX, 5 FRANCS.

PARIS,

IMPRIMERIE ET LIBRAIRIE DE Mme Ve BOUCHARD-HUZARD,
RUE DE L'ÉPERON, 5.

1853

(v)

TABLE DES MATIÈRES

(VII)

FIN DE LA TABLE DU DEUXIÈME ET DERNIER VOLUME.

COURS

D'HORTICULTURE.

VINGT-CINQUIÈME LEÇON.

Messieurs, nous ne nous sommes occupés jusqu'ici qu'à acquérir des notions générales sur les diverses sciences qui peuvent éclairer l'horticulture, qui sont de nature à épurer, à agrandir et multiplier nos idées sur l'acte de la végétation et sur les moyens de la favoriser. Maintenant nous allons entrer dans la pratique de notre art, et tâcherons d'y apporter les perfectionnements dont nous sommes capables, en faisant usage des connaissances préliminaires que je vous ai développées dans les leçons précédentes.

Jusqu'alors nous avons suivi une marche graduée et méthodique dans les sciences dont nous avons tiré des lumières, parce que, sans méthode, il n'y a pas de progrès possibles, et nous devons tâcher de continuer d'agir méthodiquement dans les opérations de notre pratique; mais ici il se présente une difficulté que nous n'avions pas encore rencontrée. Devant parcourir toutes les branches de l'horticulture, et chacune d'elles ayant des ramifications à l'infini qui se croisent et s'enlacent dans les ramifications des autres branches, nous sommes obligés d'établir d'avance quelques divisions afin de nous occuper de chacune d'elles successivement.

Peut-être seriez-vous tentés de mettre la culture des plantes étrangères en première ligne, parce que c'est celle qui sourit le plus à votre jeunesse, à cause qu'elle est entourée d'un certain prestige ou d'un vernis de science qui vous séduit, et parce qu'il y a plusieurs personnes dont la position permet de préférer l'agréable à l'utile; mais, en y réfléchissant, vous sentirez aisément que ce n'est pas ainsi que nous devons procéder ; c'est par leur importance que nous devons classer les plantes qui sont du domaine de l'horticulture. D'après cette considération, nous plaçons les arbres fruitiers en première ligne, parce que certainement leurs fruits ont été la nourriture **des premiers** hommes, et qu'ils sont toujours une source assurée de prospérité pour plusieurs pays; viendront ensuite les plantes potagères, dont l'utilité n'est pas moins grande, et enfin les plantes d'agrément : en cela nous suivrons le précepte du poëte, *utile dulci*. Cette distribution doit nous fournir trois grandes classes assez naturelles, puisqu'il y a des jardins où l'on ne pratique que l'une d'elles.

Avant d'aller plus loin, je réclame votre attention sur un point important à l'honneur de votre profession, et de nature à diriger et rectifier votre jugement.

Votre jeune âge, messieurs, m'autorise à penser que jusqu'ici vous avez cru de confiance à l'opinion généralement répandue que l'horticulture n'est qu'une petite branche, qu'un diminutif de l'agriculture, et qu'elle ne doit marcher que bien loin derrière elle. Cette opinion irréfléchie est injuste, messieurs; soutenez hardiment que l'horticulture est la mère, l'origine de l'agriculture, qu'elle est un art, une science très-étendue dont l'agriculteur ne se doute pas ; soutenez que l'horticulteur habile deviendra agriculteur quand il le voudra, tandis que l'agriculteur, si habile soit-il, ne pourra devenir horticulteur qu'après avoir fait de longues études spéciales; soutenez dès aujourd'hui la supériorité scientifique de l'horticulture sur l'agriculture; plus tard, vous la soutiendrez par l'étendue et la variété de vos connaissances. Pour vous mettre sur la voie, je vais vous rapporter une partie de ce que j'écrivais en 1807, en tête du *Traité des arbres fruitiers*, que j'ai publié conjointement avec feu mon ami Turpin.

Notions générales et historiques sur les arbres fruitiers.

Des considérations sur la structure, la force et les usages de nos organes, des réflexions sur la marche et la lenteur des progrès de l'esprit humain ont, depuis longtemps, porté les philosophes et les naturalistes à penser que les premiers hommes n'ont pu se nourrir que de fruits simples qui leur étaient offerts par la bonne nature, et que leur première étude fut la multiplication et l'amélioration de ceux de ces fruits auxquels leur goût donna la préférence.

Cette opinion reçue de tout le monde, et à laquelle on ne peut rien opposer, place la culture des arbres fruitiers non-seulement à la tête de toutes les cultures, mais encore au delà de toutes les inventions humaines. Cette culture a dû être, il est vrai, peu de chose pendant bien des siècles, et probablement le berceau du genre humain était sous une zone échauffée où la nature prodiguait ses trésors encore mieux qu'elle ne le fait aujourd'hui aux heureux habitants des tropiques.

Soit donc que la terre se soit refroidie dans les parties les moins exposées à l'influence du soleil, soit qu'une population trop nombreuse ait obligé les hommes à refluer de l'équateur vers les pôles, il est toujours certain que ce furent les habitants des climats privés d'une chaleur suffisante qui, les premiers, tentèrent d'améliorer les fruits médiocres ou mauvais que leur sol produisait, et d'y en introduire d'autres déjà améliorés ou naturellement bons. Eh! pourquoi, en effet, les peuples voisins des tropiques se seraient-ils tourmentés pour obtenir de la terre une nourriture qu'elle leur prodiguait d'elle-même? Ne leur offrait-elle pas avec profusion les Bananes, les Goyaves, les Sapotilles, les Anones, les Caïmites, les fruits des Palmiers, ceux de l'arbre à pain, et plusieurs autres qui ont suffi et suffiront encore longtemps à nourrir les habitants de ces lieux fortunés? Mais il n'en fut pas de même pour les hommes qui se trouvèrent dans un climat froid ou tempéré; la terre ne leur accordait rien qu'à force de travaux, et, chaque fois qu'ils faisaient une invasion dans ses vastes domaines, elle semblait la leur reprocher en marâtre, comme si elle n'eût pas été leur patrie.

Fatigué des rigueurs de la nature, ce fut alors que l'homme des climats tempérés commença à développer son caractère au juste et à se distinguer de la brute, contre laquelle il avait jusqu'ici disputé sa proie; son génie prit l'essor, ses conceptions s'agrandirent, ses idées se multiplièrent et il les combina; les phénomènes qu'il n'avait pas encore observés le frappèrent; il tira des conséquences des uns, devina les autres et tâcha de les imiter. Bientôt, maître des secrets de la nature, il força le Poirier à déposer ses épines, à changer la substance dure et âcre de ses fruits en une chair suave et succulente; il donna la douceur du miel à l'acide mordant du Raisin et à l'aigreur rebutante de la Cerise; les Amandes perdirent leur amertume; les Pêches sèches et revêches se métamorphosèrent en un fruit délicieux qui fait le charme de la vue, du goût et de l'odorat; enfin l'homme imprima le sceau de sa puissance sur tous les êtres qui l'entouraient, non-seulement en les faisant servir à ses besoins ou à ses plaisirs, mais encore en modifiant leurs formes, leurs mœurs et leurs caractères naturels.

Toutes ces merveilles n'ont pu s'opérer que dans un climat tempéré , c'est-à-dire pas assez chaud pour que la nature y produisît d'elle-même ce qui est nécessaire à la nourriture de l'homme, ni assez froid pour l'avoir empêché de développer toutes ses facultés physiques et intellectuelles.

En effet, l'habitant des tropiques, soumis aux seuls besoins impérieux de la nature, vivre et se reproduire, n'a jamais sollicité les secours du génie ni d'un raisonnement bien étendu pour y satisfaire; aussi végète-t-il encore aujourd'hui dans un état peu élevé, parce qu'il manque du stimulant nécessaire au développement de son intelligence. D'un autre côté , l'habitant des zones glaciales, rebut de la nature, eut bien, à la vérité, le sentiment de ses nombreux besoins, mais l'âpreté de son climat s'opposa constamment à un entier développement de ses organes; or, avec des organes imparfaits, il ne peut jamais penser et agir qu'imparfaitement.

L'habitant des zones tempérées, aussi bien organisé que celui des tropiques, renfermait en lui-même le germe du génie et de toutes les facultés intellectuelles; mais la terre ne lui offrait que des glands , des fruits sauvages et des épines. Cependant, obligé de vivre, il lui fallut diriger continuellement son imagination vers les objets qui pouvaient assouvir sa faim, et travailler de ses mains pour exécuter ce que la combinaison de ses idées lui suggérait : ces diverses opérations agrandirent sa mémoire, ses expériences heureuses ou infructueuses s'y gravèrent, et il en profita pour mieux faire. Il apprit à donner la préférence à certains fruits; il les soigna exclusivement et eut le plaisir de les voir s'améliorer par ses soins. Cette découverte éclaira son esprit de plusieurs siècles et lui donna la première idée des facultés de son être, en lui révélant que lui seul pouvait rivaliser la nature.

A force de travaux et d'industrie, l'homme est enfin parvenu à donner naissance à des fruits admirables par leur volume, leur couleur et leur saveur ; mais, jalouse de ses succès, la nature a constamment refusé à ces mêmes fruits la puissance de se reproduire par la voie de la régénération, puissance dont jouissent avec plénitude les fruits dont elle seule est la mère.

Tant que la culture resta dans l'enfance, les bons fruits qu'elle obtenait n'existaient qu'autant de temps que l'arbre qui les portait , après quoi ils disparaissaient pour toujours; car, quoique l'origine de l'art des marcottes, des boutures et de la greffe se perde dans la plus haute antiquité, il est certain qu'on a longtemps cultivé avant d'avoir pu faire prendre racine à une branche d'arbre fruitier, et encore plus longtemps avant d'avoir su imiter la nature dans l'opération de la greffe par approche, qui est la seule espèce de greffe dont elle nous donne l'exemple. Mais il est certain aussi qu'il fut un temps très-reculé où quelque partie de culture ou de physique végétale avait été portée à un point de perfection qu'on ne connaissait déjà plus au temps d'Hésiode, il y a bientôt trois mille ans : j'entends parler du temps où l'on inventa la greffe en écusson. Cette greffe n'est pas une imitation de la nature, c'est un acte de raisonnement ; or celui qui a su raisonner au point d'attendre d'une greffe en écusson le même résultat que d'une greffe en approche savait au moins autant de physiologie que nous en savons et qu'on en a su pendant les trente derniers siècles qui nous ont précédés.

Au reste, il n'y a rien d'étonnant que, dans des siècles très-reculés, la culture des arbres fruitiers et des plantes céréales ait été portée, en partie, à un très-haut point de perfection ; outre qu'elle a, de tout temps, été la source du véritable bien et le moyen le plus légitime de s'enrichir, elle procure encore un exercice utile et des jouissances variées à l'infini, qui, bien loin d'empoisonner la vie comme tant d'autres, ne font qu'en embellir le cours et les loisirs.

Même après que l'esprit de l'homme eut dirigé ses goûts vers des biens d'une autre nature, les rois sages, les princes éclairés, toujours convaincus du prix de l'agriculture, ne cessèrent d'y encourager les peuples et de les porter à la pratique de cet art, dont ils n'avaient pas dédaigné de leur tracer eux-mêmes les préceptes et les lois. Ne vit-on pas chez les Romains les plus grands hommes être à la fois cultivateurs et guerriers ? C'était à la charrue, au milieu des champs, qu'on allait les chercher pour les mettre à la tête des armées, les élever au consulat, à la dictature ; et, quand ces demi-dieux avaient sauvé la patrie ou vaincu ses ennemis, ils abdiquaient leurs dignités, déposaient les faisceaux pour reprendre leurs instruments aratoires.

Cependant l'esprit faux et superbe des cités faisait déjà regarder l'agriculture comme une occupation vile et indigne d'un homme de mérite ; il tendait à faire oublier qu'elle est un des arts les plus difficiles, qui embrasse le plus de parties, et surtout qu'elle est la première colonne des Etats policés : c'est à ce faux esprit qu'est sûrement dû le mépris mutuel qui existe entre l'inconséquent citadin et le bon villageois. Au reste, quoi qu'il en soit de ce dédain réciproque, les personnes sensées honorent toujours l'agriculture comme la plus utile, la plus indispensable des professions, et les cultivateurs comme la classe la plus essentielle des empires.

Comme toutes les connaissances humaines, l'agriculture a gagné ou, le plus souvent, a perdu aux révolutions des Etats. Selon les circonstances, telle partie de culture a été proscrite et telle autre encouragée. C'est ainsi, par exemple, que, dans les années désastreuses de la révolution de 1789, il fut, sinon plus utile, du moins plus sûr, pour la tranquillité du cultivateur, de couvrir son sol de Pommes de terre que de l'enrichir de nouvelles plantes étrangères ; c'est ainsi que presque tous les pépiniéristes de Vitry furent obligés de détruire leurs pépinières pour se livrer à une autre industrie. Presque tous les jardins d'agrément ont été également détruits, et plusieurs bons fruits ont disparu pour toujours, parce qu'on a cessé de les greffer pendant le désordre auquel la France était en proie.

Il est probable que ce sont des révolutions plus ou moins semblables qui ont donné lieu à Pline de se plaindre que, de son temps, on ne connaissait plus les fruits décrits par les anciens auteurs, et qu'on avait oublié même jusqu'à leur nom. Toutefois il est permis de croire aussi que plusieurs de ces fruits avaient disparu, et qu'on ne reconnaissait plus les autres parce qu'ils n'avaient pas été décrits méthodiquement : c'est, en effet, le défaut de méthode dans les descriptions des anciens qui fait que nous ne reconnaissons avec certitude presque aucune des plantes qu'ils ont décrites.

Il en est de même de la plupart des opérations agricoles et horticoles décrites par les anciens ; nous entendons parfaitement leurs théories, mais rarement pourrions-nous mettre leurs préceptes en pratique, si nous n'avions déjà vu opérer, ou si nous n'en eussions pas nous-mêmes acquis une certaine habitude. Caton, Varron, Columelle, Virgile et son élégant traducteur l'abbé Delille ont décrit la greffe en écusson ; cependant je défie qui que ce soit de faire cette greffe heureusement, s'il n'est guidé que par les auteurs que je viens de citer.

Quand les hommes eurent reconnu que les graines céréales contenaient une plus grande quantité de parties nutritives que les fruits des arbres, ils en couvrirent les plaines et en firent la base de leur nourriture. Alors on vit se rétablir entre l'homme et les arbres fruitiers qui avaient déposé leurs épines quand il avait déposé sa rudesse, et qui, nécessairement liés à son sort, avaient pris une forme d'autant plus agréable et faisaient couler dans leurs fruits des sucs d'autant plus doux que l'homme avançait à plus grands pas vers la civilisation ; alors, dis-je, on vit se rétablir l'ancien rapport qui exista d'abord entre eux et lui : ils embellirent plus particulièrement sa demeure, charmèrent ses loisirs, lui offrirent la fraîcheur de leur ombre protectrice, flattèrent son œil de leur tendre verdure sans jamais le fatiguer, embaumèrent et purifièrent à l'envi l'air qu'il respirait, et lui payèrent, chaque automne, un riche tribut de reconnaissance pour les soins qu'ils en avaient reçus dans leur enfance.

Telle est, sans doute, l'origine des jardins, d'où jaillit une nouvelle source de brillantes découvertes, de théories savantes, d'expériences heureuses dont la culture des champs éprouva aussi les admirables effets. Bientôt le charme naturel qui nous fait aimer les arbres, les innombrables jouissances qu'ils nous procurent, et les délicieuses sensations qu'ils font naître, élevèrent les jardins à un très-haut degré de perfection ; ils devinrent le centre de toutes les voluptés, le signe de l'opulence et de la magnificence de leur maître. Le jardin des Hespérides, ceux de Sémiramis excitaient l'admiration de l'antiquité. Dioclétien préféra à l'empire du monde ceux qu'il avait établis à Salone ; Epicure créa les premiers dans Athènes et enseigna, dit Pline, l'art de jouir de la campagne au milieu des villes.

Je ne m'occuperai pas de vous exposer l'histoire, le caractère et la variété d'expression des jardins anciens et modernes, et les règles qui président à leurs compositions, dans lesquelles l'art est d'autant plus parfait qu'il se rapproche davantage de la nature ; c'est une tâche savante que le directeur de cet institut s'était réservée et qu'il n'a pas eu le temps de traiter. Je vais donc, conformément au plan que je me suis tracé, me resserrer dans ce qui est relatif aux arbres fruitiers.

Celui des auteurs au delà duquel il serait inutile de remonter, pour trouver les premiers bons principes sur la conduite des arbres fruitiers, est le célèbre la Quintinie, créateur du potager de Versailles. Cet auteur occupe, à juste titre, une place distinguée parmi les grands hommes qui ont rendu le siècle de Louis XIV à jamais mémorable ; c'est lui qui a érigé l'horticulture en véritable science, qui, le premier, dans les temps modernes, en a fait voir l'importance et l'étendue, qui en a rassemblé et subordonné toutes les parties, qui en a posé les préceptes et les lois. C'est surtout par l'éducation et la taille des arbres fruitiers que la Quintinie s'est fait une réputation européenne ; il a basé la taille des arbres sur des principes que son autorité a fait adopter par tout le monde, excepté par les habitants de Montreuil, qui traitaient déjà leurs Pêchers presque aussi bien qu'ils les traitent aujourd'hui d'après des principes qu'ils avaient reçus de Girardot, chevalier de Saint-Louis, qui, après avoir dissipé sa fortune au service du roi, s'était retiré dans un petit fief de 10 arpents qui lui restait à Bagnolet, où il gagna une autre fortune en cultivant et en vendant des Pêches. On rapporte que, la ville de Paris donnant une fête dans la saison des Pêches, Girardot lui en vendit trois mille à raison de 5 francs la pièce.

La Quintinie était certainement un homme supérieur pour son siècle. Son ouvrage, imprimé en 1680, contient d'excellentes choses; mais, depuis cette époque, les sciences ont fait des progrès, et on a reconnu que la *taille des arbres*, la *physique*, la *physiologie* de cet auteur n'étaient pas sans défaut, et que les principes suivis par Girardot, quoique susceptibles de perfectionnement, étaient préférables à ceux de la Quintinie.

Après la Quintinie, peu de cultivateurs se sont fait une juste réputation jusqu'au temps où parut l'immortel Duhamel du Monceau, qui a obtenu, à bon droit, le beau nom de père de l'agriculture; il naquit à Paris en 1700, fut reçu membre de l'Académie royale des sciences à l'âge de vingt-huit ans, et termina sa glorieuse carrière à l'âge de quatre-vingt-deux ans. Aucun citoyen n'a jamais dirigé ses travaux plus constamment vers l'utilité publique, et peu d'écrivains ont été aussi laborieux que cet illustre académicien. Nombrer ses ouvrages, dit Condorcet, c'est présenter le tableau des services qu'il a rendus à l'agriculture, à l'horticulture, aux arts, aux sciences, aux manufactures, à la navigation et à tout ce qui tient au bonheur des hommes. Son *Traité des arbres fruitiers* est un ouvrage fondamental, d'une nécessité absolue pour tous ceux qui désirent connaître les fruits et leur culture, soit qu'ils veuillent en faire un objet de spéculation ou simplement un objet de plaisir.

Mais cet ouvrage étant devenu extrêmement rare, M. Turpin et moi en avons publié, en 1807, une nouvelle édition grand in-folio, et qui contient quatre cent quarante fruits peints par nous-mêmes d'après nature, de grandeur naturelle et imprimés en couleurs. Nous avons tâché de rendre cette publication aussi complète que possible, tant sous le rapport de la science, qui a fait aussi des progrès depuis Duhamel, que sous celui de la perfection des figures, et nous osons croire que notre ouvrage est à la hauteur des connaissances actuelles, sauf les nouveaux fruits qui se découvrent annuellement.

En 1816, M. le comte Lelieur de Ville-sur-Arce, alors administrateur des parcs et jardins de la couronne, a publié la *Pomone française* sans figures, dans laquelle il traite de la Vigne et du Pêcher avec une supériorité remarquable; c'est un ouvrage accessible à votre fortune et dont je vous recommande la lecture. Depuis, le même auteur a donné une nouvelle édition de son travail, en traitant les autres genres d'arbres fruitiers comme il a traité la Vigne et le Pêcher.

Outre l'ouvrage de M. le comte Lelieur, il en a paru quelques autres que je vous conseille de consulter et d'étudier. Le premier est le *Manuel complet du jardinier*, par M. Noisette, 4 vol. in-8°, 1825. Le second est le *Cours de culture et de naturalisation*, par M. Thoüin, 5 volumes de texte et 1 volume de planches. Vous pensez bien que c'est un excellent ouvrage qui peut tenir lieu de plusieurs autres, et qui se trouve chez madame veuve Bouchard-Huzard, rue de l'Eperon, 5, à Paris, 1825. Le troisième est le *Cours théorique et pratique de la taille des arbres fruitiers*, par M. d'Albret, qui se trouve aussi chez madame veuve Bouchard-Huzard. Cet ouvrage, d'un vol. in-8°, et à sa septième édition, est d'un très-habile praticien et d'un bon observateur, qui donne le fruit de sa longue expérience. Le quatrième a été publié en 1841 par M. Malot, de Montreuil, sous le titre, *Abrégé de l'éducation pratique du Pêcher en espalier sous la forme carrée, exécutée pour la première fois à Montreuil de 1822 à 1850, approuvé par la Société centrale d'horticulture de Paris en 1852 et en 1841.*

Enfin je signale en cinquième lieu la *Pratique raisonnée de la taille du Pêcher*, par M. Alexis Lepère, ouvrage recommandable, imprimé à Paris en 1841 et 1846, et qui se trouve également à la librairie de madame veuve Bouchard-Huzard, rue de l'Eperon, 5.

Je dois maintenant vous mettre au courant d'une doctrine encore nouvelle et peu répandue sur le moyen d'obtenir de bons fruits nouveaux par semis.

Vous savez tous, messieurs, que les bons fruits que nous cultivons ne se reproduisent pas de graines; que si vous semiez, par exemple, des pepins de Bon-chrétien, de Beurré, vous n'obtiendriez probablement que de petits fruits, la plupart mauvais, et qu'aucun ne ressemblerait ni au Bon-chrétien ni au Beurré : il est même reconnu que ce sont les graines des meilleurs fruits anciens qui en produisent de plus mauvais. Quand on obtient un nouveau fruit amélioré quelque part, nous disons que c'est par hasard, parce que nous appelons hasard ce qui arrive à notre insu; mais, comme rien n'arrive sans cause, et qu'il est de la nature de l'homme de remonter autant que possible des effets vers leurs causes, M. Van Mons, professeur à l'université de Louvain, a fait des recherches pour trouver la cause qui fait que nous n'obtenons pas ordinairement de bons fruits quand nous faisons des semis dans l'espérance d'en obtenir, et pour trouver celle qui fait que la nature en produit toute seule plus souvent que nous. Au moyen d'expériences

répétées pendant plus de quarante années, M. Van Mons est parvenu à pouvoir assurer que nous n'obtenons pas ordinairement de
bons fruits de nos semis, parce que nous semons des graines de
fruits déjà très-anciennement obtenus, et que, quand la nature
nous en donne de bons, c'est avec des graines de fruits nouvellement obtenus. Ainsi, plus un fruit est anciennement obtenu, plus
les fruits qui proviendront de ses graines se rapprocheront de l'état
sauvage, tandis que les graines de fruits nouveaux en donnent qui
sont, sinon tous bons, du moins tous meilleurs que ceux provenus
d'anciens fruits.

Quoique cette théorie, développée par M. Van Mons, soit regardée comme un paradoxe par quelques cultivateurs de mérite, je
dois vous dire que je la crois bien fondée, et que je crois également
qu'elle finira par être généralement admise; c'est pourquoi je vais
vous indiquer le moyen de la mettre en pratique.

Quand vous voudrez faire un semis dans l'espérance d'en obtenir
quelques bons fruits nouveaux, vous sèmerez de préférence des pepins ou des noyaux de fruits les plus nouvellement obtenus; si, par
exemple, vous semiez actuellement des pepins de Poires, je vous
conseillerais de semer les pepins des plus nouvelles bonnes Poires,
telles que Beurré d'Aremberg, de Flandre, d'Amboise, de Luçon;
Passe-Colmar, Charles d'Autriche, Doyenné d'hiver, Duchesse d'Angoulême. Si vous en trouvez de plus nouvelles également bonnes,
vous leur donnerez la préférence, quand même elles ne seraient
pas de première qualité.

Lorsque le plant de votre semis aura deux ans, vous choisirez les
individus qui ressemblent le plus à nos bonnes espèces de fruits par
leur bois et leurs feuilles, vous les planterez et soignerez jusqu'à ce
qu'ils donnent du fruit. Il est probable que cette première récolte
ne vous donnera aucun bon fruit; cependant vous recueillerez les
plus beaux, les moins mauvais, et en sèmerez les graines de suite.
Le plant que vous en obtiendrez sera traité comme le précédent,
jusqu'à ce que vous en obteniez du fruit : or, selon M. Van Mons,
vous devez trouver les fruits de ce second plant supérieurs à ceux du
premier; peut-être même qu'il s'y en trouvera déjà d'assez bons
pour être conservés et multipliés, mais il ne faut pas y compter.
Vous ferez un choix parmi ces seconds fruits comme vous avez fait
parmi les premiers, et vous en sèmerez les graines : vous traiterez
ce qui en proviendra comme les deux précédents, et à la récolte vous
trouverez certainement une amélioration dans les fruits; mais il ne
faudra pas encore vous arrêter, vous répéterez les mêmes opérations jusqu'à ce que vous obteniez des fruits parfaits, ce qui arrive

au plus tard à la cinquième ou à la sixième génération pour les fruits à pepins, et à la troisième ou quatrième génération pour les fruits à noyau.

Il semble qu'en greffant des rameaux de ces jeunes plants sur des sujets faibles on devrait hâter la fructification ; cependant M. Van Mons assure que, dans ce cas, la greffe ne fructifie jamais avant le pied franc.

Telle est la théorie dont j'ai dû vous donner connaissance ; elle me paraît conforme à la marche que la nature a suivie aux Etats-Unis d'Amérique, où l'on porta quelques-uns de nos fruits qui, après y être devenus sauvages à la première génération par graines, s'y sont ensuite améliorés par des générations successives, en produisant de nouvelles et nombreuses variétés dont la réputation commence à arriver jusqu'à nous.

Mais, en y réfléchissant un peu, nous pourrions bien parvenir à nous persuader que la théorie que je viens de vous expliquer n'est pas du tout nouvelle, et que M. Van Mons n'a fait que nous rappeler non-seulement ce qui a lieu depuis deux siècles aux Etats-Unis, ce qui aura lieu partout où nos fruits pourront s'acclimater, mais encore ce qui probablement a eu lieu quand on a importé en Europe les fruits de la Perse et de l'Orient. Comment, en effet, expliquer le grand nombre de variétés de fruits que possédaient les Romains, variétés qui n'existaient pas dans les pays d'où ils avaient tiré les types? Ces variétés ont eu lieu, sans doute, parce que, dès qu'un arbre importé donnait de bons fruits, les Romains en semaient les graines, et que, pour le multiplier abondamment, ils en ont encore semé les graines pendant plusieurs générations de suite, ce qui a produit en peu de temps un grand nombre de variétés pour chaque genre de fruits dont les Romains ont conservé les meilleurs par la greffe.

VINGT-SIXIÈME LEÇON.

De la formation d'une pépinière d'arbres fruitiers.

Messieurs, depuis longtemps l'usage a divisé les arbres fruitiers en deux sections, l'une appelée *fruits à pepins* et l'autre *fruits à noyau :* la première comprend le Poirier, le Pommier, le Cognassier, le Cormier, l'Alizier et l'Azerolier; la seconde comprend l'Amandier, le Pêcher, l'Abricotier, le Prunier, le Cerisier, le Jujubier et l'Olivier. Mais il existe encore quelques arbres et arbrisseaux fruitiers qui ne peuvent entrer naturellement dans l'une ni dans l'autre de ces deux sections, parce que leurs fruits présentent, dans leur structure, des différences trop remarquables : ce sont le Noyer, le Noisetier, la Vigne, le Mûrier, le Framboisier, le Groseillier, et quelques autres moins importants. Plus tard, je vous proposerai une classification synoptique, qui comprendra tous les fruits comestibles cultivés en pleine terre sous le climat de la France; mais, aujourd'hui, nous adopterons la division en fruits à pepins et en fruits à noyau, parce qu'elle nous suffit et qu'elle est consacrée par l'usage.

Considérations sur la terre la plus propre à une pépinière d'arbres fruitiers.

Des auteurs recommandables agitent depuis longtemps la question de savoir si on doit choisir la meilleure terre possible pour établir une pépinière, ou si on doit lui en préférer une de médiocre qualité. Ceux qui préfèrent la meilleure terre possible disent que les arbres qui en proviendront, étant d'une très-grande vigueur, supporteront bien mieux les inconvénients de la terre médiocre dans laquelle on pourra les transplanter, que s'ils eussent été élevés en terre de médiocre qualité; que des arbres élevés en terre de médiocre qualité sont longtemps à croître; que leurs fibres restent maigres, durcissent avant le temps convenable, perdent leur élasticité; que leur tissu, trop dur et trop serré, ne peut plus admettre la grande quantité de séve que leur fournira le bon fonds dans lequel on les transplantera; qu'ils se ressentiront toujours de la diète qu'ils auront éprouvée dans leur jeunesse, et qu'enfin ils ne formeront jamais de beaux arbres. Ceux qui prétendent que la terre de médiocre qualité est préférable disent que les arbres élevés dans une terre excellente, étant habitués à une nourriture riche, ne pourront pas se faire à la terre médiocre dans laquelle on pourra les transplanter; que leur tissu, accoutumé à être parcouru et nourri par une séve abondante, se contractera, se resserrera, et qu'enfin les arbres dépériront au lieu de croître, tandis que, si on les eût élevés dans une terre médiocre, on aurait pu les transplanter partout, parce que, accoutumés à un régime sobre, ils l'auraient toujours supporté sans danger, et que même (contre l'opinion des autres auteurs) ils se seraient facilement faits à la nourriture plus abondante d'une terre de première qualité.

Ces deux opinions, diamétralement opposées, sont fondées sur la théorie et sur quelques observations incontestables : nous ne devons donc ni les heurter ni les combattre, mais nous devons adopter un terme moyen entre elles, en reconnaissant toutefois qu'il sera toujours plus avantageux, pour la réputation, la satisfaction et l'intérêt du pépiniériste, d'établir sa pépinière en terre normale, c'est-à-dire dans la meilleure terre, que dans une terre médiocre. En effet, toujours et partout, la plus belle marchandise trouve un débit plus certain que la marchandise moins belle quand le prix de l'une et de l'autre est le même; et, comme la culture en bonne terre est moins dispendieuse qu'en terre de médiocre qualité, le pépiniériste trouve du profit à s'établir dans la meilleure terre, d'abord parce qu'il dépense moins, ensuite parce que, sa marchandise devenant plus belle, il doit en obtenir un plus grand débit.

Mais il me semble que les auteurs des deux opinions que je viens de vous rapporter n'ont pas traité la question dans toute son étendue, il me semble même qu'ils en ont négligé la partie la plus importante; je veux dire qu'ils ne parlent pas d'une pépinière établie en un lieu bas, humide, ombragé et peu ou point aéré. La terre est ordinairement d'excellente qualité dans une telle position; elle n'éprouve jamais les inconvénients de la sécheresse; les arbres y développent un luxe de végétation qui séduit l'œil de l'amateur, et, si on est dénué de connaissances physiologiques, on préfère ces arbres à ceux élevés au grand air, dans une terre plus sèche, et qui sont conséquemment d'une végétation plus modérée : c'est ici que l'on pourrait commettre une véritable erreur. Des arbres élevés dans une terre humide, ombragée, à l'abri du grand air réussiront difficilement transplantés dans une terre qui éprouve toute la sécheresse de l'été, toutes les ardeurs de la canicule, dans une terre élevée, où le soleil et tous les vents exercent librement leurs influences. Le tissu lâche et aqueux de ces arbres se contractera nécessairement ; leur écorce se desséchera, sera brûlée par le soleil ; leurs racines, accoutumées à une humidité constante, éprouveront le même retrait que la tige ; la végétation sera languissante et la plantation ne répondra nullement aux espérances qu'on en avait conçues.

Je pense donc qu'on ne doit établir une pépinière d'arbres fruitiers dans un lieu bas et humide que lorsqu'on se propose d'en transplanter les arbres dans un endroit également bas et humide, et jamais avec l'espérance de les voir prospérer en lieu sec, élevé et bien aéré. Je dois d'autant plus attirer votre attention sur ce point, que nous voyons quelques pépiniéristes établis dans des vallées sourcilleuses, étroites, humides, ombragées, peu aérées, où les arbres, constamment plongés dans une atmosphère vaporeuse, croissent avec la plus grande rapidité et à peu de frais ; que, tant que ces arbres sont en pépinière, ils séduisent par leur belle végétation, mais que, sortis de là, ils ne conservent leur beauté qu'autant qu'on leur donne un sol et une atmosphère semblables à ceux qu'ils avaient où ils ont été élevés.

Si maintenant nous interrogeons notre mémoire, notre pratique ; si nous interrogeons les arbres fruitiers eux-mêmes, nous reconnaîtrons que tous préfèrent la terre normale, que les fruits à pepins l'exigent, mais qu'à défaut de terre normale les fruits à noyau peuvent s'accommoder d'une terre calcaire de bonne qualité ou d'une terre siliceuse également de bonne qualité.

Les terres granitiques, schisteuses et volcaniques ne se trouvant pas aux environs de Paris, je m'abstiens de vous parler de leur influence sur le succès d'une pépinière. Enfin, sans blâmer les auteurs qui craignent que des arbres élevés dans une terre de première qualité ne réussissent pas étant transplantés dans une terre de médiocre qualité, je pense qu'il y aura toujours de l'avantage à préférer une bonne terre pour établir une pépinière d'arbres fruitiers.

Mais il ne suffit pas d'avoir trouvé une excellente terre, pour se décider à y établir une pépinière, il faut encore se livrer à d'autres considérations avant de mettre la main à l'œuvre. Si c'est dans une vallée, il est nécessaire qu'elle soit large, afin que le soleil s'y montre sans obstacle ; qu'elle soit découverte, pour que les vents puissent y arriver de tous les côtés et circuler librement. Le voisinage d'une montagne, d'une forêt est nuisible en ce qu'elles empêchent l'air de circuler dans tous les sens et lui impriment une direction constante et uniforme, qui force les arbres à s'incliner dans le même sens et leur fait perdre la direction verticale qu'ils doivent suivre, et en ce que le côté de leur tige qui est sous le vent reste plus tendre que l'autre.

Une plaine élevée et bien unie est encore préférable à la vallée la plus large, parce que, le soleil y luisant et l'éclairant sans obstacle depuis son lever jusqu'à son coucher, les arbres nagent dans la lumière et dans l'air continuellement renouvelé; leur bois prend plus de roideur, mûrit mieux et se dispose plus promptement à produire du fruit. Je sais bien que les plaines sont sujettes à des bourrasques qui tourmentent les jeunes arbres et en cassent quelques-uns; mais ce faible inconvénient est bien compensé par la robusticité qu'acquièrent les autres.

Je ne chercherai pas à vous prémunir contre l'idée d'établir une pépinière sur un coteau ou dans un lieu très-incliné, puisque les inconvénients d'une telle position sont si évidents que personne ne tente d'y en établir une. Je ne vous rappellerai pas non plus les inconvénients qu'il y aurait à s'établir à la place d'un bois nouvellement arraché, dans un endroit où il y aurait de gros arbres, quand même on se proposerait de les supprimer, ni où il y aurait eu des pépinières pendant longtemps et détruites depuis peu d'années, puisque vous savez qu'un arbre ne vient guère bien à la place et dans la terre où un autre a vécu longtemps, surtout lorsqu'ils sont tous deux de la même espèce.

Quand on a bien examiné l'exposition et pesé les influences atmosphériques du lieu où l'on désire établir une pépinière, il faut en sonder la terre, non pour reconnaître sa qualité, puisque c'est par là qu'on a dû commencer, mais pour s'assurer de l'épaisseur de la bonne couche et pour voir sur quoi elle repose : 50 à 55 centim. d'épaisseur de bonne terre sont suffisants pour une pépinière d'arbres fruitiers; et, si cette épaisseur repose sur une terre sablonneuse qui laisse infiltrer facilement les eaux, elle vaudra mieux pour une pépinière que si elle était plus épaisse, ainsi que je vous l'expliquerai quand nous en serons au défoncement. Si c'est une terre calcaire non compacte, ne retenant pas les eaux, qui se trouve au-dessous de la bonne terre, ce sera encore une circonstance heureuse pour l'établissement d'une pépinière; mais, si par malheur un banc de pierre, de tuf ou d'argile se trouvait à la profondeur de

55 à 65 centim., il faudrait désespérer d'obtenir un bon succès d'une pépinière d'arbres fruitiers sur un pareil fonds, parce que l'eau ne s'en écoulerait pas suffisamment, et que, si la fraîcheur et l'humidité permanentes ne nuisaient pas à quelques genres, à quelques espèces, elles seraient funestes au plus grand nombre : il faudrait alors chercher à s'établir ailleurs.

Du défoncement pour une pépinière d'arbres fruitiers.

Quand toutes les circonstances dont je viens de vous parler s'accordent à faire espérer du succès pour la pépinière que l'on se propose d'établir, il faut procéder au défoncement du terrain. Cette opération consiste à remuer et à retourner la terre jusqu'à une plus grande profondeur que ne fait un labour ordinaire; elle s'exécute toujours quelques mois avant l'époque de la plantation qu'on veut y faire, afin que la terre ait le temps de se rasseoir, de reprendre son niveau naturel, et que le plant qu'on y mettra ne se trouve pas déchaussé par la suite. Un défoncement de 40 centim. de profondeur suffit pour des arbrisseaux; celui de 50 à 55 est nécessaire pour élever des arbres fruitiers, et, s'il était question de placer des arbres quelconques à demeure, le défoncement devrait avoir au moins 1 mètre de profondeur; mais, pour le moment, nous ne devons nous occuper que du défoncement convenable à une pépinière d'arbres fruitiers.

Il y aurait de l'inconvénient à ce que les racines des arbres fruitiers qui ne sont pas destinés à rester en place fussent sollicitées à s'enfoncer profondément dans la terre, parce qu'il serait difficile de lever les arbres quand ils seraient arrivés à l'âge et à la taille requis pour être transplantés à demeure; on serait alors obligé de leur couper les racines les plus profondes, à cause de la difficulté de les obtenir entières, et cela deviendrait souvent préjudiciable à l'arbre et toujours nuisible à la vente. Quand la couche de bonne terre n'a que 50 à 55 centim. d'épaisseur, cet inconvénient n'est pas à craindre; mais, si elle était plus épaisse et si surtout elle était perméable au-dessous de la profondeur indiquée ci-dessus, les racines pourraient bien s'y enfoncer et leur extraction deviendrait difficile. Il faut donc, quelle que soit l'épaisseur de la couche de bonne terre, se garder de la remuer ou de l'entamer à plus de 50 ou 55 centim. de profondeur, afin de ne pas exciter les racines à s'enfoncer au delà. Ceci bien entendu, nous allons procéder au défoncement.

Je suppose que la pièce de terre à défoncer soit un parallélo-

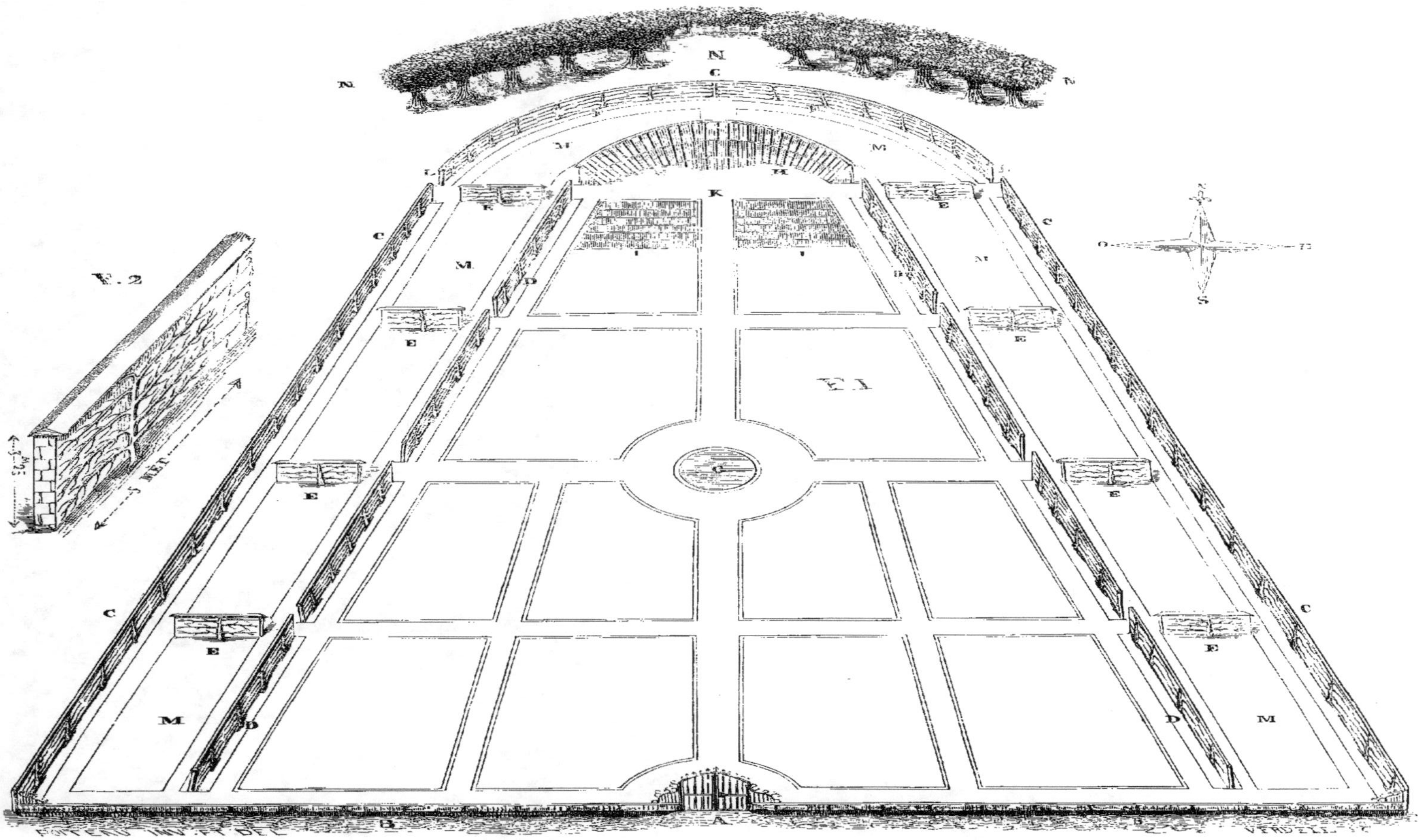

PLAN GÉOMÉTRAL D'UN JARDIN FRUITIER-POTAGER D'ENVIRON 4 HECTARES.

orienté pour le climat de Paris.

gramme, c'est-à-dire un carré long, tel que la planche 1, A B C D;
que ce carré long ait 24 mèt. de largeur, et qu'on ne puisse ou

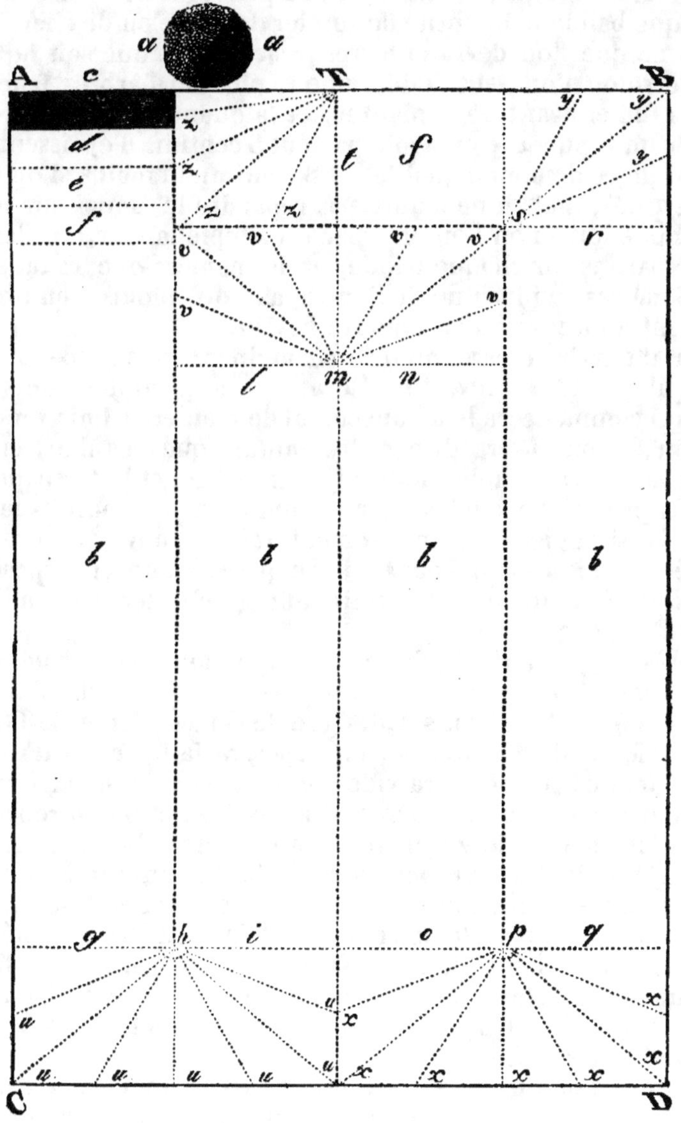

Manière de défoncer une pièce de terre.

ne veuille employer que deux hommes à son défoncement, on commencera par le diviser par la pensée ou par trois légers traits, en quatre bandes longitudinales *b*, à peu près égales, et on amènera sur chaque bande la quantité de fumier de vache ou de cheval bien consommé que l'on devra enterrer ; car, quelle que soit la bonté d'une terre où l'on veut établir une pépinière d'arbres fruitiers, il faut la fumer avant de la planter, et la quantité de fumier devra être telle qu'il puisse y en avoir partout 5 centim. d'épaisseur si la terre est jugée de bonne qualité, et 8 centim. au moins si on doute de sa fertilité ; mais il ne faudra pas répandre le fumier sur le terrain comme lorsqu'on l'enterre par un simple labour, on devra le déposer par tas sur chaque bande, et de manière que les tas soient à 2 ou 3 mètres au plus l'un de l'autre, afin qu'on puisse en prendre facilement à mesure qu'on en aura besoin.

Avant d'ouvrir la terre, on devra examiner si sa surface est plane ou inégale ; s'il se trouve une élévation vers l'un des bouts de la pièce, on commencera le défoncement de manière à finir vers cette élévation, et on la fera disparaître, autant que possible, en employant la terre à combler la dernière tranchée, et la terre qui sortira de la première tranchée sera répandue sur les endroits les plus bas ; mais, si la pièce est parfaitement unie, on ouvrira la première tranchée à l'un des coins en A, je suppose, et on en déposera la terre en *a*, où la défonce doit finir, afin qu'elle serve à combler la dernière tranchée.

D'après les proportions de la pièce que nous avons à défoncer, chaque bande *b* a environ 6 mèt. de largeur ; on ouvrira donc une tranchée *c* à l'un des bouts A, longue de 6 mèt., large de 66 centim., profonde de 50 à 55, et on déposera la terre en *a ;* quand cette première tranchée sera vide, on en ouvrira une autre immédiatement à côté en *d*, de mêmes dimensions, et on en renversera la terre dans la première tranchée, en la divisant bien, en en ôtant avec soin les pierres, les racines et les herbes qui seraient dans le cas de repousser, telles que Chiendent, Orties vivaces, Liserons, que l'on emportera hors de la pièce. Lorsque la première tranchée sera aux trois quarts pleine, on mettra sur la terre l'épaisseur du fumier convenue et on achèvera de la remplir avec la terre du fond de la seconde tranchée, en ayant soin de continuer à la bien diviser et de briser toutes les mottes.

On continue d'ouvrir et de remplir successivement de pareilles tranchées, selon les lignes *e f*, et d'y enterrer du fumier au quart de leur profondeur jusqu'à ce qu'on soit arrivé à *g* et qu'il faille se disposer à tourner pour entrer dans la seconde bande. Alors on manœuvre en pivotant sur le point h, en faisant les tranchées plus étroites vers ce point et plus larges vers les bouts opposés, comme l'indiquent les lignes $u\,u\,u$, jusqu'à ce qu'on soit parvenu en i dans la seconde bande.

On continuera la défonce carrément jusqu'à l, et on pivotera sur m pour se retrouver en n, selon les lignes ponctuées vvv; en continuant la défonce, on parviendra en o pour pivoter sur p, selon les lignes xxx et se retrouver en q. On avancera carrément vers r, et après avoir pivoté sur s, dans le sens des lignes yyy, on arrivera en t, où, pivotant sur T, selon les lignes zzz, la dernière tranchée se trouvera près du tas de terre a, qui servira à la combler, et la pièce sera défoncée.

Quant aux outils dont on se sert pour défoncer, ils varient en raison des pays, de l'habitude et de la plus ou moins grande ténacité de la terre. Le plus expéditif et le plus économique est la houe pleine quand la terre est friable et peu serrée, et la houe fourchue quand elle est compacte ou humide : quelquefois il faut une tournée pour entamer le lit inférieur de la tranchée, alors on en relève la terre avec une pelle de bois; souvent une bêche seule suffit quand la terre a été préalablement cultivée en céréales ou en légumes, mais toujours il faut avoir une fourche pour répandre le fumier sur la tranchée.

Dans l'exemple que je viens de vous donner, la pièce de terre était divisée en bandes larges de 6 mètres, et je n'ai placé que deux hommes dans la tranchée, qui avait cette longueur, parce que je sais par expérience qu'il faut qu'un homme travaille sur une longueur d'environ 3 mèt. dans une tranchée, pour n'être pas gêné et qu'il puisse bien employer son temps. S'il y avait trois ou quatre hommes dans une tranchée longue de 6 mèt., ils se gêneraient réciproquement, et le travail n'avancerait pas en raison de leur nombre. Je crois donc que, quelle que soit la longueur d'une tranchée, il sera toujours économique de n'y mettre qu'autant d'hommes que la tranchée aura de fois la longueur de 3 mètres.

On peut entreprendre un défoncement dans toutes les saisons, lorsque la terre est vide ; mais des raisons d'économie font qu'on n'en entreprend guère que pendant l'automne et l'hiver, parce qu'alors les ouvriers sont moins occupés à d'autres travaux. Une pluie légère n'est pas un obstacle au défoncement ; mais, si elle était considérable et continue, il faudrait le suspendre, parce que la terre deviendrait boueuse, se mastiquerait, durcirait dans le fond au lieu de rester friable, et les racines du plant qu'on y mettrait auraient de la peine à s'y attacher et à se développer. Si on prévoyait une forte gelée, il faudrait répandre une bonne épaisseur de fumier sur la terre, afin qu'elle ne gelât pas trop fort ; car, outre la difficulté qu'il y a d'entamer la terre quand elle est scellée par la gelée, les grosses croûtes gelées qu'on mettrait dans le fond de la tranchée resteraient longtemps dans le même état, produiraient des vides funestes aux racines du plant, et il en résulterait un mauvais travail. Si donc on n'a pu empêcher la terre de geler à 5 ou 8 centimètres de profondeur, il faut suspendre le défoncement plutôt que d'enterrer de grosses croûtes de terre gelée.

Enfin, pour qu'un défoncement soit bien fait, il faut 1° qu'il ait été poussé jusqu'à la profondeur requise pour le succès du plant qu'on se propose d'y mettre ; 2° que la terre en ait été renversée de fond en comble, bien divisée, bien mélangée, bien purgée de pierres et d'herbes vivaces ; 3° que le fumier qu'on y aura mis ne se trouve enterré qu'à la profondeur de 10 à 15 centim. ; 4° et que l'opération ait été faite quand la terre n'était ni trop gelée, ni trop humide, ni trop sèche. Ces conditions n'étant pas du tout difficiles à remplir quand le ciel ne s'y oppose pas, on fait faire ordinairement les défoncements à la tâche par des ouvriers qui en ont l'habitude et qui s'y livrent plus particulièrement. Il est nécessaire cependant de connaître ceux qu'on emploie, et de leur bien expliquer comment on entend que l'ouvrage soit exécuté ; autrement il faudrait leur adjoindre un homme de confiance pour surveiller l'exécution : ce dernier moyen est préférable à la vérification par la sonde, qui est toujours une source de contestations et de désagréments.

Je sais, messieurs, qu'il n'y a aucun de vous qui n'ait assez de pratique pour ne rien ignorer des détails dans lesquels je viens d'entrer ; je sais aussi qu'il m'arrivera encore souvent de ne faire que vous rappeler des choses que vous savez aussi bien que moi ; cependant je ne puis me dispenser de vous parler aussi bien des opérations les plus simples, les plus communes de l'horticulture, que des opérations les plus difficiles et les plus savantes, parce qu'un cours sur une science quelconque doit en embrasser toutes les parties. D'un autre côté, il serait possible que ce que j'ai l'honneur de vous dire fût entendu par des élèves moins avancés que vous, et par des personnes qui, sans exercer l'horticulture, ne seraient pas fâchées d'en trouver les éléments tracés avec méthode et clarté.

Dans ces leçons, mon intention n'est pas de me borner à vous apprendre ce que vous ne savez pas ; je désire aussi vous accoutumer à mettre de l'ordre dans vos idées, à les lier, à les subordonner, et par là à étendre vos conceptions et votre jugement. Sans doute vous connaissez déjà beaucoup de régions de la carte horticole, mais il y en a aussi que vous ne connaissez pas : ce sont des espèces de lacunes que je suis chargé de remplir à votre profit ; ce sont des trous que je suis appelé à combler, afin qu'ils ne vous arrêtent plus ou que vous ne tombiez plus dedans. Que faut-il faire pour que vous et moi parvenions à ce résultat? Il nous faut parcourir tout le champ de l'horticulture ; nous marcherons ensemble et de front tant que la route sera connue et bien éclairée : apercevez-vous un obstacle, une obscurité qui vous arrête? j'avance le premier, je détruis l'obstacle, je ramène la clarté, et nous continuons de marcher ensemble sur le terrain que vous connaissez alors comme moi, jusqu'à ce que je vous donne la main pour franchir d'autres difficultés.

Telle est, messieurs, la marche de nos leçons : il faut que je vous rappelle souvent ce que vous savez, pour y rattacher ce que vous ne savez pas.

VINGT-SEPTIÈME LEÇON.

Jardin fruitier.

Messieurs, dans la précédente leçon, nous avons examiné toutes les circonstances dans lesquelles on peut se trouver lorsqu'on cherche la terre et l'emplacement les plus convenables à l'établissement d'un jardin fruitier-potager ; nous avons vu les avantages et les inconvénients attachés aux différentes localités. Mais comme il faut enfin se fixer dans un lieu ou dans un autre, et que même on est rarement le maître de choisir celui qui convient le mieux, je suppose aujourd'hui que nous avons trouvé un terrain et une position à notre convenance ; je suppose aussi, pour cette fois, que le sol a le niveau convenable, que la bonne terre a 1 mètre d'épaisseur, et qu'elle repose sur une base sableuse ou grouetteuse perméable aux eaux, aux racines des arbres, et que, enfin, nous n'aurons aucun transport considérable de terre à faire, ni aucun remblai à exécuter. Quand vous serez plus forts en géométrie, je vous soumettrai des problèmes à résoudre et des difficultés à vaincre, dont vous auriez trop de peine à vous tirer aujourd'hui si nous nous en occupions immédiatement.

L'emplacement du jardin fruitier-potager étant bien arrêté, il faut déterminer l'étendue, la forme et la direction qu'on devra lui donner. Quant à l'étendue, elle est subordonnée à l'importance de la maison ; le jardin d'un haut dignitaire doit être plus grand que celui d'un particulier. Quant à la forme, le carré long est ordinairement celle que l'on préfère quand rien ne s'y oppose ; mais on peut en adopter d'autres sans inconvénient. On n'a pas autant de liberté relativement à la direction ou à l'exposition sous le climat de Paris ni sous ceux qui sont encore plus au nord, parce que nous avons besoin d'une augmentation de chaleur que nous ne trouverions pas à toutes les expositions ; mais on obtient cette augmentation de chaleur au moyen de murs dirigés de l'est à l'ouest. Ces murs, ar-

rêtant les vents froids du nord par leur face qui est de ce côté, déterminent, au contraire, une concentration de chaleur du côté de
leur face exposée au midi, que le soleil échauffe continuellement.
Il arrive donc que des murs dirigés exactement de l'est à l'ouest
ont un côté toujours froid sous le climat de Paris, parce que ce côté
ne voit le soleil qu'un peu le matin et le soir dans les plus longs
jours de l'été, et un côté toujours chaud, parce qu'il est exposé aux
rayons du soleil depuis six heures du matin jusqu'à six heures du
soir et plus dans l'été. Il arrive aussi que le froid est refoulé sur la
terre jusqu'à une certaine distance de ces murs du côté du nord, et
que la chaleur est refoulée sur la terre à une certaine distance de
ces mêmes murs du côté du midi ; d'où il résulte que, au moyen
d'un mur dirigé de l'est à l'ouest, on peut obtenir deux températures fort différentes sur un petit espace donné.

La température froide qu'on obtient par des murs ainsi disposés
a son utilité dans la culture de plusieurs plantes d'agrément ; mais
elle est presque toujours nuisible dans la culture d'un jardin fruitier-potager établi sous notre climat, où plusieurs fruits ne peuven
mûrir parfaitement qu'au moyen d'une chaleur augmentée par ré-
fléchissement ou par concentration.

Le premier et le plus grand avantage que les murs procurent
dans un jardin fruitier-potager est, sans contredit, celui de nous
fournir la possibilité d'y établir des espaliers de fruits qui ne mûriraient pas ou n'acquerraient pas de qualités en plein vent, tels, par
exemple, que les Pêchers, le Raisin muscat, même le Chasselas et
plusieurs Poires. Le second avantage est que ces murs abritent et
échauffent des portions de terre du côté du midi, où nous pouvons
semer et planter des légumes avant la saison ordinaire et en obtenir
ce qu'on appelle des *primeurs* : aussi un jardin fruitier-potager qui
n'aurait ni espaliers ni primeurs n'offrirait qu'un médiocre intérêt,
et ne ferait jamais de réputation au jardinier chargé de sa culture.

Les murs qui développent une grande surface à l'exposition du
midi sont certainement très-avantageux sous notre climat pour la
maturité et la beauté des fruits en espalier, et on en construit autant qu'il est possible dans cette direction ; ils sont surtout très-
utiles, indispensables même dans les terres fortes et froides, mais
dans les terres légères et chaudes ils produisent quelquefois trop
de chaleur quand le soleil y luit constamment ; les espaliers s'y
dessèchent ; les écorces y brûlent ; les fruits n'y prennent pas le volume qui leur est propre ni les qualités qui les distinguent. Ces inconvénients ne se montrent pas dans les années froides sous notre
climat, mais on les remarque toujours dans les années chaudes et

sèches ; ils ont déjà frappé plusieurs observateurs, et on s'est demandé si des murs dont la face regarderait le sud-est et le sud-ouest ne rassembleraient pas assez de chaleur pour faire mûrir parfaitement les fruits en espalier. Les habitants de Montreuil semblent avoir résolu le problème affirmativement, puisqu'ils dirigent des murs dans tous les sens, et que même ils plantent des Pêchers à toutes les expositions. Il est vrai que chez eux les murs sont tellement multipliés et tellement coupés les uns par les autres, que leur sol est tout divisé par carrés murés de 20 à 25 mètres de côté, dans lesquels la chaleur se concentre facilement, et où les vents froids ne pénètrent qu'avec difficulté : aussi ces petits jardins sont-ils des espèces d'étuves où les récoltes ne manquent jamais, et où tout parvient à maturité avant ce qui se trouve au dehors.

Pendant le dernier siècle, on avait formé dans quelques maisons opulentes de petits jardins dans le goût de ceux de Montreuil, pour pouvoir multiplier les espaliers sur un petit espace, et on donnait à ces petits jardins le nom de *jardins à la Montreuil*. Malgré leur utilité, le goût ne s'en est pas répandu, et il ne paraît pas qu'on en construise maintenant ailleurs qu'à Montreuil et à Bagnolet, où ils se multiplient de plus en plus et continuent de faire la fortune des habitants de ces deux communes.

Quoique le goût ne se porte pas actuellement vers les jardins à la Montreuil, bien qu'ils offrent beaucoup d'avantages, nous ne pouvons cependant les regarder avec indifférence ; et, si le moment n'est pas propice pour les présenter aux propriétaires comme des modèles à imiter, nous pouvons du moins insister sur l'avantage qu'il y aurait de multiplier les murs dans un jardin fruitier-potager plus qu'on ne le fait habituellement.

C'est dans cette intention et dans celle d'introduire l'usage des murs qui dirigent une de leurs faces vers le midi, que j'ai fait le plan géométral d'un jardin fruitier-potager que je mets sous vos yeux. Ce plan, d'environ 3 à 4 hectares, est orienté pour le climat de Paris. Sa forme est peu commune et ne manque pas d'agréments : je la crois propre à rassembler beaucoup de chaleur et à la conserver longtemps, au moyen 1° de la forme elle-même, 2° de son orientement, 3° de la double enceinte de murs sur trois de ses faces, 4° des murs extérieurs hauts de 3^m,33, tandis que les murs intérieurs n'auront que 2^m,33 à 2^m,66 d'élévation, 5° des murs compris entre les deux murs longitudinaux qui divisent cet espace en plusieurs parallélogrammes, 6° et enfin de la partie circulaire qui termine le jardin au nord. Déjà Dumont de Courset avait proposé un plan de jardin fruitier analogue à celui que je vous présente, et

M. de Rouvroy, à Lille, a fait exécuter, il y a peu d'années, un espalier circulaire à peu près semblable à la partie cintrée du plan ;
de sorte qu'aujourd'hui je parais n'avoir fait que combiner les idées
de Dumont de Courset et de Rouvroy pour en former un plan plus
parfait.

Je dois me féliciter de m'être rencontré avec deux hommes, dont
l'un fut le plus grand praticien de notre époque, et dont l'autre
s'est fait remarquer par son goût épuré et par la variété de ses connaissances. Quant à vous, messieurs, cette même rencontre doit
vous inspirer de la confiance dans les avantages du plan que vous
avez sous les yeux, pl. n° 2, fig. 1.

Quoique ce plan soit d'autant plus facile à lire que j'ai omis exprès
d'y figurer des arbres de plein vent dans son intérieur, je vais cependant vous en faire une légère explication. A est l'entrée principale qui doit être fermée par une grille en fer. B, B indiquent le mur de
face qui ne doit être qu'à hauteur d'appui et surmonté d'une grille
en fer. S'il était impossible de le surmonter d'une grille en fer, ou
qu'on eût quelque raison pour ne pas laisser voir dans le jardin,
alors on élèverait ce mur de 2 mèt. à $2^m,33$ au plus, afin qu'il ne pro-
jetât pas une ombre trop prolongée dans le jardin. C, C, C, C, C, murs
latéraux et de fond, hauts de $3^m,33$, munis d'un chaperon saillant de
16 à 20 cent. en dedans pour empêcher l'eau de couler sur les espaliers,
et pour leur procurer encore d'autres avantages que je vous expliquerai plus tard. D, D, D, D, murs intérieurs parallèles aux murs latéraux
extérieurs, hauts seulement de $2^m,33$ à $2^m,66$, afin qu'ils ne portent
pas trop d'ombre. Leur sommet doit être aussi muni d'un chaperon
saillant seulement de 16 cent. de chaque côté. E (au nombre de 8),
murs à la Montreuil, faisant face au midi, hauts de $2^m,33$ à $2^m,66$ et
munis d'un chaperon de 16 cent. de saillie. F, F, partie circulaire concentrant beaucoup de chaleur ; on y plantera des Pêchers
tardifs, des Pavies de Pompone, des Figuiers, des Raisins muscats,
des Pistachiers, etc. G, grand bassin ou réservoir d'où l'eau s'écou-
lera par des conduits souterrains dans des tonneaux enfoncés en terre
ou des cuvettes en pierre ou en mastic placés dans différents points
du jardin pour la facilité des arrosements. H, H, serre à fruits, à
Ananas et à primeurs. I, I, bâches et châssis. K, grand espace pour
le service de la serre et des châssis, pour déposer les fumiers à employer de suite, la tannée, les terres, le terreau, et faire des empo-
tages. L, L, portes charretières pour l'entrée des fumiers, et en général pour les voitures ; elles se fermeront avec des portes pleines
en bois, et ne resteront ouvertes qu'au moment du passage des voitures, afin que les vents qui soufflent de côté ne s'introduisent pas

par là sur la serre et sur les châssis. J'ai figuré deux portes charretières L; mais on pourra n'en faire qu'une seule du côté qui sera le plus commode pour les transports. J'ai donné 5 mèt. de largeur aux principales allées, afin qu'une charrette pût y circuler sans danger. Les plates-bandes des espaliers sont larges de 2 mèt., afin qu'il y ait 1^m,33 à cultiver en primeurs.

Le *pourtour* M a 25 ou 30 mètres de largeur d'un mur à l'autre. Cette partie doit concentrer beaucoup de chaleur et réunir tous les avantages des jardins à la Montreuil. Il serait avantageux d'en avoir toujours une pareille ou à peu près semblable dans tous les jardins, pour multiplier les espaliers et obtenir des primeurs; et si le côté du nord pouvait être abrité par des arbres touffus, par un verger de Pommiers ou de Poiriers, comme on le voit en N, N, N, on aurait l'exposition la plus avantageuse qu'il fût possible d'obtenir. Je vous ferai encore observer qu'il faut qu'il n'y ait dans un jardin fruitier-potager ni bâtiment ni rien qui s'élève plus haut que les murs de clôture, afin que les vents qui passent au-dessus ne soient ni arrêtés ni encore moins rabattus dans le jardin, où ils causeraient inévitablement des dommages.

Voyons maintenant la marche à suivre pour exécuter un plan quelconque de jardin fruitier-potager, après vous avoir fait remarquer, fig. 2 de la même planche, le plan d'un arbre en espalier, tel que tous devraient être représentés contre les murs.

D'abord, le propriétaire et le jardinier s'entendront bien d'avance pour savoir si on mettra ou si on ne mettra pas de treillage sur les murs, parce que, si, d'une part, on peut en mettre sur toutes sortes de pierres, de l'autre part on ne peut pas palisser à la loque sur toutes les pierres. Le jardinier doit insister pour obtenir un treillage, parce que je crois avoir vérifié que les arbres d'espalier se portent mieux palissés sur un treillage que palissés à la loque sur un mur. Si le jardinier obtient un treillage, il lui sera indifférent que le mur soit en pierres dures ou en pierres tendres; dans le cas contraire, il faudra que le mur soit en pierres tendres ou revêtu d'une couche de plâtre ou de mortier en chaux et sable épaisse de 35 à 40 millim., afin qu'on puisse y enfoncer des clous pour palisser à la loque.

L'orientement du jardin sera la seconde chose dont le propriétaire et le jardinier devront s'occuper. On peut rencontrer plusieurs difficultés par rapport à l'orientement. 1° L'entrée principale d'un jardin devant toujours se trouver à l'un des bouts de l'allée principale, on tient souvent à ce que cette entrée soit plutôt dans un endroit que dans un autre, sous le rapport de la vue, de la commodité, de l'agrément ou de l'ensemble du domaine. Quand le terrain est de niveau ou qu'il a une pente légère dirigée du côté où l'on désire faire la principale entrée, on ne rencontre aucun inconvénient dans le placement de l'entrée et de la direction de l'allée principale; mais, comme la direction des murs est nécessairement subordonnée à celle de l'entrée et de l'allée principale, il pourrait arriver que, en suivant le plan projeté, ces murs ne fussent plus orientés de manière à recevoir les rayons du soleil assez longtemps chaque jour pour mûrir parfaitement les fruits des espaliers : alors il faudrait modifier le plan, car l'important, pour un jardin fruitier-potager, est qu'il ait le plus possible de murs à l'exposition du midi ou du sud, du sud-est et du sud-ouest.

2° Si, en supposant toujours l'entrée principale fixée à un certain endroit, le terrain s'inclinait en pente ou s'élevait depuis cette entrée jusqu'au fond du jardin, ce serait un défaut pour le coup d'œil; mais ce défaut serait tolérable et il ne nécessiterait aucun changement dans le plan.

3° Si, enfin, en se plaçant à l'entrée et se tournant vers le fond du jardin, on s'apercevait que le terrain s'inclinât à droite ou à gauche, perpendiculairement à l'allée principale, cela produirait un effet d'autant plus désagréable à la vue que la pente serait plus rapide. Ce défaut ne serait pas tolérable, et on serait obligé de modifier le plan en plaçant l'allée principale dans le sens de la pente, et l'entrée principale à l'un des bouts de cette allée.

Après que tous les arrangements seront pris d'après ces considérations, un maçon sera chargé de construire les murs, et un fontenier sera chargé de la direction et de la distribution des eaux. Le jardinier n'aura aucun ordre à leur donner; mais il aura certainement beaucoup d'observations à leur faire, s'il entend bien son métier. Il remarquera d'abord que tout le terrain devant être défoncé jusqu'à 1 mèt. de profondeur, il faut que la fondation des murs descende au moins jusqu'à 1ᵐ,50 ou 66 centim., si la terre ferme se trouve à une moindre profondeur; que, si la terre ferme est plus avant dans quelques endroits, il faudra creuser la tranchée des murs jusqu'à ce qu'on la trouve; que, si enfin on ne la trouve pas, il faudra bâtir sur pilotis ou sur plat-bord; autrement on pourrait voir bientôt le mur tomber et briser les espaliers.

Le jardinier doit se rappeler qu'un mur en moellons, haut de 5 mèt. à 5ᵐ,33, doit avoir 40 cent. d'épaisseur pour être solide, et de plus avoir des chaînes en pierres de taille tous les 4 mèt. Si le mur ne devait avoir que 2ᵐ,33 à 2ᵐ,66 de hauteur, il suffirait de lui donner 33 cent. d'épaisseur. Quant à la saillie des chaperons, le maçon ne pourra pas se refuser à la faire telle que le jardinier la demandera.

Il pourra arriver que le jardinier prévoie la nécessité de changer la terre des plates-bandes avant de planter ses espaliers, ou de la travailler et de la mélanger de fond en comble. Dans ce cas, il fera bien de prendre des arrangements avec le maçon pour que la tranchée, au lieu d'être large seulement d'environ 55 centimètres, selon l'usage, soit ouverte en plus de toute la largeur de la plate-bande qui doit régner le long du mur, et que toute la bonne terre soit jetée du côté de l'intérieur du jardin. Quand le mur sera achevé, le jardinier remplira la tranchée soit avec la même terre améliorée par du fumier, par divers engrais et par des mélanges, soit avec une autre terre meilleure que la première. On ne peut trop s'attacher à former les plates-bandes d'espaliers avec la meilleure terre possible, parce qu'une fois les espaliers plantés, ces plates-bandes sont les endroits les plus difficiles à améliorer.

Quant au fontenier, le jardinier lui indiquera les endroits où il est convenable que les eaux arrivent pour le bien du service ; mais, comme l'eau ne peut pas toujours arriver dans plusieurs endroits à la fois, il lui désignera aussi ceux où il y a nécessité qu'elle arrive de préférence aux autres.

La défonce générale du terrain peut se commencer en même temps que les murs de clôture et les murs de refend ; mais, avant de commencer, il est nécessaire d'être bien décidé sur le niveau ou sur la pente qu'on veut lui donner, et cette décision ne peut guère se prendre que d'après l'inspection du terrain même. Pour se faire une idée juste du niveau ou de la pente du terrain, on commencera par tracer les principales allées du jardin avec des jalons ; on marquera aussi avec des jalons la place des murs intérieurs s'il doit y en avoir et s'ils ne sont pas encore élevés : cette première opération facilitera la seconde, que l'on fera au moyen d'un niveau, pour reconnaître avec précision et la pente générale et les élévations partielles qui pourraient se trouver à la surface de tout le terrain.

Si la pente générale ne se trouve pas uniforme, on tâchera de lui donner une uniformité convenable par quelques transports de terre, ou bien on en dissimulera l'inégalité par de légers retraits, ou, mieux encore, par des murs de refend ou d'espaliers. Quant aux petites élévations et aux petits enfoncements, on les fera disparaître dans l'opération du défoncement.

Avant de commencer la défonce, il faut tracer définitivement et former toutes les principales allées, parce qu'il n'est pas nécessaire de les défoncer, et on leur donne le niveau qui convient à l'en-

semble du terrain ; ce niveau des allées guide ensuite dans le ni-
vellement des carrés, qui doivent être de quelques centimètres plus
élevés que les allées, surtout dans un terrain humide. Mais il pourra
arriver que la terre des allées se trouve excellente, tandis que celle
des carrés sera défectueuse dans quelques endroits ; alors on prendra la bonne terre des allées pour la porter dans les carrés au fur
et à mesure qu'on exécutera la défonce, et on portera la terre défectueuse des carrés dans les allées, pour remplacer celle qui en
aura été tirée.

Nous avons appris, à l'article *pépinière*, page 16, la manière de
défoncer une pièce de terre ; mais ici la défonce sera plus profonde
et, par conséquent, un peu plus difficile, quoique faite d'après
le même principe.

On a vu des personnes faire passer à la claie toute la terre d'un
potager en le défonçant, afin de la purger de pierres même les plus
petites. Cette opération, extrêmement dispendieuse, a l'avantage
de diviser la terre autant que possible, de la mélanger parfaitement, d'en rendre les labours plus faciles, la superficie plus propre
aux semis des petites graines et plus agréable à la vue. Tous ces
avantages sont incontestables, mais ce ne sont pas eux qu'ont en
vue les personnes qui font passer à la claie la terre de leur potager ;
c'est parce qu'elles croient que les pierres sont nuisibles à la végétation : sous ce rapport, je ne puis être entièrement de leur avis.
Des pierres grosses comme des noix, comme des œufs, et même
grosses comme le poing, surtout quand elles sont d'un calcaire
tendre, ne nuisent à la végétation que lorsqu'elles sont trop nombreuses, qu'elles occupent autant ou plus d'espace que la terre dans
laquelle elles se trouvent disséminées ; mais, si elles n'occupent, par
exemple, qu'un vingtième de la place qu'occupe la terre, elles favorisent la végétation.

D'un autre côté, je sens bien que, si une terre qu'on doit continuellement labourer contenait des pierrailles, les labours devien-
draient plus difficiles ; qu'il serait désagréable de voir des pierrailles
à la surface d'un labour, d'une planche dressée et nivelée au râteau : eh bien, pour concilier l'utile et l'agréable, je serais d'avis
qu'on laissât les pierrailles dans les couches inférieures de la défonce, et qu'on en purgeât seulement la couche supérieure dans
l'épaisseur d'un bon fer de bêche, afin qu'on ne pût jamais en
amener à la surface de la terre par les labours ordinaires.

Quelque bonne que soit la qualité de la terre, il est avantageux
d'enterrer une couche de fumier épaisse de 8 à 10 cent. à la profondeur de 40 à 50 cent., en exécutant la défonce ; et, quand tous

les carrés sont bien nivelés, on s'occupe de terminer les allées.

On se contente ordinairement de laisser à nu la terre du sol dans les allées ; quelquefois cependant on y étend une couche de gravier ou de sable ; mais, comme on a souvent besoin de charroyer du fumier ou d'autres engrais dans les différentes parties d'un jardin fruitier-potager, la charrette effondre les allées, et il en coûte du temps pour les réparer. Ce serait donc une perfection de ferrer les principales allées d'un jardin fruitier-potager, afin que les charrois ne pussent les dégrader, et de les bomber un peu au milieu pour que les eaux s'écoulassent par les côtés contre les bordures. On mettrait par-dessus une couche de gravier fin ou de sable assez épaisse pour que les pierrailles ne parussent pas et pour qu'il fût facile d'exécuter les ratissages.

Il va sans dire que, pendant la défonce et la formation des allées, on a bien crépi les murs et qu'on y a scellé trois rangs de crochets alternant entre eux, et qui ne soient éloignés l'un de l'autre dans chaque rang que de 2ᵐ,33 à 2ᵐ,66 au plus. Ces crochets sont destinés à maintenir le treillage, dont les mailles ont ordinairement 14 cent. de largeur et 21 cent. de hauteur pour les Pêchers et les Poiriers ; mais on devra leur donner 24 cent. en tous sens dans les endroits où il n'y aura que de la Vigne à palisser dessus, comme nous le verrons par la suite. Les treillages eux-mêmes se font avec des lattes en bois de chêne, larges de 27 mill., épaisses de 7 mill., qui ont déjà reçu une couche de peinture à l'huile lorsqu'on les met en place et auxquelles on en donne une seconde, ordinairement verte, quand elles sont posées. Vous savez qu'on appelle *coudre* l'opération d'attacher les lattes entre elles avec du fil de fer.

Depuis quelque temps on s'occupe de la question de savoir si la couleur des murs d'espaliers, que l'on voit blanche presque partout, est préférable à la couleur noire que l'on ne voit que dans quelques endroits, et on donne des raisons en faveur de l'une et des raisons en faveur de l'autre. M'étant moi-même occupé de cette question, je vais, pour finir cette leçon, vous lire une notice que j'ai fait imprimer à ce sujet.

Sur les avantages et les inconvénients particuliers de la couleur blanche et de la couleur noire des murs d'espaliers.

Plusieurs auteurs ont traité la question de savoir quelle est la couleur la plus favorable à donner aux murs d'espaliers pour l'avantage des arbres, et la plupart se sont décidés pour la couleur noire ou approchant du noir. Un seul, M. Noisette, dans son *Ma-*

nuel du jardinier, tome Ier, page 183, conclut, dit-il, d'après des expériences, que l'influence de la couleur blanche et de la couleur noire est indifférente pour les arbres. En cela, cet auteur s'éloigne du sentiment de tous les physiciens. Sans m'arrêter à l'assertion de M. Noisette, je rappelle 1° que c'est une vérité démontrée que la couleur blanche opaque réfléchit les rayons chauds et lumineux du soleil, tandis que la couleur noire opaque absorbe les uns et les autres ; 2° qu'une surface blanche raboteuse réfléchit beaucoup moins de ces mêmes rayons qu'une surface blanche lisse, et qu'une surface noire raboteuse en absorbe davantage qu'une surface noire lisse.

Ces deux vérités admises, il n'est plus question, pour savoir si l'on doit adopter une couleur plutôt que l'autre, d'examiner la température moyenne du pays qu'on habite, et surtout si le ciel est longtemps pur pendant l'été, c'est-à-dire de remarquer le nombre plus ou moins grand de jours où le soleil luit avec force sans interruption pendant l'été. Sous le climat de Paris, par exemple, la température moyenne n'est pas assez élevée pour faire mûrir complétement plusieurs sortes de fruits à l'air libre et en plein vent ; il leur faut le secours de murs capables d'arrêter et d'accumuler la lumière et la chaleur du soleil pour qu'ils atteignent leur entière maturité. Mais rien n'est plus variable à Paris que le nombre de jours d'été pendant lesquels le soleil luit avec toute sa force ; de sorte que, dans certaines années, les murs blancs seraient préférables, et que, dans d'autres, les murs noirs offriraient le plus d'avantage. Voici comme la lumière et la chaleur du soleil sont modifiées par un mur blanc et par un mur noir.

Mur blanc. Les rayons chauds et lumineux du soleil lancés contre un mur blanc sont d'autant plus réfléchis ou repoussés sous un angle qui, joint à l'angle d'incidence, complète un angle carré, que le mur est plus blanc et plus poli. La physique prouve même que ces rayons ne touchent pas le mur, qu'ils en approchent à très-petite distance et sont réfléchis avant de l'avoir atteint ; de sorte qu'il fait plus clair et plus chaud à quelques millimètres du mur que sur le mur même, parce qu'à cette distance les rayons sont en quelque sorte doublés par leur retour plus ou moins oblique. Voilà pourquoi nous voyons sous notre climat les Pêchers palissés à la loque contre un mur blanc exposé au plein midi durer moins longtemps que ceux palissés sur un treillage à la même exposition ; les premiers ont souvent trop chaud, sont desséchés et perdent quelques-uns de leurs membres presque subitement, tandis que les seconds, palissés sur un treillage à la même exposition, mais étant à une plus grande distance du mur, ont moins chaud, sont moins desséchés et durent plus longtemps.

Mais le mur blanc, n'absorbant que peu ou point des rayons calorifiques du soleil pendant le jour, devient froid pendant la nuit, et les arbres qui sont palissés dessus à la loque ressentent cette fraîcheur plus que s'ils étaient palissés sur un treillage. Ainsi, un Pêcher palissé à la loque sur un mur blanc poli au midi reçoit, quand le soleil luit, une chaleur très-considérable dans le jour, et il a plus froid la nuit que celui palissé sur un treillage à la même exposition.

On manque d'expériences directes pour apprécier avec justesse l'effet que produit sur un arbre le passage journalier d'une excessive chaleur à une basse température ; mais, comme on est fondé à croire que les maladies du Pêcher appelées *le blanc* et *la cloque* sont produites par des vents froids après des jours chauds, on peut penser qu'un Pêcher palissé à la loque, qui reçoit de 40 à 60 degrés de chaleur au milieu du jour pendant un mois ou deux, et qui, pendant les nuits de cette même période, n'en ressent plus que 8 ou 10 ; on doit penser, dis-je, qu'un tel Pêcher doit en souffrir, et que c'est à cette cause qu'il faut attribuer le peu de durée des Pêchers palissés à la loque sur des murs blancs polis, à l'exposition du midi.

Je ne veux pourtant pas dire qu'une température invariable serait plus avantageuse ; il est présumable, au contraire, qu'elle ne serait pas favorable à la végétation, puisqu'elle n'existe sur aucun point du globe ; mais il est prouvé que le passage fréquent d'une très-haute à une très-basse température est nuisible aux végétaux.

Mur noir. Quoique la plupart des théoriciens aient conseillé de peindre les murs d'espaliers en noir, pour éviter la chaleur excessive à laquelle sont exposés les arbres palissés contre un mur blanc, je ne vois cependant aucun mur noir dans les jardins que je fréquente. Il est probable que c'est parce que cette couleur ne plaît pas, et que les inconvénients de la couleur blanche à laquelle on est accoutumé ne se faisant pas sentir tous les ans, on les oublie et on n'en cherche pas la raison. Voici comme se comportent les rayons chauds et lumineux lancés par le soleil contre un mur noir.

La couleur noire n'ayant pas la propriété de réfléchir ou de repousser les rayons chauds et lumineux du soleil comme la couleur blanche, elle s'en laisse pénétrer ; ces rayons s'accumulent dans les pierres et les matières du mur pendant tout le temps que le soleil les y darde, de sorte qu'un mur noir s'échauffe dans le jour beaucoup plus qu'un mur blanc ; ensuite, lorsque pendant la nuit l'atmosphère se refroidit, et que l'équilibre de température tend à se rétablir entre l'air refroidi et le mur échauffé, la chaleur de ce dernier sort pour se répandre dans l'air, et réchauffe, en passant, les arbres appliqués contre le mur. C'est ainsi que ces arbres, après avoir eu moins chaud dans le jour que ceux appliqués contre un mur blanc à la même exposition, éprouvent aussi moins de froid pendant la nuit, et que les degrés de chaud et de froid qu'ils ressentent ne sont pas aussi extrêmes que ceux que ressentent les arbres palissés sur un mur blanc. Il suit de là que des arbres palissés contre un mur noir doivent éprouver moins de dilatation, moins de contraction et moins de desséchement que contre un mur blanc, et que, enfin, ils doivent moins fatiguer et vivre plus longtemps.

Quant aux fruits des arbres en espalier au midi, si quelques-uns craignent les coups de soleil, aucun ne craint la plus haute température de notre climat, pourvu qu'il ne manque pas de séve. La grande chaleur qu'ils éprouvent contre un mur blanc ne leur nuit que quand l'arbre ne les nourrit pas suffisamment, soit parce que la terre est trop sèche, auquel cas il faut arroser, soit parce que l'arbre souffre par toute autre cause.

Résumé. Il est aisé de conclure de ce qui précède, 1° que le palissage à la loque sur un mur blanc et poli, au midi, n'est pas sans danger pour les arbres, et surtout pour le Pêcher, en ce que les écorces y sont trop desséchées et en quelque sorte brûlées dans les étés où le soleil luit longtemps avec force; 2° que les arbres sont moins desséchés par l'ardeur du soleil, étant palissés sur un treillage que palissés à la loque sur le mur : cela est démontré par l'examen de plusieurs Pêchers à cette exposition; 5° que le même inconvénient n'a pas lieu aux expositions de l'est et de l'ouest, et que, en conséquence, les murs blancs polis ne sont pas dangereux à ces expositions; 4° que, si l'on n'a pas encore d'expériences décisives à citer en faveur des murs noirs au midi, on doit croire cependant qu'ils ne causent pas le dommage des murs blancs, parce que, absorbant les rayons chauds du soleil, et les laissant ensuite échapper en détail après les avoir amortis, les arbres se trouvent dans une température plus modérée et surtout moins variable que contre un mur blanc; 5° et enfin qu'on obtiendrait un terme moyen, c'est-à-dire qu'on éviterait le desséchement des arbres sans les priver de la chaleur nécessaire, avec des murs blancs simplement *gobetés* ou non polis, ou avec des murs peints en gris.

VINGT-HUITIÈME LEÇON.

Suite du jardin fruitier.

Messieurs, après avoir discuté sur la forme, sur l'exposition et l'orientement le plus convenables à un jardin fruitier - potager ; après nous être occupés de la nature de la terre, de son défoncement, des murs, de leur hauteur et du treillage qui doit leur être adapté ; après avoir insisté sur la nécessité d'obtenir de l'eau en abondance, il convient que nous nous occupions maintenant de la plantation des arbres fruitiers, qui sont la richesse et la parure d'un jardin fruitier-potager. Mais, avant de planter, il y a trois considérations importantes à examiner, savoir : quelles sont les espèces de fruits qui méritent la préférence, quel est le nombre relatif d'individus de chaque espèce qu'il convient de planter, et quelle est enfin la place la plus favorable à chacune de ces espèces.

Je voudrais bien pouvoir vous développer ces trois considérations l'une après l'autre ; mais elles sont si étroitement liées entre elles, que je suis obligé de les examiner simultanément, pour ne pas m'exposer à des redites trop nombreuses.

Considérations à examiner lorsqu'on est décidé à planter un
jardin fruitier-potager.

Quelle que soit l'étendue d'un jardin, on ne doit pas penser à y planter les deux mille espèces et plus de fruits connus dans le commerce, parce qu'il y en a parmi eux un assez grand nombre qui ne sont que de médiocre qualité ; il faut donc commencer par s'occuper du choix des espèces et donner la préférence à celles qui sont le plus généralement estimées. Mais, parmi les fruits estimés, les uns passent vite, comme, par exemple, le Doyenné, tandis que d'autres se gardent longtemps, comme, par exemple, le Saint-

Germain. Cette considération doit déterminer à planter peu d'espèces dont le fruit passe vite, et à en planter beaucoup de celles dont le fruit dure longtemps en état de maturité.

Cependant, si on ne plantait que les meilleurs fruits, on se trouverait quelquefois pris au dépourvu, parce qu'ils ne sont pas précoces et que les époques de leur maturité ne se succèdent pas sans interruption. Il faut donc, dans les grands jardins, tels que ceux dont nous nous occupons, et où le jardinier est obligé de fournir à la table du maître dans toutes les saisons, planter quelques arbres à fruits médiocres ou moins estimés, pour combler les intervalles qui se trouvent entre les époques de maturité des bons fruits. Ainsi, par exemple, pour attendre la *Poire d'épargne*, qui est la première qui ne soit pas sans mérite et dont la maturité n'arrive ordinairement que vers la fin de juillet ou la première quinzaine d'août, on devra planter un *Amiré-Joannet*, qui mûrit dès la fin de juin, un *Rousselet hâtif*, une *Madeleine*, une *Cuisse-Madame*, un *Gros Blanquet*, une *Bellissime d'été*, qui mûrissent successivement dans le courant de juillet et dans le commencement d'août.

Pour attendre le Doyenné blanc, qui est la seconde Poire méritante et qui ne mûrit que vers la mi-septembre, on pourra planter un ou deux pieds des espèces suivantes, savoir : *Salviati*, *Orange rouge*, *Epine rose*, *Robine*, *Rousselet de Reims*, *Belle-de-Bruxelles*, *Grise bonne*, *Bon-Chrétien d'été*, *Epine d'été*, *Gros Rousselet*, *Orange tulipée*. Je vous ferai observer, en passant, que le Doyenné n'est pas toujours excellent, qu'il a le défaut de passer très-vite, et que la Robine et le Rousselet de Reims sont assez souvent meilleurs que lui.

Peu de temps après que le Doyenné est passé, arrive, en première ligne de la troisième saison, le fameux Beurré gris ou doré, la meilleure de toutes les Poires anciennes, précédée et suivie d'une foule d'autres supérieures à toutes celles d'été, et dont il serait trop long de vous relater ici les noms ainsi que ceux des Poires qui ne mûrissent que dans l'hiver et même dans le printemps de l'année suivante.

Le moyen que je viens de vous indiquer pour intercaler des Poires de deuxième qualité entre les Poires d'été de première qualité s'applique également aux Poires d'automne et aux Poires d'hiver. Je mettrai sous vos yeux des tables préparées de manière à vous montrer clairement quels sont les fruits de première qualité de chaque saison qu'il faut nécessairement planter, et quels sont ceux que l'on doit ensuite préférer pour remplir les intervalles qui se trouvent entre les époques de maturité des premiers. Ces tables

comprendront tous les genres de fruits cultivés dans un jardin fruitier-potager.

Une autre considération qui se rattache à la précédente, c'est
qu'il est possible d'avancer ou de retarder la maturité des fruits de
huit ou quinze jours, en plaçant des arbres de la même espèce à
diverses expositions, et de prolonger ainsi ses jouissances avec un
petit nombre d'espèces. Si, par exemple, on plante un Poirier de
Beurré à l'exposition du midi et un autre Poirier de Beurré à l'exposition du nord, les fruits de ce dernier ne mûriront que douze
ou quinze jours après les autres; mais ils ne seront pas aussi savoureux.

En général, les fruits sont meilleurs quand ils croissent et mûrissent au soleil que quand ils viennent à l'ombre, et ils ont d'autant plus besoin de soleil et de chaleur qu'ils mûrissent plus difficilement. Mais il en est auxquels il faut, de plus, le grand air,
comme plusieurs Prunes, les Abricots, toutes les Cerises; on remarque même que ces trois derniers fruits sont meilleurs sur des
arbres en plein vent que sur des arbres taillés, probablement parce
que la taille augmente la séve dans les parties ménagées, et que
cette abondance de séve nuit à la coction des sucs dans ces sortes
de fruits plus que dans les autres. Il faut pourtant remarquer qu'il
n'y a pas de loi sans exception, et que la Reine-Claude et les Perdrigons sont infiniment meilleurs en espalier au midi qu'en plein
vent à Paris.

Toutes les espèces de Pêches cultivées exigent l'espalier aux environs de Paris, les tardives ne mûrissent même qu'au midi; les
autres réussissent bien au levant et au couchant, et encore mieux
si ces expositions déclinent vers le sud. Toutes les Poires d'hiver
demanderaient aussi l'espalier du midi; mais on n'y place ordinairement que le Bon-Chrétien d'hiver et ses variétés. Cependant,
lorsqu'on peut y placer quelques Saints-Germains, quelques Du-
chesses d'Angoulème, quelques Marquises, quelques Bergamotes
tardives et quelques autres Poires d'hiver à chair fondante ou beurrée, ces fruits y acquièrent plus de qualités qu'au levant et au
couchant.

En général, les Poires à chair fondante dont le parfum est délicat ont besoin du soleil pour devenir parfaites. Un Beurré, un Saint-
Germain, une Louise-Bonne venus à l'ombre ne sentent que l'eau.
Il n'en est pas de même des Poires cassantes et dont le parfum est
exalté, telles que le Messire-Jean; la différence que celles-ci éprouvent d'être venues au soleil ou à l'ombre est bien moins sensible.

Les Raisins muscats blanc, rouge, noir d'Alexandrie exigent

l'espalier au midi pour pouvoir mûrir, tandis que le Chasselas se contente du levant. Si on veut cultiver quelques Pistachiers, il faut les mettre en espalier au midi. Les Figuiers ne demandent pas d'être palissés ; mais ils ont besoin d'être plantés non loin d'un mur à l'exposition du midi.

Les murs d'un jardin fruitier-potager remplissent trois fonctions fort importantes : ils font mûrir des fruits qui ne mûriraient pas sans leur protection ; ils avancent la maturité de ceux qui mûriraient plus tard à l'air libre, et ils font prendre à la plupart des fruits un volume, un coloris et un parfum qu'ils n'acquerraient pas en plein vent.

Si on plantait un jardin pour en vendre les fruits, il est clair qu'on devrait n'y planter que les espèces dont la vente serait certaine et du plus grand rapport ; mais ce n'est pas sous ce point de vue seulement que nous considérons ici la plantation d'un jardin fruitier-potager : nous voulons faire en sorte d'avoir des fruits sans interruption depuis la maturité de la première espèce jusqu'à celle de la dernière, ou plutôt nous voulons en avoir pendant toute l'année, car il y a des Pommes qui se gardent jusqu'aux nouvelles ; il faut même que, dans un jardin où l'on chauffe des fruits, il y ait des Raisins nouveaux avant que ceux de l'année précédente soient finis, comme nous le verrons plus tard. Ainsi nous planterons le plus que nous pourrons de fruits généralement très-estimés ; mais nous en planterons aussi de moins estimés, dont la maturité a lieu quand celle des premiers est passée ou pas encore arrivée, et même nous placerons quelques-unes de ces espèces inférieures à la meilleure exposition du midi pour en hâter la maturité, si nous en avons besoin pour remplir une lacune dans la fourniture des bons fruits.

Je sais bien, messieurs, que ce que je vous dis est en contradiction avec ce qu'enseignent les auteurs : tous disent qu'il ne faut planter que des meilleurs fruits, et je dirais comme eux, si nous n'avions qu'un petit jardin à planter. Si, par exemple, nous ne pouvions planter que quatre Poiriers, je dirais : plantons un Beurré, une Crassane, un Saint-Germain et un Bon-Chrétien d'hiver ; mais notre position est bien différente : nous devons nous rendre capables de fournir un grand office de fruits toute l'année, et nous ne pourrions jamais y parvenir, si nous nous bornions à ne cultiver que les fruits réputés excellents, puisqu'il y a de grands intervalles entre la maturité de ces espèces. Seulement nous devons faire en sorte qu'on ne voie jamais mûrir dans notre jardin un fruit peu méritant en même temps qu'un fruit excellent du même genre.

Je vous ai déjà indiqué quelques Poires médiocres qu'on est obligé de planter pour attendre la maturité de celles qui sont estimées : voici maintenant d'autres exemples pour les fruits à noyau. Pour attendre la Cerise royale hâtive, qui est la première bonne Cerise, mais qui ne mûrit qu'à la fin de mai, nous devons planter un ou deux Cerisiers nains précoces dont les fruits, inférieurs en qualité, commencent à mûrir dès la mi-avril et continuent en mai ; et, pour n'être pas pris au dépourvu après la Royale hâtive, nous n'oublierons pas de planter aussi la Cerise anglaise, qui la remplace immédiatement. Pour attendre la Pêche Petite Mignonne, qui est la première bonne Pêche, on plantera l'avant-Pêche blanche et l'avant-Pêche rouge, qui ne sont que médiocres. L'Abricotin ou Abricot précoce vous permettra d'attendre l'Abricot blanc, celui-ci l'Abricot angoumois, l'Abricot de Hollande, etc. La Prune de Catalogne n'est pas un bon fruit ; mais elle donne le moyen d'attendre la précoce de Tours qui lui est supérieure, celle-ci la Royale hâtive, le Monsieur hâtif, et ainsi de suite.

Enfin, en choisissant bien les espèces et en plantant à diverses expositions, on ne doit éprouver aucun intervalle dans la maturité de l'une à celle d'une autre dans chaque genre pendant la saison que le genre donne. Le Pêcher offre cependant une difficulté à cet égard ; il y a une distance assez grande entre les Pêches hâtives et les Pêches tardives. En attendant qu'une nouvelle espèce vienne remplir cette distance, on tâche de la diminuer en plantant quelques espèces hâtives à l'est ou à l'ouest, où elles mûrissent moins vite, et en plantant les espèces tardives au plein midi pour en avancer la maturité.

Il existe aujourd'hui peu de jardins où les arbres fruitiers aient été choisis avec le discernement convenable : aussi trouve-t-on une profusion de fruits dans certains mois de l'été et de l'automne, et peu ou point dans d'autres mois des mêmes saisons.

Les murs ayant la propriété, sous notre climat, de faire mûrir les fruits plus promptement et de les rendre la plupart plus gros, plus beaux et meilleurs, c'est un avantage dont l'horticulture tire un parti d'autant plus grand que le choix des fruits cultivés en espalier a été plus judicieusement fait. L'horticulteur ne peut donc apporter trop de discernement dans le choix des espèces de fruits qu'il plante en espalier. Les Pêches doivent y occuper la plus grande et la meilleure place, parce que ce fruit délicieux ne mûrirait pas ailleurs. Toutes n'exigent cependant pas le même degré de chaleur pour bien mûrir, les tardives en demandent beaucoup et les hâtives un peu moins : les premières seront donc placées au midi, et les secondes à l'est et à l'ouest ; mais, d'après le besoin que nous avons de hâter encore la maturité de celles qui sont naturellement hâtives, nous placerons aussi quelques-unes de celles-ci à l'exposition la plus chaude du midi, afin d'en obtenir des fruits mûrs huit ou quinze jours plus tôt qu'aux autres expositions.

Le second fruit, qui exige l'exposition la plus chaude de l'espalier pour pouvoir mûrir sous notre climat, est le Raisin muscat ; mais il ne faut lui ménager qu'une petite place, parce qu'il n'est pas du goût de tout le monde ; quelques mètres de cette Vigne suffisent dans les plus grands jardins. Le Chasselas, au contraire, est du goût de tout le monde, on ne peut en avoir trop dans un jardin ; il n'exige pas le plein midi pour mûrir, l'est et l'ouest lui suffisent ; mais, pour en obtenir le plus tôt possible après celui qui aura été forcé en serre, on doit en planter quelques mètres à l'espalier du midi, pour pouvoir attendre la maturité de celui planté à l'est et à l'ouest.

Le troisième fruit, qui réclame aussi une large part de l'exposition du midi, est le Bon-Chrétien d'hiver. Celui qu'on plante à cette exposition devient plus beau et meilleur que celui planté à l'est ou à l'ouest et dans les plates-bandes des carrés. On doit en planter beaucoup dans un grand jardin, à cause de sa longue garde, qui est d'une grande ressource dans l'arrière-saison.

Les Poires d'hiver, en général, gagneraient beaucoup à être plantées en espalier, mais on n'a jamais assez de place pour les y planter toutes ; on doit cependant y mettre quelques pieds de celles qui sont le plus méritantes par leur volume et leur saveur, surtout de celles dont la chair est fondante, comme les Bergamotes de Soulers et de Hollande. Il existe actuellement une Poire d'hiver d'un moyen volume, qui paraît supérieure à beaucoup d'autres par sa chair fondante, son parfum et sa longue garde : elle a été trouvée à Enghien, par M. Parmentier, qui lui a donné le nom de *Poire fortunée*. On ne la cultive pas encore généralement en France ; il faut, en sa qualité de Poire tardive et à cause de son rare mérite, qui cependant ne se manifeste pas tous les ans, lui donner une place distinguée à l'espalier du midi.

Aucun des autres fruits habituellement cultivés dans les jardins fruitiers-potagers ne réclame nécessairement l'espalier pour mûrir sous notre climat ; mais beaucoup d'entre eux gagnent cependant à y être placés. Ainsi, pour augmenter le volume, la beauté et le parfum du Beurré, du Saint-Germain, de la Crassane et de quelques autres, on en plantera aux trois expositions favorables des espaliers. On pourra y planter aussi un ou deux Abricots-Pêches, parce qu'ils y viennent plus gros, plus beaux, moins galeux; mais ils y perdent de leur saveur. Enfin, en faisant la répartition des places de l'espalier, il ne faudra pas oublier d'en ménager une au midi pour un individu au moins de l'espèce la plus précoce de chaque genre de fruit, si, comme nous l'entendons ici, on plante le jardin d'une grande maison où l'horticulteur soit tenu de fournir des primeurs de toute espèce, aussi bien que des fruits de première qualité.

Le goût n'étant guère porté vers les Pommes hâtives, je ne vous conseille pas de leur consacrer une place à l'espalier pour en accélérer encore la maturité.

J'ai peu de choses à vous dire sur l'emplacement des espèces de fruits à planter dans les plates-bandes qui entourent les carrés d'un jardin fruitier-potager. Je vous ferai observer seulement qu'on ne doit pas y avoir d'arbres à haute tige, parce que leur ombre nuirait aux espaliers et aux légumes cultivés dans les carrés; qu'il ne faut dans ces plates-bandes que des quenouilles et des nains; qu'il serait difficile d'y placer des arbres à fruits à noyau, parce que ces arbres ne peuvent guère former de quenouilles agréables; qu'il vaut mieux les planter dans le verger, laisser croître leur tête en liberté pour en obtenir de meilleurs fruits; qu'il faut mettre les Poires les plus intéressantes et les plus délicates dans les plates-bandes des carrés les plus voisines du mur du midi, afin qu'elles profitent de la lumière et de la chaleur réfléchies par les murs; qu'il faut placer les espèces dont les quenouilles prennent un grand développement, comme, par exemple, le Bon-Chrétien d'été, de manière à ce qu'elles ne projettent pas d'ombre sur les espaliers; qu'il serait inutile d'y planter des Pommiers en quenouille, puisque les Paradis greffés en espèces de choix donnent les plus belles Pommes, et que d'ailleurs c'est dans le verger que les Pommes communes doivent être cultivées en quantité.

Voici encore une considération d'un autre ordre non moins essentielle que les précédentes, c'est de savoir à quelle distance les uns des autres les arbres doivent être plantés, non-seulement pour que leurs racines ne se disputent pas trop la nourriture entre elles, mais encore pour que leurs rameaux ne se nuisent pas réciproquement. Il faut que ceux que l'on place dans les plates-bandes des carrés ne produisent pas trop d'ombrage sur la terre, et qu'ils jouissent d'assez d'air et de lumière pour que leurs fruits en ressentent toute l'influence. Quant à ceux que l'on plante en espalier, on doit prévoir l'étendue qu'ils prendront dans leur plus grand développement, afin de les espacer de manière à ne pas voir les murs longtemps découverts ni les arbres se gêner réciproquement. Pour cela, on aura égard à la force et à l'étendue que prend naturellement chaque espèce greffée sur tel ou tel sujet.

Toutes les considérations dont je viens de vous occuper auront dû être résumées longtemps avant l'époque de la plantation, parce que c'est d'après elles qu'on se dirige dans le choix et dans le nombre des espèces de chaque genre d'arbres fruitiers que l'on doit planter.

Il est impossible de fixer rigoureusement d'avance la distance que l'on doit mettre entre chaque arbre, parce qu'elle est subordonnée à la plus ou moins grande fertilité du sol, à la nature des espèces, à l'étendue plus ou moins grande du terrain que l'on a à planter, et enfin au désir que l'on a de jouir plus ou moins promptement de la plantation. Cependant il y a un terme moyen que l'on doit prendre pour base, et dont nous nous occuperons dans la prochaine séance.

Vous voyez, par ce rapide exposé, messieurs, que ce n'est pas du tout une chose aisée de planter le mieux possible le jardin fruitier-potager d'une grande maison, parce qu'il faut connaître parfaitement les fruits dans leurs qualités et dans l'époque de leur maturité, afin de n'être jamais pris au dépourvu dans une saison, et d'éviter la profusion dans une autre; qu'il faut, de plus, connaître le plus ou moins grand développement propre à chaque espèce, et savoir si la terre est de nature à favoriser ou à restreindre ce développement.

VINGT-NEUVIÈME LEÇON.

Suite du jardin fruitier.

Messieurs, ayant commencé la plantation du jardin fruitier-potager par le Pêcher en espalier, il convient que nous achevions de garnir nos murs avant de nous occuper de planter les plates-bandes des carrés , car il est avantageux de procéder toujours méthodiquement et de terminer une chose avant d'en commencer une autre. Nous avons commencé par le Pêcher, parce que c'est l'arbre le plus précieux d'un jardin ; nous allons planter le Raisin muscat, parce qu'il exige non-seulement l'espalier aussi bien que le Pêcher, mais encore l'une des meilleures expositions au midi, pour pouvoir mûrir sous notre climat.

On connaît à Paris six sortes de Raisin muscat : le Muscat blanc ordinaire, qui est le plus connu et le plus cultivé; le Muscat d'Alexandrie, dont le grain, également blanc, est ovale et beaucoup plus gros; c'est celui qui mûrit le plus difficilement; le Muscat rouge et le Muscat violet, qui diffèrent si peu entre eux, qu'on les confond aisément; le Muscat noir, moins serré que les précédents, et le Muscat arrouya, également noir, qu'on ne connaît à Paris que depuis qu'il a été introduit dans la pépinière du Luxembourg, vers 1804, et d'où il a passé dans divers jardins des environs : ce dernier est celui qui mûrit le plus facilement

Chacun de ces Muscats a son mérite particulier; mais le Muscat blanc paraît sur les tables plus souvent que les autres, soit parce qu'on le trouve meilleur, soit plutôt parce qu'il est plus connu. Quoi qu'il en soit, nous devons l'introduire dans le jardin que nous plantons, mais en bien moins grande quantité que le Chasselas, dont nous parlerons bientôt. Je crois même vous avoir déjà dit que 6 ou 8 mètres de Muscat suffisent dans le plus grand jardin, tandis qu'on ne peut y planter trop de Chasselas , parce que ce dernier Raisin est du goût de tout le monde, et qu'il y a beaucoup de personnes qui n'aiment pas le Muscat.

Vous voyez partout de la Vigne en espalier, mais vous en voyez rarement de bien cultivée ; presque toujours il y a de grandes places vides, perdues, tandis que les murs devraient être bien couverts et offrir près de trois cents grappes par 2 mètres carrés. Il n'existe encore qu'un seul endroit où l'on cultive parfaitement la Vigne en espalier, c'est à Thomery, village auprès de Fontainebleau. Nous allons voir d'abord comment les habitants de ce pays la plantent, plus tard nous verrons comment ils la cultivent. Vous devez être disposés à adopter la méthode de Thomery, puisque vous savez déjà que le Raisin qui se vend à Paris sous le nom de *Chasselas de Fontainebleau* vient de Thomery en très-grande partie, qu'il est le meilleur qu'on puisse manger, et que son prix est toujours plus élevé que celui qui vient d'un autre endroit.

Ne croyez pas que la supériorité de ce Raisin lui vienne d'un terrain propice ; la terre de Thomery n'est, au contraire, favorable ni à la précocité ni à la qualité des fruits ; elle est argileuse, froide, pourrissante, inclinée au nord-est et d'une grande difficulté à travailler. C'est à l'intelligence et à l'industrie des habitants de Thomery que leur Raisin doit sa supériorité sur tous les autres. Voici comme ils plantent.

Méthode de planter la Vigne à Thomery.

Les enclos de Thomery sont formés de murs hauts de 2^m,65, terminés par un chaperon saillant de 23 à 25 centim. du côté intérieur, qui sert à éloigner l'eau de pluie des espaliers, et à modérer la vigueur des pousses de la Vigne dans sa partie supérieure. L'intérieur des enclos est divisé par des murs de refend, hauts seulement de 2 mèt., et dont le chaperon forme une saillie de 18 à 21 centim. de chaque côté. Ces murs de refend sont espacés de manière à former des carrés de 15 à 20 mèt. de côté, à peu près comme à Montreuil, et propres à concentrer la chaleur. Tous sont garnis de treillages dont les montants sont espacés de 65 centim. , et dont les traverses ou lattes horizontales sont à 24 centim. de distance ; la première traverse du bas est à 16 centim. de terre. Vous verrez plus tard que ce treillage à grandes mailles convient pour cultiver la Vigne *à la Thomery*, c'est-à-dire sous la forme usitée dans ce pays. Les plates-bandes qui règnent le long de ces murs ont 1^m,65 de largeur, et sont plus élevées du côté du mur que du côté de l'allée, parce que la terre est naturellement humide : voici comme on y plante la Vigne.

On défonce, on ameublit et on fume toute la plate-bande jusqu'à la profondeur de 40 à 50 centim., ensuite on fait une tranchée large de 65 centim., profonde de 24 à 27 centim., parallèle au mur et à 1^m,65 de distance de ce mur, tout du long de la plate-bande. On se procure la quantité de marcottes ou de crossettes nécessaires, qui ont dû être toujours choisies sur les ceps qui donnent le Raisin le plus parfait; après en avoir ôté les onglets, les vrilles et tout ce qu'il y a de nuisible, on les couche en travers, dans le fond de la tranchée, à 55 centim. l'une de l'autre, en tournant le bout supérieur du côté du mur, ensuite on les recouvre de 10 à 12 centim. de bonne terre, que l'on plombe un peu avec le pied, tandis que d'une main on relève le bout supérieur pour l'amener à peu près dans la direction verticale, et que quelques-uns de ses yeux se trouvent hors de terre; on achève de remplir la tranchée jusqu'aux deux tiers, on met par-dessus 8 centim. de bon fumier gras à moitié consommé, qui sert à maintenir la terre fraîche et à favoriser le développement des racines. Enfin, en mars, on rabat le plant sur deux bons yeux les plus près de terre.

Comme la terre de Thomery est forte et que l'on craint l'humidité, on donne une légère pente à la plate-bande du côté de l'allée; mais cette précaution serait inutile dans une terre légère et plus sèche. La terre qui n'est pas rentrée dans la tranchée, puisqu'on ne l'a pas emplie entièrement, se répand sur la plate-bande et sert à l'exhausser du côté du mur.

Quand les yeux du plant se sont développés en bourgeons, on supprime les plus faibles et on ne conserve que le plus fort de chaque plant, que l'on attache verticalement à un échalas à mesure qu'il grandit, et dont on favorise le développement par tous les moyens connus. Si l'été était sec, il faudrait mouiller abondamment le fumier de la tranchée, pour favoriser le développement des racines.

Telles sont les opérations de la première année; mais la Vigne est encore loin du mur, et cependant il faut qu'elle le joigne : voici l'opération de la seconde année.

En novembre ou pendant l'hiver jusqu'en mars, quand le temps le permet, on ouvre une seconde tranchée à côté de la première et parfaitement semblable; on y couche les bourgeons de l'année précédente, ainsi que le vieux bois qui était resté vertical, et on les recouvre de terre et de fumier comme dans la première plantation : alors le sommet du plant ne se trouve plus qu'à environ 33 centim. du mur; on le taille en mars sur deux yeux près de terre, et il en sort de vigoureux bourgeons qui donnent déjà quelques grappes; on ne laisse cependant qu'un bourgeon sur chaque pied, afin qu'il devienne aussi fort que possible, et on l'attache verticalement à un échalas, comme son prédécesseur l'a été l'année d'auparavant.

Enfin une troisième tranchée et un second couchage opérés, l'année suivante, achèvent d'amener le sommet de tous les bourgeons contre le mur, où l'on doit les attacher à 55 centim. l'un de l'autre.

Telle est la méthode rigoureusement suivie dans la plantation de la Vigne à Thomery : vous voyez qu'elle diffère beaucoup de celle usitée dans les autres jardins, et que, si ses résultats sont plus avantageux, sa dépense en temps et en argent est aussi plus considérable; et comme, malgré la dépense, les habitants de Thomery y tiennent et en sont satisfaits, nous devons l'analyser et la comparer avec la méthode ordinaire, pour savoir si nous devons l'adopter telle qu'elle est, ou si, en la simplifiant, on n'en obtiendrait pas un résultat tout aussi avantageux.

La première chose qui frappe dans cette méthode est de voir qu'on ne plante les pieds de Vigne qu'à 55 centim. l'un de l'autre : cela vous semble trop près de prime abord; mais quand je vous aurai dit que chaque pied sera assujetti à n'avoir jamais que deux bras, longs chacun de 1^m,33, ce qui fait en tout 2^m,66, vous concevrez qu'il leur faudra beaucoup moins de nourriture que si, selon l'usage ordinaire, leurs bras étaient plus nombreux et d'une longueur infiniment plus grande : ainsi cette méthode est inattaquable sous le rapport de la distance des pieds de Vigne entre eux. Voyons maintenant si les habitants de Thomery sont bien fondés à planter leur Vigne à 1^m,65 du mur pour l'en rapprocher ensuite par des couchages successifs.

Nous ferons d'abord remarquer que cette manière de planter retarde la pleine récolte de deux ans et qu'elle exige une dépense de temps assez considérable; tandis qu'en plantant d'abord au pied du mur, selon la méthode ordinaire, on jouit plus promptement et on dépense beaucoup moins : voilà une différence notable entre les deux méthodes. Voyons donc pourquoi les habitants de Thomery ont choisi la plus dispendieuse.

En plantant leurs Vignes à 1^m,65 du mur et en les couchant ensuite plusieurs fois pour en amener le sommet jusqu'au pied du mur, les inventeurs de la méthode de Thomery ont dit : « Par ce « moyen, nos ceps auront des racines sur une longueur de 1^m,65; « ces racines seront nécessairement plus nombreuses que si le cep « n'était enterré que dans une longueur de 18 à 21 centim., selon « l'usage ordinaire; et, comme la vigueur d'une plante est en raison « du nombre ou du volume de ses racines, il en résultera que nos

« ceps pousseront plus vigoureusement que ceux plantés à la ma-
« nière ordinaire et dont le nombre des racines est toujours moins
« considérable. »

Ce raisonnement, qui peut vous paraître sans réplique, est cependant de nature à être victorieusement combattu par la physiologie végétale et par des faits qui sont à la connaissance de plusieurs d'entre vous. Je vais d'abord vous rappeler quelques-uns de
ces faits, que je vous expliquerai ensuite au moyen de la physiologie
végétale.

Il est bien reconnu dans les pépinières qu'un arbre qui fait deux
couronnes de racines, l'une de 10 à 16 centimètres au-dessus de
l'autre, est un arbre défectueux, parce que les racines de la couronne inférieure finissent par mourir.

Quand vous marcottez par couchage un arbrisseau ou un jeune
arbre qui n'a qu'une seule tige, et que la marcotte fait des racines,
l'ancien pied périt nécessairement, s'il ne se développe pas une nouvelle tige à son collet ou dans la longueur qui reste entre ses racines
et la marcotte.

Dans les pays où l'usage est de provigner la Vigne chaque année,
les plus anciennes souches périssent à mesure que le provignage
s'en éloigne.

Quand vous serez plus avancés en botanique et que vous herbo-
riserez dans les champs et dans les bois, vous trouverez des plantes
traçantes et stolonifères, telles que des *Agrostis*, des *Aira*, des
Thymus, des *Sedum*, des *Salix*, dont le pied est mort depuis longtemps, mais dont les rameaux sont pleins de vie et s'étendent au
loin au moyen de nouvelles racines qu'ils développent successivement à mesure que les anciennes périssent. Ces faits et plusieurs
autres, que ma mémoire ne me rappelle pas, s'expliquent parfaitement par les lois de la physiologie végétale, et voici comment.

D'abord les racines et les tiges se prêtent un mutuel secours.

Si les racines envoient de la séve à la tige, celle-ci leur renvoie,
à son tour, une matière plus élaborée, capable de les faire grossir
et de les faire allonger.

La matière qui descend de la tige dans les racines est non-seulement propre à augmenter le volume de ces racines, mais elle est
encore propre à en former de nouvelles; sa nature est aussi de
tendre à arriver à la terre par le chemin le plus court ou le plus
facile.

Ainsi, quand on plante un arbre muni de deux couronnes de racines, la matière qui descend de la tige, trouvant près de la
surface du sol les racines de la couronne supérieure, s'y porte tout

entière, et les racines de la couronne inférieure, ne recevant rien, sont forcées de périr.

Lorsque vous faites une marcotte par couchage, le coude que vous causez à la tige couchée empêche déjà celle-ci d'envoyer de la matière à la racine; cette matière, arrêtée par le coude, s'accumule dans la partie la plus basse de l'arc, y produit des mamelons qui s'allongent en racines, dans lesquels se porte la matière qui descend encore de la tige : alors il n'en passe plus du tout aux racines du pied mère, et, si ce pied mère ne développe pas une autre tige pour fournir de la matière à ses racines, il périt.

Quand vous arrachez une vieille souche d'Asperge, vous trouvez que le bout le plus ancien est toujours mort, ainsi que les plus anciennes racines, parce qu'il ne se développe plus de tiges sur ce vieux bout; toute la souche périrait même bientôt, si, dès la fin de juin, on ne cessait pas de cueillir les Asperges, afin que les tiges se forment et envoient de la matière propre à produire des racines dans la terre.

Dans les plantes traçantes, la matière qui descend des tiges fait facilement éruption aux nœuds de ces tiges et s'y développe en racines pour arriver à la terre par le chemin le plus court; alors les anciennes racines, ne recevant plus rien des tiges, périssent ainsi que le bas des tiges : c'est ainsi que ces plantes changent de place et paraissent voyager.

Quand vous abattéz un gros arbre rameux, vous voyez toujours que ses racines supérieures sont plus grosses que les racines inférieures : cela vient de ce que la matière qui descend des bourgeons dans les rameaux et des rameaux dans le tronc finit par se porter avec plus d'abondance dans les premières racines qu'elle rencontre que dans celles qui sont plus bas et plus loin. Le pivot lui-même, dont les auteurs recommandent tant la conservation, cesse d'augmenter encore fort jeune, parce que la matière qui descend de la tige est attirée par les racines latérales et n'arrive plus jusqu'à lui.

Vous voyez, messieurs, par tous ces exemples, que, quand il se développe une nouvelle racine plus élevée qu'une ancienne, la matière qui descend de la tige se porte de préférence dans cette nouvelle racine plus élevée ou moins éloignée.

Si maintenant nous nous reportons à la manière dont les cultivateurs de Thomery plantent leurs Vignes en espalier, ne vous semblera-t-il pas que ces cultivateurs n'atteignent pas le but qu'ils se proposent, qui est d'obtenir des racines toutes vivantes et en même temps de longue durée, sur une longueur de $1^m,65$, du bas de leurs ceps? Ne croirez-vous pas, au contraire, que les plus anciennes périssent, et qu'il n'y a que les plus nouvelles qui vivent et persistent sur une longueur de 35 à 50 centim. du cep? Je n'ai pas vérifié le fait en visitant les treilles de Thomery ; mais je serais bien étonné si les Vignes de ce pays conservaient des racines vivantes sur une longueur de 1^m,65 du bas des ceps.

Quoi qu'il en soit, comme on obtient facilement de la Vigne une végétation très-vigoureuse et de longue durée, avec le secours de la bonne terre et des engrais, en plantant des marcottes ou des crossettes couchées seulement dans une longueur de 50 à 55 centim., je ne vois pas la nécessité de les coucher sur une longueur de 1^m,65. Nous nous éloignerons donc de la méthode de Thomery en ce point seulement ; mais nous la suivrons dans tout le reste, qui est ce que l'on connaît de plus parfait. Je dois vous inviter à visiter à Montreuil, chez M. *Félix Malot*, des Vignes qu'il cultive selon la méthode de Thomery, avec divers perfectionnements dignes de votre attention.

Je vais vous rappeler la manière de planter la Vigne en espalier à peu près aussi simplement qu'on la plante ordinairement, avec cette différence que nous mettrons les plants beaucoup plus près les uns des autres qu'on ne le fait habituellement.

Lorsqu'on est décidé à planter de la Vigne muscat ou autre en espalier, il faut d'abord savoir si on plantera des marcottes ou des crossettes. On trouve partout des crossettes pour rien ; mais les marcottes il faut les acheter, si on n'en a pas fait soi-même. On distingue les marcottes en marcottes en panier et en marcottes à racines nues : les premières peuvent donner du Raisin la première année de plantation ; les secondes et les crossettes, la troisième année. Il faut choisir celles qui ont le bois le plus gros, bien mûr, et long de 1 mèt. au moins.

Plusieurs pépiniéristes vendent des marcottes qui ont été couchées en panier et en mannequin à claire-voie, où elles se sont enracinées ; ces marcottes se plantent avec leur panier couché, et, par conséquent, en motte ; leur reprise est plus certaine et leur végétation plus vigoureuse la première année ; mais il s'est introduit une petite supercherie dans cette partie du commerce : quelques-uns, vers l'époque de la vente, plantent dans des paniers des marcottes déjà enracinées en pleine terre et les vendent comme ayant été marcottées dans le panier même. Les connaisseurs ne se laissent pas prendre au change, mais les personnes qui n'entendent rien en culture y sont prises. Mieux vaudrait pour elles planter des marcottes à racines nues qu'un plant dont les racines sont serrées et froissées dans un panier.

Quand on s'est procuré le nombre de marcottes ou de crossettes nécessaires, on les nettoie en supprimant les vrilles et les bourgeons prématurés, s'il y en a. Il est bien entendu que l'on a défoncé et fumé d'avance la plate-bande où l'on veut former sa treille, et que l'on est dans la saison favorable à la plantation : alors on y procédera de la manière suivante.

Plantation de marcottes de Vigne en panier.

A 1^m,55 du mur, on ouvre une fosse perpendiculaire au mur, large de 33 à 35 centim., longue de 1 mètre, profonde de 24 à 27 centimètres du côté du mur, et de 55 à 58 centimètres à l'autre bout. On couche le panier dans le bout le plus profond, et à une distance du mur telle qu'il y ait une longueur de 40 à 45 centimètres de la marcotte couchée dans la fosse; on couvre la partie couchée de 10 à 12 centimètres de bonne terre meuble, que l'on plombe un peu avec le pied, pour qu'il ne s'y trouve pas de vide; on met sur cette terre et même sur le panier 8 centim. de fumier gras consommé; ensuite on achève de remplir la fosse avec la terre qui en était sortie, en dirigeant verticalement le bout de la marcotte non enterrée contre le mur.

La seconde marcotte se plante de la même manière, à 55 centim. de la première, et ainsi de suite; à la fin de février ou dans les premiers jours de mars, si on a planté plus tôt, on rabat toutes les marcottes sur deux bons yeux les plus près de terre.

Plantation de marcottes de Vigne à racines nues.

Le procédé est le même que le précédent, sinon que, n'ayant pas de panier à enterrer, la fosse n'a que 33 à 35 centim. de profondeur dans toute sa longueur, et qu'il faut étendre convenablement les racines à droite et à gauche avant de les recouvrir de terre.

Plantation de crossettes de Vigne.

Les crossettes se plantent absolument comme les marcottes enracinées; mais il est bon de plomber la terre un peu plus, de la recouvrir d'une plus grande épaisseur de fumier consommé, et surtout de les arroser souvent dès que la chaleur arrive. On ne doit pas s'attendre qu'elles pousseront aussi vigoureusement la première année que les marcottes, il suffit qu'elles s'enracinent bien et développent quelques bourgeons.

Je dois vous faire connaître deux expériences que j'ai faites dans ma jeunesse, qui, si elles étaient répétées et qu'on en obtînt le succès que j'en ai obtenu, seraient de nature à modifier la manière ordinaire de planter des crossettes.

Une fois, j'ai planté des crossettes dans du fumier de vache très-consommé ; elles y ont fait, dans la même année, des racines et des pousses deux ou trois fois plus considérables que d'autres plantées en terre.

Une autre fois, j'en ai planté dans de la terre de bruyère pure de première qualité, et elles ont également poussé avec une supériorité remarquable sur celles plantées en terre ordinaire. D'autres expériences prouvent que le terreau est également d'autant plus propre à faire pousser des racines à plusieurs sortes de boutures qu'il est plus neuf ou moins usé.

On peut donc croire, d'après ces expériences, qu'il serait avantageux de mettre dans le fond de la fosse 5 centim. de fumier gras bien consommé, ou de terreau, ou de terre de bruyère, de coucher la crossette dessus, de recouvrir celle-ci d'une pareille épaisseur des mêmes substances, et enfin de remplir la fosse avec de la terre.

Le Muscat, le Chasselas et toutes les espèces de Raisins se plantent de la même manière et à la même distance lorsqu'on veut les cultiver en espalier *à la Thomery* ; mais, si on voulait établir plusieurs cordons les uns au-dessus des autres sur le même cep, on les planterait plus éloignés en raison du nombre et de la longueur des cordons. Quelquefois on ne plante qu'un seul cep pour en obtenir un ou deux cordons d'une très-grande longueur, comme, par exemple, de 25 à 30 mètres.

Des cordons de cette longueur sont, en effet, une chose curieuse ; mais je dois vous prévenir que les longs cordons ne donnent de belles grappes que vers leurs extrémités, et que les coursons du centre s'appauvrissent promptement, meurent la plupart, et laissent des places vides qu'il n'est pas possible de remplir en conservant l'harmonie et les distances. Quand nous serons à la taille de la Vigne, nous reparlerons des cordons et des coursons. Maintenant je me borne à vous rappeler que 6 à 8 mètres de Muscat en espalier au plein midi suffisent pour le plus grand jardin, à moins que le propriétaire n'ait un goût particulier pour ce Raisin ; qu'il faut planter aussi au plein midi 14 à 16 mètres de Chasselas pour en hâter la maturité, mais que le reste, et en beaucoup plus grande quantité, doit être planté à l'est et à l'ouest.

Il y a encore deux Raisins que je dois vous désigner particulièrement, c'est le Verjus, et le Raisin précoce ou de la Madeleine. Le premier étant indispensable pour le service de l'office, on en plantera plus ou moins en raison de l'importance de l'office; et, comme il n'est pas nécessaire que ce Raisin mûrisse pour en obtenir le Verjus, on le placera au nord. C'est une espèce vigoureuse qui réclame peu de soins, et dont le grain est blanc et les grappes fort grosses. Quant au Raisin précoce ou de la Madeleine, Duhamel ne lui a pas rendu justice en disant « qu'on ne le sert guère sur les tables que pour le plaisir des yeux. » Si on le cueille, en effet, dès qu'il est noir, vers le 20 juillet, il n'a pas grand mérite; mais, si on le laisse mûrir jusque vers la fin d'août, on le trouve alors très-bon, et on peut le laisser sur la treille jusqu'à cette époque, vu que les mouches ne l'attaquent pas : on peut donc en planter, plus qu'on ne le fait actuellement, au midi et au couchant.

Si on tient à cultiver aussi quelques autres Raisins, il suffira d'en avoir un pied ou deux de chacun, parce qu'ils ne peuvent être considérés que comme des Raisins de fantaisie après le Chasselas, et on placera chacun d'eux à l'exposition la plus favorable à sa maturité.

Je crois vous avoir suffisamment exposé les meilleurs procédés à suivre dans la plantation du Pêcher et de la Vigne en espalier; nous commencerons la prochaine leçon par l'examen des autres fruits qui exigent aussi l'espalier, soit pour leur perfection, soit pour avancer leur maturité.

TRENTIÈME LEÇON.

Suite du jardin fruitier.

Messieurs, en plantant nos Pêchers et nos Vignes en espalier, nous avons dû y ménager de la place pour plusieurs autres espèces de fruits qui, quoique n'exigeant pas impérieusement la faveur de l'espalier, y viennent cependant plus beaux et meilleurs; nous avons dû y conserver aussi une petite place à l'exposition la plus chaude pour quelques espèces hâtives, afin d'en augmenter encore la précocité; enfin, quoique la Poire de Bon-chrétien ne mûrisse pas même à l'espalier sous notre climat, elle y obtient du moins un degré de perfection qui la rend précieuse pour l'arrière-saison; et, comme je vous l'ai déjà dit, nous devons lui ménager une large place à l'espalier du midi. Ainsi, outre le Pêcher et la Vigne, que nous avons déjà placés aux espaliers, nous avons encore quatre séries de fruits à y planter, mais dans des proportions très-diverses et sous des points de vue différents. La première série comprend les fruits précoces dont nous voulons avancer encore la maturité; la seconde série comprend quelques excellents fruits en plein air, mais qui acquièrent encore des qualités et de la beauté en espalier; la troisième série renferme un petit nombre de Poires dites d'hiver, qui ont besoin de toute la chaleur de l'espalier pour arriver non pas à maturité, puisque cela leur est impossible sous le climat de Paris, mais jusqu'à un certain état susceptible de se perfectionner dans la fruiterie; la quatrième série, enfin, se compose de fruits dont on se propose de retarder la maturité. Je vous citerai les principaux fruits de chacune de ces séries.

PREMIÈRE SÉRIE. — *Fruits précoces dont on augmente encore la précocité en les plaçant en espalier au midi.*

La plupart des fruits naturellement précoces ayant peu de qualités, on ne doit en planter que très-peu. Ainsi, pour avoir des Cerises le plus tôt possible sans le secours des serres, on plantera un seul pied de Cerisier nain et deux pieds de Cerisier d'Angleterre à l'espalier du midi. Ces arbres y mûriront leurs fruits douze ou quinze jours avant ceux de même espèce plantés en plein vent.

Pour obtenir des Prunes le plus tôt possible, on plantera aussi à l'espalier du midi un Prunier de Catalogne et deux Pruniers de précoce de Tours. La première est jaune, plus hâtive, et la seconde est bleue, meilleure et plus grosse.

Quant aux Abricots, un pied d'Abricotin et un pied d'Abricotier blanc suffisent en espalier; le dernier est de quelques jours moins hâtif que le premier, mais il est beaucoup meilleur. Duhamel l'appelait Abricot-pêche, parce qu'il a le goût de la Pêche.

Voici les quatre Pêches les plus hâtives selon l'ordre de leur maturité : 1° avant-Pêche blanche, 2° avant-Pêche rouge, 5° petite Mignonne, 4° grosse Mignonne. La première est curieuse, mais peu savoureuse; la seconde est bonne, la troisième vaut mieux, et la quatrième est encore meilleure. D'après cela, il est aisé de voir qu'il ne faut planter qu'un pied de la première, deux pieds de la seconde, trois pieds de la troisième, et quatre pieds de la quatrième à l'exposition du midi, pour pouvoir attendre la maturité des troisième et quatrième, plantées à l'est ou au couchant.

Telle est à peu près la quantité de fruits à noyau précoces qu'il convient de planter en espalier, au midi, dans un grand jardin. Parmi les fruits à pepins, il y a aussi quelques Poires précoces dont on avance la maturité par le moyen de l'espalier. Voici celles que je vous conseille de préférer pour cet objet.

La plus hâtive de toutes est l'Amiré-Joannet. Un seul pied suffit au midi, car elle est de médiocre qualité. Vient ensuite le Rousselet hâtif, puis la Madeleine, dont vous ne devrez également mettre qu'un seul pied en espalier; la Cuisse-madame leur succède, et celle-ci est remplacée par la Bellissime d'été : vous pourrez planter deux pieds de chacune de celles-ci, parce qu'elles sont meilleures que les précédentes. Après la Bellissime d'été, arrive l'Epargne, qui est la première Poire généralement estimée. Vous devrez en planter deux pieds au midi, deux pieds à l'est ou à l'ouest pour attendre la maturité de ceux en plein vent. Après l'Epargne, une foule d'autres Poires s'empressent de mûrir et d'offrir leur tribut à la main qui les cultive.

Si on excepte de tous ces fruits précoces la Pêche mignonne et la Poire d'épargne, le reste a fort peu de qualité et ne doit jamais paraître dans un petit jardin, à moins qu'on ne spécule sur la vente ; mais on ne peut se dispenser de les admettre dans le jardin d'une grande maison, où l'on fait de la dépense pour obtenir des primeurs.

Deuxième série. — *Fruits de bonne qualité dont on augmente le mérite ou la bonté en les plaçant en espalier au midi.*

Si l'on veut avoir de très-beaux Abricots-pêches, il faut en planter un pied ou deux à bonne exposition en espalier ; outre qu'on sera plus certain d'en obtenir des fruits, ces fruits y viendront aussi plus gros, plus beaux, mais moins colorés et moins savoureux qu'en plein vent.

Les Pêches qui ne mûrissent qu'après le 10 septembre exigent l'espalier du midi.

Quand on veut obtenir de la Reine-Claude et des Perdrigons rouges et blancs d'une qualité supérieure, il faut en planter quelques pieds à l'espalier du midi, y laisser les fruits jusqu'à l'extrême maturité, jusqu'à ce qu'ils soient ridés au soleil ; alors ils seront d'une saveur exquise.

Parmi les Poires à chair fondante qui mûrissent dans l'automne et dans le commencement de l'hiver, il en est quelques-unes dont on augmente la qualité et la beauté à la faveur de l'espalier ; il faut donc en planter quelques pieds à l'exposition du midi et de l'est. Les meilleures de ces Poires fondantes sont, suivant l'ordre de leur maturité, le Doyenné blanc assez variable, selon le terrain et les années ; le Doyenné gris, supérieur au précédent : les Beurrés gris et rouge ; les Crassane, Beurré-capiaumont, Sylvange, Beurré d'Aremberg, qui est peut-être la meilleure Poire connue, Duchesse d'Angoulême, Poire-sabine, Saint-Germain, Virgouleuse, Passe-colmar, Louise-bonne, variable en raison du terrain, Colmar, Beurré d'hiver, Bergamote de Soulers et Bergamote de la Pentecôte.

Non-seulement ces fruits acquièrent plus de qualité en espalier, mais ils mûrissent plus tôt, soit sur l'arbre, soit dans la fruiterie, que les mêmes espèces cultivées en quenouille à l'air libre, de sorte qu'il faut en planter à plusieurs expositions pour en prolonger la jouissance.

Troisième série. — *Fruits qui ont besoin d'éprouver beaucoup de chaleur à l'espalier pour pouvoir mûrir ensuite dans la fruiterie.*

Je ne crois pas que les fruits qui n'éprouvent pas une chaleur assez prolongée sur l'arbre pour y mûrir complétement soient jamais aussi bons qu'ils pourraient l'être s'ils y mûrissaient ; mais, comme nous les trouvons assez bons après qu'ils ont passé plusieurs semaines dans la fruiterie, et qu'ils sont pour nous d'une ressource d'autant plus grande qu'ils se gardent plus longtemps sous le nom de *fruits d'hiver*, leur culture entre dans la catégorie des *Prévoyances*, et mérite, par conséquent, tous nos soins.

Parmi les Poires d'hiver à chair cassante, le Bon-chrétien d'hiver tient toujours le premier rang, soit pour être mangé cru, soit plutôt pour être cuit en compote. L'Angleterre d'hiver, le Martin-sire, l'Angélique de Bordeaux, la Bellissime d'hiver, la Poire Chaptal, le Catillac même lui disputent bien quelquefois la prééminence dans l'office; mais, si quelques-unes d'entre elles font des compotes plus colorées que lui, aucune ne l'égale pour le parfum, surtout lorsqu'il a joui de tous les avantages de l'espalier. Cette dernière circonstance a été remarquée depuis longtemps, et depuis longtemps aussi beaucoup de personnes ne plantent le Bon-chrétien d'hiver qu'à la meilleure exposition de leurs espaliers. Je suis entièrement de cet avis, puisque, déjà deux fois, je vous ai prévenus de ménager une large place à vos espaliers du midi pour le Bon-chrétien d'hiver. Cela ne doit pas empêcher d'en planter aussi dans la contre-plate-bande en face de ces mêmes espaliers, où ils jouiront de la chaleur réfléchie par les murs.

Enfin, messieurs, je pense que le Bon-chrétien d'hiver est la seule Poire à chair cassante que nous devions planter à l'espalier du midi, parce qu'elle me paraît être la seule de cette série qui y gagne sensiblement.

Q̲uatrième série. — *Fruits dont on prolonge la conservation en en retardant la maturité.*

Le côté d'un mur qui regarde le nord peut être utilisé en y formant un espalier de Verjus, de quelques Pommiers, de Poiriers d'été et d'automne, dont on désire retarder la maturité; de Cerises communes et de Cerises du Nord, qui s'y conservent jusqu'en novembre; et enfin de Groseilles à grappes rouges et blanches, qui s'y conservent fort longtemps. Ces fruits ne sont pas aussi bons, à la vérité, que s'ils jouissaient de l'influence plus directe du soleil; mais il est toujours avantageux d'en trouver encore au nord quand ceux de toutes les autres expositions sont passés.

Dans cette longue énumération, je n'ai pas compris deux fruits que l'on peut considérer comme de fantaisie sous notre climat, et qu'on ne doit trouver que dans les jardins curieux, ce sont le Pistachier et le Jujubier. Si vous vous trouviez à même d'en planter, vous les mettriez en espalier en plein midi. Le premier étant dioïque, il faudrait en planter un individu sur lequel on aurait réuni les deux sexes par la greffe.

Maintenant nous allons dire un mot sur l'âge que doivent avoir les arbres que nous venons de reconnaître pour être plantés en espalier, et sur les soins à prendre dans leur plantation.

Vous vous rappelez que les arbres en espalier peuvent être élevés, au moyen de la taille, sous trois formes différentes, à peu près également bonnes, également admises, et qui sont la forme *à la Montreuil*, la forme *en éventail* et la forme *à la Forsyth*.

Quelle que soit celle de ces formes que vous vous proposiez d'adopter, vous devrez ne planter que des arbres nains d'un an de greffe et d'une belle venue. Comme la terre de vos plates-bandes aura dû être défoncée et bien améliorée, vous préférerez des Poiriers greffés sur Cognassier à ceux greffés sur franc, à moins que vous ne soyez sûrs que telle ou telle espèce ne réussit pas sur le Cognassier. Le premier avantage que vous trouverez à ne planter que des arbres d'un an de greffe, c'est que leurs racines n'étant pas encore d'une grande dimension, on les obtiendra entières et sans lésion avec plus de facilité, et vous serez les maîtres de ne raccourcir que celles qui devront l'être; le second avantage que vous obtiendrez sera que, en rabattant la tige à 14 ou 16 centim. de hauteur, les branches qui en sortiront seront facilement dirigées selon la forme que vous voudrez donner à l'arbre.

Quant à la plantation elle-même, aux soins et aux précautions qu'elle exige, ce sont les mêmes que pour le Pêcher, dont nous nous sommes précédemment occupés, de sorte qu'actuellement nous pouvons considérer nos espaliers comme entièrement plantés.

Maintenant il faut nous occuper de la plantation des plates-bandes qui entourent les carrés du jardin fruitier-potager dont nous venons de garnir les murs, en admettant toujours que ce jardin est fort grand et que la consommation des fruits est considérable. Nous supposerons aussi que les plates-bandes ont été défoncées et améliorées en même temps que les carrés, comme nous l'avons vu dans une des leçons précédentes.

Nous commencerons donc par nous rappeler que des arbres à haute tige avec leur large tête seraient nuisibles dans un jardin fruitier-potager : 1° parce qu'ils produiraient trop d'ombre sur le terrain; 2° parce que les racines d'un arbre s'allongeant en raison de l'étendue de ses branches, elles s'étendraient jusque dans les carrés et nuiraient à la culture des légumes; 3° parce que des arbres dont les têtes s'élèveraient plus haut que les murs d'un jardin arrêteraient les vents qui passent au-dessus, détermineraient des tourbillons et des rafales dans l'intérieur du jardin ; 4° parce que ces arbres, en grandissant, ombrageraient les espaliers, empêcheraient le soleil de luire dessus, et nuiraient à la qualité et à la quantité des fruits ; 5° enfin parce qu'ils empêcheraient le coup d'œil et détruiraient l'harmonie qui contribue à l'agrément d'un jardin fruitier-potager.

D'après ces considérations, on ne doit voir dans cette sorte de jardin que des arbres soumis par la taille à une forme régulière, agréable à la vue, qui ne la gêne en rien, qui n'intercepte ni l'air ni la lumière, et qui ne projette pas trop d'ombre sur les cultures. Déjà nous avons reconnu que les arbres en quenouille n'avaient aucun de ces inconvénients, et que c'était sous cette forme qu'on devait cultiver les Poiriers dans les plates-bandes des carrés d'un jardin fruitier-potager. Je vous ai dit aussi pourquoi nous devons préférer la forme en quenouille à la forme pyramidale, quoique quelques personnes donnent la préférence à cette dernière. Quant aux Pommiers, nous sommes convenus de n'en admettre que greffés sur Paradis, que l'on tiendrait en petits buissons arrondis. Nous nous bornerons même au petit nombre d'espèces qui paraissent sur les meilleures tables, et cultiverons les autres en plein vent dans le verger.

En parlant de la pépinière, nous avons remarqué que peu d'arbres à fruit à noyau s'élèvent facilement en quenouille, et qu'ils figurent assez mal sous cette forme dans un jardin fruitier-potager. Aujourd'hui j'ajouterai que la taille nuit à la qualité des fruits des espèces les plus vigoureuses de ces arbres, sans doute par le reflux qu'elle occasionne dans la séve. Si donc on tient à avoir quelques quenouilles de fruits à noyau dans le jardin fruitier-potager, il faudra que ce ne soient que les meilleures espèces, que celles qui n'exigent pas un grand développement et qui sont le moins rebelles à prendre la forme de quenouille.

Nous ne devons pas oublier qu'il nous faut une place abritée et chaude pour planter une douzaine de pieds de Figuier. Il n'est pas nécessaire que des Figuiers soient plantés aussi près d'un mur qu'un espalier ; mais il est bon qu'ils n'en soient pas éloignés. Ils se trouveraient fort bien dans la contre-plate-bande de la partie circulaire du jardin que je vous ai mis sous les yeux, et ce doit être à une exposition à peu près semblable qu'il faudra toujours tâcher de les placer. Quant aux espèces, c'est la Figue ronde blanche qui est la plus estimée et qui réussit le mieux à Paris. Si on est curieux d'en avoir d'autres espèces, il faudra se borner à un seul pied de chacune, pour ne pas diminuer le nombre de pieds de la première espèce, parce que c'est sur elle que l'on doit compter pour l'office.

Le Groseillier à grappe, à fruit rouge, blanc, perlé, les plus belles variétés de Groseillier à maquereau, et le Framboisier, ne doivent pas être oubliés dans la plantation d'un jardin; mais, comme ils n'exigent ni emplacement ni exposition déterminés, on ne s'en occupera qu'après la plantation des arbres proprement dits et qui exigent d'être placés symétriquement.

Je crois vous avoir énuméré les genres de fruits qui doivent entrer dans la plantation d'un grand jardin fruitier-potager. Je vous rappelle maintenant que les fruits médiocres ne doivent y entrer qu'en petite quantité et seulement pour combler, autant que possible, les intervalles qui se trouvent entre la maturité des bonnes espèces; mais c'est un calcul qu'il est difficile de faire rigoureusement. Cependant je compte mettre sous vos yeux des tables qui pourront vous être utiles pour vous diriger dans le choix des espèces, et sur le nombre relatif de chaque espèce qu'il faudra planter dans un jardin de telle ou telle grandeur.

Toutes les fois que l'on projette une plantation, il faut se faire une idée du nombre d'arbres dont elle sera composée, et cette idée ne peut être fixée qu'après avoir mesuré le terrain et déterminé la distance qu'il convient de mettre entre chaque arbre. Mais, pour planter avec discernement, il faut encore, par l'examen du terrain même, reconnaître s'il n'y aurait pas quelques espèces qui se refuseraient à y prospérer; car l'art et nos moyens ont leurs bornes, et on renoncerait à y planter ces espèces, si leur réussite n'était pas probable.

L'étendue du terrain étant connue, les distances étant fixées, il est aisé de connaître, par un calcul bien simple, combien on aura de pieds d'arbres à planter; mais la difficulté reste toujours la même au sujet du nombre relatif de chaque espèce qu'il conviendrait de planter. Les tables dont je viens de vous parler vous seront d'un grand secours pour résoudre ce problème, en attendant que votre pratique et votre expérience vous mettent en état de les corriger ou d'en faire de meilleures. Je vous renvoie donc à ces tables pour le moment, et nous allons continuer d'agir comme si nous étions bien fixés sur le nombre de chaque espèce que nous nous proposons de planter dans les plates-bandes des carrés d'un jardin fruitier-potager.

Avant de commencer cette opération si importante, il faut faire quelques réflexions, car elle est assez dispendieuse, et nous nous engageons explicitement ou implicitement à ce qu'elle obtienne le meilleur succès possible, non-seulement dans la reprise et le choix des espèces, mais encore par la belle forme des quenouilles qui la composeront. Or vous savez déjà que les pépiniéristes-marchands élèvent fort mal leurs quenouilles, qu'ils les allongent si vite que le bas et les côtés se trouvent dégarnis de branches à bois, et qu'il devient impossible de les en regarnir, à moins de rabattre la quenouille, ce qui, au reste, ne réussit pas toujours, et. dans tous les cas, retarde la jouissance qu'on se promet en plantant une quenouille. Je sais bien cependant qu'on en trouve quelques-unes dans les pépinières marchandes qui sont assez bien conformées, mais elles sont si rares qu'il serait difficile d'en rassembler quelques centaines, et que jamais on ne parviendrait à y réunir la collection spécifique nécessaire à la plantation d'un grand jardin fruitier-potager. Si ensuite on compare le prix d'une quenouille bien ou mal conformée à celui d'une greffe d'un an à basse tige, on verra que la quenouille coûte ordinairement le double.

D'après ces considérations, je pense que, si nous ne pouvons trouver de quenouilles formées selon le principe que je vous ai précédemment exposé, nous ferons bien de planter des basses tiges d'un an de greffe, et de les former nous-mêmes en quenouille selon ce même principe. Par ce moyen, nous serons sûrs d'avoir de meilleurs arbres, plus faciles à la reprise, d'une plus belle venue, plus dociles à la taille et plus susceptibles de prendre la forme régulière que nous voulons leur donner. D'ailleurs on ne recevrait pas nos excuses, si, quand un arbre est passé entre nos mains, nous rejetions ses défauts sur le pépiniériste qui nous l'aurait vendu; on nous dirait avec raison : pourquoi l'avez-vous acheté défectueux? Ainsi, jusqu'à ce que les pépiniéristes élèvent mieux leurs quenouilles, nous planterons des basses tiges d'un an de greffe que nous dirigerons nous-mêmes en quenouille.

Voyons maintenant quelle est la distance qu'il convient de mettre entre chacun des arbres en quenouille que nous nous proposons de planter dans les plates-bandes qui entourent les grands carrés d'un jardin fruitier-potager. Cette question nous conduit naturellement à des considérations préliminaires que nous devons examiner.

D'abord elle nous oblige à interroger notre mémoire sur le temps que met une quenouille pour atteindre le maximum de son développement. Si vous êtes encore trop jeunes pour connaître ce temps par votre propre expérience, moi qui ai vécu plus longtemps qu'une quenouille ordinaire, je puis vous apprendre qu'un arbre soumis à cette forme ne vit pas aussi longtemps que s'il était abandonné à lui-même, que les quenouilles ordinaires ne dépassent guère une trentaine d'années, et que les plus faibles finissent leur carrière à l'âge de quinze à vingt ans.

On remarque qu'à âge égal deux quenouilles peuvent être chacune d'un volume fort différent, en raison de leur espèce, du sujet sur lequel elles sont greffées, et de ce que le terrain convient à l'une mieux qu'à l'autre. Cette remarque pourrait conduire à mettre moins d'espace entre les quenouilles de petite stature, et à en mettre davantage entre celles qui prennent un plus grand développement; mais il en résulterait une irrégularité choquante, que l'on doit éviter dans un jardin dont la symétrie fait une partie de son agrément; on se borne seulement à tâcher d'entremêler les grandeurs de manière à ne pas voir toutes les fortes quenouilles d'un côté et toutes les faibles d'un autre.

Une autre considération qui se présente ici naturellement est de savoir si on doit espacer les quenouilles à la même distance dans un petit jardin que dans un grand; comme on n'a encore prescrit aucune règle à cet égard, il nous faut en chercher une dans l'harmonie générale de la nature.

En examinant ce qui nous entoure, nous voyons qu'il existe en tout des proportions qui nous plaisent plus que d'autres sans que nous puissions trop dire pourquoi, et les personnes qui sont le plus sensibles à ces proportions sont celles qui passent pour avoir le plus de goût. C'est surtout en architecture que les proportions qui plaisent le plus ont été le mieux étudiées, et où on les trouve le plus souvent réunies; une longue allée qui serait étroite ne nous semblerait pas aussi belle que si elle était d'une certaine largeur. Si les arbres d'une petite avenue étaient aussi éloignés les uns des autres que ceux d'une grande avenue, nous en serions aussi choqués que si ceux de cette dernière étaient très-rapprochés; cela tient à ce qu'il existe, dans la nature, des rapports, une harmonie que nous sentons sans pouvoir les définir, mais sur lesquels tous les hommes de goût sont d'accord. Tout nous dit que les arbres d'un petit jardin doivent être plus rapprochés que ceux d'un grand jardin, mais il n'existe pas de règles écrites à cet égard, et cependant nous aurions besoin d'en avoir une pour nous guider dans nos plantations; tâchons donc d'en établir une, non pas générale, mais au moins applicable aux arbres en quenouille qui nous occupent actuellement.

Si le développement des quenouilles d'un jardin était en rapport avec l'étendue de ce jardin, le rapport entre la distance des quenouilles devrait être en raison de leur développement, et rien ne serait plus aisé que de planter toujours convenablement; mais il n'en est pas ainsi, les quenouilles viennent aussi grandes dans un petit jardin que dans un grand, et pourtant l'harmonie demande qu'elles soient plus rapprochées dans le premier que dans le second : pour arriver à la règle que nous cherchons, il nous faut examiner jusqu'à quel point les quenouilles peuvent être rapprochées sans se nuire mutuellement, et jusqu'à quelle distance on peut les éloigner les unes des autres sans détruire l'harmonie et tomber dans la maigreur. Notre expérience nous apprend facilement que la distance de 4 mètres est la moindre qu'il soit possible de leur donner pour qu'elles puissent vivre longtemps sans se nuire, et que, si on les plantait plus rapprochées, on serait obligé d'en supprimer une entre deux, quelques années après.

Ce point arrêté, il faut voir quelle est la plus grande distance qu'il est convenable de mettre entre les quenouilles dans un grand jardin : ici nous avons plus de latitude, nous ne craignons plus que les quenouilles se nuisent réciproquement ; c'est le goût et l'harmonie que nous devons consulter pour arriver à un terme moyen. D'abord il faut nous représenter en imagination le port et la hauteur d'une belle quenouille de l'âge de quinze à vingt ans, et nous figurer l'effet que doit produire une longue ligne de quenouilles semblables. L'expérience nous a déjà appris que des arbres à haute tige et de grandes dimensions demandent une distance entre eux de 12 à 13 mètres ; mais des quenouilles n'exigent pas autant d'espace, puisqu'elles n'ont pas de tête à étendre : je pense donc que 8 mètres doivent être le maximum de la distance qu'il convient de mettre entre les quenouilles d'un grand jardin, pour éviter la confusion d'une part et la maigreur de l'autre.

Ainsi, en adoptant 4 mètres pour le minimum et 8 mètres pour le maximum de la distance que doivent avoir les quenouilles entre elles, afin que, d'une part, elles ne se gênent pas, et que, de l'autre, elles ne dépassent pas les proportions convenables, on peut trouver une règle pour les distances intermédiaires, ou un rapport entre l'étendue d'un jardin et la distance à mettre entre les quenouilles qu'on y plante ; mais ce rapport ne suivra pas la même progression dans les deux parties, je vais vous en donner la preuve.

Un jardin d'un quart d'hectare doit être considéré comme un petit jardin, nous y planterons donc les quenouilles à 4 mètres l'une de l'autre ; un jardin de 2 hectares doit être considéré comme un grand jardin, nous y planterons donc les quenouilles à 8 mètres l'une de l'autre. Mais entre ces deux grandeurs il y en a plusieurs autres, et c'est là que le rapport entre la grandeur du jardin et la distance des quenouilles change de progression. Si, par exemple, après avoir planté un jardin d'un quart d'hectare et y avoir placé les quenouilles à 4 mètres l'une de l'autre, nous plantions un autre jardin d'un demi-hectare, ce qui ferait le double du premier, nous tomberions dans une grande erreur, si nous doublions aussi la distance entre chaque arbre dans ce second jardin ; en suivant une telle progression, il arriverait que, dans un jardin de 2 hectares, les quenouilles seraient à 52 mètres l'une de l'autre, ce qui serait ridicule.

Voici le rapport à établir entre l'étendue d'un jardin fruitier-potager et la distance qu'il convient de mettre entre chaque quenouille.

ÉTENDUE DU JARDIN.	QUART D'HECTARE.	DEMI-HECTARE.	HECTARE.	HECTARE ET DEMI.	DEUX HECTARES.
Distance à mettre entre chaque quenouille.	4 mètres.	5 mètres.	6 mètres.	7 mètres.	8 mètres.

Quelle que soit l'étendue d'un jardin au-dessus de 2 hectares, on n'augmentera pas la distance des quenouilles, parce que l'on sortirait des proportions admises par le bon goût, si on les plaçait à plus de 8 mètres l'une de l'autre.

TRENTE ET UNIÈME LEÇON.

Suite du jardin fruitier.

Messieurs, après avoir reconnu qu'il vaut mieux planter des arbres d'un an de greffe, greffés à 14 ou 16 centimètres de terre, que des arbres plus âgés, mal formés en quenouille dans les pépinières ; après avoir fixé la distance à mettre entre chaque arbre que l'on se propose de planter dans les plates-bandes des carrés d'un jardin fruitier-potager, pour les élever en quenouille ; après avoir attiré votre attention sur le choix des espèces et sur le nombre relatif de chacune de celles qu'il convient de planter, en raison de la plus ou moins grande étendue du jardin, j'arrive à la plantation elle-même.

Je vous rappelle d'abord que, à moins que le terrain ne soit sensiblement froid ou humide, il vaut mieux planter pendant l'automne qu'au printemps ; que le mois de novembre est ordinairement le plus favorable pour cette opération, parce qu'alors la terre se divise encore assez facilement, et qu'elle s'insinue mieux entre les racines que quand elle est amollie par les pluies.

Je ne vous parlerai plus de la préparation de la terre des plates-bandes, puisque nous l'avons défoncée, amendée et fumée en même temps que les carrés ; mais nous devons dresser ces plates-bandes, leur donner 2 mèt. de largeur, si le jardin n'a pas moins de 1 hectare d'étendue, et 1^m,66 seulement, si le jardin a moins de 1 hectare. Quand les plates-bandes sont bien dressées et séparées des carrés par un sentier, on mesure leur longueur ; on la divise, au moyen de petits piquets, en autant de parties qu'elle doit contenir d'arbres, et de manière qu'il y ait toujours un arbre à chaque encoignure. La nécessité de placer un arbre à chaque encoignure oblige quelquefois à diminuer ou à augmenter un peu les distances précédemment indiquées ; mais, comme la différence est toujours très-légère, il n'en résulte aucun inconvénient. Les arbres doivent être plantés à 1 mèt. de la bordure, afin que, quand ils seront grands, leurs branches n'avancent pas jusqu'au-dessus de l'allée, et que leurs racines trouvent une nourriture abondante dans la terre défoncée de la plate-bande. Enfin on alignera les petits piquets, fichés à la place de chaque arbre, aussi exactement que si c'étaient les arbres eux-mêmes.

Quand chaque place d'arbre est marquée par un piquet, on compte les piquets pour savoir combien on a d'arbres à planter, et on se les procure, si on n'avait pas pu les élever soi-même d'avance.

Lorsqu'on n'a pas élevé soi-même les arbres à planter, il y a quelques précautions à prendre pour les obtenir bons. D'abord il faut s'adresser à un pépiniériste qui jouisse de la réputation de bien élever les arbres fruitiers, d'en bien connaître les espèces, et de ne pas fournir l'une pour l'autre. En septembre, on se rendra dans sa pépinière et on verra si la terre en est à peu près semblable à celle du jardin que l'on veut planter; plus les deux terres se ressembleront, plus le succès de la plantation sera probable. On examinera attentivement la vigueur des arbres, le luisant de leur écorce, la largeur et le vert de leurs feuilles; si toutes ces choses ne laissent rien à désirer, on portera son attention sur les sujets, pour voir si la greffe a été posée à la hauteur convenable, pour s'assurer qu'elle a été placée sur le premier jet du sujet, et non sur un second ou un troisième qui aurait succédé au premier; car, dans ce dernier cas, le sujet serait déjà vieux, il aurait déjà subi une ou deux amputations, ses racines seraient longues et difficiles à lever, enfin l'arbre ne serait plus dans les meilleures conditions possibles au succès de la plantation.

Une chose à laquelle on doit faire aussi beaucoup d'attention, c'est que le sujet ne soit pas d'un diamètre moindre que celui de la greffe à un an de pousse; car, si celui du sujet se trouvait moindre à cette époque, on aurait lieu de craindre que l'arbre ne prît pas, par la suite, le développement dont il est susceptible. Les espèces de petite stature, telles que les Rousselets, le Doyenné, peuvent se greffer sur un sujet de Cognassier, de la grosseur du doigt; mais les espèces à grande dimension, telles que les Bon-chrétien, l'Epargne, demandent à être greffées sur un sujet de la grosseur du pouce. Les pépiniéristes n'ont pas toujours l'attention de greffer les espèces vigoureuses sur les plus forts sujets, et il en résulte des arbres qui ne vivent pas aussi longtemps et qui ne prennent pas autant d'étendue que leur nature le comporte. Le même inconvénient n'a pas lieu en greffant une espèce faible sur un sujet fort.

Si, après avoir fait toutes ces remarques dans la pépinière, vous

croyez pouvoir y trouver le nombre d'individus et le nombre des espèces que vous devez planter, vous prierez le pépiniériste de prendre son *registre de greffes* et de vous mener dans les rangs des espèces que vous lui désignerez, pour que vous puissiez marquer
vous-mêmes les individus qui vous conviennent. Si, par hasard, le
pépiniériste ne tenait pas de registre, vous auriez lieu de craindre
qu'il y eût du désordre dans sa pépinière ; et à moins que vous-
mêmes n'ayez déjà acquis l'habitude de connaître les espèces à tout
âge, à l'inspection de leur port, de leur bois et de leurs feuilles,
vous risqueriez beaucoup d'en recevoir plusieurs les unes pour les
autres, ce qui vous causerait des désagréments par la suite. Je ne
vous conseille donc pas de vous fournir d'arbres fruitiers chez un
pépiniériste qui ne tient pas de registre de ses greffes, quelle que
soit, d'ailleurs, la beauté de ses arbres, si vous-mêmes n'avez pas
déjà la connaissance de beaucoup des espèces.

Quoique l'on plante souvent, avec succès, des arbres restés en
jauge pendant trois ou quatre mois après leur levée de la pépinière
ou après avoir fait un long voyage, je crois cependant qu'il est toujours avantageux de les planter le plus tôt possible, après leur sortie
de la pépinière. Si donc la pépinière n'est pas éloignée du jardin
que vous plantez, vous ne ferez lever les arbres que quand vous
serez prêts à les planter, afin que leurs racines ne se dessèchent pas
et que vous puissiez les conserver dans leur plus grande longueur ;
car moins il se passera de temps entre la levée et la plantation,
moins les racines auront besoin d'être raccourcies. Quand on déplante et que l'on replante de très-gros arbres avec succès, c'est
qu'on ne laisse que peu ou point d'intervalle entre la déplantation
et la replantation, et que leurs racines, levées avec précaution,
n'ayant pas eu le temps de se dessécher, n'ont à subir aucun raccourcissement.

C'est ici le cas de donner du développement à une question que
je n'ai fait que toucher dans une précédente leçon, en vous promettant d'y revenir quand nous en serions à la plantation du jardin
fruitier-potager ; cette question est de savoir, comme vous vous le
rappelez, si on doit planter les arbres sans en raccourcir les racines, ou si on peut les raccourcir sans inconvénient. Vous savez
que la Quintinye les raccourcissait extrêmement ; mais, depuis Duhamel, les auteurs conseillent de ne pas les raccourcir du tout. Les
praticiens les raccourcissent plus ou moins, et tous réussissent
tantôt bien, tantôt mal.

La Quintinye appuie son système par un grand nombre de raisonnements qui lui paraissent sans réplique.

Duhamel, qui le premier a proposé un système opposé à celui de la Quintinye, appuie aussi le sien par beaucoup de raisonnements que les auteurs contemporains répètent à l'unisson. Les praticiens, ignorant la plupart ce que la Quintinye et Duhamel ont pu dire, tiennent, sans s'en douter et sans système quelconque, le milieu entre ces deux auteurs.

Soit sagesse, soit bonheur, soit instinct, les praticiens sont dans la voie la plus raisonnable, la moins sujette à exceptions graves, tandis que les deux auteurs précités, en se jetant chacun dans un extrême opposé, en proclamant des règles absolues opposées, se sont écartés du terme moyen dans lequel on se rencontre le plus souvent avec la nature. Pour que la Quintinye eût toujours raison, il aurait fallu qu'il prouvât que tous les arbres produisent des *bourgeons adventifs* avec une grande facilité. Pour que Duhamel eût toujours raison, il aurait fallu qu'il prouvât que tous les arbres ne produisent de bourgeons adventifs qu'avec une très-grande difficulté; mais, comme la nature tient le milieu entre ces deux extrêmes, il en résulte que les règles posées par ces deux auteurs sont pleines d'exceptions. Je vais tâcher de vous le démontrer.

On appelle *bourgeon adventif* un bourgeon qui apparaît sur l'écorce d'un arbre où il n'y avait aucun indice de son existence; il diffère du *bourgeon prédisposé*, en ce que ce dernier provient toujours d'un *œil* qui naît en même temps que la branche qui le porte, et que cet œil est visible longtemps avant que le bourgeon en sorte.

Les bourgeons adventifs se développent rarement sur les arbres quand une cause violente ne les y force pas; mais il y a une grande différence dans la facilité avec laquelle les arbres cèdent à cette force : les uns, tels que l'Orme, y cèdent de suite; il suffit de lui couper la tête pour voir un nombre prodigieux de bourgeons adventifs sortir de son écorce; d'autres, tels que plusieurs Palmiers, meurent plutôt que de montrer un seul bourgeon adventif. Entre ces deux extrêmes, il y a une infinité de degrés parmi les différentes sortes d'arbres dans la facilité à produire des bourgeons adventifs, et ce sont ces degrés, plus fréquents que les extrêmes, qui rendent le système de la Quintinye et celui de Duhamel défectueux; voici comment :

Dans tous les végétaux, il n'y a que la radicule qui soit prédisposée; toutes les autres racines secondaires, tertiaires, etc., sont adventives : certains arbres en produisent beaucoup et avec facilité, tandis que d'autres n'en produisent qu'en petite quantité et avec difficulté. Si donc, en suivant le système de la Quintinye, on

raccourcit beaucoup les racines d'un arbre qui n'est pas de nature
à produire facilement des racines adventives , la reprise en sera
difficile; les tronçons de racines ménagés, sur lesquels il ne se
développera pas de racines adventives, périraient nécessairement ou
produiraient une carie qui pourrait gagner le pied de l'arbre, le ren -
dre malade ou lui causer la mort. Si, en suivant, au contraire, le
système de Duhamel, on laisse dans leur entier toutes les racines
d'un arbre qui est de nature à produire beaucoup de racines adventives par une cause violente, c'est-à-dire par le raccourcissement des anciennes racines , il n'en produira pas aussi facilement
de nouvelles que si on lui eût seulement raccourci les anciennes ,
parce que la séve ne sera pas sollicitée à faire des éruptions; l'arbre
ne sera pas en danger de mourir, mais il poussera moins vigoureusement que si on lui eût raccourci les racines.

Quand vous plantez un arbre, vous en facilitez la reprise en lui
raccourcissant les branches, parce que le raccourcissement des
branches force les bourgeons prédisposés et même les bourgeons
adventifs à se développer; il en est de même des racines; en les
raccourcissant, on force les racines adventives à se développer, et
l'arbre pousse plus vigoureusement. Je ne connais qu'un seul cas
où la conservation des racines , dans toute leur longueur, paraisse
un avantage , c'est lorsqu'on déplante un arbre d'un endroit pour
le replanter immédiatement à côté; les extrémités des racines qui
sont extrêmement tendres n'ayant pas eu le temps de se dessécher,
c'est presque comme si on les eût laissées en place.

De même que les bourgeons adventifs se développent mieux sur
des branches d'un certain âge que sur des branches plus âgées ou
plus jeunes, les racines adventives se développent plus facilement
vers le milieu de la longueur des racines anciennes que vers leur
origine et vers leur extrémité. C'est une remarque si fréquente et
si facile à faire dans la pratique, que je ne devine pas pourquoi elle
n'est écrite nulle part; mais il est probable qu'il y a longtemps
qu'elle a été faite pour la première fois, et que c'est d'après elle
que l'usage s'est établi de couper les racines à peu près vers le milieu de leur longueur dans tous les arbres que l'on plante, surtout
quand il y a un certain temps qu'elles sont sorties de terre.

Je vous ai promis aussi de vous reparler d'une expérience faite
par M. Jacques, jardinier du roi. Cet habile horticulteur a fait lever, à l'automne, une certaine quantité de différentes espèces de
jeunes arbres , et il les a laissés à nu sur la terre pendant tout
l'hivér. Au printemps, il les a plantés à la manière accoutumée, et
presque tous ont poussé comme si on ne les eût pas soumis à cette

épreuve. M. Jacques n'a relevé aucun de ces arbres pour reconnaître l'état de leurs racines ; mais je ne doute pas qu'elles ont perdu leur extrémité, et que des racines adventives ne se sont développées que sur les parties assez grosses des anciennes racines pour n'avoir pas été endommagées par la gelée.

Des expériences positives ont démontré que les racines n'absorbent la nourriture suffisante pour faire croître les plantes que par leurs extrémités, où les botanistes placent des *spongioles* (1) ; ces extrémités, plus ou moins menues, se dessèchent et meurent pour peu qu'elles soient exposées à l'air. La dessiccation avance d'autant plus sur les racines, à partir de leurs spongioles, qu'elles restent plus longtemps exposées à l'air : toute la partie desséchée devient alors inutile ou nuisible, et c'est à la suppression de ces parties inutiles ou nuisibles que devrait, en apparence, se borner le raccourcissement des racines d'un arbre que l'on plante ; mais, comme il faut que les racines raccourcies produisent d'autres spongioles pour pouvoir absorber de la nourriture, on doit favoriser l'éruption de nouvelles racines pour obtenir des spongioles. Or quel est le moyen de faire pousser de nouvelles racines sur une ancienne racine ? C'est de la raccourcir pour la forcer à *repercer* absolument de la même manière que vous forcez une tige ou une branche à repercer. Que faites-vous quand vous voulez qu'une branche reperce ? Vous ne vous bornez pas à en supprimer l'extrémité ; vous la rabattez à moitié, au tiers ou au quart de sa longueur, selon sa force et sa vigueur. Eh bien, nous devons agir selon le même principe, à l'égard des racines qui ont perdu leurs spongioles par l'effet de la déplantation, en le modifiant, toutefois, selon l'état des racines ; et, d'après ce principe, nous pouvons établir, en thèse générale, que,

1° Quand on déplante un arbre dans l'intention de le replanter immédiatement, on doit tâcher de lui ménager les racines dans toute leur longueur, et les replacer dans le nouveau trou sans les raccourcir aucunement, afin de ne pas les priver de leurs spongioles ;

2° Quand les racines d'un arbre ont resté exposées à l'air, au soleil, à la gelée, non-seulement leurs spongioles sont mortes, mais les racines elles-mêmes sont altérées ou mortes dans une longueur d'autant plus grande, à partir de leur extrémité vers leur

---

(1) Les racines, ainsi que tous les corps, absorbent bien aussi un peu par tous les points de leur surface ; mais, comme il n'y a que leurs extrémités qui absorbent assez pour faire vivre les arbres, la pratique considère ces extrémités ou *spongioles* comme les seules parties absorbantes des racines.

origine, qu'elles ont plus souffert des intempéries. C'est alors à l'horticulteur à juger jusqu'à quel point le dommage s'est avancé sur les racines; non-seulement il doit supprimer tout ce qu'il croit endommagé, mais il doit encore supprimer une portion de la partie saine, afin d'exciter l'éruption de nouvelles racines et conséquemment de nouvelles spongioles. Dans ces circonstances, une racine longue de 1 mètre peut demander à être raccourcie d'un tiers, ou de moitié, ou seulement de 16 centim. Il faut faire la plaie nette, un peu obliquement en dessous, parce que c'est le plus souvent de la plaie que sortent les nouvelles et les plus fortes racines.

Cette digression doit vous amener à reconnaître, messieurs, qu'il n'est pas nécessaire de raccourcir les racines autant que le prescrit la Quintinye, et que l'on peut rarement les laisser dans toute leur longueur, comme le demandent Duhamel et les auteurs modernes. Revenons à la plantation de notre jardin fruitier-potager.

Je suppose qu'en septembre, lors de notre visite dans les pépinières de nos voisins, nous avons trouvé et marqué le nombre d'arbres que nous cherchions; que, étant actuellement en novembre, nous venons de recevoir tous ces arbres levés avec soin, que nous les avons mis en jauge de suite, espèce par espèce, pour préserver leurs racines de la sécheresse et des intempéries, et qu'enfin nous sommes à la veille de les planter. Le soleil n'est pas à craindre en novembre, mais les pluies peuvent rendre la terre boueuse, ou de petites gelées peuvent endommager les racines des arbres pendant qu'on les prépare; il vaut donc mieux retarder un peu la plantation, afin de l'effectuer par un jour doux et non pluvieux. En attendant, on fait creuser les trous aux places indiquées pour les arbres : ces trous n'ont pas besoin d'être fort grands, puisque la terre a été défoncée, et que les arbres que nous devons y mettre sont encore nains et d'un an de greffe; on les fera donc de 50 à 55 centim. en carré, sur 30 à 33 de profondeur. Quand enfin l'horticulteur en chef juge le temps favorable, il choisit les ouvriers les plus intelligents de l'atelier pour effectuer la plantation sous ses yeux et sous son inspection; il en met un aux arbres en jauge, qui les en sort successivement pour leur rafraîchir les racines, raccourcir celles qui seraient blessées ou altérées, rabattre le chicot s'il n'avait pas été rabattu dans la pépinière, supprimer, en un mot, tout ce qui est inutile ou défectueux. Quand il y a un certain nombre d'arbres et d'espèces ainsi préparés, un homme les met sur une brouette à civière, et les mène sur le terrain, à l'un des bouts d'une ligne longitudinale. Arrivé là, le chef choisit l'espèce qui lui convient pour former l'encoignure ou le bout de la ligne, et il la pose dans le trou ; l'homme qui mène la brouette avance et suit la ligne en s'arrêtant devant chaque trou pour donner le temps au chef de choisir l'espèce qu'il juge à propos de mettre à chaque endroit.

Quand il y a un arbre dans chaque trou de la ligne, on se hâte de planter, afin que les racines ne se dessèchent pas. Voici comment on doit procéder : deux ouvriers adroits et vigilants, et dont l'un sera muni d'une bêche, se transporteront à l'un des bouts de la ligne, auprès du premier trou. L'un d'eux prendra l'arbre par la tige, le dressera au milieu du trou ; l'autre mesurera la distance qu'il y a de l'arbre à la bordure de l'allée longitudinale et à celle de l'allée transversale, et fera en sorte que l'arbre se trouve à 1 mètre de la bordure de l'allée. L'arbre étant ainsi placé et tenu bien verticalement par l'un des ouvriers, l'autre, muni de sa bêche, jette légèrement de la terre fine sur les racines, de l'épaisseur de 14 à 16 centim., en ayant soin qu'elle s'insinue bien entre elles, et ne laisse que le moins de vide possible ; ensuite celui qui maintient l'arbre en équilibre le secoue un peu en le tirant verticalement et vivement, à plusieurs reprises précipitées, afin d'achever de faire pénétrer la terre fine entre toutes les racines, et il plombe légèrement la terre, en appuyant un peu le pied autour de l'arbre ; après quoi, l'autre ouvrier jette encore assez de terre dans le trou pour fixer l'arbre solidement, mais pas assez pour parer la terre et former le bassin.

Aussitôt que ce premier arbre est fixé, les deux ouvriers se transportent à l'autre bout de la ligne et font la même opération à l'arbre qui s'y trouve. Ces deux arbres, ainsi placés, servent de point de mire pour planter tous ceux de la ligne. Alors le chef place un bornoyeur, dont il est sûr, derrière l'un de ces arbres, pour indiquer aux planteurs la place juste où les arbres intermédiaires doivent être placés pour se trouver dans un alignement parfait.

Si la ligne est coupée par des allées transversales, il est bon, après avoir planté un arbre à chaque extrémité, de planter les arbres des angles formés par la rencontre de ces allées ; cela donne de la facilité au bornoyeur pour indiquer l'alignement avec plus de précision. On plante ensuite un Pommier greffé sur paradis ou sur doucin entre chaque Poirier, et il en résulte une distribution semblable à la portion du plan ci-contre.

Quand toute une ligne est plantée, ou même pendant qu'on la plante, un homme achève d'emplir les trous, fait disparaître les pas, régale la terre et forme un petit bassin au pied de chaque plant.

Quelquefois on plante des Groseilliers à grappes à fruits rouge et

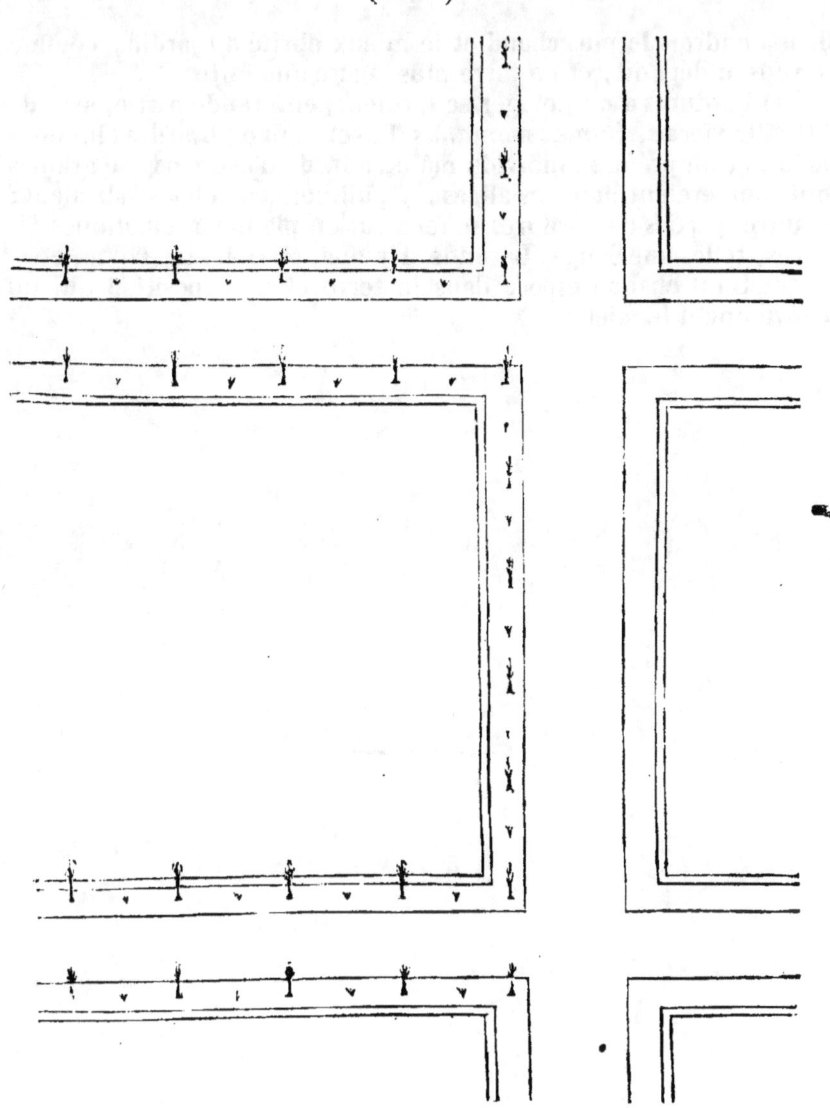

blanc, au lieu de Pommiers sur paradis, dans quelques-unes des plates-bandes ; mais aussi le plus souvent on en forme un carré à mi-ombre, en espaçant les touffes à 2 ou 5 mètres les unes des autres ; les Framboisiers se plantent de la même manière, ordinairement au nord. Quant aux Figuiers, on les plante, au contraire.

dans l'endroit le plus chaud et le mieux abrité du jardin, comme je vous ai déjà dit, et en terre plus légère que forte.

Les bordures d'un potager se forment, en grande partie, avec de l'Oseille vierge, *Rumex montanus* (Bosc), qui est une des plus estimées, et on préfère l'individu mâle, afin de n'avoir pas de graines qui tomberaient dans les allées, y pulluleraient et les saliraient ; d'autres parties de bordures se forment en plantes aromatiques vivaces, telles que Sauge, Lavande, Hysope, Marjolaine, Thym, etc., en mettant chaque espèce dans la terre et à l'exposition qui lui conviennent le mieux.

TRENTE-DEUXIÈME LEÇON.

Du verger.

Messieurs, après nous être occupés de la plantation du jardin fruitier-potager, nous devons passer à la plantation du verger, parce qu'il y a peu de maisons importantes qui n'en aient pas un plus ou moins grand. Je vais d'abord vous dire un mot sur le verger lui-même.

On appelle *verger* un lieu planté d'arbres fruitiers en plein vent, c'est-à-dire dont les tiges et les rameaux s'élèvent dans l'air et en toute liberté sans être soumis à la taille. Il doit être entouré d'un mur, d'une haie vive ou d'un fossé large et profond, pour en interdire l'accès aux bestiaux du dehors et aux voleurs de fruits. On tâchera de l'établir en bonne terre substantielle, dont l'épaisseur n'ait pas moins de 66 centim., afin que les racines des arbres y trouvent une nourriture suffisante, car un verger n'est beau qu'autant que les arbres y poussent avec vigueur.

Comme on est rarement le maître d'établir un verger dans l'endroit qui lui conviendrait le mieux, il faut faire quelques réflexions avant de commencer la plantation. Si le terrain a des parties humides, on les destinera pour les Pommiers ; les parties les plus sèches seront pour les fruits à noyau, et les meilleures seront réservées pour les Poiriers. Il pourra arriver que le terrain soit exposé à un vent dominant dans quelque saison de l'année, notamment au vent d'ouest d'automne, qui abat les fruits avant leur maturité ; alors on disposera son plan de manière à planter deux rangs de Noyers de ce côté, pour arrêter la violence du vent et en préserver les autres arbres. Il faut aussi se souvenir que les plus gros fruits sont le plus facilement abattus par les vents, et que ce sont ceux qui doivent y être le moins exposés.

On se souviendra encore que, si le grand vent est nuisible aux fruits, l'air et la lumière leur sont favorables ; on pensera donc à éloigner assez les arbres pour que l'ombre de l'un ne nuise pas à un autre, et que le soleil puisse les éclairer tous également.

L'usage est de planter carrément tous les arbres d'un verger, et il résulte de cette disposition que les gros, les moyens et les petits se trouvent placés à la même distance. Je ne peux pas blâmer cet usage, qui est fondé sur la régularité que l'on aime à retrouver dans une plantation; mais je ne peux pas non plus m'empêcher de vous faire remarquer qu'il y a de l'exagération à mettre autant d'espace entre deux Pruniers qu'entre deux Noyers.

Nous ne plantons guère que sept espèces d'arbres fruitiers dans les vergers, sous le climat de Paris : ce sont, par ordre de grandeur, le Noyer, le Poirier, le Pommier, le Cerisier, l'Abricotier, l'Amandier et le Prunier. Un Noyer demande autant d'espace à lui seul que cinq ou six Pruniers ensemble, et cependant l'usage est de les placer à la même distance dans les vergers. Je ne prétends pas vous amener à déroger à cet usage; je veux seulement vous faire entendre qu'on pourrait donner aux arbres une distance proportionnée à leur grandeur, sans trop heurter la régularité exigée dans la plantation d'un verger.

Quelle que soit la grandeur d'un verger, il lui faut absolument une allée de ceinture assez large pour qu'une charrette puisse y circuler. Si sa grandeur est considérable, deux allées en croix, qui le divisent en quatre parties, sont également nécessaires à son exploitation.

Enfin il y a encore un point à examiner avant de fixer la distance que l'on mettra entre les arbres; c'est de savoir si, après la plantation, le terrain sera cultivé en céréales ou en plantes économiques qui exigent des labours annuels, ou bien s'il sera converti en prairie. Dans les deux premiers cas, les arbres devront être placés à une très-grande distance les uns des autres pour qu'ils ne nuisent ni à la culture ni aux plantes; dans le second cas, ils devront être moins éloignés.

De ces deux manières d'utiliser la terre d'un verger, la première est la moins usitée et la moins favorable aux arbres, quoiqu'au premier aperçu elle paraisse devoir leur être avantageuse : cela tient apparemment, dans le premier cas, à ce que la terre reste trop longtemps nue et qu'elle n'envoie pas de fraîcheur aux branches des arbres; tandis qu'on a remarqué que, quand la terre est couverte d'un herbage épais ou même d'arbrisseaux serrés et bas, les arbres végètent mieux et produisent plus de fruits. On a déduit de cette remarque une théorie nouvelle dont je ne vous entretiendrai pas actuellement, parce qu'elle n'est pas encore confirmée par un assez grand nombre d'observations.

Le bon goût, l'ordre, l'économie et la facilité du service demandent que les différents genres de fruits ne soient pas mélangés dans un verger; nous placerons donc tous les Noyers du côté du vent dominant pour servir d'abri aux autres arbres. Viendront ensuite tous les Poiriers, après les Poiriers les Pommiers, après les Pommiers les Cerisiers, après les Cerisiers les Abricotiers, et enfin après les Abricotiers les Pruniers, le tout planté en lignes droites et parallèles. Le Néflier et le Noisetier doivent aussi trouver une place dans le verger; mais ils figureraient mal, plantés en ligne avec les autres arbres; on les met dans un lieu où ils ne gênent pas, ou bien on les dispose en massif pour former un point de vue ou cacher un objet quelconque.

Quant à la distance à mettre entre les arbres d'un verger, elle dépend de la grandeur du verger même, du besoin de fruits, du projet que l'on a de tirer un plus ou moins grand parti de la terre autour des arbres, et de l'espace nécessaire à chacun d'eux, en raison de la plus ou moins grande étendue qu'ils doivent prendre. Toutes ces considérations, combinées entre elles, rendent assez difficile le calcul pour trouver un terme moyen à mettre entre la distance des arbres pour que le sol puisse être, d'ailleurs, couvert de plantes productives. Les Noyers, par exemple, demandent une distance de 20 à 26 mèt.; les Poiriers et les Pommiers, une distance de 14 à 16 mèt.; les Cerisiers, une distance de 10 à 12 mèt.; les Abricotiers, une distance de 8 à 10 mètres; les Pruniers, une distance de 6 à 8 mètres. Mais l'usage, basé sur la régularité, veut que tous ces arbres forment un seul quinconce régulier dans un verger, et que, en conséquence, ils se trouvent tous à la même distance.

Je ne pense donc pas pouvoir vous donner un terme moyen pour la distance des arbres dans un verger. Quand vous vous trouverez dans le cas d'en planter un, vous prendrez en considération les données que je viens de vous exposer, vous les joindrez à celles qui vous seront suscitées par les besoins ou le goût du propriétaire, par la forme du terrain, par la localité, par la nature des arbres que vous planterez, et vous établirez vos distances en conséquence.

Quelle que soit la distance que vous adoptiez, il faut toujours que vous placiez vos arbres en lignes régulières, soit en carré, soit en quinconce; pour cela, vous vous servirez des procédés indiqués dans le cours de géométrie que vous suivez dans cet établissement. Il n'est pas indispensable ni d'usage de défoncer le terrain d'un verger avant de le planter; mais on ne peut faire les trous des arbres trop longtemps avant la plantation, afin que l'air et tous les météores de l'atmosphère en bonifient la terre. Ainsi, dès que la récolte, soit en céréales, soit en foin, est enlevée du terrain que vous voulez convertir en verger, vous vous y transporterez, avec au moins trois hommes, une mesure linéaire et une quantité de jalons. Vous dirigerez vos lignes, en raison 1° de l'entrée du verger; 2° de l'inclinaison du terrain; 3° de l'exposition, par rapport au soleil qu'il faut rechercher, et des vents violents qu'il faut tâcher d'éviter. Quand vous serez bien fixés sur la meilleure direction à donner à vos lignes et à leur distance, vous ferez ficher un jalon à la place de chaque arbre, au moyen d'une mesure linéaire et de bornoyeurs dont vous aurez éprouvé la justesse du coup d'œil. Cette opération terminée, vous connaîtrez la place de chaque arbre et le nombre que vous en aurez à planter. Alors il faut penser à faire faire les trous, soit à la tâche, soit à la journée, par des hommes accoutumés à cette sorte de travail.

Tout le monde est d'accord sur l'avantage qu'il y a de faire les trous où l'on doit planter des arbres, plusieurs mois avant la plantation, c'est-à-dire d'en exposer la terre à l'air, aux gelées et à la neige, pendant un hiver, afin qu'elle s'imprègne des divers gaz atmosphériques; mais on n'est pas d'accord sur la profondeur et la largeur à donner à ces trous. Quelques personnes croient qu'on ne peut jamais les faire trop creux, surtout quand la terre est mauvaise dans le fond; le plus souvent on les fait larges et profonds de $1^m,66$, et même on leur donne une profondeur d'autant plus grande que la terre est plus mauvaise dans le fond, et on remplace la mauvaise terre du fond par une bonne terre; mais il arrive que les racines sont sollicitées à s'enfoncer pour trouver cette bonne terre, et que, quand elles l'ont traversée, elles ne peuvent plus s'étendre dans aucun sens, parce qu'elles se trouvent comme emprisonnées par la mauvaise terre : alors, si l'arbre ne développe pas de racines au collet qui s'étendent dans la couche supérieure et perméable de la terre, il ne tarde pas à languir et ne fait pas les progrès qu'on en espérait. Déjà l'inconvénient de faire des trous profonds en terre dont le fond est de mauvaise qualité a été signalé par quelques auteurs, et ils conseillent de leur donner plus de largeur et moins de profondeur.

Ce conseil se trouvant d'accord avec l'expérience et la théorie, nous l'avons déjà mis en pratique dans la vingt-septième leçon, et nous allons encore l'appliquer à la plantation du verger, qui nous occupe actuellement.

Nous pouvons établir, en principe, que 66 centim. d'épaisseur de bonne terre suffisent à la plantation d'un verger. Si, au-dessous de cette profondeur, la terre continue d'être de bonne qualité, ce sera un avantage de plus ; si elle change en devenant sableuse ou un peu pierreuse, il n'y aura pas d'inconvénient ; si enfin elle se changeait en un véritable gravier, l'inconvénient ne serait pas assez grave pour empêcher d'exécuter la plantation : peut-être les arbres auraient, il est vrai, moins de vigueur, mais leurs fruits en seraient meilleurs. Si, à la profondeur de 66 centim., on trouvait un tuf marneux ou crayeux, ou une couche d'argile qui ne laissât pas filtrer les eaux, alors on pourrait craindre que l'humidité permanente ne nuisît aux racines de plusieurs arbres, si le terrain se trouve parfaitement de niveau ; le danger s'évanouirait si le terrain avait une pente sensible, parce que les eaux surabondantes, qui ne pourraient traverser ni le tuf ni l'argile, s'écouleraient dans les parties basses.

Si enfin le sol n'avait que 50 centim. d'épaisseur de bonne terre, on pourrait encore y planter un verger avec toute espérance de succès ; mais une moindre épaisseur serait, je crois, insuffisante ; les arbres n'y prendraient pas assez de solidité et seraient exposés à être renversés par les vents, à cause de leur éloignement.

Après avoir reconnu que 66 centim. d'épaisseur de bonne terre sont grandement suffisants, et qu'une épaisseur moindre que 50 centim. ne suffirait plus au succès de la plantation d'un verger, il faut nous occuper de la fouille des trous.

Etant déjà prévenus que des racines qui seraient attirées par de la bonne terre placée dans le fond d'un trou creusé en mauvaise terre s'y trouveraient bientôt fort mal ; sachant, d'ailleurs, qu'il vaut mieux que les racines des arbres fruitiers s'étendent horizontalement dans une certaine distance de la superficie du sol que de s'enfoncer perpendiculairement, vous concevez facilement l'inutilité de faire des trous très-profonds pour planter des arbres fruitiers. Quand la couche de bonne terre a une grande épaisseur, il suffit de donner 66 centim. de profondeur aux trous. Quand la couche de bonne terre a moins d'épaisseur, et qu'elle repose sur le tuf ou sur l'argile, il faut bien se garder d'entamer le tuf ou l'argile, afin que les racines ne se trouvent pas engagées dans ces substances nuisibles à la végétation, lorsqu'elles sont compactes. Dans le premier cas, des trous larges de 1^m,66 sur 66 centim. de profondeur seront suffisants ; dans le second cas, on ne creusera les trous que jusqu'à la mauvaise terre, et on leur donnera 2 mèt. de largeur. Dans l'un et l'autre cas, la moitié supérieure de l'épaisseur de la terre extraite sera déposée sur l'un des côtés du bord du trou, et la moitié inférieure sera déposée sur le bord opposé. S'il se rencontrait quelques pierres considérables, il faudrait les mettre à part pour les enlever; mais celles qui ne sont pas plus grosses qu'un œuf de poule ne nuisent que quand elles sont très-nombreuses.

Il va sans dire qu'à l'époque où l'on creuse les trous on a déjà fait les démarches nécessaires pour obtenir des arbres, et que l'on sait où les prendre, si on ne les a pas élevés soi-même, ce qui pourtant vaudrait toujours mieux. Ce ne sont plus maintenant des arbres d'un an de greffe à basse tige et faciles à lever dans une pépinière, dont nous avons besoin; ce sont des arbres à haute tige disposés à former une belle tête, destinés à vivre longtemps et à prendre un grand développement. Le choix des espèces, leur belle venue, le port qu'elles doivent prendre, leur réussite et les qualités de leurs fruits en plein vent sont des considérations importantes dont l'horticulteur doit s'occuper d'abord. Il portera ensuite son attention sur la différence qu'il y a entre un arbre greffé près de terre et celui greffé à l'endroit où se forme la tête; car, si plusieurs espèces sont indifférentes à cet égard, il en est d'autres qui y sont sensibles, quoique les pépiniéristes n'en disent rien. Il aura soin que tous les Pommiers et Poiriers soient greffés sur franc, que les Cerisiers le soient sur Merisier à fruit rouge; que les Amandiers le soient sur un bon sujet de leur genre; que les Abricotiers et les Pruniers le soient ou sur Amandier, ou sur les sujets de Pruniers reconnus pour faire les plus beaux arbres.

En examinant les arbres dans la pépinière, l'horticulteur ne marquera que ceux dont la vigueur promettra une longue existence, qui seront bien droits, d'une hauteur raisonnable, d'une grosseur bien proportionnée, qui auront l'écorce lisse, sans nodosités, dont la tête pourra facilement prendre une belle forme. S'il ne peut pas assister lui-même à la levée des arbres qu'il aura marqués. il aura soin qu'il y ait quelqu'un de confiance, qui connaisse l'importance de ne meurtrir aucune racine, de ne pas les éclater ni les raccourcir outre mesure, de ne les laisser à l'air que le moins de temps possible, et de les mettre en jauge à mesure qu'on les sort de terre. Quelquefois un arbre de la plus belle venue n'offre qu'un pivot sans racines latérales quand on l'a levé de terre; il faut refuser un tel arbre, parce que sa reprise serait fort douteuse. Les arbres dont les racines s'étendent horizontalement de tous côtés et forment ce qu'on appelle un bel *empatement* sont ceux qui offrent le plus de chance à la reprise et les moins sujets à s'emporter d'un seul côté. Quand un arbre a deux étages de racines à une distance remarquable l'un de l'autre, c'est que la séve se dispose à quitter l'étage inférieur ; il est à craindre que l'arbre n'en souffre bientôt, et il vaut mieux alors ne pas le planter.

Si la pépinière d'où l'on tire les arbres n'est qu'à une journée du verger où l'on doit les planter, on choisira un jour doux pour les transporter, en couvrant leurs racines de litière ; si la distance était de plusieurs journées, on les emballerait d'autant plus soigneusement que la distance serait plus grande : arrivés à leur destination, on déferait de suite les ballots et on mettrait chaque arbre en jauge en attendant le moment de les planter.

Quand on juge le temps favorable à la plantation, c'est-à-dire qu'il n'y a ni pluie ni gelée, on fait jeter dans les trous de la terre qui en a été tirée la première (elle est censée la meilleure), jusqu'à ce que les trous qui ont été faits en bonne terre n'aient plus qu'environ 35 centim. de profondeur ; mais s'il y en avait de moins creux, parce que le fond se serait trouvé un tuf ou de l'argile, alors on couvrirait ce mauvais fond de 18 à 20 centim. de bonne terre, quoiqu'il pût arriver que le trou n'eût plus, après ce remplissage, que 16 à 18 centim. de profondeur. On divise et on régale bien la terre dans tous les trous, ensuite on procède au *rhabillage* des arbres.

Je ne sais si ce mot *rhabillage* vous est familier, ni si on le remplace quelquefois par un autre ou par une périphrase ; mais, en jardinage, il signifie rafraîchir les racines d'un arbre, supprimer celles qui sont défectueuses, enfin mettre l'arbre en état d'être planté. Il faut donc sortir successivement les arbres de la jauge, examiner leurs racines, rafraîchir l'extrémité de celles qui sont saines, couper au-dessus de la plaie celles qui seraient blessées ou cassées ; on regarde ensuite la tige, pour voir s'il n'y aurait pas quelque bourgeon à supprimer, quelque talon mal rabattu : de là, on passe à la tête de l'arbre, qui ordinairement est fort mal commencée dans la pépinière, et qu'il faut refaire sur de nouveaux frais.

Je vous ferai observer que, de tous les arbres d'un verger, le Noyer est le seul dont on ne retranche pas la tête impunément : d'abord en arrêtant sa pousse terminale, on nuit à sa plus grande élévation ; ensuite, comme il a beaucoup de moelle, l'eau des pluies entre dans la plaie, pénètre jusque dans son intérieur, et y produit une carie qui, quoique n'empêchant pas l'arbre de pousser et de grossir, altérerait la qualité de son bois. Ceux qui coupent la tête de cet arbre, en le plantant, ont grand tort ; il faut se borner à raccourcir ses branches latérales sur un bon œil, mais laisser sa flèche intacte.

Les Poiriers et les Pommiers ont souvent une tête mal disposée.

trop touffue en sortant de la pépinière ; il faut l'éclaircir, la rabattre même sur deux ou trois branches au plus, disposées en fourche ou en triangle, et susceptibles de bien repercer.

Les arbres à noyau peuvent n'avoir qu'un an de greffe, si on les a greffés à haute tige sur de forts sujets ; dans ce cas, il n'y a qu'à rabattre la greffe à 12, 14 ou 16 centim., pour la faire ramifier et former la tête ; mais, s'ils avaient déjà une tête plus ou moins grosse, il faudrait la rectifier avec ménagement, y faire peu de plaies dans la crainte de déterminer la gomme.

Il vaudrait peut-être mieux ne rhabiller la tête des arbres que quand ils sont plantés, parce qu'alors on en dirigerait mieux les branches dans le sens le plus convenable ; mais cela n'est pas praticable sur un arbre à haute tige qui n'est pas encore attaché à la terre ; on l'ébranlerait et lui ferait perdre sa direction.

Vous vous rappelez qu'il est plus convenable de planter chaque genre de fruit séparément que de les mêler ; il en est de même des individus de chaque espèce ; il vaut mieux les faire suivre dans chaque ligne que de les mélanger : si cependant on tenait à varier les tailles et les couleurs aux dépens de la facilité de la récolte et de la surveillance, il faudrait bien les mélanger.

Lorsque l'ouvrier chargé de rhabiller les arbres en a préparé un certain nombre, on les porte sur le terrain, et on place chacun d'eux dans le trou qui lui est destiné, en commençant par la première ligne, et on en plante d'abord un à chaque extrémité de la ligne, pour servir de point de mire en plantant les intermédiaires. Je vais vous répéter la manière de s'y prendre pour planter un arbre, quoique plusieurs d'entre vous la connaissent déjà parfaitement. Le trou, comme nous l'avons vu, n'a plus que 40 centim. de profondeur au plus, quand le fond n'est pas de mauvaise qualité ; mais il pourrait n'en avoir que 20 ou 25 centim., à cause du remblai, si le fond se fût trouvé de l'argile ou un tuf. Un homme prend l'arbre et le place sur ses racines au milieu du trou ; il le retourne à droite ou à gauche pour lui donner la meilleure assiette possible, il regarde si les racines s'étendent bien en rayonnant ; si quelques-unes se croisent ou se rapprochent trop, il les éloigne, les étend avec la main et les maintient dans cette direction au moyen d'un petit bâton fiché en terre ; il s'applique ensuite à tenir la tige fermement dans la direction verticale, tandis qu'un autre homme jette de la meilleure terre bien divisée sur les racines ; quand elles en sont couvertes de 10 ou 15 centim., l'homme qui tenait l'arbre descend dans le trou, prend la tige des deux mains, la secoue vivement en tirant à plusieurs petites reprises du bas en haut pour que la terre s'insinue bien entre les racines et que l'arbre soit remonté de 5 à 7 centim., ou jusqu'à ce que l'on juge que les racines ne seront recouvertes que de 20 ou 25 centim. de terre, lorsque l'arbre sera entièrement planté. Cela étant fait, le même homme plombe légèrement la terre en l'appuyant avec le pied sur les racines, et l'autre en jette de la nouvelle dans le trou, particulièrement autour du pied de l'arbre, jusqu'à ce qu'il soit solidement fixé.

Quand les deux arbres des extrémités de la ligne sont ainsi fixés, il faut se faire aider d'un bornoyeur pour planter les intermédiaires.

Nous avons prévu le cas où un trou n'aurait que 20 ou 25 centim. de profondeur, lorsqu'on lui présente l'arbre qu'il doit recevoir. En opérant dans ce cas, comme tout à l'heure, il faut que l'arbre soit encore soulevé de 5 ou 8 centim.; et, quand le trou sera comblé, les racines ne se trouvant pas recouvertes d'une assez grande épaisseur de terre pour qu'elles ne soient pas exposées à la sécheresse et pour que l'arbre ait la solidité convenable, il faut rapporter sur les racines une épaisseur de terre d'autant plus grande que l'arbre aura été planté moins profondément. L'exhaussement de la terre doit être disposé en talus allongé de 2 mèt. à $2^m,66$ tout autour de l'arbre, afin qu'il protége les racines quand elles chercheront à s'étendre dans la superficie du sol, puisque, dans le cas présent, le fond est trop mauvais pour qu'elles soient attirées vers lui.

Quand tous les arbres sont plantés, on achève de remplir les trous, on en égalise la terre en ménageant un petit bassin au pied de chaque arbre; ensuite, ou en même temps, ou même auparavant, on leur donne à chacun un bon tuteur qui s'élève jusque près de leur tête, auquel on les attache avec un ou deux liens d'osier, en ayant soin de mettre un peu de mousse entre l'arbre et le tuteur, et même entre l'arbre et le lien, pour que l'écorce ne se déchire pas dans les mouvements occasionnés par le vent. Si, comme c'est l'usage dans plusieurs endroits, les vaches doivent aller paître dans le verger après la récolte, il faudra entourer chaque arbre de quelques branches d'Épine liées avec un bon osier, ou même avec du fil de fer, pour plus grande et plus longue solidité.

La plantation terminée, on laboure tout le terrain à la charrue, et on y sème les espèces de Graminées propres à faire le meilleur foin. Quant aux soins que réclament les arbres d'un verger pendant quelques années après leur plantation, nous en parlerons à la fin de la taille des arbres.

En finissant cette leçon, je dois vous rappeler que l'on plante aussi des arbres fruitiers en *bouquet*, c'est-à-dire mélangés en petits groupes, pour former des points de vue, ou pour cacher quelque objet qu'on ne veut pas laisser voir. Je dois même vous dire que, en dépit des architectes, le bon sens commence à faire entrer les arbres fruitiers dans la décoration des jardins paysagers, concurremment avec les arbres étrangers ; qu'on sent enfin le ridicule de ne rencontrer que des arbres stériles ou même dangereux dans ces sortes de jardins. Je vous invite à adopter ces nouvelles vues et à les mettre en pratique quand vous planterez quelque jardin paysager.

TRENTE-TROISIÈME LEÇON.

Les plantes seraient le produit de corps vivants.

Messieurs, en faveur de ceux d'entre vous qui sont nouvellement admis dans cet établissement, et qui n'auraient pas connaissance de la vingt-quatrième leçon que j'ai donnée, je vais vous répéter une nouvelle idée émise par M. Payen, professeur de chimie, il y a trois ans ; idée qui n'a été encore ni adoptée ni rejetée par personne, mais que moi j'ai adoptée de suite, parce qu'elle me semble conforme au plan tracé par l'auteur de toute chose. Si, comme il y a lieu de le croire, cette idée, qui admet un plan uniforme, mais gradué dans tout ce qui a vie, n'est pas encore sentie par tout le monde, elle doit l'être par ceux qui font une étude spéciale des végétaux et qui les soumettent à toutes les expériences que la science possède aujourd'hui ; tel est M. Payen, qui, par suite d'expériences extrêmement nombreuses, est parvenu à pouvoir constater que les végétaux sont le produit d'animalcules qui fonctionnent, produisent et entretiennent la vie végétale. Aucun verre grossissant n'est encore assez puissant pour nous faire voir un seul de ces êtres producteurs, mais leurs produits indiquent leur existence.

En attendant que l'expérience vienne confirmer ce que M. Payen donne comme une chose très-probable, je vous rapporte ici ce que ce professeur dit dans son *Mémoire sur le développement des végétaux*, page 440, sous le titre XVII, CORPS DOUÉS DE VIE DANS LES PLANTES.

« Enfin une loi sans exception me semble apparaître dans les faits nombreux que j'ai observés, et conduire à envisager sous un nouveau jour la vie végétale. Si je ne m'abuse, tout ce que dans les tissus végétaux la vue directe ou amplifiée nous permet de discerner sous les formes de cellules ou de vaisseaux ne représente autre chose que les enveloppes protectrices, les réservoirs et les conduits à l'aide desquels les corps animés qui les sécrètent et les façonnent se logent, puisent et charrient leurs aliments, déposent et isolent les matières excrétées.

« Conduit à cette opinion par mes premières études sur les organismes végétaux, j'y fus ramené sans cesse en cherchant des faits nouveaux capables de dévoiler la vérité.

« Au moment d'exprimer cette pensée, je me suis bien souvent tenu dans des termes de doute qui la laissaient entrevoir ; peut-être aurais-je quelque temps encore gardé la même réserve, s'il ne m'eût semblé que M. Mirbel, par une autre voie, surprenant au milieu d'un fluide le travail de l'organisation qui précède la formation des cellules, arrivait à des conclusions concordant avec celles de mes propres travaux.

« A cet important appui vinrent se joindre les résultats confirmatifs des investigations que nous avons entreprises de concert, et dont nous soumettrons prochainement les détails à l'Académie.

« Je n'hésite donc plus aujourd'hui ; mais, dans l'espérance qu'on voudra bien suspendre une critique prématurée, je m'empresse d'ajouter que ces déductions nouvelles de la chimie appliquée à la physiologie végétale s'accordent avec les faits introduits dans cette science par nos illustres devanciers et contemporains. Lorsque je développerai ces applications, j'espère pouvoir établir, en outre, comment elles expliquent plusieurs observations qu'il était bien difficile de comprendre avec le seul secours des faits organographiques précédemment admis.

« Afin de compléter aujourd'hui l'énoncé du fait général, je rappellerai que les corps doués des fonctions accomplies dans les tissus des plantes, sont formés des éléments qui constituent, en proportions peu variables, les organismes animaux ; qu'*ainsi l'on est conduit à reconnaître une immense unité de composition élémentaire dans tous les corps vivants de la nature.* »

Telles sont, messieurs, les conclusions de M. Payen, d'après des faits chimiques et analytiques extrêmement nombreux, que leur savant auteur promet d'augmenter encore, pour prouver que les plantes ligneuses et herbacées ont en elles-mêmes quelque chose qui, sans être encore bien défini, est de nature à les faire considérer comme des produits d'animalcules infiniment plus menus que ceux qui constituent les divers Polypiers, et que la science, aidée de verres grossissants, finira par découvrir un jour.

De l'éducation des plants pour former une pépinière.

En vous rappelant ici les procédés suivis ou bons à suivre pour élever le plant avec lequel on forme une pépinière d'arbres fruitiers, je n'ai pas l'intention de vous amener à reconnaître quelque chose de difficile ou de nouveau; je veux seulement vous dire que l'endroit où on la forme doit être choisi en un lieu bas, en terre fertile, assez forte pour qu'elle ne soit pas impressionnée par la sécheresse de l'été. Il y a en France beaucoup d'endroits où on élève du plant; mais je n'en connais pas de mieux favorisé que celui où on en élève à Fontenay-aux-Roses, situé à quelques kilomètres à l'ouest de Paris. Cette commune est assez élevée; mais elle est entourée d'une vallée étroite dont la terre est partout fertile, où l'on élève du plant d'arbres fruitiers depuis on ne sait combien d'années, et c'est ce pays, et ceux qui l'environnent, tels que Sceaux, Châtenay, Bagneux, Clamart, qui jouissent de la réputation de fournir le meilleur plant.

Parmi les cultivateurs de Fontenay-aux-Roses, il y en a bien cinquante qui élèvent, pour vendre, du plant de Doucin, Paradis et Coignassier, et ce pays est toujours celui qui a la réputation de fournir le meilleur. Depuis plus de trente ans, nous connaissons dans ce pays M. Billiard, habile pépiniériste, puis MM. Armand Gontier, Lechevillon, Jean Chevillon, Épiphane, Marin-Guillot père et fils, Marin-Audry, Jacques, Jean, etc., ayant tous de la renommée comme excellents cultivateurs. Selon M. Billiard, on livre, à Fontenay-aux-Roses, environ deux millions de plants, chaque année, aux divers pépiniéristes qui sont établis dans des endroits où le plant ne viendrait pas aussi bien qu'à Fontenay-aux-Roses. Les nombreux pépiniéristes de Vitry, qui, depuis plusieurs siècles, jouissent d'une honorable réputation, et dont l'étendue de leurs pépinières est immense, tirent une partie de leurs plants de Fontenay-aux-Roses, où on l'élève plus facilement que chez eux, parce qu'il n'y a pas d'endroit, à Vitry, où l'eau se trouve à environ 1 mètre ou 2 de la superficie du sol, comme dans la vallée de Fontenay-aux-Roses, où l'on élève des plants. Dans ce pays, que j'ai visité bien des fois, j'ai remarqué que l'on élève deux Doucins, c'est-à-dire deux sortes de Pommiers nains, auxquels je ne connais pas de nom différent, mais dont les caractères diffèrent assez pour qu'on les distingue aisément. L'un est plus fort que l'autre; il a les feuilles un peu glauques en dessous; il est plus vigoureux et peut former des quenouilles : il paraît être préféré à Vitry, et probablement il finira par être généralement plus estimé.

La durée d'un plant de Paradis et de Coignassier n'est pas la même partout, puisque toutes les terres ne leur sont pas également favorables. A Fontenay-aux-Roses, où il réussit le mieux depuis fort longtemps, un plant de Coignassier peut durer trente ans, et un plant de Paradis quinze à vingt-cinq ans ; voici comme on élève ces plants, d'une manière assez simple, et qui se plantent toujours de novembre en mars.

D'abord on coupe sur des plants déjà forts la quantité de rameaux de Coignassier ou de Paradis dont on a besoin : cette quantité peut aller de 2 à 20 milliers et même plus ; il faut que chaque rameau soit de la dernière pousse, qu'il soit simple, droit, bien garni d'yeux, qu'il ait la tête coupée, et reste long de 24 à 26 centim. Quand on en a une partie ainsi préparée, on la transporte au lieu où l'on doit la planter ; ce lieu doit être fertile et bien labouré, et ce travail doit se faire de novembre en mars. On tend un cordeau sur le terrain, et avec une bêche on ouvre un sillon profond de 24 à 25 centim., en laissant la tranchée du côté du cordeau bien unie perpendiculairement, et on place dans cette tranchée les plants droits à 20, 50 ou 40 millim. l'un de l'autre ; on remet la terre émiettée dans le sillon, et on la presse un peu avec le pied et de manière qu'il n'y ait que 1 ou 2 décimètres du plant qui soient hors de terre. Quand cette première ligne est ainsi formée, on en forme une autre à 1^m,33 (4 pieds) de la première, et ainsi de suite jusqu'à ce qu'on en ait assez planté. En mai suivant, on peut planter deux rangs de Haricots nains entre deux lignes de ce plant, ou autre légume qui ne s'élève pas beaucoup et ne puisse nuire à sa croissance.

Un an après, le plant a assez crû pour être chaussé ou butté ; alors on prend de la terre entre les rangs avec une bêche ou une houe, et on la met entre et autour des plants jusqu'à la hauteur de 20 centimètres, et dans laquelle terre le plant fait de nouvelles racines. A l'automne, si on a besoin du plant, on rabat la terre dans laquelle se sont développées les racines, on coupe le plant au-dessous de ces nouvelles racines, et on l'enlève pour le livrer au commerce ou pour faire une nouvelle plantation.

Quand le plant est levé, soit à l'automne ou au printemps, le pied de chaque plant est resté en place ; alors on donne un labour en remplissant le sillon et en le bombant, et le plant repousse plus vigoureusement que la première fois.

Si ce plant est du Paradis, on sait qu'il s'enracine aisément ; alors, en juillet, on le rebuttera, et, à l'automne, il aura fait de nouvelles racines. Si le plant est du Coignassier, il est plus dur à s'enraciner ; il lui faut toute une campagne, de sorte qu'on lui donne toute une année pour croître, ensuite on le butte, et c'est dans cette seconde année qu'il s'enracine. Ainsi le plant de Paradis se lève tous les ans, et le plant de Coignassier tous les deux ans. Les cultivateurs soigneux mettent du fumier à leur plant tous les deux ans. Quant au prix de ce plant, il paraît que sa vente a été plus avantageuse autrefois qu'aujourd'hui.

Telle est, en général, la manière de former et de multiplier le plant de Paradis et de Coignassier à Fontenay-aux-Roses et aux communes voisines des environs, et où l'on continue d'en fournir à beaucoup de pépiniéristes même assez éloignés. Il n'est pas à ma connaissance qu'aucun auteur ait encore traité cette manière d'élever le plant de Paradis et de Coignassier pour en former le plant destiné à recevoir la greffe des Pommiers et Poiriers : aussi je ne prétends pas avoir tout dit et pour le mieux à ce sujet; mais j'espère que, quand un auteur, par la suite, traitera des arbres fruitiers, il commencera par faire connaître comment on obtient les sujets sur lesquels on les greffe, quand ces sujets ne seront pas des francs.

Histoire des arbres fruitiers.

Messieurs, pour vous tracer convenablement l'histoire des arbres fruitiers, il me faudrait faire des recherches immenses et employer un temps bien plus considérable que celui dont il m'est possible de disposer ; aussi je ne prétends pas faire cette histoire, je n'en place ici qu'un extrait, pour inviter ceux qui se trouveront dans des circonstances plus favorables que moi à l'entreprendre : c'est une partie essentielle, susceptible d'un grand intérêt, et dont on pourrait retirer autant de lumière que de plaisir.

ART. I. *De l'origine des arbres fruitiers.*

Ainsi que toutes les origines anciennes, celle de l'histoire des arbres fruitiers est couverte d'épaisses ténèbres et se perd dans la plus haute antiquité. Les hommes ont trouvé autrefois dans les forêts les types de nos Pommiers, Poiriers, Pruniers, etc.; c'est un fait indubitable : il est encore certain qu'ils ont dû manger longtemps les fruits durs et acerbes de ces arbres sauvages, avant d'en obtenir de tendres et savoureux ; mais nous ne connaîtrons jamais les circonstances auxquelles ils ont dû les premiers de ces bons fruits. Nous pouvons cependant présumer, par analogie de ce qui a lieu encore aujourd'hui, qu'un pepin de Poire ou de tout autre fruit, modifié de telle ou telle manière, a pu produire un Poirier dont les fruits se sont trouvés plus gros et plus succulents que les autres. Le changement de climat est un puissant moyen de faire varier les espèces ; une terre très-fertile a pu aussi

faire subir des changements heureux aux arbres originaires d'une
terre maigre et ingrate, puisque c'est par ces deux moyens que
nous obtenons encore, de temps en temps, de nouvelles modifications dans nos arbres fruitiers. Mais pouvait-on conserver ces nouvelles acquisitions ou ces présents du hasard? et, si on les conservait, quel moyen employait-on pour y parvenir? car la greffe,
quoique fort ancienne, ne peut être considérée que comme une découverte moderne auprès de l'antiquité des arbres fruitiers et autres, et il s'est écoulé probablement bien des siècles avant que les
hommes l'aient employée à la conservation et à la multiplication des
fruits qui, de graines, ne pouvaient se reproduire semblables à
eux-mêmes.

Art. II. *Des migrations des arbres fruitiers.*

Le Poirier et le Pommier sont certainement originaires de l'Europe; leurs types se retrouvent encore dans nos forêts. Le Prunier
paraît avoir aussi toujours existé sous notre climat; mais c'est un
arbre champêtre et non forestier. C'est chez nous que ces trois
genres se sont multipliés et ont produit la plupart des variétés que
nous leur connaissons. Il n'en est pas de même du Coignassier, du
Pêcher, de l'Abricotier, et peut-être du Cerisier; ils sont des pays
chauds et n'ont été introduits, en Europe, qu'avec la civilisation, par
différents moyens et à différentes époques. Ces moyens et ces époques sont la plupart consignés dans l'histoire politique et commer-
ciale des peuples; mais il faudrait un temps considérable, une
érudition profonde pour les y trouver, les en extraire, les ranger
dans un ordre chronologique, et les présenter revêtus de toute l'autorité convenable pour la faire adopter et la convertir en une partie intéressante de l'histoire des arbres fruitiers.

M. Sicler, érudit d'un grand mérite, a, depuis longtemps, publié un livre sur cette matière; mais ce livre, publié en allemand,
est à peu près ignoré. Il serait bien à désirer que quelqu'un le tra-
duisît, et que les connaissances qu'il renferme se communi-
quassent davantage et passassent chez quelque homme zélé, capable de les étendre et de les rendre familières.

Art. III. *Époque de l'apparition des nouvelles espèces ou variétés*
de fruits.

On a toujours trop négligé de relater dans les ouvrages l'époque
de l'apparition des fruits et les circonstances qui les ont fait naître

ou qui ont accompagné leur naissance ; cependant non-seulement il serait nécessaire de bien fixer l'époque de l'apparition d'un nouveau fruit qui est bon à être conservé, mais il faudrait encore le décrire et le figurer avec la plus grande exactitude, afin de savoir, dans la suite, s'il se modifie en bien ou en mal, et pouvoir établir une théorie pour nous aider à juger de la marche de la perfection ou de la détérioration des arbres et de leurs fruits. Si, depuis le renouvellement des lettres en Europe, on eût constaté la naissance de chaque fruit à mesure qu'ils se sont montrés, probablement la liste de ceux qu'on dit avoir été connus des Romains serait bien moins longue. On commence cependant à enregistrer l'année de la naissance des nouvelles variétés qui se montrent parmi nous depuis le commencement du siècle, et probablement nos neveux n'attendront pas le siècle prochain pour établir la généalogie de leurs nouveautés en pomologie.

Art. IV. *Des moyens propres à obtenir de nouvelles variétés de fruits.*

Jusqu'à il y a environ un demi-siècle on n'avait aucune règle, aucune théorie pour guide dans le procédé à employer pour obtenir de bonnes nouvelles variétés de fruits. On avait seulement remarqué que la nature en faisait naître quelquefois où on s'y attendait le moins. On a cru, pendant longtemps, qu'en semant les graines de bonnes variétés obtenues depuis longtemps il en naîtrait nécessairement de bonnes variétés plus ou moins semblables à leur mère, et on a encore été trompé ; les semis faits dans ce but n'ont pas donné les résultats qu'on en attendait. Enfin on est allé jusqu'à croire que la greffe avait le pouvoir de produire de nouvelles variétés, et l'expérience a prouvé qu'elle pouvait seulement influer sur la vigueur et la faiblesse des arbres, sur la grosseur des fruits, sur leur qualité, mais qu'elle ne les changeait jamais en une autre variété ; la greffe a le pouvoir certain de conserver une variété qui se développe accidentellement sur une espèce ou variété. Ainsi, qu'une branche à feuilles panachées se développe sur un arbre qui ne l'est pas, en greffant cette branche elle grandira panachée, vivra des siècles panachée, tandis qu'elle aurait perdu sa panachure ou serait morte prématurément, si elle fût restée sur son arbre ; et, comme ce fait se renouvelle assez souvent sous nos yeux, nous sommes autorisés à penser que c'est de cette manière que nous sont venues les sous-variétés panachées de Saint-Germain, de Bon-chrétien, de Mouille-bouche, etc.

On en était là dans cette partie de nos connaissances, quand, il y a une soixantaine d'années, Van Mons, de Bruxelles, puis professeur de chimie à l'université de Louvain, a jeté des idées nouvelles sur cette matière et l'a fait considérer sous un nouveau jour. On trouvera ci-après, à l'art. XXI, un extrait du travail de Van Mons sur cette matière.

Art. V. *De ce qu'on entend par espèce et variété dans les arbres fruitiers.*

Le mot *espèce* n'a pas un sens aussi rigoureusement déterminé chez les cultivateurs que chez les botanistes ; ceux-ci appellent espèce une plante qui se reproduit toujours semblable à elle-même par ses graines semées, et les cultivateurs nomment espèce toute plante qui ne ressemble pas à une autre, sans s'embarrasser si elle se reproduit semblable à elle-même par ses graines. Ainsi, comme le Beurré et le Saint-Germain ne se ressemblent pas, ce sont deux espèces pour le jardinier, tandis que le botaniste les considère comme deux variétés du Poirier sauvage, qu'il regarde comme le type, le père de tous les Poiriers cultivés ; mais, si le Saint-Germain ou tout autre varie dans [quelques-unes de ses parties seulement, alors c'est une variété pour le cultivateur et une sous-variété pour le botaniste.

Afin de distinguer nos espèces de celles des botanistes, quelques écrivains les nomment *espèces jardinières.* Sans blâmer cette épithète, je ne crois pas qu'elle passe jamais dans la pratique.

Art. VI. *Bibliothèque pomologique.*

Depuis longtemps les botanistes ont leur bibliothèque botanique ; pourquoi n'avons-nous pas encore notre bibliothèque pomologique ? Tournefort nous a laissé un excellent modèle à suivre dans son *Isagoge ;* en l'imitant et en tâchant d'atteindre le discernement et la saine critique qu'on admire dans cet auteur, on ferait un ouvrage utile, nécessaire et agréable.

En commençant notre *Traité des arbres fruitiers* en 1807, nous avions commencé aussi à rassembler les matériaux nécessaires pour faire une bibliothèque pomologique ; mais les tourmentes révolutionnaires nous ayant forcé de suspendre la publication de notre ouvrage en 1815, ayant même désespéré de pouvoir l'achever jusqu'en 1830, une grande partie de ce qui était destiné à la pomologie s'est égarée. Je place ici ce qui m'en reste comme un jalon, pour indiquer la route que nous nous étions proposé de suivre, laissant à d'autres l'honneur d'arriver au but ou d'en ouvrir un meilleur. Les auteurs dont je vais parler arriveront par ordre d'ancienneté.

1° J. B. FERRARI, *Hesperides sive de Malorum aureorum cultura et usu. Libri quatuor, in-folio*, 1646.

Il n'était guère possible qu'à un religieux de la compagnie de Jésus de réunir à lui seul assez d'érudition et de posséder assez de loisir pour épuiser la matière d'un sujet, comme Ferrari l'a épuisée dans cet ouvrage. Rien de ce qui tient directement ou indirectement aux Orangers ne lui a échappé ; il en retrace toute l'histoire, depuis la fable des Hespérides jusqu'aux plus petits détails de leur culture et de leurs usages, et il disserte élégamment et savamment sur l'origine et l'allégorie de ce récit antique, qui rappelle l'un des plus épouvantables cataclysmes, le déluge.

Un naturaliste praticien, qui ne recherche que la vérité, trouve que l'ouvrage de Ferrari serait plus clair et plus instructif, si son auteur, au lieu d'employer un style aussi élégant et aussi amplifiant qui en multiplie singulièrement les pages, s'en fût tenu à rapporter simplement les faits, les caractères, l'histoire certaine et les propriétés constatées des Orangers. Mais Ferrari a écrit en poëte et en orateur érudit ; il est probable même que la partie fabuleuse et allégorique de son sujet lui plaisait davantage que la simple vérité, car il l'a enrichie de dessins admirablement conçus et merveilleusement exécutés par le Poussin, l'Albane, Berretin, Lamper, Sacchi, etc., tandis que ses soixante-douze ou quinze figures d'Orangers, qui, ce nous semble, font le fond de l'ouvrage, sont exécutées avec une négligence impardonnable. Ces figures, au reste, sont plus grandes que nature, et l'auteur donne évidemment plusieurs répétitions comme des espèces ou variétés distinctes. Nous faisons observer, en passant, qu'il rend une justice éclatante aux peintres célèbres qui ont fait ses tableaux allégoriques, et qu'il ne dit rien du dessinateur qui a fait ses Oranges. C'est juste : *cuique sua*.

Ferrari a divisé son ouvrage en quatre livres, et, fidèle à ses idées poétiques, il appelle le premier *Hercule*, le deuxième *Æglé*, le troisième *Aréthuse*, et le quatrième *Herperthuse*. Dans le premier livre, l'auteur disserte sur le jardin des Hespérides et sur l'histoire antique et obscure des Orangers ; dans le second, il décrit les Citres que nous appelons aujourd'hui Cédrats. Le troisième est consacré à la description des Limons, des Limes, des Perrettes, de la Pomme d'Adam et de la Pomme de paradis ; enfin le quatrième traite des Oranges douces et des Bigarades.

Je le répète, cet ouvrage est le fruit de beaucoup d'érudition, d'un génie poétique et d'un long loisir; il renferme un si grand nombre de choses utiles ou agréables, qu'il n'est pas possible de s'en passer quand on se livre à l'étude des fruits.

2° J. Merlet, écuyer. L'*Abrégé des bons fruits, avec la manière de les connaître et de cultiver les arbres. Un volume in-16, troisième édition*, 1684.

Merlet paraît avoir écrit son petit livre en faveur des *personnes de qualité*, et pour les inviter à imiter *les Grecs et les Romains les plus qualifiés, et qui prenaient un singulier plaisir à cultiver leur jardin avec soin*. Le moment était propice, en effet; car, après avoir rappelé que les grands dignitaires de la Perse et de la Turquie font faire de grands jardins où ils ont d'excellents fruits, il ajoute : « Depuis quelques années, cette curiosité est venue en France, où « les personnes de condition s'y appliquent et s'y perfectionnent, « tous les jours, par le raisonnement et l'expérience *qu'elles* ont « sur la taille des arbres et des meilleurs fruits. » Ainsi Merlet, en admettant l'expérience et le raisonnement chez ses lecteurs de *condition*, a cru devoir se borner à leur donner de courts et légers préceptes sur la plantation, la greffe et la taille des arbres. Il y a de bonnes choses dans ces préceptes; mais leur auteur adopte et y admet des idées de son temps, aujourd'hui abandonnées. Par exemple, il recommande, quand on plante un arbre, de lui donner le même orientement que celui qu'il avait dans la pépinière. Il croyait à l'influence appréciable de la lune sur les opérations de culture, et voulait qu'on taillât les arbres en décours; il conseille de greffer en fente en octobre plutôt qu'en février, conseil déjà donné par Landry, auteur beaucoup plus ancien, et renouvelé de nos jours par un ou deux contemporains, auxquels il a été répondu que la greffe d'automne réussissait quand elle était opérée tout près de terre, mais qu'il n'y avait pas d'avantage à la pratiquer : il dit que toutes les Pêches ont chacune leur *pavy*, et comme en Languedoc les pavies s'appellent mâles, il en résulterait que chaque Pêche aurait son mari. Il faut, selon lui, tailler la jeune Vigne en nouvelle lune pour lui faire pousser du bois, et la vieille en décours pour lui faire pousser des grappes; enfin il conseille de planter l'Amandier en terre forte et humide.

J'ai cité presque tout ce qu'aujourd'hui on appellerait des absurdités dans l'ouvrage de Merlet; maintenant je vais citer ce que je trouve bon. Merlet nous apprend que, de son temps, on cultivait de préférence un Grenadier à fleurs panachées, plus abondantes, plus grandes, plus belles, et qui duraient plus longtemps que les autres : on n'en a aucune connaissance aujourd'hui. Merlet dit avoir vu le sauvageon (pied franc) du Besi-Chaumontel près *Lusarche*, et que cet arbre était né depuis peu d'années; il en a fait greffer des rameaux sur Coignassier pour rendre son fruit encore meilleur. Le fruit de ce sauvageon se conservait *jusqu'à la Pentecôte*. « C'est, dit M. Merlet, un gros Beurré d'hiver, fort semblable à celui d'automne, prenant encore plus de rouge, fondant, d'une eau sucrée et relevée, des plus tardifs, excellent. » Si nous trouvions des notions aussi précises sur l'origine et les qualités de tous nos anciens fruits, elles seraient précieuses aujourd'hui que les pomologues s'occupent de la longévité et de la détérioration des arbres fruitiers.

Merlet se plaint de voir beaucoup de fruits insignifiants ou mauvais dans tous les jardins, et promet de ne signaler et décrire que ceux qui méritent les soins de la culture. La même plainte a sans doute été répétée bien des fois depuis lui, et toujours inutilement; car nos pépinières ne sont, la plupart, guère moins inondées de mauvais fruits qu'autrefois. Nous touchons cependant au moment où cet abus doit finir par la diffusion des lumières et par le bon sens qui pénètre enfin dans l'esprit de toutes les classes.

Les descriptions que Merlet fait des fruits sont courtes, claires et satisfaisantes. Il décrit 3 Abricots, 12 Cerises, 7 Figues, 8 Groseilliers, 38 Pêches, 179 Poires, 52 Pommes, 69 Prunes, 48 Raisins et quelques autres fruits de fantaisie. Cet auteur n'a pas tenu parole en promettant de ne décrire que les bons fruits; car nous en reconnaissons dans son livre un assez grand nombre qui, aujourd'hui, ne sont que médiocres ou même mauvais.

3° La Quintinye. *Instructions pour les jardins fruitiers et potagers. Deux volumes in-4°, 1690.*

La Quintinye fut un de ces hommes qui ont eu beaucoup de part à la gloire du siècle de Louis XIV. Directeur des jardins fruitiers et potagers de ce grand roi, il a passé pour avoir fait dans son art ce que Boileau, Corneille et Racine ont fait dans le leur, et sa renommée n'était pas moins grande que celle de ces hommes illustres. Jamais aucun maître jardinier n'avait reçu de ses contemporains et n'en a reçu depuis autant de marques de haute estime et de considération. Le fameux Santeuil, Perrault qui, dit-on, ne savait ni grec ni latin, mais qui savait mieux le français qu'aucun académicien, ont fait à sa louange des pièces de vers qui étaient plus sincères que celles que Boileau adressait au grand roi chaque fois que celui-ci faisait massacrer des milliers d'hommes pour ce qu'on appelait sa gloire.

L'ouvrage de la Quintinye forme deux volumes in-4°; la mort ne lui a pas permis d'y mettre la dernière main, et son fils, à qui nous en devons la publication, s'est fait un devoir religieux de n'y rien changer. La dédicace à Louis XIV, qui est la seule partie que l'on puisse regarder comme achevée, est un sûr garant que, si la Quintinye eût vécu plus longtemps, tout son ouvrage eût été écrit dans un style digne de son siècle et du rang qu'il tenait dans la hiérarchie administrative.

La Quintinye a opéré une réforme générale dans l'art de cultiver les jardins; il détruisit les anciennes routines, établit des principes et créa des règles pour ce qui n'en avait pas; il créa le potager du roi à Versailles, et ce potager devint sous sa direction une école fameuse, qui a conservé sa réputation jusqu'à l'époque de notre première révolution.

Quoique la Quintinye ait traité de toutes les parties d'un jardin fruitier et potager, et même des Orangers, c'est par la taille des arbres fruitiers qu'il s'est rendu plus particulièrement célèbre; c'est en effet sur cette partie qu'il s'est le plus étendu, et dans laquelle il a apporté plus de réformes. De son temps, encore plus qu'aujourd'hui, la taille des arbres fruitiers était regardée comme le chef-d'œuvre du jardinage, et surtout d'une difficulté inouïe et d'une complication de combinaisons infinies. L'ignorance de quelques jardiniers effrontés et le charlatanisme de quelques autres en faisaient un art mystérieux, tandis que, dans le fait, tous opéraient plus par routine, plus machinalement que par raisonnement. La Quintinye était un homme, du moins son livre le dit, à ne rien accorder au hasard; il voulut raisonner la taille des arbres, en connaître les principes et en déduire des règles. C'est l'ensemble de ces règles qui forme la doctrine appelée encore *taille à la Quintinye*, taille qui a eu de nombreux partisans et quelques détracteurs dès sa naissance. Les grands seigneurs, les courtisans, en tout temps serviles imitateurs de ce qui se fait et se dit à la cour, tourmentèrent leurs jardiniers pour les faire tailler à la Quintinye; d'autres, ne croyant pas qu'un directeur des jardins du roi pût se tromper, firent aussi tailler leurs arbres à la Quintinye avec la meilleure foi du monde, et bientôt il n'y eut plus ce que l'on appelle un château, une bonne maison où l'on ne taillât pas les arbres à la Quintinye.

Cependant les habitants de Montreuil, qui taillaient leurs Pêchers à peu près comme ils les taillent encore aujourd'hui, n'adoptèrent pas les nouveaux principes de la Quintinye. On a écrit que celui-ci avait fait venir de Montreuil le fils de Pépin, le plus habile tailleur de Pêchers de son temps, pour le faire travailler sous ses yeux et juger de la pratique de Montreuil. Cette pratique, ne s'accordant pas du tout avec les principes déjà posés par la Quintinye, et le jeune Pépin voulant toujours travailler à la mode de son pays, se brouilla bientôt avec son maître, et retourna tailler les Pêchers de son père (1).

Toute la doctrine de la Quintinye était basée sur cet axiome, vrai en morale, mais qui n'est plus qu'un sophisme, étant appliqué à la taille des arbres : *Retardez vos jouissances pour jouir plus longtemps.* En conséquence, la Quintinye taillait fort court tous ses arbres, jeunes et vieux, et par là retardait naturellement la fructification des jeunes arbres, qu'il appelait fructification prématurée, et modérait la fructification des vieux pour faire vivre les uns et les autres plus longtemps. Ce raisonnement était des plus absurdes, et, si la Quintinye eût été obligé d'attendre le fruit de ses arbres pour vivre, il n'y aurait pas tenu comme il a fait. Entre ses mains, un arbre qui peut rapporter du fruit après trois ans de plantation n'en rapportait qu'après dix ou douze ans, et toujours en petite quantité.

La Quintinye s'opposait tellement à l'étendue des arbres, que, dans son ouvrage, il fixe la distance des Pêchers en espalier à 4 mètres dans les meilleurs terrains, et à 5 mètres dans les médiocres, tandis que ces arbres bien conduits prennent 12 ou 14 mètres d'envergure en huit ou dix ans, et rapportent chacun vingt fois plus de beaux et excellents fruits que n'en obtenait la Quintinye ; aussi depuis longtemps la taille à la Quintinye est abandonnée comme contraire au vœu de la nature et à nos intérêts, et l'on convient que la vogue prodigieuse dont elle a joui n'était due qu'à la position élevée de son auteur et à l'ignorance des jardiniers de cette époque.

La Quintinye n'avait aucune connaissance en botanique ni en physiologie végétale. Il croyait et soutenait que toutes les variétés de fruits avaient été créées au commencement du monde, et, quand on lui en montrait de nouvelles, il niait qu'elles fussent nouvelles, et disait que, si on ne les avait pas encore observées, c'est qu'elles étaient restées cachées dans quelque coin de la terre. Ceci prouve aussi qu'il ignorait ce que c'est qu'une pépinière ; aussi n'en dit-il pas un mot dans ses deux volumes.

---

(1) Il n'est pas du tout question de ce fait dans l'ouvrage de la Quintinye ; c'est dans un autre auteur que je l'ai lu. La Quintinye est un de ces auteurs assez rares qui ne citent jamais personne, quoiqu'ils supposent que beaucoup d'autres ont écrit avant eux sur le même sujet et se sont trompés.

La Quintinye assure avoir vu et goûté trois cents sortes de Poires, et que, dans ce grand nombre, il ne s'en est trouvé qu'environ une trentaine qui fussent dignes d'être plantées et multipliées ; cependant, pour satisfaire, dit-il, à tous les goûts, il en désigne soixante-sept sortes différentes pour composer une plantation de cinq cents Poiriers. Ses discussions sur le mérite de chaque fruit sont curieuses ; il les fait parler en présence les uns des autres, et chacun expose son mérite et les qualités qui doivent le faire préférer à tel autre qui lui dispute le rang. Ainsi, après avoir employé sept pages in-4° pour prouver son mérite, le *Bon-chrétien d'hiver* obtient la première place dans un jardin, tandis que le *Beurré*, qui a consacré neuf pages au même objet, n'obtient que la seconde, etc.

L'article Pomme étant bien moins important, selon la Quintinye, que celui des Poires, il n'en relate que vingt et une sortes, et de ces vingt et une il n'en affectionne même que sept qu'il estime les meilleures et qu'il décrit avec assez de détails.

Les Pêches, quoique traitées avec beaucoup plus de soin que les Pommes, sont, ce me semble, encore trop négligées. La Pêche est véritablement le roi des fruits. L'éducation du Pêcher est difficile, et son fruit est si parfait lorsqu'il a toutes ses qualités, qu'on ne peut rien faire de trop en sa faveur. La Quintinye en nomme quarante-deux variétés, et il en décrit une vingtaine comme des meilleures.

La nomenclature des Prunes est assez considérable, quoique la Quintinye n'en estime et n'en décrive qu'un petit nombre. Il a expérimenté que le Perdrigon, la Sainte-Catherine, la Prune d'abricot, la Roche-Courbon et les Impératrices sont les seules Prunes qui gagnent à être plantées en espalier au midi. Je puis assurer aussi que la Reine-Claude, plantée en espalier au midi et mûre jusqu'à être fanée, est un manger délicieux. Enfin notre auteur décrit 11 Figues, 5 Abricots, 6 Cerises, 5 Raisins, 1 Azerole, et donne des instructions pour placer convenablement chacun de ces fruits dans un jardin.

Son *Traité des Orangers* me semble un bon guide pour la culture de ces arbres dans notre pays. L'usage, aujourd'hui si répandu, d'élever des Orangers par la *greffe à la Pontoise* n'était pas connu alors, et c'est la seule partie qui manque au traité de la Quintinye.

L'auteur termine son ouvrage par ce qu'il appelle *réflexions sur quelques parties de l'agriculture,* dont on a fait justice depuis long-temps. C'est là surtout qu'il a montré son défaut de pratique, la presque nullité de ses connaissances en culture, en botanique et en physiologie végétale. Ces réflexions occupent quatre-vingt-dix-huit pages, et il n'y a pas une ligne dont on puisse faire usage aujourd'hui ; enfin je ne puis m'empêcher de faire remarquer que le style de la Quintinye est presque partout d'un décousu et d'une longueur étonnants.

Si maintenant je résume mes réflexions sur l'ouvrage de la Quintinye, je trouve que cet auteur a beaucoup nui au progrès de la taille des arbres fruitiers, parce qu'il avait adopté et qu'il a suivi avec opiniâtreté un système contraire au vœu de la nature et à l'intérêt du cultivateur, et que c'est la place importante qu'il occupait qui lui a valu l'immense réputation dont il a joui et qui lui a succédé près d'un siècle. La Quintinye avait nécessairement fait de bonnes études, puisqu'il cite souvent les anciens auteurs latins ; il était, dit-on, destiné au barreau. Quant au lieu de sa naissance, il ne l'a pas nommé ; mais il donne assez à entendre qu'il était de la Touraine et qu'il avait toujours eu la passion des fruits. Vers la fin de sa vie, il signait *de la Quintinye ;* ce qui a fait penser que le roi lui avait accordé des lettres de noblesse. Il mourut vers 1668.

TRENTE-QUATRIÈME LEÇON.

Suite de la bibliothèque pomologique.

« 4° JOSEPH PITTON DE TOURNEFORT naquit à Aix, en Provence, le 5 juin 1656, de Pierre Pitton, écuyer, seigneur de Tournefort, et d'Aimare de Fagoué, d'une famille noble de Paris. On le mit au collége des jésuites d'Aix; mais quoiqu'on l'appliquât uniquement, comme les autres écoliers, à l'étude du latin, dès qu'il vit des plantes il se sentit botaniste.

« Quand il fut en philosophie, il prit peu de goût pour celle qu'on lui enseignait. Il n'y trouvait point la nature qu'il se plaisait tant à observer, mais des idées vagues et abstraites qui se jettent, pour ainsi dire, à côté des choses, et n'y touchent point. Il découvrit dans le cabinet de son père la *Philosophie* de Descartes, peu fameuse alors en Provence, et la reconnut aussitôt pour celle qu'il cherchait. Il ne pouvait jouir de cette lecture que par surprise et à la dérobée, mais c'était avec d'autant plus d'ardeur; et ce père, qui s'opposait à une étude si utile, lui donnait, sans y penser, une excellente éducation. »

Je voudrais bien continuer de suivre l'éloge de Tournefort, fait par DE FONTENELLE, l'un des quarante de l'Académie française, mais cela me mènerait trop loin et me jetterait en dehors du plan que je me suis tracé; je vais donc me borner à peu près à ce que j'ai déjà dit, en 1807, dans notre *Traité des arbres fruitiers*, vol. I, page liij.

Joseph Pitton de Tournefort naquit, comme l'a dit de Fontenelle, à Aix, en Provence, l'an 1656. Destiné à l'état ecclésiastique, son amour pour l'étude des plantes l'emporta sur l'étude de la théologie. A sa sortie du collége, il alla étudier la médecine et la botanique à Montpellier. Après avoir recueilli toutes les plantes des environs de cette ville, il parcourut le premier, en habile botaniste, les Pyrénées, où il fut plusieurs fois dépouillé jusqu'à la chemise par les miquelets. Brûlant de s'instruire de plus en plus, il vint à Paris, foyer lumineux de toutes les sciences, où son rare mérite le fit presque aussitôt nommer professeur de botanique au Jardin du roi. En 1692, le roi créa une Académie des sciences à Paris, et Tournefort fut inscrit le premier sur la liste des savants qui devaient la composer. L'école de médecine le reçut dans son sein en 1698. Après avoir publié divers ouvrages de botanique et de médecine, il mit au jour, en 1700, ses fameuses *Institutiones rei herbariæ*, ouvrage immortel qui a placé son auteur bien au-dessus de tous les botanistes qui avaient paru jusqu'alors, et que l'on consultera toujours comme une œuvre de génie et de savoir, si l'on juge ce qu'était la science botanique avant 1700.

Aussitôt après la publication des *Institutions de botanique*, le roi chargea Tournefort de parcourir les îles de l'Archipel en historien, en géographe et en naturaliste. Deux ans furent employés à ce voyage, dont la relation a été publiée en 2 vol. in-4°, à Paris, en 1717, c'est-à-dire neuf ans après la mort de l'auteur, dans lesquels on trouve la description de beaucoup de plantes et une érudition immense sur l'histoire ancienne. On trouve mentionnée, dans cette relation, une Poire d'Angora, estimée et multipliée à Constantinople, que j'ai reçue moi-même de M. His fils, attaché à l'ambassade, lequel Poirier a fructifié pour la première fois, cette année 1849, en France, et dont je donnerai la description quand le fruit sera mûr.

On a toujours cru que Tournefort s'était trompé, lorsqu'étant descendu dans la grotte d'Antiparos il a cru que les nombreuses et très-curieuses cristallisations de cette grotte étaient une végétation, parce que ces cristallisations croissaient et grandissaient avec le temps; cela s'explique autrement que par les lois de la végétation.

Tournefort, mettant au nombre des caractères spécifiques des plantes la couleur, la grandeur, la saveur, etc., a considéré tous les arbres fruitiers comme autant d'espèces naturelles; il les a, en conséquence, consignés dans ses *Institutions,* et leur a appliqué à chacun une phrase botanique qui indique la forme, la couleur et souvent la saveur de leur fruit. C'est ainsi qu'il mentionne 11 espèces d'Abricot, 28 Prunes, 25 Pêches, 29 Cerises, 5 Amandes, 88 Poires et 57 Pommes.

Tournefort jouissait de sa célébrité, lorsque malheureusement une voiture le heurta dans la poitrine et lui causa la mort à l'âge de cinquante-deux ans, 1708.

5° C. Linné, *Species et genera plantarum: Philosophia bota-nica, etc.* 1750-1772.

Charles Linné, le plus célèbre naturaliste qui ait encore paru, naquit en Suède, dans un bourg de la province de Smoland, en 1707. La nature semblait l'avoir formé pour être son interprète. Dès sa plus tendre jeunesse, il faisait son délice de l'étude des plantes. Doué d'une activité sans exemple, du génie le plus vaste, d'une pénétration des plus profondes et d'un esprit admirable, il apporta bientôt dans toutes les branches de l'histoire naturelle des vues si lumineuses, qu'il réédifia le vaste édifice de cette science et l'enrichit de tant de nouvelles observations, qu'il en est regardé, à juste titre, comme le créateur. Mais si, quand nous faisons de l'histoire naturelle, notre admiration pour Linné est au-dessus de toute expression, nous sommes bientôt tentés de commettre un blasphème quand nous nous occupons des arbres fruitiers. Nous approuvons ses réformes, nous adoptons ses innovations, nous nous soumettons à ses mille lois; pourquoi donc faut-il qu'avec un malheureux axiome de sept à huit mots il ait fait dégringoler du temple de Flore et de Pomone des légions de Tulipes, de Jacinthes, d'Anémones, de Renoncules, de Roses, et mille autres fleurs accompagnées de *tous nos arbres fruitiers?* Dans ce malheureux axiome, Linné prouve sans réplique que les Ronces et les Epines sont l'ouvrage de Dieu, et que les Roses si suaves, les Tulipes si brillantes, les Poires si savoureuses, les Pêches si succulentes et les excellents Chasselas ne sont que le produit des inventions humaines, et, en conséquence, indignes de l'attention du plus petit botaniste. Depuis ce fatal arrêt, on a défait, refait, tronqué, modifié, changé toutes les parties de l'édifice que Linné avait élevé à sa gloire; mais on a conservé religieusement intact le chapitre qui bannit à jamais les arbres fruitiers du domaine de la botanique. Ce chapitre est tellement révéré, que, si un botaniste aujourd'hui reçoit une Mousse, un Lichen microscopique de la Cochinchine, du Monomotapa, il ne se donnera aucun repos qu'il ne l'ait examiné à la loupe, au microscope; qu'il n'en ait mesuré toutes les parties, compté tous les poils, toutes les taches, toutes les nervures; qu'il ne l'ait fait dessiner, graver; qu'il ne l'ait nommé, imprimé, publié et dédié à quelque savant confrère, dans un beau et grand mémoire lu à l'Académie. Mais demandez à ce même botaniste les noms, les qualités et l'histoire des fruits qui ornent sa table, que son palais savoure, qui rafraîchissent son sang, qui fondent ses humeurs, réjouissent ses yeux et ramènent le calme dans son cerveau irrité; s'il ne prend pas votre demande pour une insulte, il vous répondra au moins que ces fruits ne sont que des MONSTRES, et qu'il n'a rien à démêler avec eux.

Au reste, l'année 1778 n'en sera pas moins à jamais fatale dans les annales de l'esprit humain, par la mort des quatre philosophes Linné, Haller, J. J. Rousseau et Voltaire.

6° Hermann Knoop, *Pomologie, ou description des meilleures sortes de Pommes et de Poires; — Fructologie, ou description des arbres fruitiers ainsi que des fruits. Deux vol. in-fol., 1771.*

Knoop a publié ces deux ouvrages en 1771, et, comme ils traitent le même objet, on les a réunis en un seul volume. Le premier contient un grand nombre de fruits, et le second n'en contient qu'un ou deux de chaque genre.

L'auteur nous apprend qu'il a dirigé les jardins de la princesse douairière d'Orange et Nassau pendant plus de vingt-cinq ans, et que c'est dans ces jardins qu'il a fait et recueilli les observations qui constituent son ouvrage, écrit en français, quoique fait en Hollande par un Hollandais. On remarque aisément que Knoop était praticien et peu lettré, quoiqu'il cite souvent les anciens, et qu'il ne connaissait pas très-bien le génie de la langue française. D'ailleurs, il était d'une bonhomie qui fait plaisir, et ne visant pas moins qu'à transmettre ses connaissances à la postérité la plus reculée; il le dit tout uniment avec la simplicité hollandaise. Au reste, son ouvrage est méthodique, bien fait dans sa plus grande partie; les descriptions sont, il est vrai, incomplètes, mais ce qu'elles contiennent est vrai, exact et clairement énoncé. L'auteur a figuré 94 Pommes, 83 Poires; le dessin est excellent, exact, mais la couleur n'est pas toujours vraie. Les autres genres n'ont chacun qu'une ou deux figures, et beaucoup moins bien exécutées. Les généralités sur la culture et sur les usages des fruits sont satisfaisantes, instructives; mais l'auteur, ayant voulu débrouiller la synonymie, en a augmenté la confusion. La synonymie des fruits est, en effet, la chose la plus difficile à faire; elle ne pourra être débrouillée que par un homme très-instruit, connaissant parfaitement les fruits, qui parcourrait l'Europe pour recueillir les noms appliqués aux fruits dans chaque pays; mais où prendre cet homme, si un gouvernement ne le forme pas exprès?

Knoop a dessiné beaucoup de Poires et de Pommes que nous ne reconnaissons pas; et, comme ses dessins sont très-bien faits, nous doutons d'autant moins de l'existence des espèces qu'ils représentent, que, depuis peu de temps, il est arrivé de la Hollande en France quelques Poires que nous n'avions jamais vues. Les Hollandais, n'ayant pas facilement nos Pêches ni nos Raisins, s'en dédommagent en multipliant les Pommes et les Poires.

7° Duhamel, *Traité des arbres fruitiers. Deux vol. in-fol., 1768.*

Duhamel du Monceau naquit à Paris en 1700, et termina sa glorieuse carrière à l'âge de quatre-vingt-deux ans. On lui a décerné, à juste titre, le beau nom de *Père de l'agriculture*. Il fut reçu membre de l'Académie des sciences à l'âge de vingt-huit ans. Aucun citoyen n'a jamais dirigé ses travaux plus constamment vers l'utilité publique, et peu d'écrivains ont été aussi laborieux que ce célèbre académicien. Nombrer ses ouvrages, dit Condorcet, c'est présenter le tableau des services qu'il a rendus à l'agriculture, aux arts, aux sciences, à la navigation et à tout ce qui tient au bonheur des hommes. Son *Traité des arbres fruitiers*, publié en 1768, est un ouvrage fondamental porté du premier coup à une perfection qu'on a jusqu'ici rarement atteinte. Dans cet ouvrage, qui est le seul dont nous devons nous occuper dans cette notice, l'auteur décrit environ 400 espèces ou variétés des meilleurs fruits, avec une méthode, une netteté et une vérité inconnues jusqu'alors, et il a joint à ses descriptions 222 figures excellentes, qui sont d'un grand secours pour les personnes qui n'ont pas le loisir de lire suffisamment le texte. Son *Traité des arbres fruitiers* obtint un succès prodigieux et justement mérité dès sa publication, et l'on peut prédire qu'il sera encore longtemps une source de lumière pour le cultivateur et une mine féconde pour les compilateurs. Heureux si ceux-ci ne nous disent que ce qu'ils peuvent apprendre dans cet excellent ouvrage.

En voyant et en étudiant les nombreux ouvrages de Duhamel, on est porté à se demander comment un seigneur, qui, par les places qu'il occupait, était obligé de voyager et d'habiter Paris, a pu faire autant d'observations d'une aussi grande exactitude sur toutes les parties de la culture et de la botanique, tandis que plusieurs savants, d'un mérite distingué, après avoir passé toute leur vie dans la retraite et dans un travail opiniâtre, n'ont pu nous donner à la fin qu'un petit nombre de faits vérifiés et d'observations exactes. Mais, quoique Duhamel ne cite jamais personne et qu'il n'avoue jamais aucun collaborateur, il s'en faut de beaucoup qu'il ait tout fait et tout vu lui-même. Voici à ce sujet ce qu'a bien voulu m'apprendre feu André Thoüin, qui a été pendant longtemps en relation avec Duhamel.

Cet académicien avait un frère, M. Denainvilliers, homme doux, paisible, et qui, par goût, restait toujours à la campagne. Duhamel lui traçait le programme des expériences que lui-même n'avait pas le loisir de faire, et ce frère les suivait avec une exactitude scrupuleuse et un discernement admirable quelquefois pendant cinq à six années de suite, en tenant un journal fidèle qu'il remettait à

Duhamel ; c'est ainsi que se sont faites la plupart des expériences physiques et physiologiques publiées par ce savant académicien.

Plus les ouvrages de Duhamel nous semblent parfaits, plus nous sommes étonnés de son silence envers ceux qui l'ont aidé dans ses travaux : il lui aurait été honorable, selon nous, d'avoir reconnu les obligations qu'il avait à son frère. Nous savons que la plus grande partie de son *Traité des arbres* a été faite par le Berriays ; cependant Duhamel ne lui a pas rendu à beaucoup près ce qu'exigeait même la plus simple équité. Il a dû presque toute la nomenclature de ses fruits à Richard, jardinier du roi Louis XV, à Trianon, et à Hervy père, jardinier des chartreux, à Paris ; eh bien, pas un petit mot de remercîments.

Au reste, Duhamel nous a laissé un excellent livre ; s'il n'a pas inventé les noms des fruits, s'il n'a fait que recueillir la nomenclature reçue de son temps, au moins il l'a fixée d'une manière stable et a contribué à la répandre jusque dans les pays étrangers. On désirerait cependant qu'il eût adopté la nomenclature de la Quintinye ; cela lui aurait été facile, puisqu'il vivait à une époque peu éloignée de celle de cet auteur, et que sans doute cette nomenclature était encore usitée et en vogue au potager de Versailles. On serait bien aise que Duhamel eût fait pour la Quintinye ce que nous faisons pour lui avec plaisir et reconnaissance.

Cependant il serait possible que Duhamel n'eût pas pu trouver ou reconnaître tous les fruits mentionnés par la Quintinye. Nous serons sans doute dans le même cas envers Duhamel : il y a quelques-uns de ses fruits que nous commençons à désespérer de rencontrer ou de reconnaître ; mais Duhamel était riche, et il est si aisé à un riche d'être plus juste, plus reconnaissant et plus savant qu'un autre !

8° Le Berriays, *Traité des jardins, ou le nouveau de la Quintinye. Trois volumes in-8°, troisième édition,* 1789.

Le Berriays était un homme sage, doux, modeste, quoique fort instruit en littérature, dans les arts et dans les sciences. Dès sa plus tendre jeunesse, il eut un goût décidé pour la culture des jardins, et ce goût ne l'a quitté qu'à la mort. Pendant longtemps il a été lié avec Duhamel du Monceau, et il a beaucoup contribué à la publication du *Traité des arbres fruitiers* de ce dernier, en lui fournissant des descriptions et des dessins de fruits. Quoique très-modeste, il n'a pourtant pas pu s'empêcher de se plaindre de l'ingratitude de Duhamel, qui ne lui avait pas rendu la moindre justice dans le *Traité des arbres fruitiers*. Mais son indulgence reprit bientôt le dessus, et il n'est plus question de Duhamel dans la troisième édition de son ouvrage que nous avons sous les yeux.

Le titre de *Traité des jardins* convient parfaitement à cet ouvrage, puisque l'auteur embrasse la culture des arbres fruitiers, les légumes et les plantes d'agrément. Chacune de ces parties est traitée dans un volume séparé, avec méthode et clarté : nous ne devons nous occuper ici que du premier, qui contient les arbres fruitiers.

En lisant le Berriays, on croit lire Fénélon, tant son style est pur, simple et coulant. La science de l'un se montre aussi naturellement que la morale de l'autre; point d'effort, point de prétention : la vérité ou la conviction toute simple suffit à l'un comme à l'autre. En suivant le Berriays à la lettre, on est sûr de bien opérer, comme en suivant les maximes de Fénélon on est sûr de se bien conduire.

D'après ce parallèle, on peut juger du cas que nous faisons de l'ouvrage de le Berriays. On n'y voit ni hypothèse, ni décision tranchante : l'auteur n'aborde rien de ce qui est encore sujet à controverse; il ne présente que la vérité bien établie, et il sera encore longtemps un guide sûr dans la pratique. Il a établi, le premier de tous les auteurs, selon nous, vol. I, pages 85 et 86, qu'un mur vertical n'était pas le plus propre aux arbres d'espalier; qu'un mur haut de 3 mètres, dont la face s'éloignerait de la ligne verticale d'environ 40 ou 50 centimètres, serait plus propre à la conservation régulière de la végétation et à la bonté des fruits. Cette idée, développée par l'auteur, et que je trouve bonne, a été aussi proposée par N. Noisette, en 1825, sous le nom d'*espalier à châssis*, dans son *Manuel complet du jardinier*, vol. II, pag. 178, pl. 10, fig. 2; et, comme il n'est pas probable que l'auteur ait consulté le Berriays, ce doit être pour nous un exemple bon à suivre que celui donné par ces deux très-habiles praticiens.

Le Berriays, incapable de parler de ce qu'il ne connaissait pas parfaitement, ni de faire valoir ce qui ne lui paraissait pas bon, a ajouté à son ouvrage douze planches représentant des arbres à pepins et à noyaux et les éléments rudimentaires; je n'ai rien à dire de ces figures, mais je dirai que le texte est très-bon et qu'il peut être consulté avec beaucoup d'intérêt. L'ouvrage contient la description de 10 Abricots, 5 Amandes, 53 Cerises douces, acides, Merises et Bigarreaux, 3 Figues, 3 Framboises, 8 Groseilles, 5 Nèfles, 35 Pêches, 96 Poires, 58 Pommes, 36 Prunes et 15 Raisins.

9° W. Forsyth, *Traité de la culture des arbres fruitiers*. 1 vol.

in-8°, 1802 ; traduit de l'anglais par J. P. Pictet-Mallet, de Genève, en 1805.

Forsyth, jardinier du roi d'Angleterre, à Kensington, s'est fait une grande réputation et a obtenu de son roi une récompense très-honorable pour avoir imaginé une composition qui, appliquée sur les plaies des arbres fruitiers et forestiers, devait les guérir plus sûrement que tous les autres ingrédients jusqu'alors employés. Ensuite il a introduit en Angleterre et perfectionné notre *taille en palmette*, qui entre ses mains a pris le nom de *taille à la Forsyth*, et nous est revenue sous cette nouvelle dénomination. Enfin Forsyth a imaginé une modification ingénieuse dans la taille de la Vigne en espalier pour la forcer à produire un plus grand nombre de grappes, que nous trouvons excellente, et que nous voudrions voir adopter en France : elle consiste, lors de la taille, à conserver des pousses de 3 pieds de longueur et à des distances convenables, et à les palisser en serpenteaux dans une direction verticale. Par ce moyen, tous les yeux de ces pousses se développent en branches à fruit, et on en obtient une quantité considérable de grappes. A la taille suivante, on supprime tous ces serpenteaux et on les remplace par d'autres jeunes pousses que l'on fait également serpenter. Cette excellente pratique n'est cependant que l'imitation de ce que font nos vignerons sous les noms de *pleyon*, *plion*, *arceau*, *sautelle*, *arance*, etc. ; mais Forsyth a le mérite de l'avoir, le premier, appliquée avantageusement à la Vigne cultivée en espalier dans les jardins.

Nous voyons avec étonnement que, en 1802, Forsyth tienne encore à l'idée que, quand on plante un arbre, on doive l'orienter comme il était auparavant, c'est-à-dire que ses mêmes parties regardent les mêmes parties du ciel ; et il se base sur ce que les arbres croissent et s'épaississent plus du côté du nord que du côté du midi. Cela est vrai pour notre latitude, et Forsyth n'est pas le seul qui l'ait dit, et pourtant personne n'y a égard en plantant un arbre, puisqu'il faudrait le replanter tous les deux ou trois ans.

La composition de Forsyth, à laquelle il n'a pas donné de nom, se fait avec de la bouse de vache, de vieux plâtras, de la cendre de bois, du sable de rivière, le tout pulvérisé et passé au tamis, ensuite délayé en consistance de mortier dans de l'urine ou de l'eau de savon ; on nettoie jusqu'au vif les chancres, les plaies des arbres, et on les recouvre de cette composition. Forsyth cite un très-grand nombre de cures merveilleuses opérées ainsi, et cependant son procédé reste à peu près ignoré en France. Nous nous en tenons à l'argile ou à notre vieil onguent de Saint-Fiacre, ou, plus simplement, à tout ce qui met les plaies à l'abri du contact de l'air et de la pluie.

Quant à la culture des arbres, au nombre et à la description des fruits, Forsyth ne dit rien de bon et d'utile qui ne soit dans beaucoup d'ouvrages français; mais son article sur les *insectes* et leur destruction nous paraît mieux traité que chez nous. Forsyth ne nomme pas le puceron lanigère et ne parle pas du duvet soyeux qui le fait reconnaître de loin; mais c'est certainement cet insecte qu'il désigne sous le nom générique de *coccus*. Il l'a vu, pour la première fois, sur ses Pommiers, à Chelsea, en 1802, et déjà ce puceron, importé, dit-il, sur des Pommiers, par Swinton, de Sloane-Street, avait causé de grands ravages sur les Pommiers des environs de Londres. Forsyth dit s'en être débarrassé en frottant ses arbres avec de l'eau de savon et de l'urine; quant à nous, nous pensons que ce fut plutôt aux moyens que sa place lui donnait de poursuivre une chasse d'extermination contre cet insecte.

10° **Calvel**, *Traité complet sur les pépinières. Trois volumes in-12, 1835, deuxième édition.*

Calvel, ayant cru devoir quitter le sacerdoce à l'aspect des premiers orages de notre révolution de 1789, se jeta dans l'enseignement et se fit connaître pour un amateur zélé de l'agriculture, pour un observateur souvent attentif et quelquefois assez judicieux. Sous ces derniers rapports, il obtint la protection et les encouragements du ministre Chaptal; il fréquenta la pépinière du Luxembourg, obtint les bonnes grâces du directeur Hervy, ce qui pourtant n'était pas facile, vit travailler les ouvriers, les questionna, et recueillit enfin les matériaux nécessaires pour publier un traité en trois volumes sur les pépinières.

Calvel n'avait jamais cultivé ni pour lui ni pour les autres, et, quoiqu'il parle souvent comme ayant opéré lui-même, nous savions tout le contraire et le connaissions assez personnellement. Son ouvrage n'ayant pas la distribution méthodique convenable à l'analyse, nous le supposons, par la pensée, divisé en deux parties distinctes : dans la première, nous plaçons tout ce qui tient à l'éducation des arbres, à leur multiplication, à leur plantation, à leur conservation, etc.; dans la seconde, la description des arbres fruitiers, leur nomenclature et leur culture spéciale. L'ouvrage ainsi distribué, si nous analysons la première partie, nous voyons que l'auteur avait un grand talent pour la rédaction, pour l'amplification et pour la dissertation. Son ouvrage est écrit avec élégance et clarté; la pratique, en général, est bien exposée, et beaucoup de préceptes sont justes et présentés avec tant d'art, tant de conviction, que l'auteur passe encore pour un savant aux yeux des gens du monde. Il disserte longuement, s'échauffe quelquefois plus que la matière du sujet ne le comporte, et grossit si fréquemment les erreurs ou les fautes qu'il combat, que l'on pourrait croire que son intention a été de rendre sa victoire plus importante.

Ses connaissances en physique, en physiologie et en botanique nous semblent absolument nulles par la fausse application qu'il en fait, et sa crédulité d'une part, et son incrédulité de l'autre part, nous donnent une mince idée de son jugement et de sa logique. Par exemple, après avoir énuméré et coordonné plusieurs greffes hétérogènes vantées par les anciens et reléguées depuis longtemps au rang des fables, il a présenté lui-même à l'Académie des sciences une greffe, disait-il, de Houx sur Prunier. Desfontaines, chargé par l'Académie d'examiner cette greffe, a reconnu que c'était un *Prunus lusitanica* greffé sur un *Prunus laurocerasus*. On sut bientôt après que c'était un pépiniériste nommé Boulogne qui la lui avait présentée comme une greffe de Houx sur Prunier, pour se moquer de lui et de sa science.

A l'aide de son style élégant et facile, Calvel expose très-bien les opérations de la pratique; mais, lorsqu'il veut en expliquer les résultats d'une manière scientifique, il tombe presque toujours dans l'absurdité.

Si nous passons à la seconde partie, c'est-à-dire à la description des arbres fruitiers et de leurs fruits, nous ne retrouvons plus la même plume; beaucoup de descriptions sont d'une négligence et d'une obscurité choquantes, surtout quand on pense qu'il avait ses entrées libres dans l'école et la pépinière du Luxembourg, faveur qui n'a été accordée qu'à lui. Il mentionne plus de fruits que les auteurs qui l'ont précédé; mais sa nomenclature n'est pas toujours vraie, et il y a plusieurs doubles emplois.

11° De Candolle, *Flore française. Cinq volumes in-8°, troisième édit.*, 1805. — *Physiologie végétale. Trois vol. in-8°*, 1852.

Pirame de Candolle, né à Genève, est venu en France encore jeune, et il se fit bientôt remarquer comme un habile botaniste-physiologiste, aidé dans ses études par l'amitié qu'il méritait du baron Delessert. Après plusieurs publications importantes sur les végétaux, après avoir rempli pendant plusieurs années la place de professeur de botanique à Montpellier, des difficultés administratives s'étant présentées, il retourna à Genève, où il professa la botanique jusqu'à sa mort, arrivée le 9 décembre 1841, et laissa d'immenses regrets chez tous ceux qui le connaissaient et dans tous les corps savants.

Le 19 décembre 1842, M. Flourens, l'un des secrétaires perpétuels de l'Académie des sciences, fit l'éloge historique de de Candolle, dans lequel le savant académicien a rappelé tous les droits qu'avait le défunt à nos regrets en faisant connaître ses nombreux travaux. Voici ce que j'avais écrit sur de Candolle en 1825.

M. Pirame de Candolle tient depuis plusieurs années le sceptre de la botanique descriptive et historique; du fond de sa retraite, à Genève, il dicte des lois qui sont reçues comme des oracles par la majorité des botanistes de l'Europe. Dans la *Flore française* qu'il a publiée à Paris en 1805, il a posé des principes tout nouveaux en botanique et qu'il a ensuite développés dans des ouvrages subséquents. Jusqu'à lui, la botanique était restée une science inutile au genre humain; les savants qui la cultivaient ne s'occupaient que des différences qui existent entre les plantes, qu'à augmenter le nombre des genres et des espèces, et nullement de leur application aux besoins des hommes. Leur science était absolument stérile, inutile à la société, et le bon sens s'étonnait toujours de voir tant de graves et savants botanistes ne pas penser à considérer les plantes sous le rapport des avantages qu'elles offrent à la vie, aux arts, à l'industrie et au commerce.

M. de Candolle a donc bien mérité du bon sens en divisant la science des végétaux en botanique organique, descriptive et appliquée. Par là, il a levé l'anathème que Linné avait lancé contre tous nos arbres fruitiers et nos fleurs les plus aimables. Les botanistes ne rougiront plus de s'occuper de l'utilité des plantes; ils seront obligés de devenir tant soit peu jardiniers, tant soit peu agriculteurs, physiciens, chimistes, mécaniciens. En retour des lumières qu'ils puiseront chez l'humble jardinier, ils lui donneront quelques notions de leur science, qui l'aideront à leur préparer de nouveaux sujets d'étonnement. La distance qui les sépare diminuera, disparaîtra, et sera remplacée par des liaisons, par des rapports avantageux aux deux parties.

Honneur donc à de Candolle, qui a rendu justice au bon sens en détruisant la barrière d'airain dont Linné avait entouré la botanique.

12° FANON, *Des arbres à fruit et des moyens pratiques substitués à la taille. Un volume in-8°, 1807.*

Fanon a publié ce petit ouvrage pour revendiquer l'invention de l'*arcure* à Cadet de Vaux, qui la lui disputait; cette arcure consiste à incliner la partie supérieure des rameaux d'un arbre vers la terre, et à les maintenir dans cette position afin qu'ils se mettent à fruit

Nous ferons observer d'abord que ni Fanon ni Cadet de Vaux ne sont inventeurs du procédé en question, quoiqu'ils puissent bien l'être du nom, car il est constaté que, bien longtemps avant eux, il avait été pratiqué dans le jardin des chartreux, à Paris. On avait attaché des pierres au bout des branches d'un Poirier rebelle à fructifier, pour les incliner vers la terre, et, pendant la nuit, le vent, en faisant choquer ces pierres les unes contre les autres, causait tant de bruit, que les moines ne pouvaient dormir, et que le jardinier Hervy fut obligé de retirer ces pierres.

Que l'arcure produise de bons résultats en l'employant pour mettre un arbre à fruit, c'est un fait indubitable : la preuve existe depuis environ quinze ans au potager de Versailles ; mais qu'on la substitue à la taille des arbres fruitiers, ainsi que le prétend Fanon, c'est une idée dont André Thoüin a démontré l'absurdité par des expériences pendant un grand nombre d'années.

D'ailleurs, Fanon nous semble un praticien instruit et modeste ; il est aussi l'inventeur d'une taille qu'André Thoüin a nommée *taille Fanon*.

15° DE LA BRETONNERIE, *Ecole du jardin fruitier. Deux volumes in-12, nouvelle édition,* 1808.

Cet auteur était un grand praticien. Il observait bien la nature et connaissait parfaitement tout ce qui avait été écrit avant lui sur les jardins fruitiers. Fier ou sûr de ses observations, il réfute ses prédécesseurs et ses contemporains avec une causticité un peu dure ; on est fâché de le voir quereller sans cesse le bon et simple le Berriays, homme si sage et d'une vertu si patriarcale. Il est vrai que de la Bretonnerie est quelquefois supérieur à le Berriays ; mais il lui aurait été possible de le prouver sans chercher à rabaisser un honnête homme qui avait fait aussi un bon ouvrage.

Si de la Bretonnerie n'avait pas joint à son *Ecole du jardin fruitier* un article sur les Orangers, auxquels il n'entendait certainement rien, son ouvrage n'aurait eu aucun défaut, sauf le ton querelleur ; mais nous sommes obligé de dire que ce qu'il y a de bon dans son article *Oranger* appartient à de la Quintinye, et que ce qu'il y a de mauvais lui appartient.

La taille du Pêcher a fait un grand pas entre les mains de la Bretonnerie ; il l'a amenée près du point de perfection où Lelieur de Ville-sur-Arce l'a élevée quelques années après.

De la Bretonnerie était très-difficile sur la qualité des fruits ; il n'a, en conséquence, conseillé la culture que d'un petit nombre. Ses descriptions sont courtes, mais très-exactes.

14° **Desprez** , *Sur les glandes des Pêchers*, 1810.

Pendant le séjour que M. Desprez, juge à Alençon, fit à Paris dans les années 1810 et 1811, en sa qualité de député au corps législatif, il fréquentait la pépinière du Luxembourg pour étudier les arbres fruitiers. Son attention se porta particulièrement sur les Pêchers, et il chercha les moyens d'en distinguer les différentes variétés avec plus de certitude. Les glandes que la plupart ont sur les bords supérieurs de leurs pétioles ou sur les premières dents de leurs feuilles, et dont personne n'avait jamais parlé, le frappèrent; il étudia leur forme, leur constance, et parvint à s'assurer que certains Pêchers n'avaient jamais de glandes, que d'autres en avaient toujours en forme de cupule, et d'autres toujours en forme de rein. M. Desprez nous fit part de ses remarques; nous les vérifiâmes, reconnûmes leur exactitude et devînmes un peu honteux de ce que nous, qui nous occupions alors exclusivement des arbres fruitiers, n'ayons pas pensé à tirer parti de ces glandes pour nous aider à caractériser ces différentes variétés de Pêcher, si difficiles à distinguer jusqu'alors.

En conséquence, nous étudiâmes les glandes des Pêchers avec soin, et parvînmes à nous assurer que, par leurs deux formes et par leur absence, elles donnaient le moyen de diviser nettement tous nos Pêchers en trois classes, c'est-à-dire en glandes nulles, en glandes globuleuses et en glandes réniformes. Notre Madeleine est un type de la première, notre Chevreuse un type de la seconde, et notre Violette un type de la troisième; et, en combinant ces trois caractères avec les trois fournis par la grandeur des fleurs et avec ceux fournis par la peau duvetée ou lisse des fruits, avec l'adhérence ou la non-adhérence de la chair, nous pûmes établir quatorze divisions parmi tous nos Pêchers; ce qui facilite singulièrement le moyen de reconnaître leurs fruits avec exactitude.

Depuis lors, nous avons toujours indiqué l'absence ou la forme des glandes dans toutes nos descriptions de Pêcher, et on nous a imité dans les bons ouvrages, même en Angleterre; maintenant, toute description de Pêcher qui n'indiquerait pas l'absence ou la forme de ses glandes serait considérée comme défectueuse, puisqu'elle ne donnerait pas le moyen de placer l'arbre dans la section qui lui appartient.

M. Desprez n'a rien écrit sur les glandes des Pêchers; il s'est contenté de nous mettre sur la voie. C'est à nous à lui rendre toute la justice qui lui est due, et nous remplissons ce devoir en rappelant que nous avons, dans notre *Traité des arbres fruitiers*, dessiné et fait graver une Pêche nouvelle sous le nom de *Pêche Desprez*, pour attester toute notre reconnaissance (1).

----

(1) Il doit paraître étrange que , jusqu'en 1810, époque où M. Desprez vint à Paris comme représentant, aucun des nombreux auteurs qui ont parlé des feuilles de Pêcher n'ait pas fait mention des glandes qui sont sur le pétiole ou sur le commencement du limbe de ces feuilles. Ce silence nous a frappé , et plusieurs fois nous avons fait des recherches pour savoir s'il était bien fondé , et nulle part nous ne trouvions personne qui en eût parlé avant nous. Enfin, après avoir feuilleté cinquante fois la *Physique des arbres* de Duhamel, le 12 août 1849, nous avons trouvé, vol. I, pl. 13, fig. 119, lettre *f*, une figure très-mal faite qui nous a semblé représenter une des glandes en question ; mais, comme nous tenions à bien connaître ce qu'en pensait Duhamel, nous en vînmes à la page 185 du même volume, et nous lûmes ce qui suit :

« *Les glandes à godet f*, ainsi appelées parce qu'en s'ouvrant elles présentent
« une cavité ; il y en a de rondes, d'ovales, de pointues ou en forme de gouttière
« recourbée : elles se trouvent ordinairement sur les pédoncules et à la naissance
« des feuilles de Pêcher, des Abricotiers, des Cerisiers, des Acacias, ou à la pointe
« des dentelures de plusieurs feuilles. »

Ainsi Duhamel a connu les glandes des feuilles du Pêcher avant 1758 , mais d'une manière si imparfaite, qu'il n'en parle plus dans ses *Arbres fruitiers* publiés en 1768, où cependant il en aurait fait certainement un grand usage en décrivant les Pêchers, s'il eût connu toute l'importante utilité de ces glandes.

TRENTE-CINQUIÈME LEÇON.

Suite de la bibliothèque pomologique.

15° GALLESIO, *Traité du Citrus. Un volume in-8°*, 1811.

En 1810, Gallesio, habitant de Savone, en Ligurie, est venu à Paris lire à l'Institut un mémoire sur l'origine des Orangers et sur quelques idées physiologiques. L'Institut a nommé Thoüin, Bosc et M. Mirbel pour lui en faire un rapport; mais ces commissaires ne lui en ont pas fait, par ménagement pour l'auteur, parce qu'ils n'ont pu adopter les idées physiologiques exposées dans son mémoire.

Gallesio donnait comme une vérité que la nature a créé d'abord quatre espèces d'Oranger, et que de ces quatre espèces étaient nées, par la suite, toutes les variétés et hybrides d'Oranger, Citronnier, etc., que nous connaissons. Si Gallesio eût présenté son idée comme une hypothèse, comme une manière artificielle de grouper les Orangers pour pouvoir mieux les étudier, il aurait obtenu l'approbation de l'Institut; mais ce corps savant n'a pas pu attribuer à la nature ce qui lui paraissait le fruit de l'imagination.

Une autre hypothèse, que l'Institut a également repoussée, était celle-ci : Gallesio prétendait que la fécondation pouvait influer directement sur la forme de l'ovaire et, par conséquent, changer la figure d'un fruit déjà existant. La science était assez avancée alors pour que le contraire ne fût pas déjà prouvé, et les commissaires laissèrent tomber cette seconde hypothèse comme la première.

Gallesio ne se prit pourtant pas pour battu : il prolongea son séjour à Paris; il a recueilli assez de matériaux pour grossir son mémoire, au point d'en faire un volume in-8°, qu'il a publié avant son départ, et dans lequel il a conservé ses idées et les a fait imprimer comme bonnes, nonobstant l'opinion contraire de Thoüin, Bosc et M. Mirbel.

Quant à la classification des Orangers de Gallesio, elle est ingénieuse et ne heurte nullement l'enchaînement que les botanistes admettent comme naturel chez les végétaux. L'auteur a fait un panorama où les espèces qu'il croit primitives sont placées de manière que chacune d'elles a ses descendants à droite et à gauche, se dirigeant vers les descendants des deux espèces voisines, jusqu'à se confondre comme les couleurs de l'arc-en-ciel.

Gallesio a décrit assez d'Oranges, mais il en a peu figuré. Ses recherches sur l'origine, la multiplication et les migrations des Orangers sont curieuses. Nous savons que, depuis son retour à Savone, il a travaillé jusqu'à sa mort à une *Pomone italienne*, que plusieurs livraisons en sont publiées ; mais, ne les connaissant pas, nous ne pouvons en parler.

16° LELIEUR DE VILLE-SUR-ARCE (1), *Sur les maladies des arbres fruitiers. Brochure in-8°, 1811. — Pomone française. Un volume in-8°, 1817.*

Lelieur de Ville-sur-Arce, étant administrateur des parcs et jardins de l'empereur, fut frappé du mauvais état de beaucoup d'arbres fruitiers du potager de Versailles. Alors il s'attacha à en rechercher la cause, et il parvint à leur reconnaître et à caractériser plusieurs maladies, dont les jardiniers voyaient journellement les funestes résultats sans pouvoir y remédier. Après six années d'observation, Lelieur est parvenu à diviser les maladies des arbres fruitiers en deux classes. Dans la première, il place les maladies accidentelles ou guérissables ; dans la deuxième, il place les maladies graves et incurables. Celles-ci sont bien plus nombreuses, selon Lelieur, qu'on ne l'avait cru jusqu'alors, ou plutôt on les méconnaissait toutes, puisqu'on cherchait à les guérir comme celles de la première classe ; ce sont, selon l'auteur, des vices héréditaires qui se perpétuent par la greffe et par le semis. Nous avons adopté dans le temps les principes de Lelieur, tout en pensant qu'il en poussait les conséquences trop loin. Tous les pépiniéristes se sont élevés contre lui, bien entendu, puisqu'il concluait que les dix-neuf vingtièmes de leurs arbres étaient atteints de maladies incurables.

Pomone française, publiée en un volume in-8° en 1817. Ce titre indique un plan très-vaste que les cabales bureaucratiques du gouvernement de Louis XVIII n'ont pas permis à Lelieur d'exécuter. Il n'en a publié que le premier volume, contenant seulement l'éducation, la taille du Pêcher et de la Vigne, et ce volume fait regretter que l'auteur n'ait pas pu traiter de la même manière les

---

(1) Mort en 1849.

autres genres d'arbres fruitiers. C'est dans ce volume que sont exposés, pour la première fois, les principes de la *nouvelle école* de la taille du Pêcher et de la Vigne. Les éléments de ces principes commençaient déjà à se répandre dans quelques jardins ; mais ils étaient dispersés, incohérents, inaperçus par plusieurs : Lelieur, en les réunissant et en y ajoutant de nouvelles et nombreuses observations, en a fait un corps de doctrines au delà duquel il est aujourd'hui inutile de remonter, si on ne veut que savoir tout ce qu'il faut pour bien tailler le Pêcher et la Vigne. Lelieur, plus juste et plus reconnaissant que ne l'avait été Duhamel, n'a pas omis, les noms des jardiniers de la couronne et autres desquels il avait reçu quelques lumières. Son ouvrage est accompagné de planches dessinées d'après nature, et qui offrent des modèles obtenus par les principes de la nouvelle école, qui sont plus parfaits et plus productifs que tout ce qu'on obtenait auparavant. Nous le répétons, il est inutile de remonter au delà du livre de Lelieur, pour apprendre à bien planter, conduire et tailler la Vigne et le Pêcher (1).

17° A. Risso et A. Poiteau, *Histoire naturelle des Orangers. Un volume in-folio*, 1818.

Cet ouvrage est le plus complet et le plus consciencieux qui ait jamais été écrit sur les Orangers, et j'avoue que tout ce qu'il renferme, touchant l'antiquité de ces arbres, est dû à la plume de mon collègue Risso, qui alors était professeur au lycée de Nice, et lié d'amitié avec Cuvier, à qui il a adressé beaucoup d'objets d'histoire naturelle qui ont été imprimés dans les ouvrages du muséum. Par le moyen du directeur des postes, j'ai obtenu que M. Risso pût m'envoyer promptement par les courriers les échantillons que je dessinais, faisais graver, et leurs descriptions que je faisais imprimer. Cependant la gravure des planches et l'impression du texte coûtaient fort cher, et je n'aurais pu y tenir longtemps sans une circonstance heureuse dont je dois ici rendre compte.

En 1817, j'étais jardinier en chef des pépinières royales de Versailles ; j'avais déjà dessiné beaucoup d'Orangers que m'avait adressés M. Risso, quand un jour M. de Montalivet, ancien ministre de l'intérieur, vint à la pépinière pour y choisir des arbres ; après avoir fait son choix, je lui montrai mes dessins d'Oranges et lui fis part de la difficulté que j'éprouvais à les faire graver et à les pu-

---

(1) La *Pomone française* a eu une seconde édition en 1842, qui se trouve augmentée du Poirier, du Pommier, du Prunier, de l'Abricotier, du Cerisier, du Groseillier, du Framboisier et du Fraisier.

blier. Mon projet lui plut, et il me promit de parler à son successeur, M. Decazes, pour me faire obtenir un encouragement. En effet, peu de temps après, je reçus une lettre de M. Mirbel, secrétaire général au ministère de l'intérieur, qui me félicitait, en m'annonçant que M. le ministre venait de souscrire pour un nombre d'exemplaires de notre *Histoire naturelle des Orangers*, nombre assez considérable pour m'ôter toute crainte de non-succès. Ainsi, sans la bienveillance de M. de Montalivet et de M. Decazes, notre *Histoire des Orangers* n'aurait probablement pas pu être publiée. Grâce leur soit rendue.

Comme l'un des auteurs de cet ouvrage, je ne puis en faire l'éloge ; cependant je ne crains pas de dire qu'il l'emporte de beaucoup sur tout ce qui a jamais été écrit sur les Orangers. Les premiers chapitres sont consacrés à la recherche de l'antique célébrité de ces arbres, du lieu de leur origine, de leurs migrations et de leur arrivée en Europe. Viennent ensuite leur culture, leur multiplication, les nombreux usages auxquels leurs fleurs et leurs fruits sont propres. Plus de deux cents espèces ou variétés sont décrites avec soin ; cent de ces variétés ou espèces sont peintes d'après nature et de grandeur naturelle, imprimées en couleur avec perfection. Enfin nous croyons que cet ouvrage l'emporte de beaucoup sur tout ce qui a jamais été publié sur les Orangers (1).

18° Louis Noisette, *Manuel complet du jardinier. quatre volumes in-8°*, 1825. — *Jardin fruitier, deuxième édition. Deux volumes in-8°, avec planches coloriées*, 1833.

Le *Manuel complet du jardinier* de L. Noisette, que la mort vient de nous enlever (2), remplit parfaitement son but. Si depuis sa publication quelques pratiques se sont perfectionnées, si quelques nouveaux procédés se sont montrés, au moins il n'a rien oublié de ce qui était bon et utile il y a quinze ans. Toutes les parties du jardinage y sont traitées de main de maître ; et, comme les pépinières d'arbres fruitiers ont toujours formé une branche importante de son commerce, on peut croire que les deux volumes qui leur sont consacrés ne le cèdent en rien aux autres pour la perfection. On doit à L. Noisette l'introduction, en France, d'un grand nombre de fruits du plus grand mérite, et il n'a jamais rien épargné pour nous enrichir de plantes et de fruits utiles et agréables. D'ailleurs, depuis longtemps sa réputation était européenne, et l'amitié qui nous

---

(1) Cet ouvrage se trouve à la librairie Audot, rue du Paon, 8.
(2) Il est décédé à Paris le 9 janvier 1849, à l'âge de soixante-dix-sept ans.

liait à lui depuis plus de cinquante ans justifie assez nos regrets. M. Rousselon a exprimé avec talent à la Société centrale d'horticulture, dans le numéro de février 1849, page 49, tout le bien que L. Noisette a fait à l'horticulture et à l'agriculture, et la perte que cause sa mort à la science et à tous ses amis.

19° Robert Thompson, *Catalogue des arbres fruitiers cultivés dans le jardin de la Société horticulturale de Londres. Un volume, deuxième édition in-8°, 1851.*

Ce catalogue nous semble destiné à réunir un jour les moyens de juger définitivement tous les fruits cultivés dans les jardins et à en faire disparaître tous ceux qui paraîtraient indignes de la culture. C'est pour arriver à ce jugement que la Société horticulturale de Londres a réuni et continue de réunir dans son jardin tous les fruits dont elle entend parler, et qu'elle étudie leur mérite respectif. Son catalogue de 1851 contient 10 Amandes, 1,400 Pommes, 59 Abricots, 6 Epines-vinettes, 219 Cerises, 27 Châtaignes, 19 Groseilles à grappes, 560 Groseilles à maquereau, 89 Figues, 182 Raisins, 5 Nèfles, 151 Melons, 2 Pastèques, 4 Mûres, 51 Noisettes, 65 Pêches lisses ou nectarines, 183 Pêches velues, 677 Poires, 56 Ananas, 274 Prunes, 6 Coings, 112 Fraises et 9 Noix ; en tout 5,906 arbres et plants fruitiers. On écrit la qualité ou le défaut de chaque fruit à mesure qu'il paraît, sa grosseur, sa couleur et l'époque de sa maturité ; et, quand chacun d'eux sera bien apprécié à sa juste valeur, la Société publiera sans doute la liste de ce qu'elle aura trouvé digne d'être conservé, et celle de ce qu'elle croira devoir être réformé.

Ce plan est bien conçu ; mais le climat de l'Angleterre n'est pas assez chaud pour que tous ces fruits puissent y acquérir les qualités dont ils sont susceptibles. Le midi de la France serait beaucoup plus propre à une telle expérimentation ; mais les Français sont encore loin de s'entendre assez pour tenter des observations de cette nature.

20° M. Choppin, *De la taille du Poirier et du Pommier en fuseau,* 1855 (1).

La taille en fuseau du Poirier et du Pommier est exécutée, à Paris, depuis une quinzaine d'années, dans le jardin de l'école de médecine, par M. Lhomme, jardinier de cet établissement. Il y a seulement trois ou quatre ans que nous avons aperçu cette forme, qui nous a semblé mériter attention, parce qu'elle permet de plan-

---

(1) A Bar-le-Duc, chez Numa Rolin, imprimeur, rue de la Rochelle, 106.

ter les arbres assez près les uns des autres sans qu'ils se nuisent réciproquement. Nous avons demandé à M. Lhomme d'où lui était venue l'idée d'élever des arbres de cette manière, et il nous répondit qu'elle lui était venue de lui-même. Nous l'avons insérée dans les *Annales* de la Société centrale d'horticulture, vol. XXXVII, p. 252.

Depuis lors, M. Masson, jardinier de la Société, dans son voyage à Saint-Pétersbourg, a remarqué que cette taille était pratiquée dans plusieurs jardins à Lille et dans la Belgique, et que là il avait vu, sous cette forme, des arbres beaucoup plus grands et plus productifs, et, conséquemment, beaucoup plus vieux que ceux de l'école de médecine de Paris. Au reste, voici ce que m'écrivait M. Lhomme, le 22 août 1849 :

« Vous me demandez depuis quelle époque je taille mes Poiriers
« en fuseau ; je vais vous le dire. Je suis entré au jardin botanique
« de l'école de médecine en 1803. En 1807, M. Leroux, doyen de
« la faculté de médecine, eut la jouissance d'un terrain tenant à
« celui de l'école ; j'y plantai des Poiriers que j'ai taillés en fuseau,
« et ai continué de les tailler sous cette forme jusqu'en 1822,
« époque où M. Leroux fut remplacé dans sa charge de doyen.
« Alors M. Leroux vendit ses arbres en fuseau à M. Pelligot, direc-
« teur des hôpitaux de la ville de Paris, qui les fit planter dans sa
« propriété, à Enghien, près Montmorency. A cette époque, ces
« arbres avaient 15 et 20 pieds d'élévation, et depuis ce temps j'ai
« toujours élevé mes Poiriers en fuseau dans le jardin de l'école de
« médecine, rue d'Enfer.

« Votre tout, etc.   « Lhomme. »

Ainsi voilà quarante-trois ans que M. Lhomme cultive des Poiriers en fuseau dans Paris, et presque personne ne le sait. Voilà quatorze ans que M. Choppin, de Bar-le-Duc, a publié un ouvrage accompagné de bonnes figures sur la taille en fuseau des Poiriers et Pommiers], et personne, à ma connaissance, n'en parle ni en bien ni en mal, et cependant, depuis quarante-trois ans, il a été publié bien des ouvrages sur la taille des arbres fruitiers. M. Masson, qui a remarqué aussi des arbres taillés en fuseau dans la Flandre, pourra nous dire quand cet usage a commencé dans ce pays, et s'il a été remarqué ; car, nous devons le dire, c'est une honte pour l'horticulture d'ignorer tant de noms et tant d'époques qui ont contribué à ses progrès.

J'ai lu l'ouvrage de M. Choppin, et je m'abstiens, faute de temps, d'en faire l'analyse ; j'aurais désiré y trouver l'auteur de la taille qu'il annonce, qu'il préfère et propage, mais il n'en dit rien sans s'en dire l'inventeur. On se fera une idée exacte de ses arbres en consultant les planches II, III et IV de son livre, et il sera aisé, aux personnes qui le liront, d'élever des Poiriers en fuseau tels qu'il les demande. Au reste, il suffit de se transporter au jardin de l'école de médecine, à Paris, pour voir des arbres élevés en fuseau plantés près à près. Ces arbres ne sont pas ébourgeonnés selon l'usage, et M. Lhomme en dit la raison ; mais ils portent beaucoup de fruit, et ce fruit est plus beau, plus gros que sur aucun autre arbre, et je ne conçois pas que, depuis quarante ans que M. Lhomme élève des arbres de cette manière, on ne voie pas de nombreux amateurs élever les leurs ainsi, en leur donnant la perfection que ce mode réclame.

21° **Félix Malot**, *Traité succinct de l'éducation du Pêcher en espalier sous la forme carrée*, 1841.

Il y avait longtemps que les habitants de Montreuil cultivaient le Pêcher mieux qu'ailleurs (1), quand la Quintinye, directeur du potager du roi Louis XIV, à Versailles, ayant entendu parler de l'habileté de ces habitants dans cette culture, fit venir de Montreuil à Versailles le fils de Pépin, célèbre tailleur de Pêchers, pour le faire travailler sous ses yeux. Ce jeune homme, déjà fort dans son art, ne put se soumettre aux préceptes adoptés par la Quintinye, et ces deux hommes ne pouvant se mettre d'accord sur leur art, le jeune Pépin retourna tailler les Pêchers de son père à Montreuil, dans le même temps que Girardot, qui s'était ruiné comme mousquetaire au service du roi, travaillait à refaire sa fortune à Bagnolet, en cultivant des Pêchers et vendant des Pêches par milliers à 5 francs la pièce.

Vers 1820, des auteurs et des praticiens modernes sont venus admirer les Pêchers à Montreuil, et, après un examen approfondi, ils ont trouvé que la méthode des Montreuillois était tout près de la perfection, mais qu'elle n'était pas encore parfaite, puisqu'elle laissait un vide au milieu du Pêcher en dessus, et deux vides par

---

(1) Je ne puis pourtant m'empêcher de faire observer que le Berriays, dans son *Traité des jardins* ou le *Nouveau la Quintinye*, 3ᵉ édition, 1789, traite de la taille du Pêcher de main de maître ; que son ouvrage renferme dans le premier volume douze planches représentant la taille du Pêcher, et que cette taille représente tellement la forme carrée dans ses principaux détails, que l'auteur aurait pu lui en donner le nom sans aucune difficulté. Je ne veux pourtant pas dire qu'il n'y ait aucune différence entre les arbres de M. Malot et ceux de le Berriays ; mais je dis que la ressemblance est frappante. J'ajoute seulement que, quand deux auteurs s'occupent d'un même objet, ils peuvent arriver au même résultat sans se connaître en aucune manière. Ainsi, si après examen on reconnaît la forme carrée dans la figure planche XI de le Berriays, il en résultera que cette forme carrée, qui est la meilleure de toutes pour le Pêcher, était pratiquée par le Berriays en 1789, et que M. Malot l'a perfectionnée de 1822 à 1830.

les côtés en dessous, ce qui était préjudiciable au propriétaire ; car il est clair que là où il n'y a pas de branches il ne peut y avoir de fruit.

La justesse de cette remarque a frappé M. Malot, et il a cherché le moyen d'y remédier. De cette époque, 1820 jusqu'à 1832, il est parvenu à élever des Pêchers en espalier ayant quatorze membres, sept de chaque côté, et formant parfaitement le carré long. Une commission de la Société centrale d'horticulture de Paris, en tête de laquelle était Oscar Leclerc-Thoüin, s'est transportée à Montreuil pour les examiner, et, d'après le rapport que la commission a fait à la Société, elle a décerné à M. Malot une médaille dans sa séance solennelle du 27 mai 1832. C'est donc M. Malot qui, le premier, a cultivé à Montreuil le Pêcher sous la forme carrée. En 1841, il a publié cette forme en une brochure de trente-quatre pages et une planche de huit figures, dont je vais tâcher de rendre compte.

Ce compte est rendu en trente-six articles, avec une planche représentant les huit tailles de ses Pêchers, après lesquelles les arbres sont complétement formés, et rapportent beaucoup de fruit avant d'avoir atteint leur huitième année. Ces figures ne représentent que les membres ou les branches à bois ; les branches à fruit ne sont pas figurées, parce que l'auteur, n'ayant en vue que la forme carrée donnée à ses Pêchers, n'a pas jugé à propos de présenter un arbre avec ses branches à fruit, ce qui aurait exigé une très-grande figure que l'auteur n'a pas cru indispensable de présenter, son but particulier étant de montrer qu'il y a plus d'avantage à cultiver le Pêcher sous la forme carrée en espalier que sous toute autre forme. D'ailleurs, ses trente-quatre pages de texte sont écrites avec clarté, mais serrées au point qu'il faut être cultivateur de Pêchers pour les lire avec fruit.

TRENTE-SIXIÈME LEÇON.

Suite de la bibliothèque pomologique.

22° ALEXIS LEPÈRE, *cultivateur à Montreuil-aux-Pêches, Pratique raisonnée de la taille du Pêcher en espalier carré. Un volume in-8°, 1841, deuxième édition, 1846, l'une et l'autre dédiées à M.* HÉRICART DE THURY, *président de la Société centrale d'horticulture de France.*

Cet ouvrage contient 155 pages in-8°, plus une introduction de 20 pages, et est accompagné de 5 grandes planches gravées. La quatrième représente sur une assez grande échelle un Pêcher, sous forme carrée, de douze ans, taillé, et portant, sur chacune des deux branches mères qui forment les ailes, trois branches secondaires inférieures et trois supérieures, dont la plus basse est garnie d'une ramification intérieure rendue nécessaire par le développement de cet arbre qui occupe 12 mètres.

Bien que le travail de cet excellent praticien ait eu plus particulièrement pour objet la forme carrée, il a posé les vrais principes qui règlent la taille du Pêcher, de manière à mettre ses lecteurs en état de procéder sans difficulté à telle forme que ce soit; il a décrit, outre la taille carrée, celles à la Montreuil, en palmette, à cordons horizontaux et en candélabre. Il a fort bien expliqué les préceptes du remplacement, qu'il a exposés d'une manière claire et précise, et sa méthode pour tailler les branches supérieures et les maintenir en équilibre de forces avec le reste de l'arbre mérite aussi des éloges. Les Pêchers qu'il conduit en candélabre témoignent, d'une façon irrécusable, de l'excellence des procédés par lesquels il arrête dans de justes limites les seize branches verticales dont sont chargées les deux branches mères, et malgré qu'elles offrent à la fougue de la séve autant d'issues directes. Aussi non-seulement je conseille de lire son ouvrage, qui est un traité complet du Pêcher, mais encore d'aller voir les arbres qu'il dirige, et où l'on reconnaît que sa pratique justifie sa théorie, et que celle-ci explique d'une façon satisfaisante et fort intelligible les faits que la première rend évidents.

Jusqu'à M. Lepère on était persuadé que les fruits du Pêcher ne pouvaient tenir et arriver à maturité qu'autant qu'ils étaient placés sur une petite branche garnie au moins d'un œil de pousse, et que des yeux ne perçaient jamais sur le vieux bois de cet arbre. Il avait, dans sa première édition, avancé que ces deux faits étaient certains, et, dans l'intervalle de la première à la seconde, il a eu l'occasion d'en fournir plusieurs fois la preuve aux commissaires des sociétés d'horticulture de la capitale. L'honneur de ces observations importantes, aujourd'hui incontestables et incontestées, lui appartient donc pleinement; et c'est justice de le lui reporter.

L'espace ne me permet pas de faire connaître sa méthode de formation carrée, mais il a établi un espalier admirable à voir et qui est une chose unique en perfection dans ce genre; c'est un modèle auquel tous les connaisseurs applaudissent et qui fait la gloire de son auteur. Au reste, en 1836, la Société centrale d'horticulture de France lui a décerné une médaille pour les arbres qui le composent et qui avaient alors quatre ans, et, le 5 mai 1846, la Société nationale d'horticulture leur votait, à son tour et à l'unanimité, une médaille d'argent, en regrettant, dit le rapport, de ne pouvoir lui en accorder une en or.

25° D'ALBRET, *Cours théorique et pratique de la taille des arbres fruitiers. Quatrième édition*, 1842.

M. d'Albret, jardinier et fils de jardinier, a été, pendant plus de trente ans, chef de l'école des arbres fruitiers, des légumes et des fourrages au jardin des plantes de Paris, et en partie sous la direction du célèbre professeur de culture André Thoüin, qui lui-même était né dans cet établissement et y mourut en 1824. M. d'Albret a eu le bonheur de passer la plus belle partie de sa vie sous ce vénérable professeur, et d'acquérir dans cette célèbre école et sous un tel maître une instruction telle, qu'il est devenu lui-même capable de publier, dès 1829, un *Cours complet théorique et pratique de la taille des arbres fruitiers*, avec un succès tel, que, depuis cette époque, la quatrième édition de son œuvre, avec 7 planches, contenant 52 figures, dessinées et gravées par lui-même, a paru en 1842. M. d'Albret, travaillant toujours lui-même, étant continuellement entouré d'amateurs et d'hommes instruits, ayant toujours sous les yeux des arbres fruitiers et des légumes de toute espèce, a été le mieux placé pour observer la nature dans ses œuvres et en rendre compte; aussi c'est ce qu'il a fait dans un livre in-8° de 286 pages, divisé en 5 chapitres, 10 sections et 154 articles, que nous avons sous les yeux et dont nous allons dire ce que nous en pensons en peu de mots.

D'abord nous avons connu M. d'Albret avant, pendant et depuis qu'il a publié son ouvrage, c'est-à-dire pendant plus de vingt-cinq ans ; nous avons assisté aux leçons qu'il faisait dans l'école des arbres fruitiers aux nombreux propriétaires-cultivateurs qui se présentaient, et dont ils étaient très-satisfaits, et ce sont ces propriétaires qui l'ont déterminé, la première fois, à publier son cours, qui eut un heureux succès, puisqu'il fut suivi, en peu d'années, de trois autres publications, chacune corrigée et augmentée selon l'état de la science et les connaissances nouvelles de l'auteur, qui n'oublie jamais que ce qu'il sait, il le doit au célèbre André Thoüin, dont il a eu le bonheur d'être reçu comme disciple en 1811, puis préparateur de son cours pendant les treize dernières années de sa longue et très-honorable carrière.

Quand un livre paraît dans une science quelconque, il en est porté de suite deux jugements différents ; l'un par ceux qui connaissent bien la matière traitée dans le livre, l'autre par ceux qui ne la connaissent que peu ou point : ceux-ci, toujours plus nombreux que les premiers, ne peuvent le trouver mauvais ou mal fait ; les autres, en beaucoup plus petit nombre, sont ceux qui apprécient l'ouvrage à sa juste valeur, en tenant compte de l'état de l'auteur. Or, l'auteur de ce livre étant un simple jardinier, n'ayant reçu l'éducation que d'un jardinier, il me semble qu'il a infiniment de mérite d'avoir fait un livre parvenu à sa quatrième édition ; car un livre défectueux n'y parvient jamais. M. d'Albret a écrit son livre pour ceux qui n'ont pas de connaissances en arbres fruitiers ; ceux qui en ont de solides trouvent qu'il y a beaucoup de choses qu'ils savent déjà ; mais ce n'est pas pour eux seuls que le livre est écrit, c'est d'abord pour ceux qui ne savent pas, puis pour ceux qui savent, ou ont su, et qui pourraient avoir oublié ; enfin c'est pour les propriétaires instruits qui veulent ou désirent cultiver convenablement les arbres de leur jardin, auxquels M. d'Albret dédie particulièrement son livre, quatrième édition, 1842. Je puis leur dire qu'ils en seront satisfaits, excepté de la culture du Framboisier et du Figuier, pages 257 et 258, où il y a beaucoup à ajouter.

24° LELIEUR DE VILLE - SUR - ARCE, *la Pomone française, deuxième édition, in-8°, 1842.*

« Quoique la première édition de la *Pomone française*, publiée
« en 1817, qui ne contenait que le traitement de la Vigne et du
« Pêcher, ait été épuisée promptement, nous avons cependant eu
« le loisir, dit M. Lelieur, de reconnaître certaines fautes et beau-

« coup de corrections à opérer, ce qui nous fut un avertissement
« salutaire pour examiner avec plus de soin les autres parties de
« la *Pomone* que nous avions en portefeuille. Plus nous nous
« sommes consacré à ce travail, plus nous avons reconnu qu'on
« se presse toujours beaucoup trop de livrer à l'impression les ou-
« vrages qui traitent de la culture. »

On voit, par ce seul passage, que l'auteur reconnaissait une vérité, c'est qu'en fait de culture horticole un auteur qui vient seulement dix ans après un autre peut faire un meilleur ouvrage que
son prédécesseur, parce que cette science est une de celles qui font
encore des progrès parmi nous et qu'elle en fera encore longtemps.

Dans la *Pomone française* que M. Lelieur a publiée en 1817, en
un volume in-8° de 315 pages, il n'est question que de la culture
de la Vigne et du Pêcher, et dont j'ai rendu compte dans notre
Traité des arbres fruitiers, volume Ier, page 15. En 1842, il en a
publié une autre sous le même titre, de 545 pages, avec 14 planches,
dont je vais donner l'analyse, après avoir dit quelques mots de
l'auteur, qui vient de terminer sa carrière le 28 mai 1849.

Lelieur de Ville-sur-Arce, officier français, émigra en Amérique
septentrionale à l'époque de notre révolution de 89, et y vécut particulièrement en cultivant les Pêchers et en faisant de l'eau-de-vie
avec leurs fruits. Quand Bonaparte fut puissant, il revint en France,
sollicita un emploi, fut nommé directeur des jardins et pépinières
du gouvernement, et il habita Sèvres tant que durèrent l'empire
et le commencement du règne de Louis XVIII. En 1816, Mounier,
intendant des jardins de la couronne, m'a nommé jardinier à Fontainebleau, puis, quinze mois après, jardinier des pépinières de
Versailles, où, après trois ans, le ministre de la marine m'envoya
diriger les cultures des habitations du gouvernement à Cayenne.
A mon retour, en 1823, Lelieur était retraité ; il résidait à Versailles, où j'ai été le voir bien des fois, et où il me faisait un accueil, bien entendu, beaucoup plus amical que lorsqu'il était mon
chef, et me lisait quelques fragments de sa seconde *Pomone française*, qu'il a publiée en 1842, et dont je vais rendre compte.

M. Lelieur était bien connu des horticulteurs, surtout de ceux
qui cultivaient les arbres fruitiers, et peu d'entre eux pouvaient se
vanter d'être au nombre de ses véritables amis. Il était très-exigeant
sur le style, et m'a souvent dit que Bosc ne savait pas écrire.
En général, il était difficile d'être d'accord avec lui. Quand j'entrai
aux pépinières en 1816, il me dit qu'il avait trouvé le moyen de
multiplier les Pêchers de bouture ; cela m'a étonné. J'ai cherché
partout et n'ai rien trouvé, et il n'en est nullement question dans

son ouvrage publié en 1817 ; mais, dans celui de 1842, il y a un article assez long, page 523, intitulé, *De la bouture en œil*, dans lequel l'auteur décrit en détail tout ce qu'il faut faire pour que cette opération réussisse avec des boutures de Poiriers et Pommiers. Cet article est trop long pour être rapporté ici. Je crois bien que l'habileté de M. Neumann le ferait réussir au moyen de la serre ; mais je ne crois pas que M. Lelieur en ait jamais montré un échantillon à personne, quoique sa réussite ne soit pas impossible.

Mais il y a dans son ouvrage une figure, la dernière, qui est d'une dimension comme on n'en a pas encore vu ; elle a près de 1 mètre de hauteur. C'est la planche XV que l'auteur indique planche XVII, page 598. Cette planche, qui est la partie d'un Poirier, est très-compliquée, et l'auteur l'explique au moyen de lettres et de chiffres, de manière qu'il est assez difficile de le suivre. D'ailleurs, il ne dit pas d'après quelle espèce elle a été faite, et l'on est porté à penser que c'est une figure idéale qui n'existait que dans son imagination.

Enfin, quoique Lelieur fût d'une exacte probité, il semble n'avoir pas toujours rendu justice à tous ceux qui la méritaient dans leurs œuvres ; il vante Dumoutier avec raison, parce que cet homme avait vraiment de bonnes dispositions pour faire son chemin, et il ne l'a nullement aidé à réussir. MM. d'Albret, Malot, Lepère sont des auteurs recommandables et dont la culture est établie d'après de très-bons principes, et M. Lelieur, se jugeant toujours impartial, en parle souvent dans ses deux ouvrages de manière à se faire tort à lui-même. Les figures de son livre publié en 1842, planches 7, 11, 14, 15, 16, ne sont vraiment pas faites d'après nature ; toutes ses branches sont placées avec une régularité qu'il n'a jamais obtenue. Il dit de moi, page 536, des choses trop flatteuses pour que j'ose les répéter ici ; puis, à la fin de son livre de 1842, page 522, il me traite douze fois comme ignorant complétement la culture du Fraisier, et dit des choses qu'il sait contraires à la vérité. Cet article de M. Lelieur m'avait blessé dans le temps ; je lui ai répondu un peu durement, ce de quoi je suis aujourd'hui fâché.

Enfin, pour terminer, je dois dire qu'il y a, dans l'ouvrage de M. Lelieur, d'excellentes choses, mais qu'on est fâché d'y trouver si souvent des critiques contre des auteurs qui ne pensent pas comme lui. Quant à ce qu'il dit de l'anatomie végétale, il rectifie un peu, dans son édition de 1842, ce qu'il avait dit dans celle de 1817 ; mais cette partie laisse toujours voir que l'auteur n'entendait que peu de choses en anatomie végétale.

25° **Aubert**, *De la forme à donner au Pêcher en espalier*, 1846.

M. Aubert, régisseur du domaine de Neuilly, ayant conçu quelques améliorations à faire dans l'éducation du Pêcher en espalier, a lu, le 4 mars 1846, à la Société d'horticulture de Paris (*voir* numéro d'avril 1846, page 256), un article très-bien fait dans lequel il passe en revue les traités de MM. d'Albret, Lelieur, Bengy-Puyvallée, Lepère; et, après avoir rendu à chacun de ces auteurs un sincère hommage, il expose ce en quoi il diffère de chacun d'eux. M. Aubert a invité la Société à envoyer une commission voir ses Pêchers, qui n'avaient encore que deux ans de plantation : elle s'y rendit au mois de juin suivant et m'a nommé son rapporteur. Ses Pêchers étaient au nombre de neuf, plantés au sud-est, en parfait état et parfaitement dirigés. La place de chaque membre futur était tracée sur le mur, et aucun ne s'en écartait.

En 1847, nous avons été revoir ces Pêchers; ils avaient beaucoup grandi et avaient presque tous suivi dans leur développement les lignes tracées sur le mur. Nous les comparâmes à la figure 7 de la planche IV, et vîmes qu'ils avaient tous réalisé les prévisions de M. Aubert, qui les avait indiquées, comme je l'ai dit déjà, en marquant d'avance sur le mur la place que chaque rameau principal, au nombre de seize, devait occuper.

Malheureusement le 24 février 1848 arriva, M. Aubert perdit sa place, et nous ne savons ce que sont devenus les arbres en question. Quoi qu'il en soit, ils sont gravés dans les *Annales* de la Société d'horticulture de Paris, numéro d'avril 1846, et on peut voir, planche IV, figure 7, qu'un de ces Pêchers, très-bien dessiné, diffère beaucoup de ceux de tous les anciens auteurs et de ceux de MM. Lelieur, Malot et Lepère. Si ces Pêchers sont abandonnés, comme tout le fait supposer, il sera possible, dans un temps plus heureux, d'en reformer de pareils, puisque leurs figures et leur description existent dans les *Annales* de la Société centrale d'horticulture de Paris, avril 1846.

26° **Neumann**, *Art de construire et gouverner les serres, ouvrage en un volume in-4°, chez* **Audot**, *libraire, rue du Paon, 8, à Paris,* 1844.

Je suis heureux d'avoir à parler d'un livre fait par mon ami M. Neumann; mais je suis fâché que le plan de mon travail me force à ne lui donner que peu de place et à ne pouvoir l'analyser comme je voudrais et tel qu'il le mérite. M. Neumann ne sait tout ce qu'il sait que d'après une très-longue pratique dans les serres du muséum de Paris, dont il est le jardinier chef depuis la mort de

Richer, qui fut le premier jardinier instruit du muséum, sous les ordres d'André Thoüin. Je puis assurer ce fait, puisque de 1789 à 1794 j'étais moi-même jardinier en chef de l'école de botanique de cet établissement, et que, depuis, j'ai suivi le progrès immense que des administrateurs éclairés et instruits lui ont fait faire depuis cette époque.

Le livre in-4° de M. Neumann contient 100 pages de texte et 115 figures en 21 planches supérieurement gravées, représentant toutes les bonnes serres, bâches et châssis de France, Londres et Saint-Pétersbourg. Je vais donner une idée très-abrégée de cet ouvrage très-recommandable, qui est aujourd'hui traduit dans presque toutes les langues de l'Europe.

M. Neumann, jardinier, fils de jardinier, est entré très-jeune au jardin des plantes de Paris ; après quelques années, l'administration l'envoya à l'île Bourbon, sous la direction de M. Bréon, où il est resté quelque temps, et revint au muséum après avoir visité l'île de France. Richer, qui dirigeait les serres au jardin des plantes de Paris, était déjà vieux, et M. Neumann le remplaça en 1828, et c'est depuis cette époque qu'il dirige les serres de cet établissement.

L'ouvrage de M. Neumann est divisé en 11 chapitres et 114 articles.

Je vais parler de quelques-uns.

Art de construire et gouverner les serres. M. Neumann rappelle que c'est à la découverte de l'Amérique, en 1492, et au passage aux Indes par le cap de Bonne-Espérance, que la botanique s'est successivement enrichie d'un très-grand nombre de plantes que l'horticulture a conservées au moyen de diverses sortes de serres, à l'aide desquelles elle est parvenue à les entretenir en santé et en vigueur, et à les multiplier avec un art qui est aujourd'hui en grande perfection, art qui ne peut s'apprendre qu'avec le temps et une très-grande persévérance dans l'amour des plantes. Cet amour des plantes s'est tellement étendu, qu'à Saint-Pétersbourg même, où il y a huit mois d'hiver, les serres y sont plus nombreuses qu'à Paris, et qu'on y cultive en plus grande quantité des végétaux plus grands et plus intéressants que chez nous. Cependant, qu'on les y cultive mieux et à moins de frais que chez nous, c'est de quoi nous ne conviendrons pas ; car il est prouvé que beaucoup d'horticulteurs français ont le goût très-épuré, et que, si leur art ne trouve pas à s'appliquer chez nous, il n'est pas moins vrai qu'ils le possèdent à un très-haut degré de perfection.

Des serres en général. Je ne puis, dans cet extrait, mentionner les douze sortes de serres que décrit M. Neumann, et dont tous les

jardiniers instruits connaissent l'usage. Les serres doivent être, autant que possible, exposées au midi. Quant à leur grandeur et à leur élégance, elles sont relatives au goût et à la fortune de leur maître. Un simple châssis peut tenir lieu d'une serre. L'immense orangerie de Versailles ne porte pas le nom de serre, parce que son toit n'est pas en verre; tandis que le fameux jardin d'hiver de Paris est une serre, par la raison inverse. M. Neumann décrit très-bien toutes ces sortes de serres et en donne le dessin, depuis le simple châssis jusqu'à la colossale serre du duc de Devonshire, en Angleterre, et, en lisant attentivement ce qu'il dit, chacun peut faire un choix en raison de sa fortune. En parlant de la qualité de l'eau pour les arrosages, M. Neumann cite un fait, rare heureusement, qui prouve que quelques végétaux rendent très-dangereuse l'eau qui les touche. « Les sucs de certains végétaux, dit-il, peu-
« vent exercer sur l'eau une singulière influence qu'il eût été im-
« possible de prévoir, si la preuve n'en eût été acquise par l'expé-
« rience. Il est arrivé plusieurs fois que les jardiniers ayant lavé
« dans l'eau du bassin leur serpette et leurs mains lorsqu'ils ve-
« naient de tailler quelques plantes dont les propriétés n'étaient pas
« connues sous ce rapport, les poissons de ce bassin sont morts
« aussitôt, et l'eau est entrée immédiatement en putréfaction. Cet
« effet a été observé de la part de *l'Hypomane biglandulosa*, du
« *Mancinilla*, du *Cerbera tanguin*, du *Sapium lauro-cerasum*,
« du *Comocladia dentata*; il est probable que d'autres plantes ont
« des propriétés analogues qui n'ont pas encore eu lieu de se mani-
« fester. Ces plantes ne sont pas moins dangereuses pour l'homme
« que pour les poissons. Plusieurs fois des jardiniers, rien que pour
« avoir frotté des feuilles de *Comocladia* entre leurs doigts, se
« sont trouvé, le lendemain, le corps tout enflé, les yeux frappés
« d'une cécité passagère. Les sucs de ces plantes sont extrême-
« ment dangereux; la moindre coupure, faite par accident avec
« une serpette qui en serait imprégnée au moment de la taille,
« peut être mortelle comme la piqûre d'une flèche empoisonnée.
« Le *Sapium* a fait perdre un œil à un ancien jardinier de la Mal-
« maison. »

Quoique le livre de M. Neumann, que je me suis chargé avec précipitation d'analyser, n'ait que 100 pages de texte, il contient cependant 129 articles différents et 113 figures parfaitement faites; et l'auteur est si concis, quoique extrêmement clair, qu'il faudrait presque le copier pour donner l'intelligence de son ouvrage. Je renonce donc, avec beaucoup de regret, à continuer une analyse qui dépasserait inévitablement les bornes que je puis me permettre;

mais je puis assurer qu'on n'a jamais fait un livre sur la culture des plantes de serres chaudes et tempérées aussi parfait que celui de M .Neumann, et que, s'il a été traduit en plusieurs langues dès sa publication, c'est que tous les conseils qu'il donne sont bons et irrécusables pour l'Europe tempérée.

Notions sur l'art de faire des boutures, par **M.** NEUMANN, *jardinier en chef des serres chaudes au muséum d'histoire naturelle de Paris. Un volume in-12 de 111 pages avec 59 figures, 1844.*

Le Créateur a voulu, dit M. Neumann, «que les plantes se multi-
« pliassent d'elles-mêmes par leurs semences; mais l'homme, pour
« étendre encore le riche domaine végétal comme s'il s'y trouvait
« trop à l'étroit, seconde incessamment la nature, soit qu'il évoque
« les mystères de la fécondation naturelle ou artificielle, soit qu'il
« propage les espèces à l'aide de la greffe ou par le moyen des
« marcottes et des boutures. Ce dernier mode de multiplication
« est devenu, de nos jours, d'une importance telle, que j'ai cru
« devoir donner ici divers procédés que la pratique et l'étude des
« plantes confiées à mes soins m'ont suggérés. »

Tel était le début de M. Neumann il y a six ans; mais, depuis cette époque, l'horticulture a fait des progrès dans la multiplication, et l'on peut voir chez M. Gontier, à Montrouge, et chez quelques autres horticulteurs, quelques procédés extrêmement ingénieux dans l'art de faire les boutures et les greffes qui ne tarderont pas à se répandre. Au reste, M. Neumann a publié son livre pour ceux qui ne savent pas, et sous ce rapport il doit trouver un très-grand nombre de lecteurs.

La bouture. Les plantes de la classe des *Monocotylédonées* ne se multiplient que par les semis et par les rameaux, tandis que les végétaux *dicotylédonés* offrent à la multiplication, pour ainsi dire, toutes les parties qui les composent : racines et rameaux, corps d'arbres et tronçons de tige, bourgeons herbacés et feuilles peuvent servir à faire des boutures. Sauf quelques exceptions, les plantes bouturées demandent des soins constants qui ne peuvent être administrés que par les bons praticiens; mais il en est d'autres, telles que les Malvacées, les Solanées, les Géraniées et autres, qui s'enracinent facilement et demandent moins de précautions que les espèces délicates, résineuses, laiteuses, à bois dur et sec. Le *Tamarix elegans* et le *T. germanica* prospèrent très-bien dans un sol salpêtré; mais le *Gingko*, les Peupliers ne pourraient y pousser de boutures.

Bouture à l'air libre. Tous nos arbres et arbrisseaux à feuilles caduques et plusieurs de ceux de pleine terre à feuilles persistantes peuvent se bouturer en pleine terre, en prenant les soins convenables que réclament certaines espèces. Parmi les Rosiers, celui du Bengale est celui qui réussit le mieux bouturé à l'air libre en terre de bruyère à demi-ombre ; mais, en général, M. Neumann ne connaît pas d'arbres dont on pourrait faire des boutures en pleine terre avec des bourgeons herbacés sans cloche.

Boutures sur couches sourdes et boutures en serres. La couche sourde ne peut convenir qu'à un nombre limité de plantes ; beaucoup de végétaux, même d'orangerie, n'y trouveraient pas une chaleur suffisante pour émettre des racines. Les végétaux dont le principe est de se développer sous l'influence d'une chaleur élevée se multiplient dans des serres dites *à boutures*, dans lesquelles une température égale est maintenue nuit et jour, et l'emploi du thermosiphon est aujourd'hui d'un usage général pour obtenir une température égale. Ainsi les plantes dont les boutures exigent, pour s'enraciner, une température de 30 à 35 degrés, comme les *Xanthochymus*, les *Myristica*, les *Gayacum*, les *Diospyros*, les *Mangifera*, etc., etc., reçoivent, au moyen d'un thermosiphon, cette haute température uniforme qu'il était impossible ou très-difficile de leur procurer avant l'invention de ce précieux instrument.

Pots, cloches à boutures. M. Neumann fait remarquer que des essais récents et réitérés, et une observation raisonnée, tendent à faire valoir l'emploi du verre bleu et du verre violet comme étant beaucoup plus favorables à la reprise des boutures. Il est bien entendu que, lorsque l'on multiplie sous cloche, il faut toujours proportionner la grandeur des cylindres à la quantité de plantes et à la force des sujets qu'ils doivent protéger. Ainsi on ne devra pas couvrir une petite bouture d'une grande cloche, car dans cette dernière elle ne réussira pas aussi bien que s'il y en avait plusieurs. La reprise des boutures semble d'autant plus assurée que l'espace où elles doivent renaître est plus circonscrit. Les bourgeons herbacés, pris sur des arbres en pleine terre à l'air libre, ne peuvent servir à faire des boutures. Au contraire, lorsque ces bourgeons sont nés dans la serre, on est presque toujours sûr de les voir prospérer. On a essayé de bien des manières de bouturer des bourgeons détachés de pieds exposés à l'air libre en pleine terre ; jamais le résultat n'a été favorable. Que l'on prenne, par exemple, dit M. Neumann, une vieille branche de *Paulownia imperialis* au mois de mars, et qu'on la mette soit en terre ou dans la tannée, soit même dans l'eau dans une serre à une bonne température, les bourgeons endormis ne tarderont pas à paraître : ces bourgeons, détachés pour faire

des boutures, se développeront facilement ; si on les prenait lorsqu'ils se montrent sur un pied exposé au dehors, ils ne repren-
draient pas.

Boutures des Monocotylédonées. On avait pensé, dit M. Neumann,
que les boutures de Monocotylédonées étaient d'une reprise très-
difficile, sinon impossible ; des essais et des observations réitérés
l'ont convaincu que les végétaux de cette nombreuse classe sont des
plus faciles à multiplier par boutures de rameaux ; l'expérience a
appris que ces rameaux de Monocotylédonées doivent être pris sur
des bois âgés d'un an au moins, et qu'ils reprennent aussi bien lorsqu'ils ont quatre ou cinq ans.

Boutures des Dicotylédonées. Quoique quelques plantes de cette
famille n'aient pas encore pu être multipliées de boutures, on est
toujours persuadé cependant qu'elles peuvent l'être toutes de cette
manière, parce que leur nombre augmente en raison du progrès du
jardinage. M. Neumann cite plusieurs exemples de boutures enracinées de Mono et Dicotylédonées, et, quoique certains auteurs disent avoir obtenu une tige droite et verticale d'une bouture d'*Araucaria excelsa*, il avoue cependant n'avoir jamais pu en obtenir de
cet arbre ; mais il indique la manière de faire pousser une tige et
des racines à plusieurs sortes de feuilles que l'on verra avec intérêt
dans son ouvrage. Enfin M. Neumann a tenu une bouture d'Ananas
dans l'eau pendant trois ans en serre chaude, et cette bouture a produit un fruit petit à la vérité, mais qui avait toutes les qualités
d'un bon Ananas, et qu'il a offert à M. Héricart de Thury, président
de la Société d'horticulture, en présence de tous les membres de
la Société.

Emballage et transport des plantes vivantes. M. Neumann figure
et décrit deux moyens de transporter les plantes d'un pays à un
autre : le premier donne les moyens d'entretenir les plantes vivantes
dans leur caisse quatre semaines ; le second donne les moyens de
les entretenir vivantes pendant plusieurs mois. Le premier de ces
deux moyens est connu et pratiqué depuis longtemps, et je ne dois
pas m'en occuper aujourd'hui ; mais le second, celui qui apprend
à transporter des plantes vivantes du fond de la Chine à Paris en
trois ou quatre mois, et les y fait arriver avec toutes les grâces
d'une santé parfaite sans qu'on leur donne ni à boire ni à manger
pendant toute la route, c'est là vraiment un miracle. M. Neumann dit que le muséum d'histoire naturelle de Paris « a déjà
« reçu quantité de ces caisses, expédiées de Calcutta par le docteur
« Wallich, et de plusieurs autres colonies françaises, telles que
« celles de Bourbon, expédiées par M. Richard, de la Guyane, ex-

« pédiées par M. Melinot, du Brésil, ramenées par M. Houlet, de
« Cuba, expédiées par M. Gieger, et de la Guadeloupe, par M. Gau-
« char, que toutes ces plantes étaient en parfait état, quoique les
« envois de certaines caisses aient voyagé durant plus de cinq mois ;
« et il faut bien noter que, parmi toutes ces plantes, il se trouvait
« quelques Graminées herbacées qui ont également bien supporté
« ce long voyage. »

M. Neumann explique longuement, et au moyen de figures,
comment il faut emballer les plantes pour qu'elles puissent vivre
sans air et sans eau pendant un séjour de quatre à cinq mois enfer-
mées dans ces caisses où la lumière ne pénètre qu'à travers le verre,
qui forme la moitié du toit de la caisse ; et, sans en expliquer la
cause, il dit avoir reçu une seule de ces caisses dont toutes les plantes
étaient mortes. La cause de cette mortalité ne peut être attribuée
qu'au défaut d'emballage des plantes ou au défaut de lumière pendant toute la traversée.

M. Neumann dit bien que c'est à M. le docteur Ward que l'on
doit l'invention et les moyens de transporter des plantes vivantes
et poussantes à de très-grandes distances pendant quatre et cinq
mois sans leur donner à boire, et ce fait est si merveilleux pour
l'horticulture, qu'il mérite bien d'être fixé invariablement ; cependant M. Neumann ne dit ni où ni quand M. Ward a fait ses expériences, ni l'époque à laquelle on a reçu en France le premier envoi de
ces plantes. Ce fait est pourtant de la plus grande importance pour la
physiologie et la botanique, et la Société d'horticulture de Paris doit
prier M. Neumann de vouloir bien lui rappeler 1° en quelle année
et où M. Ward a fait ses expériences ; 2° en quelle année le *muséum*
de Paris a reçu la première caisse de plantes vivantes conservées par
le procédé indiqué par M. Ward. Il est impossible que ce procédé
ne soit pas pris en grande considération par les botanistes physiologistes futurs, et il serait fâcheux que les cultivateurs instruits ne
pussent pas savoir en quelle année il a été inventé, chose qu'on ne
trouve pas dans le livre publié par M. Neumann.

27° *De la construction, de la direction et du chauffage des serres,
bâches, coffres, etc., par M.* Delaire, *jardinier en chef du jardin
botanique d'Orléans*, 1846.

M. Delaire est encore un jeune homme, mais très-éclairé ; il a
été employé dans les serres du jardin des plantes à Paris, sous Richer et M. Neumann, et depuis 1837 il occupe avec distinction
le titre de jardinier chef au jardin de botanique d'Orléans, qu'il
a pour ainsi dire créé, et auquel il a fait, depuis qu'il en est directeur, des augmentations si considérables en tout genre, que je ne

le reconnaissais presque plus quand je le revis en 1848. Le livre de M. Delaire, que j'ai sous les yeux, contient 288 pages in-12, avec 40 figures de serres intercalées dans le texte ; il est divisé en 9 chapitres, dont je vais donner un aperçu, après avoir rappelé que les végétaux de l'école, ceux d'orangerie et de serre chaude ont singulièrement augmenté en nombre depuis douze ans que M. Delaire en est le directeur, ce qui prouve, comme il le dit lui-même à la fin de son livre, sa passion pour « cette science aimable et consolatrice, où l'adepte puise tant de jouissances et à laquelle, par une « vocation irrésistible, j'ai voué ma vie entière. »

L'auteur commence par traiter du lieu le plus convenable à l'établissement d'une serre ; et, comme il est censé parler à ceux qui n'ont pas encore de connaissances en cette matière, ce qu'il leur dit est fort bon. Après avoir défini le mot *serre*, l'auteur cite avec complaisance un passage de M. Lemaire qui est bien froid, et qui serait bien chaud, bien plus merveilleux, si l'auteur avait été à Cayenne et qu'il ait pu admirer la végétation du pays. La serre chaude, la serre tempérée et la serre froide sont les seules que M. Delaire décrive, et on peut le croire et suivre son avis. « Un propriétaire, « dit-il, qui veut faire construire des serres a ordinairement recours « à son architecte ; c'est l'idée la plus malheureuse qu'il puisse « avoir. » En effet, j'en sais quelque chose ; le duc de Devonshire en savait quelque chose aussi, puisque c'est son jardinier, M. Paxton, qui a fait faire la serre colossale qui existe à Chatsworth, et qui est une merveille. M. Delaire traite de tous les matériaux employés à la confection d'une serre, et, quoiqu'on en construise aujourd'hui beaucoup en fer, il donne ses raisons pour qu'on les confectionne en bois, parce qu'elles se refroidissent moins vite.

En résumé, le livre de M. Delaire est instructif pour les jeunes jardiniers. Il est fort utile pour ceux d'entre eux qui désirent se perfectionner dans leur art, et nous croyons que, si tous les chefs d'établissements horticoles publiaient ainsi leurs observations et leur manière de voir, la science de l'horticulture y gagnerait beaucoup, et qu'il y aurait moins de jardiniers qui n'en ont que le nom. L'auteur termine son ouvrage par un catalogue de près de 4,000 plantes de diverses températures, par un appendice sur le thermosiphon Griffon, par un tarif des aérothermes, et par ce qu'il en coûte pour bâtir quelques serres.

28° LE BON JARDINIER, *almanach pour l'année 1779, contenant une idée générale des quatre sortes de jardins, et les règles de la culture des plantes, arbres, arbrisseaux d'utilité et d'ornement. Nouvelle édition augmentée d'un précis sur la culture des Ananas.*

par **M. DE GRACE**, *amateur et cultivateur, avec une introduction à la connaissance des plantes, par* **M. VERDIER**, *instituteur et médecin. Prix, 36 sols, relié. A Paris, chez* **Eug. ONFROY**, *libraire, rue du Hurepoix, au Lis d'or.*

Tel est le titre un peu long du premier *Bon Jardinier* que nous ayons pu nous procurer; mais il nous a été dit que M. Vilmorin en possède un exemplaire publié dix ans auparavant, ce qui prouve que le *Bon Jardinier* existe depuis quatre-vingts ans ; et comme de Grace remercie le public de l'accueil qu'il fait à l'almanach du *Bon Jardinier*, nous supposons qu'il peut y avoir cent ans que la première édition de ce livre a eu lieu, sans que nous puissions remonter à son premier auteur.

Si maintenant on considère en quel état pouvaient être le jardinage et la botanique il y a cent ans, on se fera une idée de ce que devaient être en France le nombre de plantes cultivées et la manière dont elles devaient être décrites. Nous allons donner une idée de ce qu'était cette édition publiée par de Grace en 1779.

Cet ouvrage est un vol. in-32, de 240 pages. L'auteur y annonce les éclipses, les quatre temps, le zodiaque, les planètes, les fêtes mobiles, le comput ecclésiastique, et y développe les douze mois de l'année. Vient ensuite un avertissement sur cette nouvelle édition, dans lequel l'auteur fait observer que M. Verdier, instituteur, a fait à l'ouvrage une augmentation de 12 pages, intitulée, *Introduction à la connaissance des plantes*, qui, assurément, paraissait bonne alors, mais qui, aujourd'hui, serait jugée insuffisante autant que fautive. Cet ouvrage mentionne ou décrit environ 300 plantes, arbres et arbrisseaux, sans nom de botaniste ni d'auteur, et toujours assez difficiles à reconnaître lorsqu'on n'est pas soi-même botaniste. Ce livre contient aussi quelques secrets pour conserver les couleurs aux plantes desséchées, pour tuer ou faire fuir les insectes qui les dévorent, auxquels on ne croit plus aujourd'hui. L'ouvrage est divisé en jardin fruitier, en jardin potager et en jardin à fleurs. Il y a quelques descriptions assez satisfaisantes, mais il y en a aussi qui sont fort obscures; en voici quelques-unes :

Laurier alexandrin. Ce Laurier n'est agréable que pour son fruit, qui rougit à la fin de l'été. Sa fleur est peu de chose. Ce Laurier est de pleine terre.

Jujubier. Ses fleurs sont jaunes et paraissent au printemps. Tout le monde connaît son fruit. Cet arbrisseau est de pleine terre.

Alizier du Cap. Arbrisseau à fleur blanche et fruit rougeâtre en grappe. Il est de pleine terre.

Securideca. Cet arbrisseau donne des fleurs légumineuses jaunes

et bordées de rouge. Tondez-le lorsqu'il a fleuri, et il portera de
nouvelles fleurs.

Telle était la manière dont de Grace décrivait les plantes en
1778; l'auteur ne profite pas, pour mieux faire, ni de Vaillant, ni
de Tournefort, ni de Linné, dont les noms ne paraissent nullement
dans son ouvrage. Il y a à la fin un supplément de quatorze plantes
plus amplement décrites, et, page 229, il est dit, en parlant de la
Luzerne, « on en trouve chez les sieurs Andrieux et Vilmorin, son
« gendre, quai de la Mégisserie, à Paris. Il y a aussi la Verveine
« de Canada ou de Miquelon, dont j'ai parlé plus haut, et *une*
« *grande quantité de plantes curieuses qu'on aurait de la peine à*
« *trouver ailleurs.* » Comme on le voit, il y a longtemps que la
maison Vilmorin jouit de la célébrité d'être le plus grand magasin
de graines de Paris, et où l'on tient toujours à ce que les cultivateurs soient bien servis.

Depuis la publication du *Bon Jardinier* par de Grace en 1779
(je ne sais combien il en a été publié avant et après), beaucoup
d'auteurs ont publié des éditions du *Bon Jardinier*, mais une seule
a persisté, et la publication de cet ouvrage a toujours été faite par
les libraires Onfroy, M. Audot, et, depuis 1847, par M. Dusacq,
à la librairie agricole, rue Jacob, 26, à Paris, qui en est devenu propriétaire. Si depuis 1826 que je suis l'un des rédacteurs de cet ouvrage, si mes quatre-vingt-quatre ans ne me forçaient pas de m'arrêter, je ferais des démarches auprès de MM. Audot et Vilmorin
pour obtenir d'eux les connaissances qui me manquent pour faire
l'histoire complète du *Bon Jardinier;* car un livre qui compte environ cent ans d'âge et plus de cinquante éditions qui ont suivi les
progrès de la science horticole et souvent agricole renferme une
infinité de choses curieuses, instructives, et qu'il serait très-utile
de remettre sous les yeux du public; mais mon grand âge ne me
permet pas d'avoir cette satisfaction, et je suis forcé de la laisser à
un autre.

Il a été fait, par divers auteurs, des éditions sous le titre de *Bon
Jardinier* et autres, mais qui n'ont jamais continué. Ce qui est certain, c'est que Mordant-Delaunay, bibliothécaire au jardin des
plantes de Paris, a rédigé le *Bon Jardinier* (1) pendant plusieurs
années, qu'il a singulièrement perfectionné cet ouvrage, qu'il l'a
beaucoup augmenté, et qu'il l'avait enrichi de l'analyse des noms

---

(1) Je suis bien certain que Mordant-Delaunay a rédigé le *Bon Jardinier* pendant plusieurs années; mais je ne puis dire ni quand il a commencé ni quand il a
fini. Je ne possède qu'une édition de lui, celle de 1804, et elle est bien supérieure

génériques grecs, ce qui était très-agréable aux jardiniers, qui ont beaucoup regretté la suppression de ces analyses après la mort de Mordant-Delaunay. Depuis, l'on a été obligé de supprimer ces explications et de raccourcir les descriptions à cause du grand nombre de plantes qui sont venues successivement enrichir la botanique et le jardinage.

Depuis trois ans que la maison Dusacq est propriétaire du *Bon Jardinier*, cet ouvrage a beaucoup gagné en perfection, et il n'est plus possible qu'il soit imité par personne. Quoique mes quatre-vingt-quatre ans d'âge m'empêchent d'y travailler comme autrefois, ses propriétaires veulent bien me conserver au nombre de ses rédacteurs, qui sont aujourd'hui MM. Vilmorin père, de la Société d'agriculture, correspondant de l'Institut, Vilmorin fils, marchand grainier, de la Société d'agriculture, Decaisne, membre de l'Institut et de la Société d'agriculture, Neumann, chef des serres du muséum, Pépin, chef de l'école de botanique du muséum et membre de la Société d'agriculture, enfin Daudin, également attaché au muséum; de sorte qu'il n'est plus possible que quelqu'un pense à faire concurrence au *Bon Jardinier*, rédigé par autant de savants et d'excellents praticiens. Quant à moi, je regrette toujours que mon grand âge m'empêche de faire valoir tout ce que le *Bon Jardinier* a fait en faveur de l'horticulture.

29° *L'Abrégé des bons fruits avec la manière de les connaître et de cultiver les arbres, par* Jean Merlet, *écuyer. Troisième édition, imprimée en* 1684.

Cette édition, de 171 pages in-18, imprimée en 1684, serait venue la première au lieu de la dernière à mon examen, si elle ne se fût pas égarée parmi d'autres livres. Voici ce que dit l'auteur dans sa préface : « Je n'aurois pas entrepris de donner au Public
« ce petit Traité de la Culture des Arbres, et des Espèces des meil-
« leurs Fruits, si je n'avois veu que dans tous les Livres qui ont
« esté mis au jour, pas-un ne traitoit des meilleures et des plus
« rares Espèces, et que ceux qui ont paru jusqu'à présent, n'ont
« parlé que d'un grand nombre de Fruits communs et peu ex-
« quis. » Je ne trouve rien qui mérite d'être reproduit ni recommandé dans ce que dit l'auteur relativement à la culture des arbres

---

à toutes celles qui se sont faites concurremment avec elle et avec les suivantes. J'en possède une douzaine par divers auteurs, dont les uns se sont nommés et les autres s'en sont abstenus. Ainsi je possède des éditions de 1779, 1806, 1807, 1821, 1825, 1826, 1829, 1830, et que les éditions du *Bon Jardinier* ont successivement réduites au silence.

fruitiers ; mais il décrit assez bien les fruits pour qu'on les reconnaisse la plupart, et il y en a un assez grand nombre pour faire croire que l'auteur n'a pas tenu parole lorsqu'il a promis de ne parler que des bons fruits. En effet, on trouve mentionnés dans son ouvrage 6 Fraisiers, 2 Framboisiers, 8 Groseilliers, 12 Cerisiers, 5 Abricotiers, 55 Pêchers, 63 Pruniers, 15 Figuiers, 167 Poiriers, 48 Pommiers, 51 Raisins. A la fin de chaque genre, on trouve sa culture abrégée à la manière de ce temps-là ; puis enfin, chapitre XII, « plusieurs arbres fruitiers qui viennent bien en France, et que l'on peut mettre dans les jardins. » Ces arbres sont l'Amandier, le Mirobolanier, le Coudrier, le Mûrier, le Noyer, le Châtaignier, le Cornouiller, l'Azerolier, le Coignassier, le Pistachier, le Cormier, l'Alizier, qu'on ne mettait pas sans doute au rang des arbres fruitiers en 1684, mais qu'on y met généralement aujourd'hui.

TRENTE-SEPTIÈME LEÇON.

Suite et fin de la bibliothèque pomologique.

30° *Recueil de mémoires et de rapports sur la culture des arbres fruitiers, par* Aubert du Petit-Thouars, 1 vol. in-8°, 1815.

Messieurs, Aubert du Petit-Thouars est le dernier auteur dont j'aie à vous retracer l'histoire. Je l'avais faite un peu différente et surtout beaucoup moins éloquente que celle que je vais vous rapporter, et qui est due à M. le baron Silvestre, de l'Académie des sciences et secrétaire de la Société centrale d'agriculture. Voilà le discours qu'il a prononcé sur la tombe de du Petit-Thouars le 15 mai 1831 :

« Messieurs, je viens, au nom de l'Institut de France et de la Société royale et centrale d'agriculture, exprimer le sentiment douloureux que leur fait éprouver la perte inattendue d'un confrère qui concourait avec tant de zèle et de talent à leurs utiles travaux.

« Aubert du Petit-Thouars a bien rempli une longue carrière ; il a vécu soixante-quinze ans, et sa vie tout entière a été consacrée aux progrès de sciences naturelles et au soulagement de l'humanité souffrante.

« Né au château de Boumois, en Anjou, dans l'année 1756, et fils d'un militaire distingué, du Petit-Thouars a fait avec succès et rapidité ses études au collège de la Flèche. Dès l'âge de seize ans il est entré sous-lieutenant dans le régiment de la Couronne ; il avait déjà manifesté un goût très-prononcé pour l'étude de l'histoire naturelle, notamment pour la botanique, et ce goût, devenu une passion véritable, s'est conservé pendant toute sa vie, et lui a valu les plus beaux titres qu'il ait acquis à l'estime et à la reconnaissance publiques.

« Du Petit-Thouars avait un frère capitaine de vaisseau. Ils formèrent, en 1792, le projet de faire un voyage de découvertes, et notamment d'aller à la recherche de la Pérouse; ils vendirent, à cet effet, une grande partie de leur propriété, et partirent ensemble pour rejoindre à Brest le vaisseau qu'ils avaient équipé; mais du Petit-Thouars, ne pouvant se résoudre à traverser rapidement en voiture un pays qu'il ne connaissait pas, et qui offrait beaucoup d'objets d'histoire naturelle à son investigation, mit pied à terre et voulut continuer sa route en herborisant.

« Cependant la révolution était commencée : un homme inconnu, chargé d'une lourde boîte remplie de plantes et errant dans la campagne, devint suspect; il fut arrêté et conduit à Quimper, où, après être resté longtemps en prison, il fut jugé et acquitté par le jury révolutionnaire du pays. Lorsqu'il arriva à Brest, son frère était parti; il tenta inutilement de le rejoindre à l'île de France. Là, privé de ressources pécuniaires, il trouva les secours de l'hospitalité chez plusieurs colons qui surent apprécier son caractère et ses talents, et il resta pendant dix ans dans cette colonie, occupé uniquement de culture et de botanique. Il y réunit d'immenses travaux sur l'histoire naturelle de cette riche contrée. Il eut aussi l'occasion de passer plusieurs mois à Madagascar, et ce séjour augmenta ses connaissances et ses collections.

« Revenu en France en 1802, ses travaux, sa vaste érudition ont été appréciés par les savants de la capitale; il a été reçu membre de l'Institut, de la Société royale et centrale d'agriculture, des sociétés d'histoire naturelle, philomathique et d'horticulture; il enrichissait souvent les séances de ces sociétés par des mémoires ou par de savantes discussions.

« Dès 1806, il avait été nommé directeur de la pépinière royale du Roule, et pendant plus de vingt ans il a dirigé avec habileté cet utile établissement public vers le noble but que ses fondateurs lui avaient assigné. La destruction de la pépinière du Roule a causé à du Petit-Thouars la plus violente peine qu'il eût encore éprouvée. Il résista avec la plus grande énergie : il développa dans plusieurs écrits tous les avantages que cet établissement avait produits, tous ceux qu'on aurait pu en attendre encore; il lui fallut céder et concentrer un chagrin qui altéra sensiblement toutes ses forces physiques et prépara la douloureuse catastrophe dont nous sommes aujourd'hui les tristes témoins.

« Du Petit-Thouars a publié plusieurs ouvrages importants : des *Mélanges de botanique*, des *Dialogues sur l'histoire naturelle*, un grand travail sur les Orchidées, un *Essai sur la végétation* considérée dans les développements d'un morceau de bois. Il se proposait de publier aussi une histoire des végétaux recueillis dans les îles australes de l'Afrique, et l'on doit regretter qu'un travail qui était le résultat de dix années de recherches d'un savant aussi laborieux et aussi habile n'ait point encore enrichi les annales de la science. Il a publiquement professé plusieurs cours de botanique et de culture ; il a rédigé plusieurs biographies de botanistes et d'agronomes dont les travaux utiles n'avaient pas encore été suffisamment appréciés.

« Du Petit-Thouars avait une mémoire prodigieuse (1) et beaucoup d'érudition ; il se plaisait surtout à exécuter des travaux difficiles et qui exigeaient des recherches minutieuses et multipliées ; il mettait dans ces recherches une persistance qui le faisait triompher des difficultés. Sévère pour lui-même, il était indulgent pour autrui ; la bienfaisance envers les indigents était sa plus douce et sa plus secrète occupation. Hier encore des lettres de remercîments de malheureux qu'il avait obligés lui ont été envoyées, et ces actions de grâces viennent après sa mort répandre des bénédictions sur sa tombe. D'autres écrits lui étaient également adressés et sollicitaient une continuation de secours ; les mains de ces infortunés s'étendent encore vers lui pour demander des bienfaits, et pour la première fois elles s'étendent en vain : le bienfaiteur a cessé d'exister ! »

Messieurs, voilà ce que le baron Silvestre disait de du Petit-Thouars, le 13 mai 1831, au nom de l'Académie des sciences et de la Société centrale d'agriculture de Paris. Tout ce qu'il a dit est vrai, mais il n'a dit que la moindre partie de tout ce que pensait et faisait du Petit-Thouars. Je l'ai connu particulièrement, et je puis dire qu'il embrassait trop de choses à la fois pour pouvoir les discuter et les soutenir d'une manière satisfaisante ; aussi obtint-il peu de succès à l'Académie des sciences et à la Société d'agriculture de Paris. Quant à la bonté de son cœur, j'appuie de toutes mes forces ce qu'en a dit Silvestre.

Lahire avait reconnu, vers 1708, que chaque bourgeon, chaque nœud vital d'un arbre produit des racines qui se dirigent, sous l'écorce, par en bas, et des rameaux qui se dirigent par en haut, et il a consigné ce fait dans les mémoires de l'Académie des sciences ; soit que du Petit-Thouars ait retrouvé ce même fait par ses propres observations, soit qu'il l'ait lu dans les mémoires de l'A-

____

(1) D'après la doctrine de Gall, du Petit-Thouars ne pouvait avoir une très-grande mémoire, car il n'avait pas de grands yeux. J'ai assisté aux leçons qu'il faisait à l'école du Roule ; il lisait tout ce qu'il y disait, et jamais je n'ai pu soupçonner qu'il eût une mémoire remarquable.

cadémie, il est certain qu'il le publia comme l'une de ses propres découvertes, et que moi, aussitôt, j'en rendais avec justice la découverte à Lahire.

Depuis cette époque (1825), j'ai toujours soutenu que l'opinion de Lahire était une grande vérité (voir mon *Cours d'horticulture*, page 358), tandis que M. Mirbel, de l'Académie des sciences, soutenait qu'elle n'était qu'une erreur. Depuis lors, M. Gaudichaut est devenu membre de l'Académie, et a soutenu, toujours comme moi, que la théorie de Lahire est une grande vérité ; mais l'Académie ne s'est pas encore prononcée, et elle ne se prononcera probablement pas tant que M. Mirbel vivra.

J'ai déjà beaucoup parlé de du Petit-Thouars, et cependant il faut que j'en parle encore, au moins de l'un de ses ouvrages, intitulé *Recueil de rapports et de mémoires sur la culture des arbres fruitiers* lus dans les séances particulières de la Société d'agriculture de Paris, 1 vol. in-8° de 263 pages, publié en 1815, chez les libraires Gueffier et Arthus Bertrand. Je signale particulièrement cet ouvrage parce que l'auteur y a inséré beaucoup de rapports sur les arbres fruitiers qu'il a faits à la Société centrale d'agriculture, et qu'aucun d'eux n'a été imprimé par elle. Après une préface de 12 pages, l'auteur entre en matière et dit : « Livré, depuis trente années, à l'étude de la nature dans les végétaux, etc., etc. » Je fais remarquer qu'il pouvait bien y avoir trente ans qu'il observait les végétaux comme botaniste, mais comme cultivateur il ne faisait que commencer et ne pouvait avoir l'expérience indispensable pour expliquer les faits avec simplicité ; aussi beaucoup de ses opinions peuvent être combattues victorieusement, et c'est ce qui fait que ses observations sont peu ou point répandues. Du Petit-Thouars parle de beaucoup d'auteurs que les praticiens ne connaissent pas, et en cela il donne une grande preuve de son érudition, mais toujours il les juge tant bien que mal, de sorte qu'il m'est impossible de le suivre et d'être d'accord avec lui, excepté dans un seul endroit, page 215, où il dit en parlant de l'Abricotier : « Ainsi « l'Abricotier dont j'ai parlé précédemment a commencé à fleurir « le 2 mai, et le 10 il était en pleine floraison. Il me donna lieu « d'observer un phénomène que je crois n'avoir pas encore été « décrit; aussi je lui consacre un article dans une addition. Ce « fut de constater qu'il avait un glaçon logé dans la substance « même de son calice, dans toutes les fleurs, et qu'il y en avait « de même dans toutes celles des autres arbres de l'espalier du « Pêcher, quoique la plupart ne fussent pas encore épanouies « que cela a eu lieu cinq jours de suite, et que cependant d

« longtemps on n'a vu une si grande abondance de fruits. » On trouve, en effet, dans le même volume, page 232, l'article en question beaucoup plus long sur le même sujet, et qui démontre que les fleurs du *Daphne mezereum* peuvent supporter jusqu'à 9 degrés de froid sans souffrir et celles du Pêcher et de l'Abricotier jusqu'à 5 degrés sans aucun danger. J'ai cru utile de relater ici cette remarque de du Petit-Thouars, parce qu'elle est peu ou point connue de ceux qui sont le plus intéressés à la connaître.

Enfin, si le praticien trouve peu de chose à apprendre dans le livre de du Petit-Thouars, pas même dans les sept planches qui le terminent, le savant y verra avec plaisir, page 246, le plan d'un ouvrage extraordinaire sur la culture des arbres fruitiers expliqué en onze pages, et, page 257, la liste de deux cent vingt auteurs qui, depuis 1482, ont écrit sur le jardinage et les arbres fruitiers, et dont il possédait les ouvrages.

DE LA CONNAISSANCE DES FRUITS, ET DES MOYENS D'ÉLEVER ET MULTIPLIER LES ARBRES FRUITIERS.

ARTICLE I. — *Synonymie des fruits.*

La synonymie d'une chose est la collection des noms qu'elle a reçus en différents temps et en différents lieux. Ce seul énoncé fait assez connaître combien il est difficile de faire une bonne synonymie des choses connues depuis longtemps ; il est même évident que beaucoup de noms anciens sont absolument perdus ou sans signification pour nous, et qu'il serait inutile de vouloir obtenir aujourd'hui la synonymie complète des fruits. Mais, s'il nous faut renoncer à l'espoir d'en avoir jamais une complète, nous apercevons au moins la possibilité d'en obtenir une infiniment meilleure et surtout plus instructive que toutes celles qu'on a vues jusqu'ici sur les fruits. Si, en effet, nous n'avons encore que des synonymes incertains, c'est que les personnes capables de réunir les certains ne s'en sont pas encore occupées, ou qu'elles en ont été découragées par les recherches et les vérifications immenses qu'exige un travail de cette nature. Peut-être aussi n'a-t-on pas encore senti tout l'avantage qu'une bonne synonymie peut apporter dans l'histoire des fruits. Outre qu'il est curieux de connaître, autant que possible, quel nom portait tel fruit à telle époque et dans tel endroit, il arrive souvent qu'un seul nom nous met sur la voie d'une découverte intéressante ou redresse nos idées quand nous nous égarons. C'est ainsi, par exemple, qu'après avoir cherché longtemps un sens raisonnable au mot *épargne* dans la Poire d'épargne, nous avons trouvé que ce mot était un corrompu de Poire d'Espagne. Nous avons reconnu également que *catillac*, que nous avions d'abord cru dérivé de *catillo* ou *castigo*, vient de *cade* ou *cadille*, qui veut dire petit baril, par allusion à la forme et à la grosseur de ce fruit.

On voit donc que l'étude de la synonymie des fruits redresse ou étend nos idées; mais ce n'est pas le seul avantage que nous puissions en retirer. La synonymie aide singulièrement à déterminer l'époque plus ou moins précise de l'apparition de tel ou tel fruit, et cette partie est, selon nous, l'une des plus intéressantes de l'histoire des arbres fruitiers; car il est indispensable de connaître l'origine d'une chose, tant pour la suivre dans toutes les modifications de son développement que pour déterminer l'étendue de sa durée, qui sont deux points sur lesquels les savants du siècle commencent à raisonner, et sur lesquels ils n'ont encore aucune donnée tant soit peu précise, quoique Knight, auteur anglais et très-recommandable, ait dit que presque tous nos Poiriers étaient dans un état de dégénérescence alarmant (1).

Pour qu'une synonymie soit aussi utile qu'elle est susceptible de l'être, il ne suffit pas, en la faisant, de rassembler sous chaque espèce de fruit tous les noms qui lui ont été appliqués, il faut encore que chaque nom soit accompagné de celui de l'auteur qui l'a créé, ou de celui qui le premier l'a recueilli dans la pratique pour le consigner dans son ouvrage. C'est par ce seul moyen que nous pouvons remonter à l'origine du nom d'un certain nombre de fruits, et pour les autres, dont l'existence date d'une époque antérieure aux premiers écrivains, que nous pouvons les saisir du moins à une époque certaine de leur vie, les suivre et les étudier pendant le reste de leur existence. Ce moyen de constater, par la synonymie, que tel fruit existait à telle époque, est employé depuis longtemps en histoire naturelle, surtout en botanique, par les Anglais, mais non sous le même point de vue, puisque les botanistes ne s'occupent nullement ni de l'origine ni de la fin des espèces, et qu'ils ne supposent même pas qu'elles soient susceptibles de subir des modifications sensibles tant que le monde sera monde (2).

---

(1) *Voir* le premier volume de ce *Cours d'horticulture*, page 188.

(2) Nous parlons ici dans le sens des botanistes systématiques; mais aux yeux du philosophe, si la matière ne se modifiait pas continuellement, si tout n'était pas entraîné vers un but quelconque qui nous est inconnu, il n'y aurait ni vie ni mouvement dans l'univers.

L'étude de la synonymie nous apprend que, jusqu'à présent, les auteurs ne se sont pas donné toute la peine nécessaire pour faire l'application juste des noms aux fruits désignés par leurs prédécesseurs. La Quintinye n'a employé qu'une petite partie des noms d'Olivier de Serres ; Duhamel en a beaucoup négligé de ceux de la Quintinye, et soit que l'usage l'ait forcé d'en agir ainsi, soit par toute autre raison, il fait une application fausse d'un certain nombre des noms de la Quintinye. Ainsi les noms de *satin vert, archiduc, parfum d'été, chat brûlé, beurré blanc, belle et bonne, muscat fleuri*, etc., ne désignent pas les mêmes Poires dans Duhamel que dans la Quintinye.

Il aurait cependant été très-facile à la Quintinye, comme intendant des jardins d'un grand roi, de recueillir toute la nomenclature d'Olivier de Serres, et d'en faire une juste application. Il aurait été également facile à Duhamel, qui était riche et grand seigneur, de recueillir toute celle de la Quintinye ; mais ni l'un ni l'autre ne s'est occupé de cet objet qui était pourtant bien digne de leur attention. Il est arrivé de là que nous connaissons fort peu de fruits d'Olivier de Serres, et que beaucoup de ceux de la Quintinye nous sont également inconnus. Le seul moyen de combler, autant que possible, cette lacune dans l'histoire des arbres fruitiers, serait de faire venir, de chaque département à Paris, un échantillon de chaque variété d'arbres fruitiers avec leurs divers noms ; on en établirait ainsi la synonymie, et l'époque qui constaterait leur existence serait reculée, pour la plupart, d'un à trois siècles.

Article II. — *Des pépinières.*

Une pépinière est un terrain sur lequel on élève des arbres. Il y a des pépinières dans lesquelles on élève toutes sortes d'arbres, d'autres dans lesquelles on n'élève que des arbres fruitiers ; c'est de ces dernières seules que nous allons parler.

Depuis bien longtemps je suis frappé d'une chose à laquelle personne ne fait attention, ou, du moins, dont personne ne parle, je veux dire qu'il y a plus de cent ans que des pépinières sont établies à Vitry, à Paris, à Orléans, à Angers, à Rouen, etc., etc., que toutes ces pépinières livrent plusieurs millions de Poiriers par an, qui sont plantés en France, et que, si tous ces Poiriers prospéraient depuis qu'on en plante, la France ne serait pas assez grande pour les contenir, et cependant il n'y en a pas encore assez, puisque les pépiniéristes en vendent toujours des millions chaque année. Un Poirier greffé sur Cognassier doit vivre environ

50 ou 40 ans, si on le taille convenablement, et celui greffé sur franc doit vivre de 60 à 100 ans, s'il est planté en bonne terre. Il faut donc qu'il y ait bien des malentendus dans le choix des terrains, dans les plantations, pour qu'il y ait si peu de Poiriers sur le sol de la France. J'ai vu, aux environs de Londres, des Poiriers plantés en vergers qui étaient grands, beaux et chargés de fruits, et n'ai jamais vu rien de semblable aux environs de Paris, où la terre est presque partout calcaire, terre qui ne convient que peu ou point au Poirier, tandis que cet arbre vient très-bien en terre normale. Aussi tous les pépiniéristes de Vitry transfèrent actuellement leurs pépinières dans la plaine de Longjumeau, où la terre est franchement normale, la seule qui convienne parfaitement aux Poiriers.

Je voudrais, pour l'honneur de mon métier et pour éviter les plaintes que font souvent les propriétaires d'un grand verger ou d'un vaste jardin, qu'ils eussent chez eux une pépinière de remplacement; ils s'éviteraient, par ce moyen, bien des contrariétés. Des arbres élevés dans le sol même où ils doivent être plantés à demeure réussissent toujours mieux que ceux élevés ailleurs; et puis, en élevant ses arbres chez soi, on se met à l'abri de mille inconvénients auxquels on est exposé en les faisant venir d'ailleurs. Cette idée est sans doute encore bien loin de se réaliser; elle n'aurait même jamais lieu, si l'état de pépiniériste était assujetti à certaines formalités qui prouvent et attestent que celui qui l'exerce connaît parfaitement les fruits.

ARTICLE III. — *Du terrain propre à une pépinière.*

On peut établir comme principe qu'une bonne terre franche, bien divisible et plus sèche qu'humide, est la meilleure pour une pépinière. Lors donc qu'on voudra en former une sur une propriété, il faudra préférer l'endroit qui ressemblera le plus à cette terre; pendant l'été ou plutôt l'automne, il faudra la défoncer à 2 pieds de profondeur, en retirer les pierres s'il s'y en trouve, et y mettre, s'il est nécessaire, les engrais convenables à la nature du terrain, c'est-à-dire beaucoup de fumier de vache et de la terre franche, s'il est trop sec et trop léger, et du fumier de cheval et du sable, s'il est trop froid ou trop compacte. Nous savons cependant que Duhamel et quelques écrivains ne veulent pas qu'on mette de fumier dans les pépinières; mais les moyens de se procurer les terres que ces auteurs indiquent ? Tous les pépiniéristes mettent autant de fumier qu'ils peuvent dans la tranchée en défonçant leur terrain, et il est certain qu'il n'en résulte que du bien ; le fumier n'est plus fumier quand les racines des arbres arrivent jusqu'à lui. Le terrain ainsi défoncé, on le laisse se rasseoir jusqu'au printemps ; alors on le laboure légèrement, et on l'égalise bien avant de procéder à la plantation.

ARTICLE IV. — *Du semis.*

Dans une pépinière de remplacement, on doit semer des amandes, des noyaux d'Abricots, de Pêches, de Prunes, de Cerises et des pepins de Poires et de Pommes. Les amandes et les noyaux germent rarement la même année quand on les sème en mars et avril ; il faut les mettre en terre à l'automne ou au commencement de l'hiver pour qu'ils germent et poussent au printemps suivant : si on les semait en place dès l'automne, il en périrait beaucoup pendant l'hiver par l'intempérie de la saison, et les mulots en détruiraient une grande partie. On a donc imaginé de les faire germer dans un endroit particulier, à l'abri de ces inconvénients, et de les mettre ensuite tout germés en place en avril, quand on n'a plus de gelée à craindre. Pour faire germer des amandes et des noyaux, on a un ou plusieurs baquets ou paniers profonds de 27 à 32 centim. et larges à volonté ; on met dans le fond du baquet un lit de terre sablonneuse épais de 5 centim. ; on étend sur ce lit de terre un lit d'amandes qu'on recouvre d'un petit lit de terre sur lequel on met encore un lit d'amandes, et ainsi de suite jusqu'à ce que le baquet soit plein. Cette opération s'appelle *stratification*. Quand elle est faite, on place le baquet dans une cave, dans un cellier ou au pied d'un mur au midi, où on l'enterre aux trois quarts et où on l'abrite des fortes gelées avec un peu de litière. Si la terre devenait trop sèche et que la germination n'avançât pas, on la mouillerait convenablement.

Vers la mi-avril, les amandes et les noyaux doivent être tous germés ; alors on les ôte avec précaution, on les met dans des paniers et on les porte dans la pépinière pour les planter en place. Tous les planteurs ne sont pas d'accord sur la distance qu'il convient de mettre entre les plants, et quelques-uns les placent trop près les uns des autres. Quant à nous, nous mettons entre eux la distance que nous croyons nécessaire pour bien se développer ; ainsi nous plantons nos plants de Paradis à 40 centim. de distance en tous sens, et nos autres plants d'arbres fruitiers à 55 et 66 cent. également en tous sens et en quinconce. On sent bien que la terre où nous allons planter a été parfaitement préparée et qu'elle est très-divisée. Alors nous tendons un cordeau dans le sens le plus convenable, nous prenons de la main gauche le panier où sont les amandes ou les noyaux de Pêches, et, tenant de la main droite une petite houe, nous faisons un trou profond de 10 cent., y déposons de la main gauche une amande germée, la racine en bas, après en avoir supprimé l'extrémité, et la recouvrons de 5 centim. de terre fine que nous tassons légèrement, et, quand la ligne est plantée, nous détendons le cordeau et le redressons à côté à la distance convenue et plantons une seconde ligne. Plus la terre est meuble, plus la plantation s'exécute vite; quand le temps est favorable et la terre bien divisée, on peut mettre huit ou dix amandes en terre et les recouvrir en une minute. Les tiges de ces amandes ne tardent pas ensuite à paraître, et, dès la fin d'août, la plupart sont en état d'être greffés en écusson à œil dormant pour former des arbres nains. On préfère les amandes douces à coque dure pour faire des sujets propres à recevoir les diverses sortes de Pêchers; les noyaux des Merises rouges valent mieux que ceux des Merises noires pour recevoir les Cerisiers; parmi les Pruniers l'usage est de semer seulement des noyaux de Saint-Julien et de petit Damas, pour recevoir la greffe des autres espèces de Pruniers, ainsi que les Abricotiers et Pêchers. Cependant nous ferons observer qu'il serait plus avantageux de greffer les bons Abricots sur Abricotier franc et les bonnes Pêches sur Pêcher franc.

Quant aux pepins de Poires et de Pommes, comme ils lèvent promptement quand ils sont conservés dans leur marc, on les sème en planche ou en rigole avec leur marc. L'automne ou le printemps suivant, une partie du plant est déjà assez forte pour être repiquée en pépinière à la distance que nous venons d'indiquer. On laisse le restant en place pour qu'il se fortifie, et, s'il n'est pas jugé capable d'être mis en pépinière à l'âge de deux ans, il faut le rejeter comme de mauvaise venue.

Nous devons noter ici une remarque que nous avons faite et que nous n'avons pas trouvée avoir été faite par d'autres. Dans le t. XV des *Annales de la Société d'horticulture de Paris*, décembre 1854, on trouve un troisième article appliqué à la théorie de VAN MONS, avec quatre-vingts descriptions de Poires qu'il m'avait envoyées. A mesure que je les dégustais, je mettais de côté les pepins de celles que je trouvais les meilleures, et les laissais sécher sur du papier sans les laver. Au printemps, voulant utiliser ces graines, je les semai dans des pots, au nombre de 60 variétés, ayant chacune 10 à 20 graines. Je plaçai tous les pots sur couche et sous châssis, les fis soigner, et aucun grain ne leva dans l'année; à l'automne, les pots furent mis de côté et laissés exposés à toutes les rigueurs de l'hiver, et au printemps suivant tous les pepins germèrent, poussèrent et ont été plantés dans les jardins de la Société.

Voici comme je m'explique ce fait assez remarquable : quand on ôte un pepin d'une Poire, il est toujours enduit d'une liqueur visqueuse, et, comme je n'ai point lavé mes pepins, cette liqueur visqueuse s'est concrétée à leur surface et a formé une enveloppe qui s'est opposée au développement de l'embryon pendant une année.

Quand j'eus publié ce fait dans les *Annales*, un jardinier de Soissons m'écrivit qu'il lui était arrivé la même chose qu'à moi. Maintenant c'est aux chimistes à nous dire ce que c'est que cette viscosité qui entoure les pepins de Poires et qui les empêche de germer au printemps quand on la laisse sécher sur les graines.

ARTICLE V. — *Des mères.*

On appelle *mère* un jeune arbre coupé près de terre, afin qu'il pousse de son collet un grand nombre de *scions* que l'on butte ou que l'on couche, chaque année, pour leur faire prendre racine. *Butter*, c'est mettre de la terre au pied de ces scions jusqu'à la hauteur de 16 à 25 centim.; *coucher*, c'est faire une rigole au bas d'un scion, l'incliner en arc, dans cette rigole, le plus près possible du pied, couvrir de terre la partie arquée, et remettre la partie supérieure, autant que possible, dans la direction verticale. On a des mères de Figuier, de Vigne, de Groseillier, de Cognassier, de Pommier-doucin et de Pommier-paradis. Ces trois dernières sont faites pour fournir des sujets qui poussent moins forts et deviennent moins grands que ceux provenus de graines et appelés *francs*.

Le Cognassier est destiné à recevoir la greffe des Poiriers qui ne se mettent pas aisément à fruit sur franc, ou que l'on désire tenir bas; le Doucin et le Paradis sont destinés à recevoir la greffe des Pommiers qui ne sont pas destinés au plein vent. Le Paradis ne fait même que des arbres absolument nains dont l'existence se prolonge rarement au delà de vingt ans. A chaque printemps on lève les scions enracinés, qui alors prennent le nom de *plant*, et on les plante en rang dans la pépinière pour y être greffés en écusson à l'automne même, ou en fente au printemps suivant.

ARTICLE VI. — *Des soins qu'exige le plant jusqu'à ce qu'on le greffe.*

Nous supposons que le jardinier est intelligent et qu'il n'a pas besoin de nos conseils dans les menus détails de la plantation et qu'il l'a faite avec soin ; maintenant nous dirons qu'aussitôt qu'elle est terminée il faut avoir du vieux fumier brisé et court pour en couvrir le terrain planté de l'épaisseur de 3 à 5 centim. Le fumier empêche l'herbe de croître, tient la terre fraîche, l'engraisse même s'il survient des pluies, et produit un bien considérable au plant. Cette opération s'appelle *pailler ;* elle a passé de chez les maraîchers chez les fleuristes de Paris et dans les petites pépinières ; elle serait dispendieuse dans les grandes, mais ses résultats sont si avantageux, qu'il y aurait toujours du profit à l'y introduire ; elle fait éviter au moins deux binages qu'il faudrait faire dans le courant de l'été, et elle conserve à la terre une fraîcheur extrêmement salutaire aux jeunes plants.

Il faut visiter souvent son plant dès avril et mai, le nettoyer du bois mort s'il y en a, supprimer les pousses inutiles ou nuisibles, le rabattre sur le bourgeon qui se développe le mieux et le mieux placé ; en juin on mettra des tuteurs pour redresser ceux qui se dirigent mal et pour maintenir ceux qui se dirigent bien ; cependant les Amandiers destinés à être greffés en Pêchers à œil dormant, au mois d'août suivant, n'ont pas ordinairement besoin de tuteur. Parmi les sujets d'une pépinière, les uns sont destinés à être greffés près de terre et former des *basses tiges*, et les autres à une hauteur qui varie entre 1 et 2 mètres et former des *hautes tiges* ; les premiers peuvent recevoir la greffe à leur première ou deuxième année, tandis qu'il faut aux autres trois, quatre et cinq ans pour former leur tige avant de recevoir la greffe. On doit attacher la jeune tige de ces derniers à un échalas dès leur première année, et se garder de supprimer les branches latérales trop promptement, car ce sont elles qui font grossir la tige ; on les raccourcit seulement pendant deux ou trois ans et on ne les supprime entièrement qu'un an avant que l'on greffe le sujet. Nous avons vu, chez quelques pépiniéristes de Vitry, des arbres dont la tige avait été greffée, à l'âge de trois ans à 1^m,66 ou 2 mèt. de hauteur, et ne pouvoir soutenir leur tête parce que la tige avait été dégarnie trop tôt des branches latérales qui servaient à lui donner de la force.

Article VII. — *Qualités que doivent avoir les sujets.*

Les sujets, dit Duhamel, doivent être sains, vigoureux, d'une écorce vive, claire, et sans cicatrice dans l'endroit où l'on applique la greffe ; on ne peut espérer de satisfaction d'un arbre greffé sur un sujet faible, languissant, chancreux, rabougri, etc. ; ils doivent encore être analogues aux greffes, car l'union de la greffe avec le sujet est d'autant plus facile et plus ferme qu'il y a égalité de séve. Un Poirier très-vigoureux, comme l'ambrette, réussira mal sur le Cognassier à petites feuilles, et même médiocrement sur le Cognassier de Portugal, qui, quoiqu'il ait une séve plus abondante, n'en a pas encore assez pour ce Poirier, qui ne réussit bien que sur franc. La greffe du Cerisier ne se collera pas solidement sur un Merisier sauvage à petit fruit noir, dit Duhamel, dont la séve, apparemment trop âcre, est presque insociable. Un Prunier ne s'accommodera pas de l'Amandier, qui est en pleine fleur lorsqu'à peine la séve des Pruniers commence à se mettre en mouvement. En décrivant chaque arbre fruitier nous marquerons sur quel sujet il convient de le greffer.

Pendant l'automne il faut élaguer les sujets de toutes les branches au-dessous de l'endroit où l'on doit placer les greffes au printemps suivant ; ce retranchement se fait au printemps sur les sujets qui ne doivent être greffés qu'au déclin de la seconde séve.

On choisit, pour placer la greffe, un endroit du sujet qui soit uni, sans nœud, sans cicatrice.

On appelle *greffe sur franc* celle qui se fait sur un sujet de même famille et de même nom, quoique sauvage. Ainsi on dit d'un Poirier greffé sur un sauvageon pris dans les bois ou élevé de pepins, d'un Figuier sur un autre Figuier, d'un Cerisier sur un autre Cerisier, etc., qu'ils sont greffés sur franc. Lorsque le sujet est de nom différent, quoique de la même famille, on le désigne par son nom ; ainsi on dit un Pêcher greffé sur Amandier, un Abricotier greffé sur Prunier, un Albergier greffé sur Abricotier, un Pommier greffé sur Doucin, un Cerisier greffé sur Merisier.

Article VIII. — *Qualités que doivent avoir les greffes.*

Il faut prendre les greffes sur des arbres formés, ni trop jeunes ni trop vieux, en plein rapport, sains, et dont l'espèce soit bien franche et vraie ; cette dernière qualité mérite attention, surtout pour les arbres qu'on multiplie quelquefois de semence, procédé qui fait ordinairement varier et presque toujours dégénérer l'espèce. Il y a une grande différence entre une véritable Pêche mignonne, une véritable Prune de Reine-Claude et leurs variétés. Les descriptions que nous donnons de chaque arbre mettent en état de faire cette distinction ; et comme le bois et les feuilles de la plupart des arbres fruitiers n'ont pas de caractères suffisants pour distinguer l'espèce de ses variétés, ni souvent même l'espèce de l'espèce, il faut, pendant la saison de chaque fruit, reconnaître et marquer les arbres dont on doit tirer des greffes.

Les rameaux destinés à faire des greffes en fente et en couronne se prennent parmi ceux de la pousse de la dernière année; ils doivent être droits, sains, d'une belle écorce, garnis de beaux yeux peu éloignés les uns des autres et d'une moyenne vigueur ; les branches chiffonnes et les gourmandes ne sont propres pour aucune greffe d'arbres fruitiers. Il faut cueillir les bons rameaux avant le premier mouvement de la séve du printemps, c'est-à-dire en décembre et janvier ou février ou même plus tôt, les enterrer, par le gros bout, à 12 ou 13 centim. de profondeur, au nord et à l'abri du soleil, afin qu'ils ne soient pas en séve au moment d'être employés, et les couvrir pendant les fortes gelées, surtout ceux d'arbres à fruit à noyau. Ces rameaux sont destinés à être greffés en fente, en couronne, en mars, avril et même dans le commencement de mai dans certaines années où la végétation est tardive.

La seconde sorte de greffe employée dans les pépinières est l'*écusson*, et l'opération par laquelle on la produit s'appelle *écussonner*, opération que j'expliquerai plus tard. Quoique l'écussonnage puisse s'employer de très-bonne heure pour avoir une pousse de suite, on ne greffe ordinairement, dans les pépinières, qu'à *œil dormant*, c'est-à-dire en août et septembre, quand la séve est sur son déclin. On choisit pour écusson les yeux les mieux formés vers la partie moyenne des bourgeons. Quant au Pêcher, on préférera les yeux doubles ou triples aux yeux simples, les premiers étant censés devoir produire des arbres plus prompts à se mettre à fruit.

Lorsque les bourgeons qui contiennent des bons yeux sont coupés, il faut en retrancher l'extrémité tendre et toutes les feuilles au milieu de leur pétiole, parce que, ces parties transpirant beaucoup, les bourgeons auraient bientôt perdu toute leur séve, si on les leur conservait. Il faut, de plus, les envelopper de mousse humide, d'herbe fraîche ou d'un linge mouillé, ou en tenir le gros bout dans l'eau. Lorsqu'on est obligé de les transporter loin ou de les conserver quelques jours, on les pique par le gros bout dans un concombre, et on enveloppe le tout de mousse humide.

Quand on cueille les greffes pour la fente ou pour l'écusson, il faut lier ensemble les rameaux de même espèce ou des mêmes variétés, y mettre des étiquettes, des ligatures de différentes couleurs ou d'autres marques qui les puissent faire reconnaître.

Il faut aussi greffer de suite et numéroter les mêmes espèces et les mêmes variétés, et tenir un registre ou catalogue où seront inscrits tous les numéros et les noms des espèces greffées dans la pépinière.

Sans ces attentions et toutes celles indiquées précédemment, et celles que nous indiquerons encore, on risque de se méprendre dans le choix des espèces, de n'avoir que du déplaisir en cultivant des arbres lents à se mettre à fruit ou qui n'en produisent que de dégénéré ou de médiocre qualité, d'accuser le terrain, le sujet, la culture, l'intempérie des saisons, etc., d'une faute qui souvent ne doit être attribuée qu'à la négligence du greffeur.

TRENTE-HUITIÈME LEÇON.

ARTICLE IX. — *Des différentes sortes de greffes.*

L'art de la greffe en fente étant une imitation et une perfection de ce qui se fait dans la nature, il n'est pas étonnant que son origine se perde dans la plus haute antiquité, et que le nom de celui qui l'a mis en pratique le premier ne soit pas arrivé jusqu'à nous. On a donné le nom de *greffe par approche* à celle dont la nature nous donne elle-même le modèle. Cette greffe se rencontre assez souvent dans les bois, quand deux jeunes troncs ou deux branches se trouvent fortement pressés l'un contre l'autre dans quelques-unes de leurs parties, dont l'écorce a été détruite par la pression ou déchirée par le frottement. L'observation a appris que, dans cette opération, ce n'étaient pas les anciens bois ni les anciennes écorces qui s'unissaient, mais que c'étaient seulement les productions actuelles qui ont lieu entre le bois et l'écorce ; d'où l'on a établi la théorie aussi simple que générale, c'est que dans toutes les greffes possibles il faut mettre en contact ou faire coïncider ensemble, au moins par un point, la surface du bois du sujet avec la surface du bois de la greffe, ou la surface interne du liber du sujet avec la surface interne du liber de la greffe. Cette coïncidence est de rigueur, mais elle ne suffit pas au succès de l'opération ; il faut aussi qu'il y ait entre le sujet et la greffe une analogie de nature ou de parenté. Ce serait en vain qu'on grefferait une Vigne sur un Pommier, un Lilas sur un Saule ; ces arbres n'ont aucune analogie dans leur séve et ne peuvent se nourrir l'un l'autre. Le Poirier et le Pommier ne réussissent même que peu ou point, greffés l'un sur l'autre. Aussi les expériences faites dans ces derniers temps par le savant Thoüin, pour constater la possibilité de certaines greffes hétérogènes indiquées par les anciens, comme celle de l'Olivier sur le Figuier, ont-elles été sans succès.

On pratiquait depuis un temps immémorial les greffes en fente, en couronne, en flûte, en écusson avec peu de modifications ; mais.

depuis le commencement de ce siècle jusqu'aujourd'hui, la culture des plantes étrangères s'est tellement perfectionnée, et l'on a imaginé tant de moyens pour les multiplier, que feu Thoüin a divisé les greffes en 124 sortes dans son *Cours de culture* publié, en 1827, par madame Huzard et Deterville. Ce nombre considérable de différentes greffes ayant nécessité une nouvelle méthode dans leur distribution et une réforme dans leur nomenclature, Thoüin les a divisées en quatre sections, dont la première comprend les greffes par approche, la seconde les greffes par scions, la troisième les greffes par gemmes, et la quatrième avec ses parties herbacées. Nous ne suivrons pas le savant professeur dans les divisions et les détails de ces quatre sections principales, parce que la plus grande partie de ces greffes sont étrangères à notre sujet, et que nous devons nous borner à celles dont l'utilité est démontrée par la pratique; il nous suffit, pour cela, d'en rapporter quelques-unes de chaque série.

PREMIÈRE SÉRIE.

Greffes par approche.

Le caractère essentiel de ces greffes consiste en ce que les parties greffées tiennent à leur pied enraciné et peuvent vivre nonobstant la non-reprise de la greffe; on peut l'effectuer toute l'année, mais mieux quand la séve est prête à monter.

1. *Greffe hymen*, Th. On rapproche les tiges de deux jeunes arbres, en les inclinant l'un vers l'autre; on enlève une portion d'écorce et de bois sur chacune au point de contact; on les tient réunies par une ligature solide, et on abrite la plaie de l'air, du soleil et des pluies. Quand la greffe est reprise, on coupe la tête du sujet, et on sèvre peu à peu la greffe en incisant successivement son ancienne tige, jusqu'à ce qu'enfin on la coupe tout à fait immédiatement au-dessous de la greffe. Alors la tête de cet arbre, que nous supposons être d'une espèce précieuse, est passée sur un sujet sauvage qui n'a aucun mérite, mais qui maintenant est chargé de nourrir le dépôt précieux qu'on lui a confié.

Cette greffe s'effectue sur des arbres plantés en pleine terre, et mieux encore sur ceux plantés en tout ou en partie dans des vases. Si, au lieu de greffer le tronc, on ne greffe que les branches, ce sera une modification que Thoüin appelle *greffe Cabanis.*

2. *Greffe Malesherbes*, Th. Quand un arbre pousse un gourmand qui attire à lui toute la séve, on coupe le sommet de ce gourmand

en biseau, et on l'insère entre l'écorce et le bois du même arbre, où il s'unit et rend à la tige ce qu'il lui avait enlevé.

Cette greffe est très-utile pour rétablir l'équilibre de vigueur dans un arbre fruitier.

3. *Greffe Forsyth*, Th. C'est une modification de la précédente. Ici l'intention est d'établir une branche dans un endroit où il en manque ; pour cela, on choisit dans les environs une branche que l'on incline vers l'endroit en question, et on l'y greffe selon le procédé de la greffe hymen, c'est-à-dire que l'on a soin de conserver le sommet de la branche. Après la reprise, on coupe cette branche au-dessous de la greffe.

C'est ainsi que l'on restaure des arbres en espalier, et tous ceux que l'on soumet à une forme déterminée.

4. *Greffe cauchoise*, Th. Quand un arbre a la tête rompue, on scie le sommet de la tige ; on y pratique sur le côté une entaille oblique et triangulaire qui entre jusqu'à la moelle ; on abaisse sur cette entaille la tige d'un autre arbre qu'on a planté tout près, et l'on fait sur sa tige, à l'endroit correspondant, une entaille inverse de la première, et dans laquelle elle s'insère : on l'assujettit bien avec des ligatures, et on recouvre le tout d'une poupée.

Cette greffe est employée pour remettre une tête à un arbre qui l'a perdue par accident ; on peut aussi la substituer à la greffe hymen.

DEUXIÈME SÉRIE.

Greffes par scions. — 1ʳᵉ division. Greffes en fente.

Ces greffes s'effectuent avec des jeunes rameaux détachés de leur arbre, et que l'on insère de différentes manières sur un arbre (rarement sur le même), afin qu'ils croissent et vivent à ses dépens ; elles se font au printemps pour les arbres de pleine terre, et en tout temps pour les plantes que l'on met en séve quand on veut ou qui y sont toujours.

5. *Greffe en fente, greffe atticus*, Th. Après avoir coupé un jeune sujet à la hauteur requise, on unit la plaie, on fend la tige par le milieu, et on y insère un bout de rameau garni de quelques boutons, après l'avoir taillé en biseau allongé par en bas ; on maintient cette greffe par une ligature, et on la recouvre de cire ou d'une poupée.

Cette greffe a beaucoup de variétés, auxquelles Thoüin donne à chacune un nom.

6. *Greffe à double fente* ou *greffe Vilmorin*. Quand le sujet est

étêté comme dans l'exemple précédent, au lieu de faire une seule fente, on en fait deux parallèlement, en divisant l'aire de la coupe en trois parties égales. On amincit en biseau la partie du milieu, sur laquelle on enfourche la greffe dont on a fendu en deux la partie aiguisée.

Cette greffe double les chances de succès et devient plus solide que la précédente ; mais elle est plus longue et plus difficile à exécuter.

7. *Greffe en couronne*, Th. Quand le sujet est fort gros, on y place une douzaine de greffes qui, alors, se trouvent à la circonférence, puisqu'il faut, dans tous les cas, que le liber du sujet et celui de la greffe coïncident.

Cette greffe s'effectue de deux manières : 1° quand le sujet n'est pas trop gros, on le fend en deux, en quatre, en six ou huit, etc., et on pose les greffes dans le bois comme s'il n'y en avait qu'une ; 2° mais, quand le sujet est très-gros, on ne le fend pas ; au lieu de tailler les greffes en lame de couteau, on les taille en biseau allongé d'un côté, et on les insère seulement entre le bois et l'écorce sans fendre cette écorce, ou en la fendant si elle est trop dure. La première modification s'appelle greffe Pline.

8. *Greffe anglaise*, Th. Couper en biseau très-prolongé la tête du sujet, et pratiquer une fente parallèle au biseau dans le milieu de cette coupe. Répéter la même opération sur le rameau de la greffe, mais en sens inverse ; faire deux fentes au milieu de celle-ci ; appliquer les deux plaies l'une contre l'autre, en faisant entrer l'esquille de la greffe dans la fente du sujet, et lier le tout solidement.

Cette greffe se pratique très-fréquemment quand le sujet et la greffe sont de même diamètre.

9. *Greffe Huard*, Th. Après avoir coupé la tête du sujet, on fait une entaille triangulaire ou en coin sur l'un de ses côtés, en enlevant à peu près un quart du bois. On choisit un rameau garni de ramilles, de feuilles, de fleurs et de fruits ; on l'aiguise en triangle par le bas, de manière à ce que ce triangle remplisse exactement l'entaille du sujet, on enduit les plaies de cire et on lie le tout solidement. Il faut ombrager et priver d'air cette greffe jusqu'à ce qu'elle pousse. Si le sujet est dans un pot, il est bon de le mettre sur une couche tiède, et de le couvrir d'un châssis ou d'un paillasson jusqu'à ce que la greffe soit reprise. C'est ainsi que nous avons vu, en 1793, Huard greffer des branches d'Oranger que nous avions obtenues de l'orangerie de Versailles ; ces branches étaient longues de 6 à 10 pouces, rameuses, chargées de fleurs et de fruits, et elles ont continué de croître, de mûrir leurs fruits comme si elles fussent restées sur leur arbre.

Voici la remarque de Thoüin au sujet de l'auteur ou de l'inventeur de cette greffe. « *Dénomination*. En l'honneur de M. Huard,
« cultivateur à Pontoise, qui, le premier, en France, vers 1775,
« fit voir, à la cour, beaucoup d'Orangers en miniature chargés de
« fruits par ce procédé ingénieux. »

10. *Greffe Riché*, Th. Elle se fait avec languette, coin et entaille, atteint le même but que la précédente et a plus de solidité.

Après avoir décrit cette greffe, Thoüin s'exprime ainsi : « En
« l'honneur de M. Riché, attaché à la culture de la serre Buffon,
« au muséum. Ce cultivateur, qui se distingue par son zèle et son
« intelligence pour la multiplication des végétaux étrangers, est
« l'inventeur de cette greffe. »

TROISIÈME SÉRIE.

Greffe par gemme.

Cette série comprend les greffes en écusson, en flûte, en sifflet, en chalumeau, en tuyau, en flûteau, en anneau, etc. Nous ne rapportons ici que celle en écusson et celle en flûte.

11. *Greffe en écusson*, Th. Elle s'effectue quand les arbres sont en séve, ou depuis juin jusqu'en septembre, mais mieux vers la fin d'août, et alors elle reçoit le nom de *greffe à œil dormant*, parce que l'œil reprend seulement sur le sujet et ne pousse que l'année suivante ; si on la fait plus tôt, elle reçoit la dénomination de *greffe à œil poussant*. Cette dernière est moins pratiquée que l'autre dans les pépinières ; mais on l'emploie avec avantage à la multiplication des Rosiers : on en obtient des Roses dans la même année. Voici comment on opère. On choisit sur un jeune rameau un œil bien nourri ; on l'enlève avec le greffoir sous la forme d'un petit copeau allongé à peu près comme un écusson d'armoirie, et on a soin qu'il y reste un peu de bois en dessous, ou qu'au moins l'œil ne soit pas évidé ; ensuite on fend l'écorce du sujet en T droit ou renversé ; on en soulève les lèvres avec la spatule du greffoir, et on place l'écusson sur le bois ; il se trouve alors recouvert en partie par les lèvres de l'écorce, et on le lie avec de la laine.

Cette greffe est la plus facile, la plus usitée et la plus expéditive de toutes ; elle se modifie de plusieurs manières, et reçoit alors des noms différents.

12. *Greffe en flûte*, Th. Ici, au lieu d'enlever une petite plaque d'écorce qui ne contient qu'un œil, on enlève un tuyau d'écorce long de quelques pouces et qui porte plusieurs yeux sur un jeune ra-

meau de l'arbre qu'on se propose de multiplier ; on supprime un
pareil tuyau d'écorce qu'on remplace par le premier. Si le sujet est
un peu plus gros que la greffe, on fend celle-ci du côté opposé aux
yeux, sans nul inconvénient.

QUATRIÈME SÉRIE.

Greffe avec des parties herbacées.

13. *Greffe Tschoudy*, TH. Cette greffe , imaginée par le baron
Tschoudy, bourgeois de Metz, au commencement de ce siècle, a
été décrite par André Thoüin, dans son *Cours de culture*, vol. II,
page 464, et pratiquée avec le plus grand succès par Soulange Bodin, à Fromont, dans les années 1829 et 1830, temps où j'y profes-
sais ce cours d'horticulture.

J'ai beaucoup applaudi cette méthode de greffer appartenant au
baron Tschoudy, et je ne doutais point qu'elle ne fût bientôt adoptée par la plupart des pépiniéristes ; cependant depuis vingt ans on
n'en parle plus, et je n'ai pas entendu dire que d'autres praticiens que Soulange Bodin et André Thoüin l'aient pratiquée en
France. Aussitôt que cette greffe a été connue à Fromont, Larminat
d'abord, et son successeur M. Boisdhyver, l'ont fait exécuter dans
la forêt de Fontainebleau, et ont changé par ce procédé, en différentes années, plusieurs milliers de Pins silvestres en Pins-laricios,
qui sont beaucoup plus beaux et viennent plus vite. Quoique l'article de Soulange Bodin sur cette greffe soit plus long que celui
d'André Thoüin, et que l'un et l'autre laissent quelque chose à désirer pour ceux qui ne la connaissent pas, je préfère pourtant rapporter ici l'article de Soulange Bodin pour donner une idée de cette
greffe. Cet article n'a pas la clarté désirable, n'a pas le charme que
l'on trouve ordinairement dans les écrits de cet auteur, et j'en suis
d'autant plus fâché que c'est presque le seul article de lui que je
fais entrer dans ce cours (1).

« *De la greffe herbacée* ou *greffe Tschoudy*. La greffe est une

---

(1) Soulange Bodin, mort le 23 juillet 1846, à onze heures du soir, à l'âge de
soixante-douze ans, était digne de notre admiration par sa grande érudition et son
immense savoir. Charles X, dans l'une de ses visites à Fromont, après avoir vu
son vaste établissement horticole, lui avait promis toute sa protection : il la lui accorda, en effet ; mais, bientôt après, il fut lui-même forcé d'abandonner le trône.
Soulange Bodin perdit tout espoir et n'eut plus, pour soutenir les grandes dépenses de son établissement, que son courage et son noble désir de bien faire.
(*Voir* la notice nécrologique de Soulange Bodin, par M. Berlèse, dans les *Annales
de la Société centrale d'horticulture de Paris*, numéro d'août 1846, page 489.)

des opérations les plus curieuses de l'horticulture : l'un de ses plus remarquables attributs n'est pas seulement de servir de moyen de multiplication et de reproduction à l'un des trois règnes de la nature, exclusivement aux deux autres, c'est aussi de servir à vérifier les titres de famille des plantes en les sollicitant à des unions organiques qu'elles admettent ou qu'elles refusent, suivant le degré de leur affinité.

« Si le procédé de la greffe, en général, peut, dans plus d'un cas, servir à fixer les incertitudes du botaniste, il n'en est aucune, en particulier, qui puisse déterminer d'une manière plus prompte et plus sûre la véritable filiation des plantes que la greffe herbacée. Aussi les botanistes, amis du baron de Tschoudy, son inventeur, ont-ils plus d'une fois soumis leurs doutes à ses expériences ingénieuses ; et l'horticulteur qui l'appliquerait en grand, d'une part, à l'étude et au contrôle des rapports naturels qui paraissent exister entre certains groupes de végétaux, et d'une autre part à des multiplications encore peu usitées, ne contribuerait pas moins à l'avancement et au perfectionnement de la pratique qu'il ne se préparerait de grands et honorables profits.

« Nous ne considérerons ici la greffe herbacée, appelée ainsi par son auteur *greffe par immersion*, que sous le rapport de l'art de la multiplication, et nous commencerons par dire qu'il ne semble point qu'il puisse y en avoir de plus parfaite, de plus naturelle, de plus sûre et de plus productive. Il suffit, pour s'en convaincre, de considérer d'abord l'état où se trouvent les parties solides et les parties charnues de deux végétaux rapprochés au moment de l'opération, et d'examiner au bout de deux mois le lieu de l'insertion et de la soudure.

« Praticien que nous sommes, et n'ayant pour voir que de bons yeux d'ouvrier, nous n'examinerons pas si le premier effet de la greffe est de mettre deux individus en état de continuité ou de contiguïté, et nous ne chercherons pas à démontrer que le scion n'est, au fond, qu'une bouture établie sur un végétal organisé et vivant ; nous remarquerons seulement que plus la soudure sera prompte et complète, plus parfaite sera la greffe : or, *qu'au point et au moment où la greffe herbacée se pratique, le cours ascensionnel de la séve, si rapide alors et si puissant dans le sujet qui sert de base à l'opération, éprouve le moins d'obstacle possible à atteindre son but, le prolongement du bourgeon, et charrie avec plus de facilité que par toute autre méthode dans le tissu lâche et éminemment perméable du scion inséré, muni de ce bourgeon, la matière organique qui va s'assimiler à sa substance, et donner à tout l'appareil le caractère extérieur d'une continuité parfaite, quoique l'individualité reste double, et que l'existence soit seulement contiguë* (1).

« Pour arriver à l'application raisonnée de sa greffe herbacée aux arbres et aux arbrisseaux, M. de Tschoudy avait d'abord considéré que toute plante à tige ligneuse offre, à l'observation, des parties charnues et des parties solides ; que la substance charnue, dont le nom varie suivant la place qu'elle occupe dans le corps du végétal, quelque part qu'elle soit, verte dans les feuilles, blanche dans les racines, a la faculté de cicatriser une blessure, et qu'une greffe ne s'unit à son sujet que par la cicatrisation de cette substance charnue (2). Il appelait *herbe* toutes les substances charnues susceptibles de cicatrisation, parce que, dans leur rapport à l'art de greffer, elles ont entre elles un caractère d'unité inaltérable qui les rapproche de l'herbe, des feuilles et de celle des jeunes tiges vertes.

« La solution pratique du problème consiste donc à observer et à saisir la substance charnue de tout végétal arborescent, suffrutiqueux ou herbacé, dans l'état et dans la circonstance la plus favorable à la prompte cicatrisation de la double plaie, immédiatement après que les parties charnues, blessées et entamées à dessein ont été placées et maintenues immobiles en juxtaposition complète.

« Or tel est l'état et telle est la circonstance que présente généralement, à une époque du printemps, l'extrémité de la tige ou des rameaux des plantes et des arbres au moment de l'allongement de cette tige ou de ces rameaux, et lorsqu'ils ont pris à peu près les deux tiers de leur développement printanier.

« M. Tschoudy considérait les arbres, dans leur rapport à l'art de greffer, comme unitiges, multitiges et omnitiges.

« Les Pins, les Sapins et les Mélèzes constituent à eux seuls le premier ordre ; ils sont unitiges. Ils sont unitiges parce que leur bourgeon terminal, unique, toujours placé au sommet, toujours disposé à s'allonger verticalement, marche nécessairement vers l'élongation, et présente un foyer de vitalité invariable, concentré, où la force vitale active se porte sans cesse avec la plus grande vigueur, au détriment des autres gemmes ou boutons latéraux,

---

(1) Cette phrase soulignée, et qui n'est pas facile à comprendre, est cependant la manière que Soulange Bodin employait souvent dans ses écrits sur la culture ; aussi beaucoup de jardiniers, auxquels ses écrits s'adressent, ne le comprennent pas toujours.

(2) Nous avertissons, dit Soulange Bodin, que nous ne faisons que rapporter la manière de voir de M. de Tschoudy.

qu'elle abandonne successivement ou qu'elle n'anime que d'une manière imparfaite et inégale.

« Il résulte de cette organisation que les Pins, les Sapins et les Mélèzes doivent se greffer par le sommet avec une grande facilité. Que demandons-nous, en effet, au sujet que nous greffons? d'animer une autre tête que la sienne. Il n'y a point ici d'incertitude; c'est à ce sommet que réside tout le foyer de vitalité, que la force vitale active jouit de sa plus grande vigueur : aucune division, déviation ou transposition de cette force vitale n'est à craindre. La greffe, insérée sur le sommet tronqué de l'herbe centrale et terminale de ces arbres, jouira donc du plus haut degré de l'action demandée au sujet, et toujours dans une mesure relative à sa vigueur.

« Si l'on divise par trente les degrés de cette force vitale active, et qu'on la trouve invariablement concentrée dans cette mesure égale à trente dans l'herbe centrale terminale des Pins, des Sapins et des Mélèzes, on observe d'autres résineux et une grande quantité d'autres arbres chez lesquels le foyer de vitalité est susceptible de se diviser et de se transposer inégalement, de manière à animer et à développer, au détriment du prolongement vertical, les herbes latérales qui tendent à usurper la situation verticale. Ces arbres sont multitiges; on peut aussi les greffer par le sommet de leur herbe centrale tronquée. Concentrer sur ce sommet la force vitale active inégalement répartie sur les autres points ; y fixer le foyer de vitalité, dans sa plus grande énergie, égale à trente, pendant un temps donné, égal à la durée du temps que réclame la cicatrisation de l'herbe : tel est le but qu'il faut atteindre, et l'on y parvient avec de la prévoyance et des soins en pinçant et retranchant, aussi longtemps que cela est nécessaire, les herbes latérales.

« On appelle omnitiges les arbrisseaux dans lesquels la force vitale est également répartie sur chacun de leurs gemmes ou boutons.

« Les sarmenteux, et surtout la Vigne, sont omnitiges. Si une tige s'élève verticalement, elle n'usurpe pas une prééminence; si une tige tombe au-dessous de la ligne horizontale, elle ne languit pas par défaut d'élévation : on peut donc greffer la Vigne sur chacun de ses bourgeons.

« Après avoir considéré les arbres sous ces trois rapports, qui indiquent qu'on peut les greffer : 1° les unitiges, sur le sommet tronqué de leur herbe centrale verticale, organiquement douée du plus grand degré de force vitale et d'un foyer de vitalité invariable; 2° les multitiges, sur le même sommet, en prenant la précaution d'y concentrer et d'y fixer la force vitale, en l'empêchant de se diviser et de se dévier ; 3° les omnitiges, sur le sommet tronqué de chacun de leurs bourgeons , dans lesquels la force vitale est également répartie. Il ne faut pas perdre de vue l'importance et l'influence des analogies naturelles sur la reprise, la solidité et la durée de la greffe. A cet égard, de nombreuses et intéressantes observations sont encore à faire ; nous en avons déjà recueilli plusieurs, et nous faisons suivre, par l'un de nos meilleurs jardiniers de Fromont, des expériences dont il sera rendu compte. En général, les arbres résineux se greffent facilement. Le système des feuilles présente un caractère important, parce qu'il renferme des gemmes secrets. Les Pins à trois feuilles ne reprennent pas aisément sur les Pins à deux feuilles (1). Le Pin à pignon, *Pinus pinea*, et le Pin-laricio, *Pinus altissima*, qui sont à deux feuilles, se greffent bien sur le Pin d'Ecosse, qui est à deux feuilles aussi ; le même Pin-laricio boude sur le Pin maritime (2). Le Baumier de Gilead, *Abies balsamea*, qui est le Sapin argenté d'Amérique, réussit sur notre Sapin argenté, *Abies taxifolia*. Le Pin-cembro fait merveille sur le Pin du lord (*Pinus strobus*) ; l'un et l'autre ont cinq feuilles. Les Sapinettes reprennent sur les Epicéas. Le Hemlock, greffé sur Sapinette , ne vit qu'un an ; on ne connaît pas son analogue parmi les résineux, parce qu'il n'est pas franchement unitige. Les Mélèzes à feuilles caduques se greffent facilement sur le Mélèze des Alpes. Le Cèdre du Liban, qui est un Mélèze à feuilles persistantes, réussit moins bien sur le Mélèze commun ; il y a un moment qu'il faut saisir. Nous sommes parvenu, dans le jardin de Fromont, à bien établir l'*Araucaria excelsa* sur le *Pinus silvestris*. Ce ne sont que des branches latérales, semblables à celles dont on fait des boutures, et sur lesquelles il serait si intéressant de faire naître le bourgeon adventif, qui rendrait à ce bel arbre la direction verticale, comme l'a enseigné notre collaborateur M. Poiteau. L'*Araucaria brasiliensis* est en expérience.

« De Tschoudy greffait en herbe, avec le plus grand succès, des Noyers, des Frênes, des Marronniers, des Solanées, des Crucifères, des Hydrangées, diverses fleurs et des Melons de la grosseur d'une noix, qui, n'étant encore dans cet état qu'un prolongement de l'herbe continue, étaient par lui détachés de leur tige et greffés sur d'autres Cucurbitacées.

« Nous allons décrire actuellement le procédé de la greffe her-

---

(1) Larminat assure le contraire.
(2) Autre assertion démentie par Larminat

bacée, suivant les diverses catégories de végétaux auxquels on veut l'appliquer , principalement dans l'ordre des arbres et arbrisseaux dont on a intérêt de multiplier rapidement les variétés intéressantes dans les pépinières.

« La greffe herbacée est une espèce de greffe en fente ; elle se pratique en séve , sur la flèche poussante des arbres résineux unitiges, sur le bourgeon terminal poussant, formant le prolongement vertical des arbres et arbrisseaux multitiges ; elle s'exécute au moment de la plus grande activité de la séve, et lorsque la flèche et le bourgeon terminal ont pris de moitié aux trois quarts de leur accroissement actuel. Ces phénomènes varient un peu suivant l'état de la saison ; mais ils se manifestent, ordinairement sous le climat de Paris, dans les premiers jours de mai, se développent dans tout le courant du mois, et se prolongent quelquefois jusqu'au commencement de juin, pour quelques espèces dont la végétation est tardive.

« Plus la végétation est active, plus tôt la pousse cesse d'être herbacée, et plus court est le temps convenable pour opérer. Pour les plantes rares et d'une plus grande valeur élevées en pots, l'horticulteur prévoyant sait employer les moyens que la science lui indique pour avancer ou retarder le mouvement de la séve, et à obtenir ainsi de son art un délai que ne lui eût point accordé la nature.

« Il faut attendre que l'herbe centrale des unitiges, tels que les Pins, ait parcouru les deux tiers de son développement avant de songer à la couper, pour insérer la greffe sur le sommet tronqué. Alors les feuilles inférieures ont pris leur distance ; on trouve l'herbe continue près du sommet. On coupe cette partie verte où les feuilles pressées l'une sur l'autre annoncent un retard dans l'action du prolongement, et l'on greffe sur ce sommet, où l'on peut se promettre l'immobilité nécessaire au succès de l'opération.

« On doit supprimer presque jusqu'au ras le vieux bois latéral à la flèche lorsqu'il s'en trouve, parce que ce vieux bois absorberait une partie de la séve, et qu'il faut s'attacher à la diriger exclusivement sur la flèche. C'est dans la même vue que l'on casse à la main, et à environ la moitié de leur longueur, les jeunes pousses latérales à la flèche ; mais, en greffant l'herbe centrale tronquée d'un Pin, il faut avoir soin de réserver quelques feuilles près de l'aire de la coupe, afin qu'elles appellent les forces vitales actives sur ce point où l'herbe terminale d'un autre Pin que l'on veut propager a été insérée.

« Pour opérer, on casse net à la main, ou l'on tranche avec un instrument la flèche de l'arbre résineux qui sert de sujet, pour le réduire à la longueur de 4 à 6 pouces ; ce retranchement ou cette section se fait à l'endroit où la jeune pousse commence à devenir ligneuse, ayant soin de laisser cinq à six paires de feuilles nourrices, et de nettoyer très-proprement avec un greffoir très-tranchant, et sans endommager l'épiderme, celles qui se trouvent au-dessous, et de fendre le sujet bien au milieu, jusqu'à la profondeur d'environ 1 pouce au-dessous des feuilles nourrices. Cette longueur doit être déterminée par celle de la coupe pratiquée sur la greffe taillée en coin , de manière à ce qu'étant enfoncée , les feuilles nourrices soient au-dessus de la ligature. On enlève avec un bon instrument les écailles ou jeunes aiguilles qui entourent cette partie de la flèche tronquée, moins environ 1 pouce du faîte, où il faut conserver, ainsi que nous venons de le dire, quelque chose qui attire la séve.

« La fente doit être de quelques lignes plus profonde que ne l'exigerait, en apparence, la greffe à insérer. Les greffes sont des faisceaux d'herbes terminales prises à l'extrémité des rameaux latéraux des arbres que l'on veut propager ; il faut avoir grand soin de les préserver du hâle, et pour les tenir fraîches on les met soit dans l'eau, soit à l'ombre, sous des herbes fraîches.

« On réduit ces greffes à 2 pouces au plus de hauteur.

« On taille, en coin plutôt légèrement obtus que trop aminci, l'extrémité inférieure de cette herbe verte, afin de rendre plus facile et plus parfaite son introduction dans la fente , et on la dépouille avec adresse de ses écailles ou jeunes aiguilles , moins le sommet qui doit dépasser la fente et qui doit rester garni de ses feuilles.

« On aura soin de ne se servir que d'instruments bien tranchants et bien affilés, qui coupent net et ne mâchent pas ; on ne peut pas tailler de l'herbe avec l'instrument destiné à tailler le bois. Certaines plantes offrent des herbes à tissu lâche, pour lesquelles il faudrait se servir d'un rasoir. Il faut, chaque fois, essuyer l'instrument pour qu'il ne s'y forme aucun oxyde nuisible au succès de l'opération ; si, par oubli de cette précaution importante, on apercevait des taches noirâtres sur l'aire de la tranche, il faudrait retailler ou écarter cette greffe.

« La greffe doit être un peu moins large que la fente, pour que la fente recouvre et enveloppe la greffe sur les côtés par l'effet de la ligature, et qu'il n'y reste pas de vide. Cette ligature se fait avec un cordonnet de laine qui enveloppe toute la longueur de la greffe, moins le faîte de la greffe et de la fente , puis on l'entoure d'un cornet de papier qu'on assujettit avec un peu du même cordonnet.

« Dix à quinze jours après l'opération, on ôte le cornet de papier ; quinze jours plus tard, on ôte la ligature qui assujettissait la greffe, et après six semaines on pare cette greffe en supprimant proprement l'extrémité de l'entaille conservée pour tirer la séve, ainsi que le bourgeon qui surviendrait au-dessous et autour, afin de conserver à la greffe toute la séve qui se porte vers la flèche du sujet.

« Un bon ouvrier, aidé par un homme en état de préparer les greffes, peut greffer, dans une pépinière, jusqu'à deux cent cinquante sujets par jour, c'est-à-dire préparer la greffe, retrancher la flèche, faire la fente, l'insertion, la ligature, et placer l'enveloppe de papier.

« La pousse de la greffe des arbres résineux est presque nulle la première année, elle se borne pour ainsi dire à la reprise ; mais, la deuxième année, elle est considérable, c'est-à-dire au moins de 1 pied ou du double. Les pousses ultérieures sont remarquables par leur grosseur, leur longueur et leur force : on peut en voir des exemples dans la forêt de Fontainebleau, où Larminat a pratiqué cette greffe en grand avec le plus grand succès. Nous avons obtenu, et l'on peut voir chez nous, sur des Azalées, des pousses qui ont présenté jusqu'à 15 pouces de long la première année ; et si, profitant d'une végétation aussi active, nous eussions songé à pincer de bonne heure le bourgeon terminal, il est probable que nous nous fussions ainsi procuré, en quelques mois, des arbrisseaux dont la tête branchue eût été toute formée.

« Quand il s'agit d'opérer sur des arbres et arbrisseaux multitiges, il faut d'abord observer s'ils sont à feuilles alternes ou à feuilles opposées : s'ils sont à feuilles alternes, on choisit, pour faire l'insertion, la feuille qui précède immédiatement le faisceau d'herbe terminal, pourvu que cette feuille ait déjà pris sa distance sur la tige, car, si cette distance n'était pas fixée, qu'ainsi l'on coupât trop tôt l'herbe terminale, et qu'on insérât une greffe sur le sommet de son herbe tronquée, cette herbe, en se prolongeant, dérangerait le parallélisme des tranches et des contre-tranches, dont la fixité est nécessaire au succès de l'opération ; la même observation a été faite au sujet des arbres unitiges.

« On coupe ou on rabat la tige verte à 1 pouce au-dessous de l'implantation du cinquième pétiole. En avant de l'aisselle de ce pétiole, on observe un bouton d'été, et dans l'aisselle un très-petit bouton régulier. On pose la pointe de l'instrument entre ces deux boutons, et on pratique une incision oblique, qui vient s'arrêter au centre du cylindre, à 1 pouce ou 1 pouce et demi au-dessous de l'aisselle ; cette incision jette le bouton d'été d'un côté, et le bouton d'hiver de l'autre.

« Si on taille en coin une tige verte d'un calibre à peu près égal, par exemple la tige verte d'un Noyer noir d'Amérique, l'aire du tranchant du scion se trouvera en parallélisme avec l'aire des contre-tranches qui résultent de l'incision ainsi pratiquée. On greffe alors avec un scion formé d'une section de tige herbe munie d'un pétiole et d'un chicot terminal, aussi long que celui que l'on a laissé au sujet hors du foyer de vitalité. En taillant ce scion, on aura soin que les entailles commencent à la hauteur du centre du tubercule du pétiole ; ainsi ce pétiole pourra descendre à la hauteur du pétiole de la cinquième feuille du sujet, dans le foyer de vitalité qui a été jeté sur la cinquième feuille, lorsque l'on a supprimé le faisceau d'herbe terminale.

« Le pétiole du scion et celui de la feuille nourrice étant à hauteur égale et formant ensemble un angle de 90 degrés, la première révolution du fil de laine embrassera les pétioles de manière à empêcher que le coin ne remonte lorsqu'on resserre en descendant.

« Les parties du végétal que le défaut d'organe empêche de se prolonger meurent en cédant leur propre substance au bouton voisin.

« Le pétiole du scion et les deux chicots vont donc alimenter le bouton inséré, et faire à son égard office de cotylédon.

« Dans vingt jours environ, le pétiole du scion commencera à jaunir ; ensuite il se détachera en laissant, sur l'aire de son implantation, une belle couleur verte, gage infaillible du succès. Ces greffes, qui ne poussent qu'au bout de trente jours, s'exécutent avec la plus grande facilité.

« Les arbres à feuilles opposées, par exemple les Marronniers, les Frênes, nous offrent deux feuilles nourrices au lieu d'une ; on coupe leur herbe 3 lignes au-dessous des aisselles de la paire qui précède le faisceau d'herbe terminale.

« On fend la tige dans toute sa capacité ; on y fait glisser un scion d'herbe taillé en coin. Les pétioles du scion et ceux du sujet, placés à hauteur égale, sont disposés comme les rayons d'une roue ; mais l'herbe des Frênes, près des boutons, présente toujours un corps ovale. Si le petit diamètre est trop court, on fend cette herbe par diamètre moyen.

« Il faut actuellement s'appliquer à empêcher la déviation de la force vitale active ; ce que l'on obtient par le retranchement immédiat des parties latérales à la tige terminale, ainsi que par la suppression attentive des bourgeons qui viendraient à s'y dévelop-

per, et il faut diriger doucement cette force vitale active sur le
bouton inséré, par la suppression graduée des organes qui disputent à ce bouton l'eau du sol : c'est le but des soins qui restent
à prendre et qui constituent le régime de la greffe.

« Vers le cinquième jour, on supprime les bourgeons d'été. Vers
le dixième, on supprime le limbe des quatre feuilles inférieures à
l'insertion de la greffe et de leurs gemmes axillaires. Vers le
vingtième, si les quatre pétioles tronqués ont reproduit des boutons d'hiver, on les supprime une seconde fois. En même temps
on supprimera le limbe de la feuille nourrice et son bouton régulier, qui a été divisé sans qu'il en soit résulté un retard dans son
développement, parce qu'il n'est encore qu'un prolongement
d'herbe.

« Ainsi, vers le vingtième jour, cinq pétioles formeront le degré
d'une nouvelle échelle de vitalité, encore indispensable à maintenir
pour élever l'eau du sol jusqu'au sommet. On parera les greffes
vers le trentième jour, lorsque le bouton inséré se prolongera d'une
manière sensible. Après avoir déshabillé et paré la greffe, on la
rhabillera promptement avec une lanière de papier et un fil de
laine; mais ce sera alors plutôt pour contenir que pour contraindre.
On apprendra facilement à modifier ce régime selon les genres. Les
plantes annuelles dispensent de tous ces soins.

« Lorsqu'on opère en pleine pépinière ou en plein bois, c'est, à
l'égard des Pins, sur des sujets de quatre à six ans de semis qu'il paraît plus convenable de faire la greffe, selon leur force et leur hauteur. Cette hauteur, pour les Pins comme pour les autres arbres,
doit être d'environ 4 pieds, pour la facilité et la commodité du
travail ; mais, s'il s'agissait de propager des espèces d'une haute
utilité, et dont on eût intérêt à conserver le tronc dans la plus
grande longueur, on conçoit qu'il faudrait greffer aussi le plus bas
possible. Un des grands avantages de la greffe en plein bois, c'est
d'y établir, aux points où on le juge convenable, de précieux
porte-graine en quelque façon improvisés.

« Lorsqu'on opère dans le jardin fleuriste sur des arbrisseaux
élevés en pots, on peut les réunir dans les plates-bandes, sur lesquelles on place un coffre dès que la greffe est faite; les soins se pro-
portionnent à la délicatesse des plantes et se combinent avec ceux
qu'exige, en général, la culture sous châssis.

« M. de Tschoudy a beaucoup greffé sur les Vignes; il voyait
dans ce procédé le moyen de rajeunir une vieille souche, celui de
substituer une bonne espèce à une mauvaise, celui d'accélérer la
maturation du fruit ainsi que la maturation du bois, dont la greffe

limite l'accroissement : en effet, ajouter aux nœuds de la Vigne la valeur d'un nœud en greffant sa tige, c'est, disait-il, ajouter à ses facultés pour la maturation du bois et du fruit. Il entrevoyait, dans cette plus prompte maturation nécessairement simultanée du bois, de la feuille et du fruit, un heureux moyen pour transporter et établir certaines espèces sous des zones plus tempérées. Il ne perdait pas de vue que le meilleur Raisin se recueille près de la surface du sol, et il recommandait de ne greffer, au mois de mai, que des tiges que l'on aurait couchées au mois de mars. Les greffes qu'il avait pratiquées du 7 au 10 mai, par les troisième ou quatrième feuilles de la Vigne, lui avaient fourni un très-beau bois à nœuds très-rapprochés et dont le fruit avait parfaitement mûri. Les greffes, par les cinquième et sixième feuilles, au 15 mai, lui avaient donné un bois plus maigre qui avait mûri. Il avait greffé ainsi chaque jour jusqu'au 1er juin, et les résultats avaient toujours été en décroissant, comme il l'avait prévu; il en avait conclu que, sous notre climat, la première quinzaine de mai renfermait le temps le plus propre pour greffer la Vigne.

« M. de Tschoudy greffait l'Hortensia avec la plus grande facilité, en greffant en fente un faisceau d'herbe terminale dans le sein de la troisième paire de feuilles d'une tige verte radicale d'*Hydrangea*; il attendait le développement de cette troisième paire, parce qu'il considérait que les deux premières paires qui se développent par germination d'une tige radicale sont formées de feuilles incomplètes, et qu'elles sont, par conséquent, peu propres à la nutrition.

« Il greffait le Chou-fleur avec un faisceau d'herbe terminale, à l'époque où l'on transplante le Chou. Il greffait le Melon au moyen d'un scion formé d'un pétiole, de gemme axillaire et d'une section de tige d'herbe; il insérait ce scion dans l'aisselle de la quatrième ou cinquième feuille d'une jeune plante de Concombre, en ayant soin que le germe fût disposé verticalement. Pour greffer le Melon en fruit, il coupait à 1 pouce et demi au-dessus de l'insertion du pédoncule; il taillait en coin cette section de tige herbe, et introduisait ce coin dans une incision oblique pratiquée en posant la pointe d'un scalpel fin dans l'aisselle d'une feuille qu'il avait soulevée. Il avait remarqué combien l'action du vent sur les feuilles est dangereuse. Quelquefois, en effet, le vent parvient à retourner une tige; alors les feuilles présentent à l'humidité de la nuit la surface qu'elles doivent présenter à l'action de la lumière, et elles périssent quelquefois, faute de pouvoir se retourner assez tôt pour arrêter l'effet du désordre. Il mettait la plante à l'abri de cet inconvénient en posant quelques pierres sur ses tiges. Si le soleil était trop ardent, il roulait une feuille autour du scion; il tenait une cloche sur la greffe pendant quelques jours.

« Le meilleur sujet pour greffer le Melon paraît être le Concombre, et les meilleurs fruits s'obtiennent de greffes faites sur des sujets semés en pleine terre. Le Melon provenant d'une plante ainsi greffée emploie, si on le tient sous cloche, près de cinquante jours pour parvenir à sa parfaite maturité. Si l'on pince trop tôt, on augmente la végétation de la plante, et cette vigueur trompeuse est un obstacle à la maturation parfaite. M. de Tschoudy mettait ses plantes à fruit soit en ôtant quelques racines au sujet, opération délicate et douteuse, soit en supprimant une section cylindrique de la tige verte égale au tiers ou à la moitié de sa capacité. Des greffes exécutées au commencement de juillet lui ont procuré une suite d'excellents fruits depuis le commencement de septembre jusqu'à la fin d'octobre.

« Nous avons extrait une partie de ces détails d'une notice publiée par M. de Tschoudy, mais devenue extrêmement rare et inconnue de la plupart des horticulteurs, et nous y avons joint les premiers résultats de notre expérience personnelle. Nous en avons dit assez pour faire sentir les avantages de diverses applications dont la greffe herbacée est susceptible. On pourrait en tirer un merveilleux parti pour la propagation des belles variétés d'arbrisseaux à fleurs. Nous avons fait voir à Fromont les fleurs de six variétés d'Azalées épanouies à la fois sur la tige rameuse d'une Azalée pontique de 2 pieds de hauteur; et feu M. d'André, qui avait ordonné et suivi les expériences pratiquées avec tant d'habileté par M. Larminat sur les jeunes Pins de Fontainebleau, nous répétait souvent, avec l'accent d'une conviction profonde, lorsqu'il était témoin de nos premiers essais, que le pépiniériste qui s'emparerait en grand de ce procédé ferait une fortune aussi prompte qu'honorable et sûre.

« Nous joignons ici une gravure représentant la greffe en herbe non encore ligaturée des Azalées, telle qu'elle se pratique dans l'institut horticole de Fromont. Il faut, dans cette opération, que la feuille inférieure *a* de la greffe descende au moins jusqu'au niveau de la seconde feuille *b* du sujet. »

Telle est la manière dont feu Soulange Bodin a décrit la greffe herbacée imaginée par le baron de Tschoudy. Cette description est longue, trop longue selon moi, puisqu'elle ne contiendrait que deux pages, si je l'eusse faite moi-même; mais j'ai préféré, par respect pour l'auteur, rapporter son texte, qui, malheureusement,

n'a pas ici l'élégance qu'il avait très-habituellement la coutume
d'avoir.

Soulange Bodin a eu pendant deux printemps, en 1829 et 1830,
deux coffres à trois panneaux chaque, placés à l'ombre de grands
arbres, contenant de six à huit cents arbrisseaux en pots, composés
de *Clethra*, *Ceanothus*, *Crotalaria*, *Daphne*, *Diosma*, etc., qui,
quand leurs rameaux étaient allongés, mais encore en herbe,
étaient greffés avec un rameau également en herbe muni de
feuilles, comme le représente la figure ci-jointe. Quand la greffe

était placée et liée, on l'entourait de papier pour l'empêcher de
transpirer, on l'enfermait sous un châssis, et, six ou huit jours
après, on la visitait pour connaître son état de reprise, et, après

douze jours, on était sûr qu'une greffe était reprise ou morte ; mais très-peu mouraient : elles poussaient et fleurissaient presque toutes, et on leur rendait l'air progressivement. J'ai vu aussi, dans le jardin de Fromont, des tiges de Pommes de terre greffées en herbe avec des rameaux de grosses Tomates rouges, et, à l'automne, c'était une chose très-curieuse de voir des plantes porter des Tomates sur leurs tiges et des Pommes de terre dans leurs racines.

La greffe Tschoudy est certainement très-curieuse, très-lucrative, et elle peut s'appliquer à beaucoup d'arbres, d'arbrisseaux qu'on ne multiplie pas aisément de bouture ; je ne puis concevoir que, depuis plus de vingt ans que Soulange Bodin l'a fait connaître, il n'y ait encore que feu Larminat et M. Boisdhyver qui l'aient pratiquée dans la forêt de Fontainebleau, où j'ai remarqué des milliers de Pins-laricios magnifiques greffés sur le Pin silvestre par les gardes forestiers en se promenant. Cette greffe, dont j'avais donné la figure en 1829, dans les *Annales de Fromont*, vol. I, page 97, je la reproduis ici pour inviter les amateurs en horticulture à la mettre en pratique, avec les modifications qu'ils croiront susceptibles d'y être introduites, et dont la plus importante sera toujours de priver ces greffes de l'air pendant dix ou quinze jours.

TRENTE-NEUVIÈME LEÇON.

Des soins qu'exigent les greffes et les sujets greffés.

Messieurs, les sujets greffés en fente, en mars, avril, et même en mai, doivent être visités souvent quand la séve commence à travailler, afin de supprimer toutes les pousses qui pourraient se développer au pied ou le long de la tige ; sans ce soin, les greffes se dessèchent souvent et meurent, parce que la séve, étant arrêtée en route, ne peut monter jusqu'à elles pour les alimenter. Si le printemps est sec, les greffes se dessèchent encore quelquefois avant l'arrivée de la séve. Mouiller le pied de l'arbre, en pareil cas, est un secours efficace.

Les sujets greffés près de terre en écusson à œil dormant, en août de l'année précédente, se visitent en février ou en mars ; tous ceux dont l'écusson est bon se coupent à 10 et 12 cent. au-dessus de la greffe. Quand la séve travaille, c'est-à-dire à la fin d'avril ou au commencement de mai, il se développe ordinairement beaucoup de bourgeons sur le sujet, au-dessous de l'écusson ; c'est le moment alors de visiter ses greffes et de supprimer tous les bourgeons qui se trouvent au-dessous de la greffe, et de n'en laisser qu'un ou deux au-dessus. Quand la séve a enfin bien pris son cours dans l'écusson, et qu'il a poussé un bourgeon de 16 à 20 centimètres, on coupe obliquement le sujet au-dessus de l'écusson le plus près possible, afin que la plaie se recouvre promptement, et on attache le bourgeon de l'écusson à un échalas pour lui faire prendre peu à peu la direction verticale et pour le maintenir contre la violence des vents. Les pépiniéristes qui ne rabattent pas le sujet au-dessus de l'écusson quand celui-ci a pris la longueur de 16 à 20 cent., et qui le conservent, au contraire, pour y attacher la pousse de l'écusson, ont le plus grand tort ; ils sont ensuite obligés, pour le supprimer, de faire une plaie considérable qui met un ou deux ans à se recouvrir, et qui souvent cause la mort des arbres gommeux. Il n'est pas nécessaire de rappeler que pour former un arbre nain, dans une pépinière, l'écusson doit être placé sur la tige de 16 à 20 cent. au-dessus du sol, et que pour le Poirier le sujet sera un Franc ou un Cognassier, et pour le Pommier ce sera un Pommier franc ou un Paradis, sauf les cas exceptionnels. Il est nécessaire de prévenir qu'il y a encore quelques pépiniéristes qui, dans de bons terrains, élèvent des Poiriers nains en deux ans de greffe, et que ces arbres ne sont pas assez ramifiés dès la base pour former de belles quenouilles. Il faut ensuite trois ans de greffe et des pincements faits à propos sur le rameau terminal et sur les rameaux latéraux pour former une belle quenouille. Or il n'y a encore que quatre ans que la Société nationale d'horticulture de France observe des quenouilles élevées dans ce principe par M. Jamin et ses fils, pépiniéristes à Bourg-la-Reine, et par M. Croux, à la ferme de la Saussaye.

On appelle *greffe à haute tige* celle dont l'écusson a été placé de 1 à 2 mètres de haut sur la tige, soit en fruit à pepins, soit en fruit à noyau, et plus la greffe est hautement placée, plus le sujet doit être âgé pour la recevoir. Loin d'ébourgeonner la tige pour la faire monter vite, il faut lui conserver tous ses bourgeons afin qu'elle grossisse et se fortifie ; il faudra seulement raccourcir ces bourgeons latéraux dans le commencement, et ne les supprimer entièrement qu'à l'automne qui précède le printemps où l'on doit les greffer, afin que ces arbres aient du corps et ne fléchissent pas sous le poids de leur tête quand ils seront plantés isolément en place.

Quant à ce qui est de nettoyer, sarcler, d'arrêter le bourgeon de la greffe à une certaine longueur pour lui faire former sa tête, de détruire les insectes qui mangent les feuilles et les jeunes pousses, etc., il n'est aucun véritable jardinier qui ne regarde comme absolument oiseux tout ce que nous pourrions lui dire sur ces différents objets ; mais nous devons prévenir ici les propriétaires que plusieurs des pépiniéristes ont encore la mauvaise habitude, en formant des quenouilles en pyramides, de laisser le premier scion de la greffe dans toute sa longueur, afin d'avoir, selon eux, une quenouille plus tôt formée ; dans ce cas, plusieurs yeux latéraux s'éteignent ou se mettent à fruit, et la quenouille se trouve dégarnie de branches latérales, ce qui est un grand défaut. Pour qu'une quenouille se garnisse bien latéralement dans toute sa longueur, il faut rabattre le premier jet de sa greffe à la longueur de 40 cent. à la taille d'hiver, rabattre encore la pousse terminale la seconde année à la longueur de 40 à 50 cent., et en faire autant sur la pousse de la troisième année ; par ce moyen la plupart des yeux latéraux se développeront en branches, et on choisira parmi elles les mieux placées pour former une belle quenouille qui ne laissera que les vides nécessaires entre ses rameaux.

ARTICLE X. — DE LA PLANTATION DES ARBRES FRUITIERS.

Préparation du terrain.

Lorsqu'on se dispose à planter, on se trouve nécessairement dans l'un des cas suivants : 1° ou l'on veut remplacer des arbres morts ou usés; 2° ou l'on veut planter un terrain neuf; 3° ou la terre est bonne; 4° ou enfin elle est mauvaise.

Premier cas. Quand un arbre a vécu quelque temps dans un endroit, il faut nécessairement en renouveler la terre, si on veut lui donner un successeur de la même espèce ou du même genre : ce renouvellement n'est pas aussi indispensable quand le remplaçant est d'un genre très-différent de celui qu'il remplace ; il suffit alors d'une partie de terre neuve mêlée à l'ancienne. Mais, s'il s'agit de mettre un Poirier à la place d'un Poirier, on doit creuser la place de 1^m,50 de largeur sur 65 centimètres de profondeur, et remplir le trou avec une terre neuve propre au Poirier ; et l'on doit savoir d'avance que le Poirier ne vient pas convenablement dans toutes les terres.

Il vaudrait mieux, si, par exemple, on voulait replanter un espalier ou la plate-bande d'un carré de potager, ouvrir une tranchée tout le long de la plate-bande de la même largeur et profondeur que le trou dont nous venons de parler, en jeter la terre dehors, le dessus d'un côté et celle du fond de l'autre ; faire cette tranchée à l'automne, afin que l'hiver en mûrisse le fond ; au printemps mêler un tiers de terre neuve avec la meilleure de la tranchée, et la remplir avec ce mélange. Il suffira ensuite de faire, dans cette tranchée, des trous proportionnés à la grandeur des racines des arbres qu'on se dispose à y planter, et d'y mettre suffisamment de terre neuve pour asseoir et entourer les racines.

Deuxième et troisième cas. Si l'on voulait planter où il n'y a pas d'arbre, du moins depuis longtemps, et où la terre est bonne, des trous de 1 mèt. de large et 66 cent. de profondeur seraient suffisants, en n'oubliant pas que toujours et partout il est avantageux de mettre la meilleure terre dans le fond des trous et autour des racines.

Quatrième cas. Si cependant à 40 ou 50 cent. de profondeur on trouvait le tuf, il ne faudrait pas fouiller plus bas ; mais il conviendrait de faire les trous beaucoup plus larges et de recouvrir ce tuf avec de la bonne terre. Il vaudrait même mieux ne donner que 55 cent. de profondeur au trou et 2 à 2^m,65 de largeur que de lui donner 1^m,50 en tous sens ; car, dans le dernier cas, les racines se trouveraient comme encaissées, et, quand elles auraient consommé leur nourriture, elles ne pourraient pas en aller chercher d'autre ; tandis que dans un trou peu profond, mais large, elles peuvent s'étendre beaucoup, en sortir même, et glisser près de la superficie du sol, où la terre est ordinairement la meilleure.

Si, à 40 ou 50 cent. de profondeur, au lieu de tuf on trouvait de la glaise, il faudrait bien se garder de l'entamer, car l'eau séjournerait dans le trou et pourrirait les racines de l'arbre en peu de temps : il faut, au contraire, couvrir cette glaise de 16 à 20 cent. de bonne terre sur laquelle on assiéra les racines ; et, si l'arbre ne paraissait pas assez enterré, on le butterait et recouvrirait la butte de gazon renversé. C'est également ainsi qu'il faut planter un terrain dans lequel on trouve l'eau à 66 cent. de profondeur.

Choix des arbres et manière de les lever de la pépinière.

Tous les arbres d'une pépinière ne poussent pas également bien ; il y a des vices et des qualités individuels que le pépiniériste peut rarement modifier, et dont la cause nous est souvent inconnue. Il faut donc nécessairement choisir parmi les arbres d'un même âge, de même espèce, et greffés sur le même sujet. On doit préférer ceux qui sont vigoureux, les mieux faits et qui ont l'écorce la plus lisse. Tout arbre nain qui n'est pas assez fort pour être planté en place au bout d'un an de greffe est à dédaigner, et celui qui, greffé près de terre, a mis plus de quatre ans pour former sa tige et sa tête n'est pas d'une belle venue, il faut le rejeter. Les arbres greffés en tête peuvent, ainsi que les nains, être plantés en place après leur première pousse. Les quenouilles doivent être bien garnies de branches de bas en haut, et avoir de trois à quatre ans de greffe.

Lorsque, après avoir bien choisi et marqué ses arbres dans la pépinière, on veut les lever à l'automne ou au printemps, il faut ôter la terre qui recouvre leurs racines non avec une bêche ni avec un autre outil tranchant, mais avec une sorte de houe à deux ou trois branches, afin de ne rien couper. Quand toutes les principales racines seront bien dégagées et mises à nu jusque vers leur extrémité, l'arbre s'enlèvera aisément en le tirant obliquement de différents côtés. Si, pendant la levée, il n'y a ni gelée ni hâle, les arbres peuvent rester un demi-jour sur terre sans que leurs racines en souffrent ; mais, dans le cas contraire, ou il faut les mettre de suite en jauge ou les emballer dans de la longue paille, après avoir entouré leurs racines de mousse, s'ils doivent être envoyés à plusieurs journées de distance. Au reste, les emballages des arbres et de toutes les plantes se font infiniment mieux aujourd'hui que dans ma jeunesse. Cette partie a suivi le progrès survenu dans tout le jardinage, et à Paris elle est une des plus avancées.

De la distance entre les arbres.

La distance qu'on doit mettre entre chaque arbre est subordonnée 1° aux vues de celui qui plante ; 2° à la nature des arbres ; 3° à la forme qu'on veut leur donner ; 4° enfin à la qualité du terrain. Celui qui plante veut jouir le plus tôt possible, et il a raison ; en conséquence, il plante très-près. Mais, après quatre ou cinq années, il commence à s'apercevoir que ses arbres sont trop pressés, qu'ils vont se nuire mutuellement, et que bientôt ils cesseront de lui donner les longues jouissances qu'il s'était flatté d'en obtenir. Pour éviter ce désagrément, nous ne dirons pas, comme plusieurs auteurs, plantez loin ; nous dirons toujours au contraire, plantez près pour jouir promptement ; et, pour jouir longtemps, plantez de façon à ce que vous puissiez supprimer successivement une partie de vos arbres sans nuire à l'ordre et à la symétrie que vous vous êtes proposés. Si, par exemple, vous vouliez planter un espalier de Pêchers, et que vous disiez, ce qui est vrai, un beau Pêcher porte ordinairement 10 mèt. d'envergure, donc il faut laisser une distance de 10 mèt. entre chaque arbre, vous raisonneriez fort mal, manqueriez de goût, n'entendriez pas vos intérêts. Vous devez mettre trois arbres dans cet espace, à condition, toutefois, de supprimer celui du milieu ou les deux latéraux quand la place deviendra trop étroite pour les trois.

Des Poiriers et Pommiers bien venants, âgés de vingt ans, se trouvent très-bien espacés à 12 ou 13 mèt. les uns des autres dans un bon verger. Faudrait-il, quand vous plantez des arbres à peine plus gros que 5 centim., que vous les missiez aussi loin les uns des autres? Non ; mettez, au contraire, trois arbres dans cet espace, avec la ferme résolution d'en supprimer les deux tiers dans l'espace de dix à douze ans, et vous avez planté pour vous et pour vos neveux.

Nous nous abstiendrons donc de déterminer la distance qu'il faut mettre entre les arbres, tant en plein-vent qu'en espalier, puisque cette distance ne peut être subordonnée qu'aux vues du planteur, à la nature des arbres et à la qualité du terrain. Nous dirons seulement que, quand on plante un espalier, il est nécessaire d'éloigner le pied de l'arbre de 20 à 25 cent. du pied du mur et d'incliner le haut de l'arbre vers ce mur.

De la saison et manière de planter les arbres.

La saison de planter les arbres fruitiers et autres est depuis la chute des feuilles jusqu'à leur renouvellement, c'est-à-dire depuis environ la fin d'octobre jusqu'en mars, même jusqu'en avril dans les terres fortes et froides. Avec de l'art et de la dépense on peut planter beaucoup plus tard avec succès. C'est ainsi que nous avons vu planter, en juillet 1780, un carré de Tilleuls hauts de 8 mètres, garnis d'une forte tête, au château de Villers-Cotterêts, et qui tous ont très-bien repris au moyen d'arrosements abondants; mais ces plantations ne sont pas des exemples à donner, puisqu'elles ne peuvent s'exécuter qu'au moyen de très-grandes dépenses.

Peu de temps avant de planter les arbres, on remplit les trous avec la meilleure terre, de façon qu'ils n'aient plus que 52 cent. de profondeur. On habille seulement les racines, si c'est un arbre nain, et la tête et les racines, si c'est un arbre-tige ; un homme le place au milieu du trou à la hauteur convenable et dans une direction verticale; tandis qu'il le tient dans cette position, un autre jette doucement de la terre très-meuble avec une bêche sur et entre les racines, et en même temps celui qui tient l'arbre le secoue précipitamment et légèrement de bas en haut pour que la terre s'insinue plus facilement entre les racines les plus menues : quand toutes les racines sont bien couvertes, on plombe la terre en l'appuyant légèrement avec le pied pour donner de la solidité à l'arbre. Même, si l'on plante en avril et que le temps soit au sec, on jette un arrosoir d'eau sur la terre; cela la fait entrer plus efficacement dans les interstices des racines, et l'on attend vingt-quatre ou quarante-huit heures pour achever de combler ou d'égaliser le trou, dans la crainte que la terre humide ne se durcisse.

Si on plante le long d'un mur, on conçoit bien qu'il faut mettre le pied d'un arbre à haute tige à 20 ou 25 cent. du mur, et celui d'un nain à 16 ou 18 cent. ; diriger autant que possible les racines du côté opposé au mur, et tourner, au contraire, du côté du mur les plaies et les défauts de la tige, s'il y en a. Si c'est un nain que l'on plante, il faut, au printemps, lui rabattre la tige à environ 16 cent. au-dessus de la greffe, pour lui donner de la vigueur et les moyens de se ramifier le plus possible. Il ne manque pas ordinairement de pousser plusieurs branches, que l'on dirige selon la forme que l'on destine à l'arbre.

ARTICLE XI. — DE LA TAILLE DES ARBRES.

On se propose ordinairement deux choses en taillant un arbre : la première, c'est de l'assujettir à une certaine forme déterminée ; la seconde, c'est d'en obtenir de plus gros et de plus beaux fruits. La taille se divise en taille proprement dite et en ébourgeonnement : l'essence de la première opération consiste dans le raccourcissement et la suppression des rameaux formés ; et celle de la seconde dans la direction que l'on donne aux rameaux et la suppression que l'on fait d'une partie d'eux. La taille n'étant que le raccourcissement des rameaux ménagés à l'ébourgeonnement, il est clair qu'elle ne peut être que la seconde opération, et qu'en traitant de la manière de former les arbres il faudrait commencer par l'ébourgeonnement. Cependant nous suivrons l'usage établi, en parlant d'abord de la taille.

On taillait anciennement les arbres sous plusieurs formes inusitées aujourd'hui. On en imagine même encore de temps en temps, mais qui ne méritent guère la peine qu'on s'en occupe. Parmi celles actuellement en usage, nous ne nous occuperons même que de celle appliquée aux Poiriers et Pommiers sous le nom de *quenouille* ou *pyramide*, et de celle appliquée aux mêmes arbres et à ceux à fruit à noyau sous le titre de *taille en éventail*. Nous comprenons dans cette dernière cinq variétés qui en sont des modifications désignées par les noms de taille à la Montreuil, taille le Berryais, taille en palmette, taille Fanon et taille en candélabre. Tous les arbres fruitiers se soumettent plus ou moins facilement à ces cinq variétés de forme ; mais les procédés employés pour y soumettre les fruits à noyau ne pouvant être les mêmes que ceux usités pour les arbres à fruit à pepins, nous sommes obligé, dans les notions qui vont suivre, de séparer leur taille en deux articles différents.

Si l'on nous demandait des préceptes, des détails, des explications sur toutes les opérations de la taille des arbres, à peu près comme en ont donné la Quintinye, Duhamel et d'autres auteurs, nous répondrions : Quel est l'homme qui s'est rendu habile dans la taille par la lecture de ces auteurs ? quel est même celui qui a eu le courage de les lire en entier ? et, si quelqu'un l'a fait, les a-t-il bien compris ? en a-t-il profité ? Nous ne craignons pas de le dire et de l'affirmer, les meilleurs tailleurs d'arbres, à Paris, sont aujourd'hui

MM. Lepère, Malot et Jamin; eh bien, ces hommes estimables n'ont jamais médité ni la Quintinye ni Duhamel. Ils ne tronçonnent pas leurs arbres comme ces auteurs le recommandaient, et ils en obtiennent du fruit plus tôt et davantage.

Quand nous pensons aux monceaux de branches que, il y a cinquante et soixante ans, nous supprimions à la taille, nous sommes forcés de convenir que nous étions alors de vrais bourreaux d'arbres. A cette époque, on taillait court et beaucoup dans l'idée de faire vivre les arbres plus longtemps, et l'on sacrifiait le présent à un avenir incertain. Plus on taillait, plus les arbres repoussaient pour réparer leurs pertes, et ils ne se trouvaient que fort tard dans l'état de la modération propre à la formation des boutons à fruit, et même plusieurs arbres à fruit à pepins ne s'y trouvaient jamais. Le vieil adage qui recommande de reculer ses jouissances pour mieux jouir était mal à propos appliqué aux arbres fruitiers, dont la nature est de donner, la plupart, du fruit après deux et trois ans de plantation, comme d'en donner encore après soixante et quatre-vingts ans. Aussi les gens sensés taillent aujourd'hui leurs arbres de manière à ne pas reculer le moment de la jouissance, sans cependant en compromettre ni la santé, ni la fertilité, ni la durée.

Généralités sur la taille des arbres à fruit à pepins.

Outre la forme particulière et contre nature que l'on fait prendre au Poirier et au Pommier en les taillant sous telle ou telle forme, cette opération a encore pour résultat de tenir l'arbre plus plein ou plus garni de branches dans sa partie inférieure, en faisant développer en branches à bois des yeux qui n'auraient produit que des boutons à fruit, et développer en branches à fruit des yeux qui se seraient éteints et n'auraient jamais rien produit; mais cette concentration a un terme qu'il faut atteindre et ne pas dépasser. Ce terme ne peut être reconnu que par la pratique, l'expérience et une connaissance acquise de la vigueur naturelle de l'arbre, de son mode de croître et de son état de santé. Tous les auteurs qui ont dit, taillez long, taillez court, n'ont rien appris; il faut être au pied de l'arbre et avoir de l'expérience pour le bien tailler.

La séve tendant toujours à s'élever, ou étant plus appelée par les branches supérieures que par les inférieures, il en résulte que les supérieures deviennent ordinairement plus grosses et plus longues que les inférieures. Les yeux des branches supérieures, dans le Poirier et le Pommier, se divisent assez naturellement en trois classes : les supérieurs, étant les mieux nourris, se développent en branches à bois; les intermédiaires, l'étant moins, se développent en branches à fruit, et les inférieurs, ne recevant que peu ou point de nourriture, s'éteignent sans rien produire. Telle est la marche naturelle dans le Poirier et le Pommier livrés à eux-mêmes et ce qui cause le dénûment dans leur partie inférieure. Or, pour empêcher ce dénûment en même temps que pour contenir l'étendue de l'arbre et lui donner la forme voulue, on raccourcit ses branches supérieures; alors les yeux intermédiaires, qui auraient produit des branches à fruit, produisent des branches à bois, et les yeux inférieurs, qui se seraient éteints, produisent des fruits ou des branches à fruit. Si on nous demandait à quelle longueur il faut couper ou raccourcir ces branches supérieures, nous répondrions encore qu'il faudrait être au pied de l'arbre pour pouvoir le dire avec précision.

Quand un arbre est en rapport, une partie de ses branches à fruit sont des lambourdes et des brindilles; il y a rarement quelque chose à faire aux premières, à moins qu'elles ne développent une branche qu'il faut ou placer ou supprimer; les secondes ont souvent besoin d'être raccourcies, soit pour favoriser le développement de leurs boutons inférieurs, ou pour qu'elles donnent moins de fruits, les nourrissent mieux et ne s'épuisent pas.

Un bouton à fruit se forme assez rarement (excepté au bout des branches) en une année sur les arbres à fruit à pepins; il lui faut ordinairement deux, trois et quatre ans pour se former. L'expérience apprend à connaître ses progrès, et les arbres ou espèces sur lesquels il se forme plus ou moins promptement. C'est la circonstance que les boutons à fruit à pepins ont besoin d'environ trois ans pour se former, et celle que les boutons à fruit à noyau se forment en moins de huit mois, qui obligent à tailler les arbres à fruit à pepins autrement que les arbres à fruit à noyau.

Eventualités. Un œil sur lequel on comptait pour obtenir une branche à fruit peut périr ou prendre une autre destination par un défaut ou une abondance de séve; une branche déjà en rapport ou utile à l'harmonie peut devenir languissante, périr, et exiger sa suppression, son remplacement, etc. Ne pouvant entrer ici dans des détails longs et minutieux qui nous mèneraient trop loin, nous renvoyons, pour tous ces cas et pour y remédier, aux auteurs qui les ont amplement traités, et surtout au *Cours théorique et pratique de la taille des arbres fruitiers,* par M. d'Albret: la *Pratique raisonnée de la taille du Pêcher en espalier carré* de M. Lepère; et enfin la *Pomone française, ou Traité des arbres fruitiers taillés et cultivés d'après la fructification et la végétation particulières à cha-*

que espèce, par Lelieur de Ville-sur-Arce, deuxième édition, à laquelle j'ai déjà rendu justice.

Généralités sur la taille des arbres à fruit à noyau.

Les arbres à fruit à noyau poussant leurs boutons à fruit sur le bois de l'année pendant l'automne, et ces boutons fleurissant et fructifiant au printemps suivant, on se trouve dans la nécessité, à la taille, de supprimer toutes les branches épuisées qui ont rapporté du fruit, parce que les plus faibles mourraient naturellement, et que les moins faibles, dégarnies du bas, occasionneraient des vides dans le centre de l'arbre. Cette règle est rigoureuse pour le Pêcher; l'Abricotier y échappe un peu, et le Prunier et le Cerisier encore davantage, en ce qu'ils produisent leurs fruits partie sur le jeune bois, et partie sur de courts rameaux qui vivent et fructifient pendant quelques années. Ces deux derniers ne doivent être que très-peu raccourcis à la taille, parce que leurs branches à bois développent naturellement de leurs yeux latéraux des lambourdes qui portent du fruit pendant plusieurs années. L'Abricotier a besoin d'être taillé plus court pour qu'il ne se dégarnisse pas du bas, et pour le forcer à produire des lambourdes et des brindilles à fruit.

Quant à la taille du Pêcher, il faut beaucoup plus d'art et de raisonnement pour la bien exécuter; car on exige que cet arbre soit étendu avec symétrie, qu'il n'ait pas de vides dans son intérieur, que ses membres soient régulièrement espacés entre eux ainsi que ses branches à bois, et que ses branches à fruit soient annuellement renouvelées par des branches de remplacement qu'il faut savoir faire naître d'avance au bas de celles qui ont rapporté du fruit et qui doivent être supprimées. Quand le Pêcher est en train de pousser, il pousse si vite en espalier, qu'il faut le visiter tous les huit jours dans le courant de l'été, pour le maintenir dans la perfection et s'opposer au désordre qui adviendrait dans son ensemble. Au reste, un Pêcher bien taillé et bien palissé contre une muraille avec ses fruits mûrs est une chose admirable, et nous ne connaissons personne qui élève si bien des Pêchers en espalier que M. Lepère, à Montreuil.

De l'ébourgeonnement.

Jusqu'au commencement de ce siècle, l'ébourgeonnement consistait à supprimer les rameaux inutiles ou mal placés quand ils étaient développés, en juin et juillet; c'est-à-dire qu'on laissait ces rameaux dépenser une grande quantité de séve pour leur formation

inutile et nuisible au reste de l'arbre. Les auteurs de la nouvelle
école ont pensé, avec raison, qu'il valait bien mieux empêcher ces
bourgeons inutiles, même nuisibles, de se développer que d'attendre qu'ils aient dépensé de la séve en pure perte avant de les supprimer. Ils conseillent donc de veiller au développement des yeux dès
la mi-avril, et, quand ces yeux se sont allongés de 9 à 18 millim., de
les détacher, en poussant avec le pouce, à droite ou à gauche, tous
ceux qui sont inutiles ou mal placés. Par ce moyen, toute la séve
de l'arbre reste pour les bourgeons utiles conservés; ceux-ci, ayant
plus d'air, se développent mieux et atteignent plus sûrement la
destination à laquelle ils sont appelés. Quand cette opération,
nommée *ébourgeonnement à œil poussant*, est bien exécutée, on
n'a que peu ou point de rameaux à supprimer entièrement dans
le courant de l'été; elle est indispensable dans le Pêcher en espalier, et très-avantageuse dans tous les autres arbres fruitiers.

Du pincement.

Le pincement consiste à supprimer, en pinçant entre les ongles
du pouce et de l'index, l'extrémité d'une pousse tendre qui s'allonge encore. Il a pour effet d'amener une perturbation dans la
séve qui arrête la croissance de la branche pincée, de modérer sa
vigueur, et de la disposer à se mettre à fruit en multipliant les
feuilles de ses yeux. Un pincement, selon la saison, retarde la
croissance de dix, douze ou quinze jours, et, en le répétant sur la
même branche, on la retarde d'un mois et plus. On sent alors la
puissance de cette opération pour maintenir ou rétablir l'équilibre
nécessaire entre les branches d'un arbre, et pour déterminer à se
développer des yeux qui resteraient endormis. Le pincement
n'était point pratiqué dans ma jeunesse; aujourd'hui tous les auteurs le recommandent avec raison, une, deux et trois fois sur le
même rameau, parce qu'il maintient l'équilibre dans la végétation
et accélère la formation de boutons à fruit dans le Poirier et le
Pommier.

Du palissage.

Cette opération consiste à attacher contre un treillage ou contre
un mur les jeunes pousses nouvelles qu'il faut conserver, et à les
espacer avec l'art et la symétrie nécessaires pour donner à l'arbre
la forme qu'on a résolu de lui faire prendre. Jusqu'à la naissance
de la nouvelle école, dont les préceptes sont établis dans les ouvrages
de MM. d'Albret, Malot, Lepère, on attendait que toutes les pousses

d'un arbre eussent atteint presque toute leur longueur pour les palisser, et même pour faire l'ébourgeonnement que l'on exécutait
en même temps ; de sorte qu'il y avait des pousses qui étaient déjà
devenues trop fortes, et d'autres qui étaient encore trop faibles
lorsqu'on palissait le tout ; et comme l'effet du palissage est, ainsi
que celui du pincement, de ralentir le développement des branches, il en résultait qu'on n'obtenait jamais l'équilibre nécessaire
à la santé, à la fructification et à la bonté de l'arbre. Dans la nouvelle école, on ne palisse jamais un arbre en une seule fois ; on commence par pincer et palisser les plus fortes pousses, qui sont ordinairement les supérieures, afin qu'elles ne grossissent et ne s'allongent pas outre mesure ; huit ou dix jours après, on palisse celles
qui sont près d'atteindre leur grandeur, et les plus basses ou les
plus faibles ne se palissent que quand on n'espère plus les voir
grossir et s'allonger ; et même, pour favoriser le développement des
pousses les plus faibles, au lieu de les palisser, on les tire en avant,
on les attache à de petits bâtons fichés en terre devant l'arbre, afin
qu'elles nagent dans la lumière, ce qui les fait croître admirablement, et on ne les palisse que quand la séve est tombée et qu'elles
conservent encore assez de flexibilité pour se laisser diriger vers la
place qu'elles doivent occuper. En palissant ainsi et en faisant usage
du pincement deux ou trois fois depuis le printemps jusqu'au mois
d'août, on maintient ou l'on rétablit l'équilibre dans un arbre avec
facilité, si toutefois on a pris la ferme résolution de visiter son espalier tous les huit jours et de remédier au désordre qui peut se
manifester en très-peu de temps.

De l'arcure.

On appelle *arcure* l'inclinaison plus ou moins forte que l'on fait
prendre à quelques-unes ou à toutes les branches d'un arbre fruitier. En horticulture, c'est un mode établi pour rendre fertile un
arbre qui ne l'est pas naturellement, et ce mode consiste à abaisser
toutes les branches d'un arbre, excepté sa flèche, à les tenir incli-
nées plus ou moins avec des ficelles ou du fil de fer, attachées à un
cerceau fixé à 16 ou 25 cent. du sol, au moyen de piquets. En abais-
sant ainsi les branches d'une quenouille qui ne se met pas à fruit
naturellement, il est certain qu'elle s'y met promptement ; mais
l'on a à craindre que des branches ainsi courbées plus ou moins
vers la terre ne finissent par s'affaiblir vers leur extrémité, surtout
si l'on n'a pas soin de s'opposer au développement des branches qui
se disposent à s'élever verticalement.

Il y a une vingtaine d'années que M. Macé, directeur des jardins royaux, a élevé ainsi un carré de quenouilles au potager de Versailles. Presque tous ces arbres ont donné beaucoup de fruits pendant huit et dix ans; ensuite ils s'affaiblissaient peu à peu, de sorte qu'ils ont été remplacés successivement par d'autres, et qu'aujourd'hui il en reste très-peu de la première plantation. Ainsi l'arcure est bonne pour forcer à se mettre à fruit les espèces qui ne s'y mettent pas assez promptement; mais elle ne doit pas être continuée longtemps sur le même arbre.

De la plaie ou incision annulaire.

Les anciens, « dit Bosc, ont connu les avantages de l'incision an-
« nulaire dans quelques cas, principalement pour empêcher la cou-
« lure de la Vigne et augmenter la récolte des Olives; ils la prati-
« quaient exactement comme nous, soit en tordant ou cassant à
« moitié les branches, soit en mettant une grosse cheville dans le
« tronc (1). Sans doute ils faisaient aussi usage des ligatures, qui
« produisent le même effet et qui sont plus dans la nature. »
Bosc s'étend assez sur l'incision annulaire, quoiqu'il n'indique pas la manière de l'opérer. Cependant ceux qui voudraient savoir ce qu'il en dit peuvent consulter le tome VIII, page 234 du *Cours complet d'agriculture théorique et pratique* de Deterville, 1821. Cette opération, qui a fait assez de bruit dans le commencement de ce siècle, d'après les documents qu'en donnait le nommé Lancry, qui conseillait de l'employer dans toutes les Vignes pour empêcher la coulure du Raisin, est entièrement abandonnée aujourd'hui, et on n'en parle plus. Cependant j'en ai vu de très-bons effets dans un jardin près la barrière de Fontainebleau, appartenant alors à un ancien valet de chambre de Daubenton. J'ai vu chez lui des grappes de Chasselas dont les grains mûrs étaient certainement une fois plus gros que d'habitude, parce que les sarments qui les portaient avaient été incisés circulairement sur le jeune bois, au moment où les fleurs étaient prêtes à défleurir. Bosc dit que cette opération diminue la qualité du Raisin, chose que je n'ai pu vérifier.

M. Decaisne a dessiné, dans les figures de l'*Almanach du Bon Jardinier*, fig. 288 et 289, deux des pinces à inciser propres à faire des incisions annulaires sur la Vigne et sur d'autres arbres ou arbrisseaux, et où l'on pourra se faire une idée de leur forme. Quoi-

---

(1) Il paraît, d'après ce passage, que Bosc ne connaissait nullement ni la plaie annulaire dont il parle ni ses effets.

qu'on ne s'occupe plus de cette question aujourd'hui, des vicissitudes dans la production de la Vigne peuvent la rappeler ; les plaies annulaires peuvent aussi porter du jour sur la théorie de Lahire, qui est encore contestée aujourd'hui.

Du cran.

Il n'y a guère que vingt ou trente ans que l'opération appelée *cran* est connue et pratiquée en horticulture, et j'ignore malheureusement quel est celui qui l'a mise en pratique le premier. Aujourd'hui le cran est pratiqué par les plus habiles horticulteurs avec un succès remarquable, pour faire pousser une branche d'un œil qui est près de s'éteindre. Il y a environ quinze ans que j'ai vu pratiquer le cran par M. Puteaux, avec un plein succès au potager de Versailles, et il y a cinq ans, par M. Aubert, à Neuilly, sur différents Poiriers en quenouilles, et, comme ces deux opérateurs obtenaient toujours un succès constant, l'opération doit entrer dans la pratique du jardinage.

Quand on taille un arbre, il y a souvent quelques branches qui ne doivent être taillées qu'à la longueur de 50, 50 et 65 centim., et il n'y a sur ces branches que les deux, trois ou quatre yeux supérieurs qui se développent en branches, tandis que les inférieurs restent stationnaires sans se développer, mais ne s'éteignent cependant pas : on en trouve qui sont âgés de trois ou quatre ans, qui n'ont pas poussé, et qui pourtant ne sont pas morts ; mais leur place vide forme un défaut dans l'arbre qu'il est avantageux de faire disparaître.

Quand donc un œil d'où l'on désire une branche ne se développe pas, on enlève l'écorce avec un greffoir d'environ 6 millimètres de largeur avec un peu de bois, sous la forme d'un Λ, au-dessus et par les côtés de cet œil, pour interrompre la séve descendante dans cette partie, et forcer la séve montante à se jeter dans l'œil et le faire se développer en branche. Cette entaille, que l'on fait au-dessus et par les côtés d'un œil, doit être proportionnée à la grosseur de la branche sur laquelle on la pratique ; on lui donne ordinairement 5 millim. de diamètre à l'orifice, et les côtés se joignent dans le fond de la plaie.

J'ai toujours vu l'œil au-dessus duquel on avait fait cette opération se développer en branche. C'est sur des Poiriers que ces crans se sont faits jusqu'aujourd'hui pour faire pousser une branche d'un œil qui ne se serait pas développé.

QUARANTIÈME LEÇON.

*Des différentes formes que l'on donne aux arbres fruitiers par le
moyen de la taille.*

On donnait autrefois aux arbres fruitiers des formes singulières
ou fantastiques qu'on ne voit plus aujourd'hui ; cependant on en
imagine encore d'autres plus ou moins ingénieuses, tantôt pour
occuper un espace donné, tantôt pour essayer ou montrer la doci-
lité d'un arbre, ou mettre en évidence l'adresse de la main qui le
conduit.

Quant à l'adresse ou à l'intelligence pour former un arbre et lui
donner la figure la plus régulière en même temps que la plus étonnante, je citerai toujours Corbie, jardinier de maison, à Boissy-
Saint-Léger, qui, en 1809, a planté et élevé quatre Pêchers sous
les formes les plus étonnantes, les plus gracieuses, et toutes aussi
productives qu'aucune autre. Lorsqu'en 1816, Lelieur de Ville-
sur-Arce m'expliquait ces arbres, je ne pouvais le croire, et je me
suis transporté à Boissy-Saint-Léger, où je les ai vus, admirés, et les
ai dessinés de suite avec toute l'exactitude dont j'étais capable.
Mon dessin a été gravé dans les deux éditions de la *Pomone française* publiée par Lelieur en 1817 et 1842, où l'on peut les voir,
et remarquer, dans ce qu'en dit Lelieur, que Corbie pinçait les bourgeons de ces arbres jusqu'à *quatre fois dans l'année*. Quelques années après, j'ai vu à Saint-Germain deux jeunes Pêchers conduits
sous la forme de cordon comme la Vigne par l'un des fils de Corbie ; ce mode, moins étonnant que celui de son père, était cependant aussi très-curieux.

Il y a cinq ans, M. Lepère, le plus habile cultivateur de Pêchers
à Montreuil, a élevé un Pêcher en espalier sous la forme d'une lyre,
et ce Pêcher, actuellement en rapport, force à l'admiration tous
ceux qui le voient. M. Bernard, jardinier à l'hospice de la Roche-
foucauld, très-instruit dans son art, s'est empressé d'imiter M. Lepère et d'élever aussi des Pêchers sous forme de lyre. Enfin, toutes

les fois que le Pêcher se trouvera sous une main habile, il est de nature à se laisser conduire sous toutes les formes, à condition qu'il soit visité tous les huit jours tant qu'il pousse.

André Thoüin a décrit dans son *Cours de culture* une vingtaine de formes que l'on donne ou que l'on peut donner aux arbres fruitiers. Notre opinion étant que la meilleure forme est celle qui remplit le mieux la place qu'elle occupe, nous ne relatons ici que neuf des formes que ce savant professeur a indiquées dans son ouvrage.

1° *Taille en quenouille.* Cette taille remplace actuellement, dans les jardins fruitiers et potagers, les *vases* ou *gobelets* que l'on rencontre encore dans quelques vieux jardins. Nous ne la décrirons pas, parce que tout le monde la connaît, mais nous dirons que bien des jardiniers forment mal les quenouilles en leur laissant une confusion de branches qui empêchent l'air et la lumière de pénétrer dans leur intérieur, ce qui nuit à la production du fruit, à sa qualité et à sa beauté.

La quenouille est une forme à laquelle peu d'arbres se prêtent parfaitement ; certaines variétés de Poiriers y ont fort bonne grâce, d'autres ne s'y assujettissent qu'avec difficulté. Le Pommier offre encore moins de variétés que le Poirier propres à faire une belle quenouille; le Prunier en a très-peu, l'Abricotier pas du tout. Cependant on fait des quenouilles de tous ces arbres; mais très-peu ont la régularité et la symétrie que les règles prescrivent pour cette forme.

La différence futile par laquelle on veut distinguer la pyramide de la quenouille ne vaut pas la peine qu'on s'en occupe.

2° *Taille en buisson.* Celle-ci ne s'applique qu'aux Pommiers greffés sur Paradis ; elle consiste à former ces petits arbres en buisson arrondi, vide ou évasé au centre, afin que l'air et la lumière puissent y circuler. On plante ordinairement ces buissons, alternativement avec les quenouilles, dans les plates-bandes des jardins potagers; on en fait aussi des massifs sous le nom de *normandie;* ce sont eux qui donnent les plus grosses Pommes.

On cultivait aussi autrefois, et on cultive encore dans quelques jardins, sous le nom de *gobelets*, des Poiriers qui prenaient une assez grande hauteur, et qu'il était difficile d'assujettir régulièrement à cette forme sans le secours d'un treillage. Aujourd'hui la quenouille est substituée au gobelet.

3° *Taille en éventail.* Le nom de cette taille indique assez la forme de l'arbre auquel on l'applique. On l'emploie aux arbres en espalier et à ceux en contre-espalier, auxquels on donne deux surfaces planes, et dont les branches conservées se dirigent à droite et à gauche comme les rayons d'un éventail. Pour former un éventail plein, on rabat la greffe d'un jeune arbre à 16 ou 22 centim. de longueur, et parmi les pousses nouvelles qui en proviennent on n'en conserve que de trois à cinq des mieux placées et que l'on taille ensuite les années suivantes, de manière à leur faire bien remplir la place qu'elles occupent. La taille en éventail est la plus ancienne et la plus naturelle, et elle s'applique facilement au Prunier, au Poirier, au Pommier; elle va mal à l'Abricotier, et encore plus mal au Pêcher, auquel il faut beaucoup plus d'art.

4° *Taille à la Montreuil.* Celle-ci tire son nom d'une commune près Paris, où elle est, depuis plus de deux siècles, généralement employée dans la culture des Pêchers, dont les fruits font la richesse du pays. Elle diffère de la précédente en ce que, au lieu d'établir l'arbre d'abord sur trois ou cinq branches, on ne l'établit que sur deux qui prennent le nom de membres, et sur lesquels membres on en fait développer d'autres en dessus et en dessous, à des distances convenables, qui reçoivent les noms de secondaires, tertiaires, pour remplir les vides.

Cette forme de Pêcher est très-ancienne, et les habitants de Montreuil y tiennent toujours; cependant elle a un grand défaut, en ce qu'elle présente un vide dans la partie supérieure et deux vides dans les parties inférieures; or, où il n'y a pas de branches, il ne peut y avoir de fruit. C'est là le seul reproche que l'on puisse faire et que l'on fait, en effet, à la taille du Pêcher, aux industrieux et courageux habitants de Montreuil. Il n'y a encore que MM. Malot et Lepère qui taillent le Pêcher de manière à éviter les vides si préjudiciables aux intérêts de leurs voisins.

5° *Taille le Berriays.* La reconnaissance pour tout ce que nous trouvons de très-bon dans cet auteur recommandable nous porte à donner son nom à une forme d'arbre qui se trouve gravée dans l'un de ses ouvrages intitulé, *Traité des jardins* ou le *Nouveau la Quintinye*, troisième édition, 5 vol., 1789. Cet ouvrage présente, dans le premier volume, plusieurs figures d'arbres en espalier, auxquels l'auteur ne donne pas le nom d'*arbres carrés;* mais ils en ont exactement la forme, ce qui se reconnaît surtout dans les fig. 9 et 11, et, si M. Malot et M. Lepère avaient connu cet auteur avant la publication de leur ouvrage, ils se seraient fait un devoir de lui en attribuer les premiers principes.

Au reste, j'ai aussi à réparer une faute que j'ai commise en parlant de Duhamel, page 296, que j'accusais d'ingratitude envers le Berriays; j'ai, depuis, relu le passage où Duhamel rappelle ce qui

l'a mis à même de céder à la bonne volonté de le Berriays, pour l'aider à confectionner son *Traité des arbres fruitiers*. Duhamel, après avoir dit que les grands frais qu'exigeaient les gravures lui avaient fait abandonner leur exécution pendant plus de vingt ans, ajoute : « Enfin, les ayant fait voir à un amateur (le Berriays) rem-
« pli des mêmes intentions et occupé des mêmes objets, il espéra
« les mettre en œuvre; je ne lui dissimulai pas que les diverses
« occupations importantes ne me laissaient que peu de temps à
« donner à cet ouvrage; mais son zèle l'engagea à m'offrir de tra-
« vailler, de concert avec moi, pour finir les descriptions et les des-
« sins imparfaits, et ajouter ce qui manquait aux uns et aux au-
« tres, se proposant de me mettre en état de m'acquitter, avec le
« public, des engagements que j'avais pris de donner ce traité, qui
« complète celui des arbres et arbustes. »

Je suis heureux d'avoir trouvé l'occasion de rendre hommage aux justes intentions de Duhamel, en exprimant ici le regret de n'avoir pas lu le passage ci-dessus quand j'ai écrit son nom dans cet ouvrage, page 102.

6° *Taille en palmette.* On appelle aussi celle-ci *taille à la For-syth*, parce que Forsyth, jardinier du roi d'Angleterre, l'a décrite et figurée dans un *Traité de la culture des arbres fruitiers*, qu'il a publié en 1802 : on avait cru qu'elle était de son invention; mais on a reconnu qu'on la pratiquait en France bien longtemps avant que Forsyth n'écrivît. Elle est fort simple, et consiste à laisser à l'arbre sa tige verticale, en le taillant cependant, chaque année, à la longueur de 22 à 34 centim., afin de forcer les yeux latéraux à se développer en branches et à palisser ces branches horizontalement. Tous les arbres fruitiers se soumettent aisément à cette forme, que du Petit-Thouars a modifiée pour le Pêcher, en laissant une plus grande distance entre les branches latérales, c'est-à-dire en en sup-primant quelques-unes et en ne leur laissant des branches à fruit qu'au côté supérieur.

7° *Taille Fanon.* Celle-ci a été inventée, vers 1780, par Fanon, cultivateur. Il paraît, dit Thoüin, qu'on ne l'a jamais beaucoup pratiquée, quoiqu'elle soit assez facile, qu'elle mette promptement les arbres à fruit et qu'elle soit propre à couvrir agréablement un espace assez étendu.

Cette taille est figurée dans l'atlas de Thoüin, planche 57, fig. 8, et je l'ai vue en nature, pendant plusieurs années, dans le carré des modèles, au jardin du *muséum*; c'est le plus facile de tous à imiter et à suivre. Après avoir planté et rabattu un Poirier nain à la hauteur de 16 centim. au-dessus de la greffe, on le laisse

pousser ; quand il a poussé, vers la Saint-Jean, on choisit deux de
ces branches les plus près l'une de l'autre et diamétralement opposées, on les dresse le long du mur ou du treillage à 22 centim.
l'une de l'autre, et on supprime toutes les autres, s'il y en a. L'année suivante, à l'époque de la taille, on coupe ces deux branches à
la longueur de 16 à 22 centim., et on ne laisse venir sur chacune
d'elles qu'un bourgeon terminal et un latéral ; le terminal se palisse
droit, et le latéral se palisse horizontalement, l'un à droite, l'autre
à gauche. La seconde année, on coupe les deux bourgeons à la longueur de 16 à 22 centim., comme la première fois, et parmi ceux
qui en sortent on n'en conserve que deux sur chaque membre, un
latéral que l'on palisse horizontalement, et l'autre, le supérieur,
que l'on palisse verticalement. On ne taille jamais l'extrémité des
bourgeons dirigés horizontalement ; on ne taille, chaque année,
que les deux dirigés verticalement, et quand l'arbre est arrivé au
haut du mur, au lieu de tailler ses deux bras comme à l'ordinaire,
on incline le côté gauche sur le côté droit et le côté droit sur le
côté gauche, où ils prennent la direction des autres rameaux.

L'arbre conduit sous cette forme au jardin des plantes, par
M. d'Albret, pendant dix ans, n'a jamais donné beaucoup de fruit.
Sa taille était très-simple ; mais son ébourgeonnement était très-
compliqué. Au reste, M. d'Albret a figuré cette taille ; j'invite le
lecteur à la voir dans le *Cours de ses arbres fruitiers*, septième édition, page 228, et planche 7, figure 1.

8° *Taille en éventail, en candélabre.* « Celle-ci, dit Thoüin, est
« très-ancienne ; elle fut imaginée par des moines. Depuis long-
« temps elle est abandonnée pour les arbres fruitiers ; mais elle est
« encore en usage pour la Vigne dans un petit nombre de jardins.

« On la pratiquait sur des arbres greffés sur franc, rez terre
« ou à demi-tige, appartenant aux genres Poirier et Pommier ;
« mais elle ne peut convenir aux fruitiers à noyaux.

« *Taille.* En supprimant la tête à quelques pouces au-dessus de
« la greffe, immédiatement après la plantation, on donne nais-
« sance à deux mères branches ; on les conduit horizontalement,
« l'une à droite, l'autre à gauche, et par les tailles suivantes on
« obtient annuellement, de chaque côté, une branche montante.
« Ces branches montantes, parallèles entre elles, doivent être es-
« pacées de 0^m,406 à 0^m,541 (15 à 20 pouces). On les taille ordi-
« nairement assez long, tandis qu'on tient court les mères bran-
« ches. »

Après avoir ainsi exposé la forme en éventail ou en candélabre,
Thoüin continue ainsi :

« *Inconvénients.* Cet éventail remplit mal sa destination, puis-
« qu'il ne couvre qu'en partie le mur qu'il est chargé de garnir,
« la partie du milieu étant toujours plus élevée que celle des côtés.

« Il faut beaucoup de temps pour l'établir.

« La position des mères branches nuit au libre cours de la
« séve.

« Les premières branches verticales qui se trouvent près du pied
« de l'arbre attirent à elles la plus grande partie de sa séve, en
« privent les plus éloignées, qui languissent et finissent par
« périr. »

Cette taille est décrite par Thoüin, dans son *Cours de culture*,
volume III, page 84, et figurée pl. 58, fig. 5. Je l'ai vu pratiquer
au jardin des plantes. M. Lepère a formé deux Pêchers de cette
manière; ils ont 14 et 16 ans, et ne présentent aucun des inconvénients signalés par Thoüin.

9° *Taille de la Vigne.* La taille de la Vigne, telle qu'elle se
pratique dans les vignobles de la France, et celle qui se pratique
ou doit se pratiquer dans les jardins, sont aussi différentes que le
jour et la nuit : la première ne nous regarde pas directement; cependant nous allons essayer d'en donner une légère esquisse avant
de passer à celle qui est pratiquée dans nos jardins, et pour cela
nous ne consulterons que l'article *Vigne* de Bosc, contenu dans le
Cours complet d'agriculture de Deterville.

Par sa position géographique, par la variété de son climat, par
le nombre de ses abris, par l'étendue de sa population, la France
est, plus qu'aucun autre pays, dans le cas de se livrer avec succès
à la culture de la Vigne. Cependant, de toutes les natures de bien,
la culture de la Vigne passe pour être la moins avantageuse; elle
l'est, en effet, pour le vigneron qui travaille de ses mains, mais
non pour celui qui achète et vend le vin en gros.

Les climats trop chauds et les climats trop froids sont également
contraires à la nature de la Vigne; aussi ne la cultive-t-on en grand
qu'entre les 25° et 52° degrés de latitude. Schiras, en Perse, est
le point le plus méridional, et Coblentz le point le plus septentrional où on la voie prospérer. Plus les vallées sont profondes, et
plus la culture de la Vigne se prolonge du côté du nord, comme le
prouvent celles du Rhin, de la Moselle, etc. L'exposition est donc la
première chose qu'on doive considérer dans chaque pays quand on
veut planter une Vigne dans le milieu ou au nord de la France.
Plus on approche du nord, plus il paraît nécessaire de ne planter
de Vignes que sur les coteaux, à raison de la plus grande action
du soleil et de la moindre influence de l'humidité du sol.

La Vigne s'accommode assez de toutes les espèces de terrain, pourvu qu'il ne soit pas imperméable aux racines ou arrosé par des eaux corrompues ; mais, pour qu'elle donne un Raisin abondamment fourni de principes sucrés, il faut qu'elle soit dans un terrain sec et léger. Enfin, la culture ayant une puissante influence sur l'époque de la maturité, sur la qualité et la grosseur du fruit, c'est sur le choix de cette culture qu'il faut porter ses regards.

Pallas rapporte qu'on arrose généralement les Vignes dans la Crimée ; Bosc les a vu arroser aussi aux environs de Milan ; mais combien est mauvais le vin obtenu de cette manière? C'est surtout dans les climats froids qu'une terre plus sèche qu'humide convient à la Vigne, lorsqu'on met quelque importance à la bonté de son produit. Pourtant, si on parcourt les pays de vignobles, on voit d'excellents et de très-mauvais vins provenant de Vignes cultivées dans la même sorte de terre.

Le petit vignoble de Morachet, dit Dussieux, est distingué en trois parties ; chacune de ces parties n'est séparée de l'autre que par un petit sentier, et ce vignoble jouit de la même exposition sur tous les points, et cependant, quand une pièce de vin du premier Morachet se vend 1,200 fr., celle du second se vend 800 fr., et celle du troisième 400 fr. seulement. Une telle différence de prix, dans une même localité, ne peut provenir que de la nature ou disposition des couches inférieures peu ou point connues de la terre de ce vignoble.

Mais je m'aperçois que je sors de mon sujet en parlant de la culture générale de la Vigne en France, et que je dois me borner à celle cultivée dans les jardins. J'abandonne donc Bosc et M. Odart, et me borne à dire que Bosc, en 1825, rappelait que la Vigne rapportait en France 55,558,890 hectolitres de vin selon Chaptal, et seulement 51,024,952 hectol. selon Jullien.

En ma qualité de jardinier, je dois donc ne parler que de la Vigne cultivée en espalier dans les jardins ; et, quoiqu'on y voie le Raisin muscat, le Raisin d'Alexandrie, le Morillon hâtif ou Madeleine, et quelques autres, je ne traiterai que du Chasselas de Fontainebleau, exclusivement cultivé à Thomery, dont il fait la richesse, et dont toute la récolte est annuellement envoyée et consommée à Paris.

Il doit paraître assez extraordinaire qu'avant et depuis Henri IV, que la Vigne est cultivée en treille le long des murs à Thomery (1),

____

(1) Nos ducs de Bourgogne, dit Lelieur, étaient désignés, dans les autres cours,

aucun auteur, du moins à ma connaissance, n'ait fait connaître cette culture jusqu'à l'époque où le comte Lelieur de Ville-sur-Arce, alors administrateur des parcs et jardins de la couronne, ayant examiné cette culture toute nouvelle pour lui, l'a décrite et publiée dans un traité intitulé, *la Pomone française*. Cette Pomone française n'a pas de date, c'est-à-dire ne porte pas l'année de son impression ; mais, comme j'étais alors attaché en qualité de jardinier en chef aux pépinières de Versailles, et que Lelieur me donnait connaissance de ce qu'il publiait, je puis dire que la première édition de sa *Pomone* a été publiée par Didot en 1817 : quant à la seconde, on sait qu'elle date de 1842. Dans l'une et dans l'autre, il traite la culture de la Vigne chasselas avec une supériorité qui n'avait pas encore été atteinte avant lui.

Dans son édition de 1817, Lelieur consacre 110 pages à la culture de la Vigne ; dans celle de 1842, elle n'en occupe que 97, d'un format un peu plus grand, et je n'ai presque rien trouvé dans la seconde édition qui ne fût dans la première.

Depuis la publication de la première édition de Lelieur, en 1817, je ne connais que M. Tougard, président de la Société centrale d'horticulture, à Rouen, qui se soit occupé de la culture de la Vigne à la Thomery ; puis M. Jacquin, à Charonne ; puis M. Malot, à Montreuil, qui est celui qui la cultive le mieux en espalier aux environs de Paris, et qui encore aujourd'hui peut en offrir aux amateurs d'excellents modèles à suivre et à imiter. Cependant, depuis que les *Annales de la Société d'horticulture de Paris* ont exposé la méthode de la culture du Chasselas à Thomery, on a vu Loudon, rédacteur du *Gardener's magazine*, la recommander vivement aux jardiniers de l'Angleterre. On a pu voir aussi que des sociétés d'horticulture de l'Amérique septentrionale ont proposé des prix pour

---

par le nom de *princes des bons vins* ; ils prenaient le titre de *seigneurs immédiats des meilleurs vins de la chrétienté* ; Philippe le Bon ne voyageait point qu'il n'eût à sa suite des vins de ses domaines. On voit, par les Capitulaires de Charlemagne, qu'il y avait des vignobles attachés à chaque palais d'habitation, avec un pressoir et tous les ustensiles nécessaires à la fabrication des vins..... L'enclos du Louvre, comme les autres maisons royales, a renfermé des Vignes jusqu'en 1160 ; Louis le jeune put assigner annuellement sur leur produit 6 muids de vin au curé de Saint-Nicolas. D'Aussy dit que, lorsque les Portugais s'établirent à l'île de Madère en 1420, ils y apportèrent des plants de Chypre, dont le vin passait alors pour le premier de l'univers. Ceux que recueillit la colonie nouvelle acquirent une grande réputation, et François Ier, encouragé par cet exemple, voulut imiter les Portugais. Dans ce dessein, il fit planter 50 arpents, près Fontainebleau, avec des ceps venus de la Grèce ; on bâtit même près du vignoble, selon l'ancien usage, un pressoir qui fut nommé le *pressoir du roi*, et qui a été reconstruit par Henri IV et dont les débris subsistent encore.

encourager la culture de la Vigne aux Etats-Unis, selon la méthode pratiquée à Thomery.

J'approuve beaucoup la manière dont les habitants de Thomery forment les cordons de leur Vigne, la limite de l'étendue qu'ils leur donnent, le peu de distance qu'ils mettent entre chaque pied de Vigne de leurs treilles ; mais je ne puis approuver l'habitude dans laquelle ils persistent de planter leur Vigne à une aussi grande distance du mur, contre lequel ils doivent la palisser. En effet, ainsi que je l'ai vu, ainsi que le dit et l'enseigne Lelieur dans sa *Pomone française*, les habitants de Thomery plantent des crossettes de 1^m,47 ou 1^m,65 (4 pi. 1/2 à 5 pieds) du mur contre lequel ils se proposent d'élever une treille, et en couchant successivement ces crossettes, qui poussent peu d'abord, ils sont trois ans et plus à les faire arriver au pied du mur ; pratique qui les constitue en dépense de temps et d'argent fort inutilement, selon moi, puisqu'ils obtiendraient des Vignes aussi belles, aussi vigoureuses et d'aussi longue durée, en plantant des chevelées à 65 centim. (2 pieds) du mur, et en les couchant de suite dans une rigole, de manière que le sommet de chaque chevelée atteignît de suite le pied du mur.

On connaît beaucoup de pieds de Vigne qui ont été plantés encore plus près du mur il y a vingt, trente et quarante ans, et qui poussent toujours vigoureusement ; je suis donc amené à rechercher si les habitants de Thomery obtiennent un avantage réel à planter leurs treilles à 5 pieds (1^m,65) du mur, et en employant ensuite trois années pour les faire arriver au pied de ce mur. Je sais bien que leur manière de planter leurs treilles est jugée la meilleure par beaucoup de personnes, je sais bien que Lelieur l'a mise au-dessus de toutes les autres ; mais je crois qu'elle exige un temps superflu et des dépenses inutiles. Je vais tâcher de le prouver en m'aidant de la physiologie et de l'expérience.

D'abord je rappelle que la Vigne, dans le cas présent, se plantant toujours de marcottes ou de boutures, elle n'a jamais de pivot ou racine pivotante pour la fixer indéfiniment à la même place ; que la Vigne étant de la nature des *lianes* qui produisent des racines à tous les nœuds de leur surface, quand ces nœuds sont mis dans les conditions propres à leur faire développer les racines, elle en suit les conséquences, c'est-à-dire que les racines les plus nouvellement développées sont les plus utiles, sont le plus en correspondance avec les feuilles, font circuler le plus de séve et deviennent les plus fortes. Or ces plus fortes racines, ces racines les plus utiles sont celles qui se développent les dernières au collet de la marcotte ou de la bouture au-dessous de la superficie de la terre. Les racines plus anciennes, placées plus ou moins loin du collet, reçoi-vent moins de séve descendante, parce que celles du collet s'en em-parent les premières ; ces racines, éloignées du collet, perdent peu à peu leur activité faute de recevoir de la séve élaborée par les feuilles et les jeunes pousses, et, si elles vivent encore quelque temps, elles ne contribuent plus d'une manière appréciable à la croissance et au développement de la Vigne.

Dans les vignobles où l'on provigne chaque année, à mesure que les nouvelles tiges se développent, les anciennes perdent de leur activité et meurent, la plupart, quand le provin est arrivé à une certaine distance de la souche primitive. Quand nous plantons un Pommier-Paradis un peu avant dans la terre, il forme une nouvelle couronne de racines à son collet, qui absorbe la séve descendante élaborée ; les anciennes racines ne profitent plus parce qu'elles ne reçoivent plus que peu ou point de séve d'en haut. Quand on plante un arbre avec deux couronnes de racines, la couronne supérieure prend le dessus, parce que c'est elle qui reçoit le plus directement la séve élaborée par les feuilles et les jeunes pousses, et la cou-ronne inférieure de racines languit ou se détruit.

La végétation de la France ayant peu d'énergie, nous ne voyons guère de plantes voyageuses comme on en voit dans la végétation des tropiques, où des plantes radicantes changent réellement de place en faisant continuellement de nouvelles racines au fur et à mesure que les plus anciennes meurent et se détruisent. Ici on ne voit guère dans nos champs et dans nos bois que quelques Gramens, des Mousses et des Lichens qui changent de place en faisant de nouvelles racines ; mais nous avons dans nos cultures un bel exem-ple à l'appui de la théorie que je cherche à faire prévaloir ; c'est l'Asperge. Cette plante a un rhizome éminemment radicant ; à me-sure qu'il s'allonge, qu'il se ramifie, il produit de nouvelles ra-cines qui plongent en terre, et, quand on arrache un vieux pied d'Asperge, on voit toujours que ses plus anciennes racines sont mortes, et qu'il n'y a que les nouvelles qui vivent : aussi l'Asperge peut être mise au nombre des plantes qui changent de place.

Par tous ces exemples, j'ai voulu amener le lecteur à admettre avec moi que, si la Vigne n'est pas une plante radicante propre-ment dite, elle en partage néanmoins toutes les propriétés, puis-qu'en la cultivant en serre chaude, comme au potager de Versailles, elle développe des racines au-dessous de tous ses yeux, ce qui est encore une preuve que la théorie de Lahire est bien fondée. En conséquence, je ne puis approuver l'habitude dans laquelle les ha-bitants de Thomery se tiennent toujours de planter leur Vigne à

^m,66 ou 2 mètres d'un mur , et de la coucher pendant trois ans
onsécutifs pour l'amener au pied de ce mur, dans l'espérance de
li faire produire un plus grand nombre de racines ; car si ces cul-
ivateurs, si Lelieur, qui met leur manière de planter la Vigne bien
u-dessus de toutes les autres , avaient étudié le mode de végéter
es plantes radicantes, ils auraient trouvé inutile de faire tant de
ouchages. En effet, le second couchage, en s'enracinant, nuit aux
acines du premier couchage, en les privant et en s'emparant de la
ourriture élaborée venant des feuilles et des jeunes pousses ; le
roisième couchage, en s'enracinant, nuit de la même manière aux
acines du second et du premier couchage ; de sorte que, en défi-
itive, il n'y a que les racines du dernier couchage qui prospèrent,
arce qu'elles seules reçoivent annuellement toute la séve descen-
ante élaborée par toutes les parties aériennes du jeune cep, et que
es racines du troisième couchage sont toujours assez nombreuses
our absorber dans la terre ce qui est nécessaire à la nourriture et
 la croissance de la plante.

Lelieur dit que les habitants de Thomery ne plantent jamais de
reilles en espalier qu'avec des crossettes , et les raisons qu'il en
onne ne me paraissant pas déterminantes , je continue de croire
u'il vaut mieux planter des chevelées longues de 41 à 44 centim.,
ans des rigoles perpendiculaires au mur, que des crossettes dont la
adification est toujours longue, quand toutefois elle ne manque
as. Quant au soin que les habitants de Thomery mettent à pré-
arer la terre où ils veulent planter leur espalier de Vigne, je l'ap-
rouve entièrement; mais je ne puis trouver aucune utilité dans
eur usage de planter la Vigne à 1^m,66 du mur, et je regarde
omme un temps perdu les trois ans qu'ils mettent ensuite à ra-
iener leur plant contre le mur par des couchages successifs, puis-
ue les racines du premier et du second couchage doivent s'amaigrir
e plus en plus, par la raison que les racines du troisième et der-
ier couchage sont les seules dans lesquelles se concentre la force
égétative qui fait développer le cep.

Je me résume donc en disant que , pour élever une treille à la
homery, il est plus avantageux de planter des chevelées que des
rossettes, quoique les premières s'achètent et que les secondes se
onnent ; qu'il est économique de les planter couchées dans une
osse terreautée, profonde de 15 à 16 centim., longue de 41 à
4 centim., dirigée perpendiculairement au mur, et de ne laisser
 la chevelée que deux yeux hors de terre. Je soutiens donc que
usage de Thomery de planter la Vigne à 1^m,66 et 2 mètres du
nur est établi d'après un faux calcul qu'il n'est pas du tout néces-

saire d'imiter, puisqu'il n'a pour résultat réel que d'augmenter la dépense et retarder la jouissance.

Il n'en est pas de même dans la manière de former les cordons, de les espacer, de les ébourgeonner, et de tous les soins que l'on prend à Thomery pour obtenir de beaux Raisins. On ne peut qu'applaudir à tous les procédés qu'emploient ces industrieux habitants; il n'est pas à ma connaissance que quelqu'un ait encore mieux fait qu'eux à cet égard sur une aussi grande échelle.

Dans l'intérêt de la partie historique du jardinage, je dois citer ici encore quelques praticiens. Je rappelle d'abord David, jardinier de Boursault. David, que je me fais un devoir de citer comme l'un des plus habiles jardiniers que nous ayons perdus, avait imaginé de bourgeonner autrement qu'on ne le fait à Thomery; il avait un cordon de Vigne sur lequel il pratiquait l'ébourgeonnement, immédiatement au-dessus de la dernière grappe. Je l'ai vu quatre ans ébourgeonner ainsi, et, comme cette manière d'ébourgeonner est contraire à l'usage et aux idées reçues, j'en ai demandé la raison à David, et ce qu'il m'a répondu ne m'a pas paru satisfaisant. Ses Raisins étaient beaux, mais ne prenaient pas la teinte dorée du Chasselas de Thomery, parce qu'ils n'étaient pas palissés contre le mur.

J'ai vu, chez un habitant d'Arcueil, un long et bel espalier de Chasselas au temps de la maturité du Raisin. Le propriétaire taillait, attachait sa Vigne comme à l'ordinaire; mais, lorsque les bourgeons s'allongeaient, il les arrêtait tous immédiatement au-dessus de la dernière grappe et ne les palissait pas; de sorte que tous ces bourgeons et leurs grappes se jetaient en avant du mur. Le Raisin était mûr lorsque je vis cette treille; mais aucun grain n'était doré comme celui de Thomery, parce que les rameaux n'étant pas palissés, les grappes se trouvaient trop loin du mur pour pouvoir être frappées par le soleil et recevoir la teinte dorée qu'elles auraient reçue si elles eussent été appliquées contre le mur. Il me paraît donc impossible que le Chasselas puisse acquérir toutes les qualités qui se remarquent lorsqu'il prend une teinte dorée, s'il n'est pas régulièrement palissé contre un mur à bonne exposition.

Quand Lelieur eut fait connaître, dans la première édition de sa *Pomone française*, la culture du Chasselas à Thomery et à Fontainebleau, M. Jacquin à Charonne, et M. Malot à Montreuil, plantèrent de suite du Chasselas pour le conduire en espalier selon la méthode de Thomery. Cette année, 1850, la Vigne de M. Jacquin fut attaquée par la plante cryptogame nommée *Oidium Tuckeri* par M. Montagne, plante qui s'était montrée, dès 1845, en

Angleterre, à Margate, à 7 lieues de Cantorbéry. Cette parasite a
déjà fait de grands ravages, à Surène, chez M. Rothschild, chez
M. Gontier à Montrouge, et dans plusieurs jardins aux environs
de Paris. On a déjà proposé plusieurs moyens de guérir cette maladie (*voir* le numéro de septembre 1850 de la Société centrale
d'horticulture de France). Cette maladie s'étant montrée d'abord
où l'on force la Vigne à pousser beaucoup plus tôt que la saison ne
le permet, il est permis de croire que c'est là la cause de sa maladie.

Un endroit qui n'a pas encore été attaqué de cet *Oidium* est la
treille de M. Malot, à Montreuil, treille établie à l'instar de celles
de Thomery, et cultivée avec les plus grands soins ; elle n'a pas été
plantée à 1ᵐ,66 du mur, comme à Thomery : le Chasselas qu'elle
produit chaque année est très-beau, bien coloré. Maintenant reste
à savoir si la treille de M. Malot restera aussi longtemps fertile que
les treilles de Thomery, quoiqu'il n'ait pas fait dans la plantation
de sa Vigne la dépense que l'on fait à Thomery.

QUARANTE ET UNIÈME LEÇON.

Des maladies et des ennemis des arbres fruitiers.

Les végétaux, comme l'homme et les animaux, passent par différents âges, éprouvent des langueurs, des maladies, et sont exposés aux attaques de divers ennemis. Les principales maladies des arbres fruitiers sont le blanc, la fumagine, la brûlure, le rouge, la gale, les varices, le chancre, les ulcères, la gomme, etc.; leurs plus redoutables ennemis sont les vers blancs, les pucerons, les fourmis, les hannetons, les chenilles, les tigres, les punaises, les lisettes, les limaçons, les loirs, etc. Tous ceux qui ont écrit sur les arbres fruitiers ont écrit aussi sur les insectes et les ennemis qui les attaquent; mais nous ne trouvons dans aucun de ces auteurs de moyens infaillibles pour détruire ces maladies et ces insectes, ce qui, soit dit en passant, serait, contre l'ordre de celui qui les a créés, aussi bien que l'homme superbe. Si les Anglais ont pu détruire les loups dans leur île, c'est que les loups ne savaient pas assez bien nager.

ARTICLE Ier. — *Des maladies les plus graves causées par les insectes.*

Avant et depuis Duhamel, plusieurs auteurs ont parlé des maladies des arbres et des moyens de les guérir. Forsyth, jardinier du feu roi d'Angleterre, s'en est spécialement occupé, et a fait connaître plusieurs traitements dont on a vanté l'efficacité et qui lui ont valu une marque flatteuse de reconnaissance de la part de son gouvernement. En France, Lelieur, ancien administrateur des jardins et parcs impériaux, peu satisfait des moyens curatifs indiqués ou employés à son époque, s'est livré à des recherches et des expériences dont le résultat l'a convaincu que plusieurs de ces maladies sont incurables, et que ce serait en vain que l'on prétendrait guérir un arbre du blanc, de la gomme, du rouge, de la gale et de la brûlure.

Les faits et les résultats que cite Lelieur pour appuyer sa doctrine nous sont parfaitement connus, et nous craignons que cet observateur n'ait quelquefois raison. Si nous n'adoptons pas ici sa division des maladies en simples et en graves, c'est-à-dire en celles qui peuvent se guérir et en celles qui sont incurables, ce n'est pas qu'au fond nous ne pensions à peu près comme lui ; mais c'est qu'il nous serait trop pénible de renoncer entièrement à l'espoir de rendre la santé à des arbres qu'il nous importe souvent beaucoup de conserver. Ainsi nous croyons que Lelieur a raison, et nous désirons sincèrement qu'il ait tort.

1° *Le Blanc* peut être considéré comme une maladie propre au Pêcher dans notre climat, quoiqu'on l'observe aussi quelquefois sur l'Abricotier et sur le Pommier. A Paris et dans certaines années, il cause des ravages effrayants sur les Pêchers ; il les attaque tous, et plus particulièrement ceux qui n'ont pas de glandes aux pétioles de leurs feuilles, tels que les *Madeleines* ; encore n'en sont-elles pas toujours exemptes. Le blanc se manifeste par une transsudation blanche, poudreuse qui recouvre les feuilles et le sommet encore tendre des rameaux, et qui, descendant peu à peu, va jusqu'à la moitié de la longueur des bourgeons et ne paraît s'arrêter que quand il trouve le bois et les feuilles trop durs. Les fruits mêmes sont plus ou moins atteints et tombent quelquefois longtemps avant l'époque de leur maturité. Le bourgeon attaqué du blanc ne s'allonge que peu ou point ; il se gonfle par places, devient raboteux, galeux, et transsude avec abondance cette matière blanche, un peu grasse et fétide, qui porte la contagion avec elle et la communique aux Pêchers sains qu'elle touche ; les feuilles deviennent toutes blanches, se cloquent et se contournent de toute manière ; elles s'épaississent, et leur surface devient galeuse comme le bourgeon.

La nature, l'origine, la cause, et surtout le remède à cette maladie, ne sont pas encore bien connus, malgré toutes les recherches et les expériences faites par de très-habiles observateurs, et le prix proposé depuis longtemps par la Société d'agriculture du département de la Seine. Nous allons dire notre opinion à ce sujet.

Premièrement le Pêcher étant originaire de la Perse, pays beaucoup plus chaud que Paris, n'y est pas acclimaté et ne le sera jamais, quoiqu'il y soit cultivé depuis trois cents ans. La preuve, c'est que les Pêches de Vignes qui viennent en plein air ne sont jamais aussi grosses et si juteuses, si succulentes que celles que nous cultivons en espalier le long des murs. Cette différence seule est suffisante pour nous prouver que le Pêcher n'a pas trouvé chez nous la température qu'il avait dans le pays où la nature l'a placé, où il est certainement à l'abri du blanc qui ne peut l'attaquer sous le trentième degré. Comme c'est un fait certain que chez nous le blanc, qui ne naît que par un défaut de chaleur, se communique par attouchement et même par approche, il faut, dès qu'on l'aperçoit au sommet d'un rameau, couper bien vite ce rameau au-dessous de l'endroit attaqué et le brûler avec soin. Nous avons quelquefois arrêté le mal par cette seule précaution ; quelquefois aussi, et le plus souvent, il s'obstinait à reparaître sur d'autres rameaux que nous supprimions également de suite, préférant, au désordre que le blanc produit lorsqu'on le laisse agir librement, une petite irrégularité que cette suppression apportait dans notre arbre.

Lelieur a écrit que le blanc est une maladie incurable, et a assuré que, si on prend des greffes sur un arbre qui en soit attaqué, tous ceux qui en proviendront seront sujets au blanc. Cependant, depuis que Lelieur a publié son livre en 1817, il lui est arrivé de faire établir sur un mur, au potager de Versailles, un chaperon de 9 pouces de saillie et contre lequel mur étaient deux Pêchers qui, tous les ans, étaient fortement attaqués de blanc, et qui ensuite en ont été préservés à la faveur de cet abri. Ce fait semblerait prouver que le blanc est occasionné par un passage subit du chaud au froid, qui, en arrêtant le mouvement de la séve dans l'extrémité des branches, la corrompt et lui donne un principe contagieux.

Dans ma jeunesse, beaucoup d'habitants de Montreuil abritaient leurs Pêchers des gelées printanières avec des draps, des branchages ; mais aujourd'hui ils ne les abritent plus que par des auvents en paille, encore n'y a-t-il que très-peu d'habitants qui en mettent sur leurs Pêchers. Il est vrai que dans ma jeunesse il gelait généralement plus fort dans l'hiver qu'aujourd'hui. Au reste, le Pêcher, à Paris, n'étant pas dans son climat, il n'y a rien d'étonnant qu'il y soit attaqué de maladies qu'il ne ressent pas en Perse, son pays natal. A Cayenne, le Pêcher est toujours couvert de feuilles, et je ne lui ai jamais vu ni blanc ni gomme.

2° *La Cloque* a du rapport avec le blanc en ce que les feuilles s'épaississent beaucoup et se contournent de même, mais il n'y a pas de transsudation ; d'ailleurs elle attaque beaucoup plus d'espèces d'arbres que le blanc, et ses effets sont bien moins funestes. Elle est souvent simplement locale sur les Pêchers ; les feuilles d'une seule branche ou d'un rameau se crispent, se contournent, prennent de l'épaisseur et changent leur vert foncé en un vert jaunâtre et marbré ; le rameau, cessant de s'allonger, se rabougrit et se courbe souvent en crosse ; bientôt les pucerons et les fourmis viennent se loger dans tous les replis de ses feuilles et augmentent la difformité par leurs piqûres et leur malpropreté. C'est pourquoi on supprime les feuilles et les branches cloquées, autant pour en débarrasser l'arbre qu'elles déparent que dans l'espoir qu'il en repoussera d'autres saines et fraîches. Quand on s'aperçoit du mal dès son origine, il suffit quelquefois de pincer l'extrémité du bourgeon et de supprimer les feuilles qui paraissent atteintes pour en arrêter le cours. Au reste, la cloque est loin de produire le désordre du blanc, et elle ne s'obstine pas à reparaître aussi souvent que lui. On l'attribue à un courant d'air qui porte avec lui des principes délétères, et à une alternative subite de chaud et de froid. Voir encore un article sur la cloque dans nos *Annales*, année 1829, tome V. page 177, article où il y a du vrai et du faux.

5° *La Rouille* se manifeste par des taches rousses, saillantes, graveleuses sur les feuilles et les bourgeons des arbres pendant l'été; elle corrode l'endroit du bourgeon qu'elle atteint, détruit le parenchyme des feuilles dont elle ralentit ou suspend les fonctions, ce qui cause un développement dans les boutons, d'où résulte la stérilité ou peu de fruit pour l'année suivante. On attribue cette maladie aux pluies froides qui surviennent dans l'été et à la fraîcheur des nuits auxquelles succède un soleil ardent pendant le jour.

4° *Le Rouge,* selon Lelieur, est un état de langueur qui s'annonce par une teinte plus rouge sur les Pêchers qui en sont atteints, et qui les fait périr lorsque la couleur devient plus vive. Un Pêcher attaqué du rouge peut cependant vivre et donner du fruit pendant quelques années; mais, comme son mal est incurable, il périt enfin et quelquefois subitement. Lelieur ne partage pas l'opinion des cultivateurs de Montreuil, qui pensent que le rouge n'attaque que les Pêchers greffés sur Amandier à coque tendre; il croit que la dureté de l'amande n'y fait rien, et des observations multipliées lui ont donné la conviction qu'un Pêcher a le rouge toutes les fois que le sujet sur lequel on le greffe est venu d'une amande gommeuse dans sa coque ou dans son brou.

5° *La Suie* est une maladie que de Combes décrit ainsi : « Toutes les branches de l'arbre, les feuilles et les fruits même deviennent noirs et gluants; c'est une espèce de lèpre contagieuse qui se communique à tout ce qui l'environne; et si l'on n'a pas soin, aussitôt qu'un arbre en est attaqué, de le faire arracher et de faire enduire le mur de chaux qui, pour ainsi dire, contracte le mal, et qui noircit aussi bien que l'arbre, tous les plants de votre espalier périssent les uns après les autres. Je ne saurais dire d'où cette contagion tire son principe; l'opinion vulgaire que c'est la punaise ne me paraît pas probable, ou, si elle y a quelque part, il y a quelque autre cause mêlée, soit quelque mauvais brouillard qui s'attache à un endroit plutôt qu'à un autre, soit à un air de vent corrompu, soit quelque mauvaise disposition dans le corps de l'arbre, soit enfin un coup de soleil après le brouillard. Quelle qu'en soit la cause, le mal est certain, et, comme il est sans remède, il faut se contenter d'en arrêter les progrès en sacrifiant promptement le malade. »

Duhamel, qui rapporte ce passage de de Combes, ajoute : « Cette maladie n'est point particulière au Pêcher ; la Vigne, le Prunier, l'Abricotier et même le Pommier n'en sont pas exempts. Je l'ai vue naître sur une branche de Vigne en espalier au midi ; en deux mois elle s'étendit beaucoup d'un côté sur de la Vigne, et de l'autre elle attaqua trois mailles de treillage et atteignit l'extrémité d'une branche de Pêcher. Alors je l'arrêtai en coupant les branches de Vigne et de Pêcher qui étaient attaquées, et donnant deux couches de couleur à l'huile sur les mailles de treillage infectées. Elle n'a pas reparu dans cet espalier. »

Ni de Combes ni Duhamel n'ont bien connu la nature de cette maladie, qui n'est autre chose qu'une petite plante cryptogame qui se développe d'abord sur les feuilles et gagne, en se développant, rapidement les rameaux et les fruits. Nous l'avons nous-même étudiée au microscope avec feu mon ami Turpin, qui l'a dessinée sous le nom de Fumagine des Orangers, *Fumago Citri*, PERS., *Annales de la Société d'horticulture de Paris*, et dans les *Mémoires de l'Académie des sciences* sous le nom de Fumagine de l'Oranger et du Pêcher. Voici un extrait de ce que nous disions alors.

6° La Fumagine (*Fumago,* PERS.) n'est pas une maladie organique, et nous n'en parlerions pas, si elle ne causait pas souvent de plus grands dommages aux végétaux qu'une vraie maladie. C'est une plante parasite, microscopique, noirâtre, qui a l'apparence de la suie, et qui se multiplie avec une vitesse et une abondance prodigieuses. Elle a d'abord été remarquée sur les Orangers, et désignée par les jardiniers sous le nom de *noire*. Elle s'établit sur la page supérieure des feuilles, s'y multiplie jusqu'à les rendre entièrement noires, s'étend ensuite sur la page inférieure, sur les rameaux et sur les fruits, intercepte l'absorption et la transpiration, et nuit ainsi à la santé et au produit des arbres sur lesquels elle s'établit. L'humidité et un air stagnant favorisent sa multiplication. Le Pêcher, l'Abricotier, la Vigne et l'Olivier en sont quelquefois infectés, et leurs fruits en deviennent immangeables. Dans les petites cultures, on s'en débarrasse en frottant les feuilles et les rameaux des arbrisseaux qui en sont atteints avec une éponge imbibée d'eau, et cela suffit, parce que cette plante ne jette pas de racines où elle vit ; mais ce moyen n'est guère praticable où la fumagine est très-nombreuse.

On trouve l'histoire de cette mucédinée, par Turpin et moi, dans les *Annales de la Société d'horticulture*, avec figures, tome XII, page 310. On sait que Turpin dessinait admirablement, et que le microscope avec lequel il a fait cette figure, augmentée trois cents fois, lui était très-familier. On verra, par cette histoire, que la plante en question a été nommée *noire* par les jardiniers, *Mucor minimus niger* par Loquez, *Dematium monophyllum* par Risso, et *Fumago Citri* par Persoon ; enfin j'ajoute qu'il n'y a guère d'orangeries où l'on presse les Orangers outre mesure pendant l'hiver, où on ne voie de fumagine sur leurs feuilles.

7° *La Brûlure*, dit Lelieur, est une maladie commune à tous les arbres fruitiers, mais particulièrement aux arbres à fruit à pepins ; elle se manifeste à l'extrémité des pousses de l'année, qui deviennent plus ou moins noires, ou simplement dégarnies de leurs feuilles plus tôt ou plus tard, selon le degré de la maladie. Souvent le mal n'est visible seulement que sur certaines parties d'un arbre ; et, à moins d'avoir l'œil très-exercé, à peine les distingue-t-on des autres, tant elles paraissent saines. La végétation d'un arbre attaqué de brûlure est d'une grande inégalité dans toutes ses parties ; aussi ses fruits s'en ressentent beaucoup. Le moyen le plus sûr de reconnaître si un arbre est attaqué consisterait dans l'examen de ses fruits : dans l'arbre sain, ils ont tous la forme et la couleur relatives à leur espèce ; les fruits de l'arbre vicié sont, au contraire, inégaux, bosselés, couverts de taches grises qui deviennent noirâtres à mesure qu'ils approchent de la maturité. Les fruits fondants deviennent amers ; les fruits cassants se gercent et se crevassent. On remarque assez généralement que les productions d'un arbre atteint de la brûlure se colorent fortement ; la moelle même de l'arbre est altérée ; son bois est spongieux et de couleur jaunâtre : il perd les feuilles de ses extrémités avant celles du bas. On s'assurerait encore du bon ou du mauvais état d'un individu par l'inspection de la pousse des rameaux de l'année : si l'arbre est sain, ils sont garnis de feuilles bien conformées et assez égales entre elles ; mais, si le rameau se grille à l'extrémité, concluez-en qu'il est malade ; si la pousse se dépouille des feuilles de l'extrémité, qu'elles noircissent et meurent, alors l'arbre est plus éminemment attaqué. Ces observations sur les degrés de la maladie sont d'autant plus importantes, que la taille annuelle ou le rapprochement des arbres en déguise momentanément les symptômes. La maladie de la brûlure, qui est absolument incurable, reparaît tous les ans sur les individus qui en ont été une fois frappés ; elle se communique par voie de greffe et de semis. L'arbre atteint peut vivre longtemps avec cette maladie, mais ses fruits sont toujours défectueux. Telles sont les conclusions de Lelieur.

8° *La Gomme* est une extravasion du suc propre dans les arbres à fruit à noyau. Ce suc, d'abord liquide et coulant, obstrue les passages de la séve dans les endroits où il s'amasse, et y cause des altérations souvent très-graves et même mortelles. Il est moins dangereux quand il s'échappe au dehors, où il se condense en larmes qui forment souvent des masses considérables de gomme dont la médecine fait usage. Cette gomme sort des Pêchers, Cerisiers, et de quelques autres arbres sans cause apparente, en se faisant elle-même un passage, ou elle s'écoule par une plaie. Si dans ces deux cas elle n'est pas abondante, l'arbre n'en souffre guère ; si elle s'obstine à reparaître, alors elle devient une maladie qui peut faire mourir l'arbre tôt ou tard, selon la théorie de Lelieur. Cependant nous avons vu des Pêchers couverts de gomme pour avoir été mal taillés pendant plusieurs années par un jardinier ignorant, et qui se sont parfaitement rétablis en passant dans des mains plus habiles. Ces Pêchers ont refait du bois neuf très-beau et n'ont plus rendu de gomme dans aucune de leurs parties.

On doit donc faire des plaies le moins possible aux arbres à fruit à noyau, surtout au Pêcher, et supprimer sur-le-champ la branche qui devient gommeuse sans cause apparente, car le mal pourrait descendre et gagner le corps de l'arbre. Quant à la gomme qui suinte d'une plaie, elle est moins dangereuse ; en nettoyant la plaie jusqu'au vif et en la couvrant d'onguent de Saint-Fiacre, on la guérit fréquemment.

Quand une branche de Pêcher n'a pas toujours bien végété, son écorce devient si dure, qu'elle ne peut plus se dilater pour faire place au grossissement du bois, et la séve, n'ayant plus son cours libre, rend les pousses supérieures gommeuses. Alors on fait deux ou trois incisions longitudinales tout le long des écorces dures, avec la pointe de la serpette ; la séve reprend son cours plus librement et la gomme disparaît.

9° *Les Ulcères* sont des plaies plus ou moins grandes qui rendent de la sanie ou une eau corrompue ; ils peuvent être causés par l'action ou le choc des corps étrangers, ou par le vice de quelques organes ou fluides intérieurs. Quand un ulcère se manifeste sur une branche, il faut la retrancher de suite à quelques pouces au-dessous de la plaie ; s'il s'en déclare sur le tronc, il faut, avec un instrument tranchant, nettoyer l'endroit jusqu'au vif et recouvrir la plaie avec l'onguent de Saint-Fiacre ou avec la composition de Forsyth. Mais, si cet ulcère est déjà grand sur le tronc, il peut être incurable; et même, selon Souchet, tout ulcère, petit ou grand, causé par un vice intérieur, est incurable; quand on a guéri une plaie d'un côté, il s'en déclare une de l'autre.

10° *Les Chancres* sont des plaies qui paraissent ne différer des ulcères qu'en ce qu'ils ne rendent pas de sanie; ils se développent dans les mêmes circonstances, causent les mêmes ravages et se traitent de même. Cette maladie est rare, sans doute, puisque je ne l'ai remarquée qu'une fois dans le village de Molières; elle attaquait de jeunes Pommiers greffés sur Paradis. Cette maladie se manifeste sur le bourgeon par un cran de 5 ou 6 mill., et ce cran devenant, avec le temps, de plus en plus large et profond, la branche finit par se casser. Il est probable que c'est le suc corrosif de quelque insecte qui cause ce chancre sec; mais je n'en suis pas certain.

11° *La Gale* est une maladie qui attaque la peau des arbres et qui les ronge. « Par les effets de cette maladie, dit Lelieur, la peau
« des arbres, au lieu d'être lisse et rebondie, devient raboteuse et
« noirâtre, pleine de rides, de creux et de petites croûtes qui s'é-
« caillent. La gale attaque d'abord le tronc de l'arbre, ensuite les
« grosses branches, et gagne insensiblement le jeune bois plus ou
« moins avant, selon la force du mal. Les pluies, les gelées, les fri-
« mas, les insectes qui s'introduisent par les gerçures occasion-
« nent, en outre, un préjudice notable aux arbres. Les fruits d'un
« arbre galeux ressemblent en tout à ceux d'un arbre atteint de
« brûlure.

« La maladie de la gale n'est pas incompatible avec celle de la
« brûlure; on les voit souvent attaquer ensemble un même arbre.
« Les effets de la gale ne sont pas accidentels; ils sont constants
« sur l'individu qui en est attaqué. Cette maladie se communique
« par les greffes et par le semis; par cette raison, je la classe
« parmi les incurables. Un sujet galeux donne son vice à la greffe,
« quoique saine. L'arbre attaqué de la gale peut vivre longtemps;
« c'est précisément en cela qu'il nuit le plus aux propriétaires,
« ne produisant que de mauvais fruits et peu de bois. »

12° *La Goutte.* Sous ce nom nous signalons aux observateurs une maladie que nous avons remarquée sur quelques jeunes Poiriers de Saint-Germain au jardin des plantes de Paris; elle se manifeste sous forme de boursouflures, de bosses irrégulières et d'engorgements sur les rameaux de deux à quatre ans. Le bois conserve la dureté ordinaire dans ces endroits; mais il y a des veines ou des marbrures blanches qu'on ne remarque pas ailleurs. L'écorce garde son luisant et sa couleur ; mais elle est beaucoup plus épaisse et bien plus parenchymateuse que dans les endroits sains. S'il était permis de risquer une hypothèse, nous dirions que les parties blanches du bois sont viciées, qu'elles gênent le mouvement de la séve dans son cours, et que voilà pourquoi cette séve, en se portant plus d'un côté que de l'autre, cause les inégalités que nous voyons à la surface des branches.

Le plus âgé et le plus malade des arbres a la tige galeuse, inégale, plus grosse dans des endroits supérieurs que dans d'autres inférieurs. Il pousse assez de bois, qui devient aussi galeux dès l'âge de quatre ou cinq ans, et qui alors semble diminuer au lieu de croître, car ses branches formées sont la plupart plus petites à la base que dans la partie supérieure ; ses feuilles sont toujours jaunes, et ses fruits toujours petits, tachés et ayant peu de valeur. Nous croyons cette maladie incurable, puisque les arbres ne peuvent nous dire ni par où ni comment ils souffrent.

13° *Les Loupes* sont des excroissances qni se manifestent sur le tronc des arbres, et sont dues à la déviation de la séve, causée sans doute par la morsure de quelque insecte. Les loupes défigurent et affaiblissent la végétation d'un arbre, mais ne le font pas mourir, à moins qu'elles ne dégénèrent en ulcères. Une blessure, le retranchement simultané de plusieurs petites branches placées les unes près des autres causent un effet analogue en obligeant la séve à s'ouvrir une infinité de routes tortueuses pour venir guérir et couvrir toutes ces plaies. Depuis plus de vingt ans, on remarque dans le jardin du Luxembourg, dans le carré à gauche en entrant par la grille de la rue d'Enfer, un assez grand nombre de Tilleuls dont le tronc est affecté de loupes plus ou moins grosses, et dont l'origine est attribuée à la piqûre de certains insectes. Ces loupes sont très-recherchées des tourneurs et des ébénistes, parce qu'elles offrent, intérieurement, des couleurs, des dessins et des accidents agréables à la vue, et qu'elles sont d'un bois infiniment plus serré et plus dur que celui des autres parties de l'arbre.

14° *Les Broussins.* On appelle broussin un amas de petites branches se formant tout à coup sur un arbre, et qui a l'aspect d'un nid de pie ou d'un fagot ; il est produit par une jeune branche qui, au lieu de s'allonger, se divise à l'infini et forme une espèce de tête de Méduse. Ce phénomène n'est pas contagieux, et l'arbre ne paraît pas en souffrir. Son apparition est peut-être due à la piqûre de quelque insecte ou à la présence d'un acide. Si on greffait des brins de ces broussins, peut-être conserveraient-ils leur caractère accidentel et formeraient-ils des pygmées de leur espèce.

15° *Les coups de soleil.* Quand le soleil darde ses rayons entre deux nuages sur un arbre planté en espalier contre un mur au midi, il le dessèche et le brûle en tout ou en partie, quelquefois en peu de minutes. J'ai vu au potager de Versailles un espalier de Pruniers à haute tige plantés par Souchet, dont tous les arbres ont eu la tige brûlée par devant, du haut en bas, d'un coup de soleil, dans la troisième année de leur plantation. Ils ont failli mourir tous de cet accident : cependant, comme ils étaient très-vigoureux et dans une excellente terre, le côté tourné contre le mur a suffi au passage d'une quantité de séve suffisante, sinon pour faire croître la tête de l'arbre, du moins pour l'empêcher de mourir ; mais, comme toute la séve pompée par les racines ne pouvait trouver passage dans cette moitié de tige restée vivante, elle a fait éruption au bas de la tige en développant plusieurs bourgeons vigoureux, que Souchet a soigneusement conservés, dans la crainte que le haut ne pût se raccommoder. Cependant la bonté du terrain, l'âge et la bonne constitution des arbres ont tout réparé ; les têtes des arbres ont repris leur vigueur et ont, depuis, formé un très-bel espalier.

D'après cet exemple, tous les jardiniers ne doivent pas négliger de mettre une volige devant la tige des arbres qu'ils plantent en espalier au midi ; car, si la tige des arbres n'est pas toujours brûlée, elle y est souvent desséchée d'une manière nuisible.

16° *Les Engelures.* Excepté le Noyer, les arbres fruitiers qui ne sont pas soumis à la taille gèlent rarement sous notre climat : on taille même le Pommier et le Poirier dès l'automne ; mais l'Abricotier et le Pêcher ne veulent être taillés que quand on n'a plus de fortes gelées à craindre.

17° *La Jaunisse.* Tous les arbres très-malades ou près de mourir sont plus ou moins jaunes ; mais tous les arbres jaunes ne sont pas toujours malades : la maigreur, la faiblesse, le ton jaunâtre des feuilles d'un arbre disparaissent en lui donnant une nourriture convenable lorsqu'il n'est pas vicié. Nous nous rappelons avec honte que, dans notre jeunesse, nous avons laissé languir des arbres soit en vase, soit en pleine terre, parce que nous les supposions attaqués d'une maladie qui nous était inconnue, tandis que ces arbres n'éprouvaient d'autre maladie que la faim. Nous leur donnâmes enfin de la terre neuve, et ils reverdirent et poussèrent avec vigueur.

Article II. — *Des insectes qui attaquent les arbres fruitiers et autres.*

1° Le Ver blanc, *Melolontha vulgaris*. Parmi tous les vers et les larves qui attaquent les arbres dans leurs racines, nous signalons particulièrement le ver blanc ou larve du hanneton, dont Duhamel parle à peine, et qui, il y a peu d'années, était multiplié au point qu'il détruisait souvent des pépinières presque entièrement, et causait des dégâts ruineux à l'horticulture et à l'agriculture, dans un grand rayon autour de Paris. Des prix, des encouragements ont été demandés ; la Société d'agriculture de Versailles a beaucoup fait, beaucoup demandé pour la destruction du ver blanc, du moins pour que le gouvernement obligeât les particuliers à détruire le hanneton ; mais toutes ces demandes n'ont pas eu de succès. Des particuliers isolés ont bien prêché d'exemple, donné des récompenses à ceux qui en détruisaient un certain nombre, mais ces mesures n'ont jamais été générales ; et, quoiqu'on voie encore le bois de Boulogne de temps en temps mis à nu par les hannetons, les feuilles reviennent un peu plus tard et il n'y paraît plus aux yeux du public ; mais celui qui connaît la dendrologie sait toujours le tort que les hannetons font aux arbres en détruisant les feuilles.

Le hanneton est un insecte trop connu pour que je m'occupe de le décrire ; mais, après avoir rappelé que Bosc dit qu'il en existe plus de *cent cinquante espèces*, j'ajouterai que, il y a quatre ans, un jardinier de Meaux m'a envoyé trois hannetons vivants qui vomissaient chacun un ver vivant, long de 111 millim. et du diamètre de 1 millimètre. Je les ai portés à la Société d'agriculture, et les ai fait voir à M. Chevreul et à M. Guérin-Méneville, qui n'avaient jamais vu rien de pareil. Je ne sais si ce dernier en a parlé ; mais le jardinier de Meaux m'a dit qu'il en trouvait souvent de pareils en labourant son jardin. Voici quelques détails tirés de Bosc dans le nouveau *Cours complet d'agriculture*, concernant le hanneton :

« Tous les hannetons, au nombre de plus de cent cinquante es-
« pèces, vivent aux dépens des racines des plantes sous l'état de
« larves, et aux dépens de leurs feuilles sous celui d'insectes par-
« faits, et par conséquent nuisent beaucoup aux cultivateurs. Le
« hanneton vulgaire, le plus important à connaître pour ces der-
« niers, est couleur de rouille, avec le corselet noirâtre et velu. Il
« a une tache blanche triangulaire de chaque côté, sur les anneaux
« de l'abdomen. Sa longueur est de 28 millim. et son diamètre de
« 14 millim.

« C'est dans la terre, au fond d'un trou de 16 millim. de pro-
« fondeur que les femelles creusent avec leurs pattes antérieures,
« qu'elles déposent leurs œufs (1). Il naît de ces œufs des larves
« connues des cultivateurs sous les noms de *ver blanc*, *man*,
« *turc*, etc., et ces larves restent quatre ans en terre, c'est-à-dire
« que ce n'est qu'à la fin de la *quatrième année qu'elles se trans-*
« *forment en nymphe* (2). »

Ainsi, pendant trois ans, les larves des hannetons dévorent les
racines des arbres et des plantes qui sont à leur portée, et qu'elles
savent même aller trouver. Dans les arbres, c'est l'écorce de leurs
racines qu'elles attaquent ; dans les plantes, c'est leur racine entière. Quoiqu'elles mangent celles de presque toutes, il en est cependant qu'elles préfèrent ; ainsi elles dévorent de préférence celles
des salades. Aussi les jardiniers soigneux s'empressent-ils d'en semer et d'en planter parmi les Rosiers et autres plantes qu'ils craignent d'être dévorés, et de fouiller au pied de celles de ces salades
dès qu'ils les voient se faner, pour chercher les vers blancs qui les
dévorent.

Les terres légères sont celles qui sont le plus favorables à l'accroissement des larves de hannetons, et sont, par conséquent, celles
où elles exercent le plus de dommage.

On remarque que les hannetons sont plus rares dans les pays
chauds que dans les pays froids ; les climats tempérés, tels que
celui de Paris, sont ceux qui leur conviennent.

Chaque hanneton ne vit guère que sept ou huit jours après être
sorti de terre, et l'espèce ne se montre que pendant un mois. Peu
après que l'accouplement est terminé, le mâle meurt, et la femelle
meurt aussi dès qu'elle a terminé sa ponte.

Les ennemis des hannetons sont très-nombreux ; parmi les qua-
drupèdes, on compte les renards, les blaireaux, les hérissons, les
fouines, les belettes, les rats, etc., etc. Comme les vers blancs restent trois ans en terre, il y en a toujours de trois âges qui exercent
simultanément leurs ravages ; mais les années où ils sont ou doivent être le plus nombreux sont connues des horticulteurs, et ils
se disposent à en détruire le plus grand nombre qu'ils peuvent en
mai, époque où ils sortent de terre sous la forme scarabée, et vont

---

(1) Bosc se trompe ici ; j'ai souvent vu des femelles de hannetons pondre en
terre sableuse, et leurs petits n'étaient enfoncés en terre que de quelques millimètres ; bientôt après, ces petits s'enfonçaient davantage.

(2) On pourrait encore dire ici que Bosc n'est exact ni dans le temps ni dans le
mot *nymphe*.

attaquer les arbres qu'ils ont bientôt dépouillés de leurs feuilles.

Bosc rappelle un grand nombre de moyens pour détruire les larves des hannetons, et il reconnaît que ces moyens sont toujours insuffisants. M. Vibert et M. Jacquin ont publié dans les *Annales de la Société d'horticulture de Paris* plusieurs mémoires très-intéressants sur le hanneton, auxquels nous renvoyons le lecteur, mais dans lesquels on ne trouve pas plus les moyens de détruire ce scarabée que dans Bosc. Cet insecte est peu connu ou très-rare en Angleterre. On trouve, dans le *Gardener's magazine* de Loudon, qu'un jour on a trouvé sur le bord de la mer, en Angleterre, une immense quantité de hannetons morts, et que l'on a crus provenir des côtes de France. Enfin nous renvoyons à un rapport à la Société d'horticulture de Paris en 1827, vol. I, page 149, sur un ouvrage de M. Vibert, par MM. Berlèse, Soulange Bodin et Vilmorin.

2° *Le Puceron*, genre d'insectes nombreux, vivant tous de la séve des plantes, et dont aucun n'a pas plus de 5 millim. de longueur. Cet insecte vivipare se multiplie presque dès en naissant. Par un moyen qui n'a pas encore été expliqué, Bonnet a vérifié que le puceron pouvait, sans s'accoupler, produire neuf générations en trois mois. En automne, c'est autre chose; les femelles ailées ou non ailées s'accouplent, et le résultat est une ponte d'œufs qu'elles déposent sur les branches des arbres et qui n'éclosent qu'au printemps. On ne peut douter de la vérité de ce fait, dit Bosc, attesté par des hommes du plus grand poids, par les Bonnet, les Réaumur, les Lyonet, etc.

Dès que les pucerons sont nés par la chaleur du printemps, ils se portent sur les bourgeons ou jeunes pousses des arbres qui se développent à la même époque, introduisent leur trompe dans l'écorce et sucent continuellement la séve qui y circule. Lorsqu'il n'y en a qu'un petit nombre, ils ne font pas grand mal; mais quand ils s'y sont multipliés, et ils le sont en peu de temps, puisque chaque femelle produit souvent jusqu'à vingt petits par jour, ils sont un véritable fléau.

La succion des pucerons est si active à certaines époques, pendant le mois de mai par exemple, que les mamelons de leur abdomen, lorsqu'on les examine à la loupe, sont comme des fontaines toujours coulantes. Cet écoulement diminue dans la grande chaleur et pendant la nuit, peut-être même cesse-t-il entièrement lorsque les nuits sont froides. Qu'on juge de la déperdition qu'il doit y avoir de cette substance, lorsque des milliers de pucerons la sucent à la fois et que ces pucerons se touchent. Aussi empêchent-ils souvent les arbres d'allonger leurs bourgeons, comme ils ont fait,

sidérables s'en sont beaucoup occupés ; mais aucun d'eux n'est parvenu à s'en débarrasser. M. Vibert, célèbre multiplicateur de Rosiers, a changé de place trois fois son établissement de Rosiers autour de Paris, et a fini par aller s'établir à Angers, où le puceron lanigère est peu connu, où du moins M. Vibert se trouve à l'abri de ses atteintes. Enfin, depuis quelques années on ne parle plus que peu ou point du puceron lanigère, preuve certaine qu'il ne produit plus le ravage que son grand nombre produisait il y a vingt ans, et peut-être y a-t-il probabilité qu'il disparaîtra enfin de notre territoire sur lequel il est étranger.

M. Rousselon vient d'insérer dans les *Annales* de la Société d'hor-culture de Paris un article très-bien fait sur ce puceron lanigère, et qu'il sera toujours bon de consulter ; mais, comme M. Rousselon ne remonte pas aux années précédentes, je vais y suppléer en rappelant ce que je disais du puceron lanigère en 1830, accompagné d'une excellente figure dessinée par mon ami Turpin, et qui est, sans contredit, la figure la plus vraie de cet insecte. Voici donc ce que je disais en 1830 à la Société d'horticulture :

Jusqu'ici le puceron lanigère était resté un animal historique pour beaucoup de cultivateurs des environs de Paris, parce que ce n'était que dans les départements de l'ouest et du nord de la France qu'il exerçait ses ravages, et que nous étions assez heureux pour ne le connaître ici que par le récit de ses dévastations ; mais aujourd'hui qu'on le trouve établi jusque dans le centre de la capitale, que nos jardins sont menacés d'une invasion générale, je crois devoir attirer l'attention de la Société sur cet ennemi de nos cultures.

Il y a environ trente ans qu'on a commencé à remarquer le puceron lanigère en Angleterre, puis peu après en France : on le croit importé des Etats-Unis d'Amérique (1). En 1821, M. Lesson

---

(1) Je croyais, il y a trente ans, ainsi que je l'ai dit, que cet insecte nous était venu d'Amérique ; mais je viens de découvrir dans *the Fruit trees of America*, publié par A. J. Downing, à New-York, en 1846, page 66, que je m'étais trompé en croyant les Anglais. Voici une note de M. Downing qui rétablit les faits.

« It is not a little singular that this insect which is not indigenous to this country, and is never seen here except where introduced with imported trees, should be called in England the *American blight*. It is the most inveterate enemy of the apple in the north of France and Germany ? » C'est-à-dire, n'est-il pas un peu singulier que cet insecte, qui n'est pas indigène à cette contrée, et qui n'a jamais été vu ici avant qu'il y fût importé avec des arbres, puisse être appelé par les Anglais la nielle américaine ? C'est le plus invétéré ennemi du Pommier dans le nord de la France et en Allemagne.

C'est donc de l'Allemagne ou du nord de la France que nous est venu à Paris le puceron lanigère, et qu'ensuite il a été importé en Amérique avec quelques Pommiers.

l'a découvert à Rochefort et en a fait l'objet d'un mémoire adressé à l'Académie de Bordeaux. Bientôt ce puceron s'est prodigieusement multiplié; il a envahi toute la Normandie, s'est jeté sur les Pommiers de cette contrée dont il diminue la fertilité en en suçant les sucs, en leur causant des exostoses qui font dévier la séve et amènent la mort des branches et des arbres entiers.

La Société horticulturale de Londres a décrit et figuré cet insecte dans ses *Transactions* sous le nom d'*Eriosome*. Les Académies de Caen et de Rouen, frappées des dommages qu'il cause en Normandie et des dangers toujours croissants dont il la menace, ont proposé des prix pour sa destruction. Bosc l'a signalé aux cultivateurs par un mémoire inséré dans le XIVe volume de la nouvelle série des *Annales d'agriculture*. En 1827, le *Bon Jardinier* a fait un résumé succinct de ce qui avait été dit jusque-là sur le puceron lanigère, et y a joint de nouvelles observations recueillies en Normandie par Turpin; enfin, dans la séance du 19 novembre 1828, la Société a entendu une notice de Turpin sur le même sujet, et une discussion à laquelle plusieurs membres ont pris part.

Tel était l'état de la question lorsque, le 21 juillet 1830, j'ai mis sous les yeux de la Société des rameaux de Pommiers chargés de pucerons lanigères, que je venais de cueillir dans le jardin du collége de pharmacie de Paris. Quoique la Société, disais-je alors, ne puisse voir qu'avec un extrême déplaisir cet ennemi aussi près de nous, et que sa pensée soit pressée d'aviser aux moyens de le détruire, je lui demande la permission d'ajouter encore quelques notions à celles que je viens de lui exprimer.

Il y a huit ou dix ans, disais-je en 1830, que le jardinier du collége de pharmacie a commencé à remarquer quelques flocons blancs sur des Pommiers à haute tige qui étaient dans le jardin du collége, et qu'il a abattus depuis. Ne se doutant pas de ce que cela pouvait être, il ne s'en était plus occupé; mais, depuis quatre ans, il observe que de pareils flocons se multiplient de plus en plus sur de jeunes Pommiers nains plantés non loin de l'endroit qu'occupaient les anciens Pommiers, que plusieurs de ces jeunes arbres en souffraient notablement, que quelques-unes de leurs branches faiblissaient et périssaient même par des exostoses et des difformités qui se manifestaient sur plusieurs points de leur longueur, et il craignait avec raison que tous ses Pommiers ne finissent par périr. Le jardinier m'ayant invité à voir ces arbres en juillet, je reconnus, ainsi que Turpin qui était présent, que ces flocons blancs étaient produits par le puceron lanigère, et nous y en découvrîmes une énorme quantité. Je ne m'arrêterai pas à décrire ce puceron, puis-

que mon ami Turpin l'a dessiné et décrit avec toute la haute perfection dont il était capable; je me bornerai seulement à rappeler
à la Société que, malgré le prix proposé par l'Académie de Caen,
personne n'a encore fait connaître aucun moyen certain de le détruire. Les fumigations de différentes plantes à odeur forte ou nar-
cotiques, le lait de chaux, la chaux en poudre en font bien périr
un certain nombre, mais ne le détruisent pas, probablement par
l'impossibilité de faire une application parfaite de ces remèdes sur
de grands arbres. Un jardinier anglais a écrit qu'en frottant les arbres avec de la vieille urine on les en purgeait entièrement; mais
l'application de ce remède est au moins aussi difficile que le précédent sur les grands arbres : il en est de même du savon doux proposé par d'autres. Enfin je ne dois pas laisser ignorer à la Société
que M. Viaril, pépiniériste, à Rouen, m'a écrit qu'il a trouvé un
moyen infaillible de détruire le puceron lanigère, que les soixante
mille arbres de ses pépinières en sont exempts, tandis que tous
ceux de ses confrères en sont dévorés; mais M. Viaril mettait un
si haut prix à la communication de son secret, que je n'ai osé inviter la Société à lui en faire la demande.

Tel était l'état de la question il y a trente ans, et je ne crois pas
qu'aujourd'hui elle soit beaucoup plus avancée. Je demande la permission d'inviter ceux qui n'ont pas encore examiné le puceron lanigère, lequel n'a qu'une demi-ligne de longueur, de voir la figure
très-exacte qu'en a faite au microscope mon ami Turpin, tome VII
de ces *Annales*, année 1850, page 165, pl. 2. Je vais rapporter
ici la description fidèle qu'il en a donnée.

« L'individu représenté est une femelle; il est extrêmement
« grossi, car, dans son état adulte, il n'a qu'une demi-ligne de
« longueur; les mâles sont fort rares et munis d'ailes transpa-
« rentes.

« Cet insecte, étudié à l'aide du microscope, a une forme oblon-
« gue et assez aplatie ; vu en dessus, sa tête, comme échancrée au
« sommet, présente naturellement deux gros yeux noirs et bril-
« lants; au-dessus des yeux sont insérées deux longues antennes
« mobiles, composées chacune de sept articles inégaux de forme
« et de longueur; sur le corps, et à partir du cou, on compte de dix
« à onze espèces d'anneaux qui se prononcent en festons sur les
« côtés amincis et marginaux de l'animal. Trois séries longitudi-
« nales de protubérances peu sensibles, dont l'une médiane, se font
« remarquer.

« Par tous les pores de la peau, ou peut-être par des filières dis-
« tinctes, sort une liqueur laiteuse qui se concrète à l'air sous la

« forme de soies légères et dont le grand nombre forme des flocons
« blancs ; le dos de l'animal en paraît recouvert ainsi que les corps
« environnants sur lesquels il s'en dépose.

« Parmi ces filaments, qui n'ont rien d'organisé et que l'on peut
« comparer aux fils de l'araignée, on voit qu'une liqueur pareille
« à celle qui les forme s'étale et se concrète en gale, et que le crot-
« tin de l'insecte y reste agglutiné.

« Sur le thorax sont attachées six pattes, composées de deux ar-
« ticles et d'un tarse formé de trois articles courts, et dont le der-
« nier se termine par deux crochets.

« Le museau s'allonge en une longue trompe que l'animal a la
« faculté de coucher sur son thorax ; cette trompe consiste en une
« partie tubulaire, dans laquelle est contenu un suçoir filiforme, à
« l'aide duquel l'insecte suce la séve des Pommiers, dans lesquels
« il occasionne ces nombreux exostoses qui souvent font périr
« l'arbre tout entier.

« La peau, visqueuse et d'une couleur lie de vin, est comme ra-
« boteuse, et munie, sur toutes les parties de l'insecte, de poils dis-
« tants, roides, courts et un peu couchés.

« La couleur de l'animal est due au liquide qu'il contient et
« qui, lorsqu'on l'écrase, ensanglante les corps qui l'ont pressé.

« On distingue, à la partie postérieure de l'abdomen des jeunes
« individus, deux rudiments de corne qui s'effacent ensuite à me-
« sure que l'animal devient adulte. »

Telle est la description que feu mon ami Turpin a faite et donnée
du puceron lanigère en 1850, et depuis je n'en ai pas vu de plus
parfaite.

4° *Les Fourmis*, selon de Réaumur, sont attirées par les pucerons, dont les excréments sont sucrés. Malgré l'autorité de ce célèbre naturaliste, dit Duhamel, je crois qu'on peut encore mettre
en question lesquels des pucerons ou des fourmis s'attirent. En effet, ayant délivré un arbre des fourmis, elles se sont jetées sur un
arbre voisin : dès le lendemain, ses plus tendres feuilles ont commencé à se contourner ; la contraction de leurs nervures a formé
des enfoncements le long de la grosse arête. Le mal a fait des progrès rapides sans que j'aie pu, pendant cinq à six jours, découvrir
aucun puceron ; enfin j'en ai aperçu quelques-uns, et en peu de
temps leur nombre s'est accru considérablement. J'ai encore observé que les pucerons n'ont pas subsisté longtemps sur les arbres
dont les fourmis ont été délogées ; que, quand les fruits sont
mûrs, les fourmis les attaquent, s'ils ont la peau très-fine, comme
les Pêches violettes et les avant-Pêches, ou profitent des ouvertures

faites par d'autres animaux, s'en nourrissent, et abandonnent ou négligent les pucerons, qui disparaissent bientôt. Ces faits, dont j'ai été plusieurs fois témoin, assure Duhamel, me feraient imaginer que les fourmis préparent aux pucerons des établissements dans les enfoncements qu'elles occasionnent sur les feuilles, et peut-être de la nourriture dans une multitude de petites plaies que leurs morsures font à l'épiderme et au parenchyme des feuilles ; qu'ensuite les pucerons s'y logent, et, selon de Réaumur, régalent les fourmis de leurs excréments. Quoi qu'il en soit, je regarde les pucerons comme des ennemis moins dangereux que les fourmis, qui fatiguent beaucoup un arbre et le font même périr, si elles l'attaquent plusieurs années consécutives. Il faut alors les faire tomber en secouant les branches, et ensuite envelopper la tige de l'arbre avec de la laine ou du coton imbibé d'huile d'aspic ou d'huile d'olive, ou mieux d'huile de cade, ou bien remplir d'eau un godet de cire formé autour de la tige ; et, si c'est un arbre d'espalier, le dépalisser et le tenir loin du treillage, ou retrancher les feuilles tendres et les extrémités des pousses, car les fourmis et les pucerons ne s'attachent point aux bois formés ni aux feuilles dures, ou bien répandre quelques gouttes d'huile de cade sur la tige et sur les endroits de l'arbre les plus fréquentés des fourmis. Quelquefois j'ai vu cette huile les chasser presque en un instant et sans retour ; souvent aussi elle a été sans effet.

Ces expédients et tous autres, qu'on peut employer pour écarter cet insecte, procurent au moins à un arbre la délivrance de son ennemi et l'avantage de pouvoir se remettre de ses pertes ; mais c'est au préjudice de son voisin, qui est aussitôt attaqué ; de sorte que tous les moyens de destruction sont préférables, comme de chercher la fourmilière, en boucher l'entrée, si elle est dans un mur, y jeter de l'eau bouillante, si elle est en terre ou sous des pierres ; pendant la grande chaleur du jour, placer au pied de chaque arbre un pied de bœuf à moitié écorché, une poignée de mousse sur laquelle on répand du miel ou quelque sirop, et jeter ces appâts dans l'eau lorsque les fourmis y sont rassemblées en grand nombre ; un vase rempli d'eau miellée, des fioles pendues aux branches et remplies à moitié de la même liqueur, etc. Cette guerre exigeant moins de force que d'opiniâtreté à la poursuite des ennemis, on peut en confier le soin à un enfant, qui, s'il ne les extermine pas, du moins en diminuera beaucoup le nombre.

5° *Les Chenilles* communes, les chenilles livrées dévorent quelquefois toutes les feuilles des arbres et attaquent le fruit même. Les détruire est le seul remède. Le savon dissous dans l'eau fait périr les chenilles. On peut en écraser ou brûler un grand nombre au lever du soleil, lorsqu'elles sont rassemblées en pelotons sur les arbres, si on en a laissé échapper quelques-unes de leurs nids pendant l'hiver, saison où elles sont si aisées à voir et à saisir.

6° *La Lisette* et la petite chenille verte, qui rongent les boutons et les fleurs et coupent le jeune bourgeon, méritent le même traitement.

7° *Les Tigres* sont des petits insectes ailés, mouchetés de gris, de brun, de violet, etc., qui mangent le parenchyme des feuilles du Poirier, surtout du Bon-chrétien d'hiver, en espalier au midi. Je ne connais aucune drogue, dit Duhamel, dont la force antipathique les fasse périr ou fuir. Lorsque les feuilles sont tombées, dit-il, il faut les brûler et ratisser, ou frotter rudement l'écorce pour enlever leur frai.

Il y a peu de Bon chrétien, en espalier au midi, où l'on n'observe pas plus ou moins de tigres ; mais j'en ai vu aussi où les arbres font pitié en août et septembre. Quelques cultivateurs zélés et intelligents sont pourtant venus à bout de détruire le tigre qui se tient toujours sur le dos de la feuille, à l'abri de la vue et du soleil, en visitant leurs arbres cinquante fois l'été et l'automne, et en cueillant chaque fois les feuilles sous lesquelles il y avait quelques tigres. En deux ou trois ans, ils ont entièrement purgé leurs arbres, pour quelque temps, sans doute, car nous ne devons pas croire que nous sommes capables de nous opposer au plan de l'auteur de toute chose.

8° *Les Limaces et Limaçons* sont friands des Fraises et des Pêches. Il faut les surprendre le soir et le matin, ou après une petite pluie, lorsqu'ils se mettent en campagne ou qu'ils se retirent. Une corde de crin tendue le long d'un espalier, de façon qu'elle touche partout la terre et qu'elle fasse une révolution autour du pied de chaque arbre, est un rempart qu'elles osent rarement franchir, par la crainte d'enfoncer leur ventre délicat contre les poils rudes dont elle est hérissée.

9° *La Punaise* dont il s'agit ici, très-différente de l'insecte connu sous ce nom et si détesté dans les logements, est la même que la punaise d'Oranger, *coccus Citri.* C'est un gallinsecte dont le corps est couvert d'une peau ou écaille mince, et rempli d'une liqueur blanchâtre. Vu par le ventre au microscope, cet insecte a six pieds et deux antennes. Pendant sa jeunesse, il marche assez vite ; mais bientôt il se fixe et s'attache fortement à l'écorce des Pêchers et aux feuilles par des filets très-déliés qui naissent des bords intérieurs de son écaille. Dans cet état il prend toute sa croissance, tte ses œufs et périt ensuite. Son écaille se dessèche, se durcit, t ses œufs se trouvent couverts d'une poussière blanche, en laquelle est convertie la liqueur qui remplissait son corps. Ses œufs closent à la fin de mai et en juin, et la plupart des jeunes punaises ont fixées au mois d'août et même plus tôt. Les fourmis suivent es punaises, et leurs excréments noircissent les feuilles, les branches et le fruit même, et le rendent désagréable à la vue. Pour les étruire, on ratisse avec le dos d'un couteau, on frotte avec un linge ude ou une brosse les branches infectées pendant l'hiver ou au ommencement du printemps , avant que les œufs soient éclos. eut-être vaudrait-il mieux le faire dès l'automne, avant que les unaises aient jeté leurs œufs, et tremper la brosse dans de l'eau à l'on aurait délayé du fiel de bœuf. J'ai délivré des Orangers de a punaise en trempant leur tête dans un baquet plein de cette au.

10° *Les Guêpes* font beaucoup de dégâts sur les fruits. Pour en iminuer le nombre, il faut, pendant la nuit, détruire avec le feu u l'eau bouillante tous les guêpiers que l'on pourra découvrir, u mettre près des arbres un pot frotté de miel ou rempli d'eau niellée.

11° *Les Loirs, Rats, Souris*, etc., se détruisent avec des quatre e chiffre, des ratières de toute espèce, des appâts empoisonnés lacés avec les attentions que tout le monde connaît, et qui sont les rmes ordinaires contre ces animaux ; mais il faut en faire usage vant la maturité des fruits, autrement les appâts seraient inutiles.

12° *Les Oiseaux*. On les tue à coups de fusil, on les prend avec e la glu, avec des piéges en forme d'arc, et on les écarte avec des pouvantails.

15° *La Grêle* est un fléau contre lequel il n'y a pas de remède, usqu'à ce que les paragrêles répondent aux espérances de leurs inenteurs. Il faut rabattre au-dessous du mal les branches qui ont té frappées de la grêle, quand les meurtrissures sont considérables, car elles dégénèrent souvent en chancres.

Enfin arroser pendant l'été la tête des arbres, même ceux en lein vent, est une très-bonne pratique ; en lançant l'eau contre es feuilles et le jeune bois, on fait périr beaucoup d'insectes, leur rai ou leurs petits. D'ailleurs ce lavage tient les arbres propres ; ls absorbent une partie de l'eau et croissent avec plus de vigueur.

Article Ier. — *Moyen d'amener les fruits à leur plus grande perfection.*

La plupart des fruits ont besoin de l'action immédiate du soleil, soit pour perfectionner leur suc et leur parfum, soit pour acquérir les couleurs qui les rendent agréables à la vue. Les découvrir dès le temps de l'ébourgeonnement, du palissage épargnerait ce nouveau soin ; mais, outre que, en retranchant alors un grand nombre de feuilles, l'arbre pourrait en souffrir, des fruits exposés aux ardeurs du soleil, les uns seraient brûlés et tomberaient, les autres prendraient beaucoup moins de grosseur qu'à l'ombre des feuilles, où la peau tendre et transpirant facilement s'étend et cède au renflement de la chair. Il suffit donc à l'ébourgeonnement de préserver les fruits de l'étiolement, en leur procurant la jouissance de l'air sans les priver de l'ombre nécessaire à leur conservation et favorable à leur accroissement. Mais lorsqu'ils ont acquis presque toute leur grosseur, ou mieux lorsque la couleur de leur peau, s'éclaircissant, montre qu'ils tendent à leur maturité, on retranche d'abord, non en arrachant, mais en coupant, le pétiole à quelques feuilles sur un côté du fruit ; quelques jours après, on en coupe d'autres sur l'autre côté ; enfin, après un pareil intervalle, on retranche toutes celles qui lui portent encore ombrage, de sorte qu'en huit jours il se trouve entièrement découvert. Partageant cette opération et la faisant successivement, le fruit s'accoutume peu à peu aux rayons du soleil et court moins de risque d'en recevoir des coups dangereux ; en peu de jours il prend couleur, et on peut l'augmenter en passant, sur le côté de sa peau qui est frappé du soleil, un pinceau trempé dans l'eau fraîche. Au reste, on ne découvre guère que les Pêchers, les Abricots et quelques espèces de Poires qui gagnent à être ainsi colorées.

Quand les fruits ont une certaine grosseur, et par conséquent un certain poids pendu à une branche, il est naturel de croire qu'ils ne peuvent acquérir tout le volume qu'ils prendraient, s'ils n'étaient pas ainsi pendus. Pour s'en assurer, feu Saint-Hilaire a fait placer, dans l'école des arbres fruitiers du jardin des plantes de Paris, de petits plateaux en bois soutenus par autant de piquets, lesquels plateaux supportaient des Poires duchesse d'Angoulême, Beurré Saint-Germain, et j'ai été témoin que ces fruits, ainsi soutenus par des plateaux en bois, sont devenus un quart plus gros que ceux qui ne l'étaient pas. La raison de cette augmentation de volume se conçoit assez sans qu'il soit besoin de l'expliquer.

Article II. — *De la cueillette des fruits.*

Il y a des fruits qui doivent acquérir leur maturité sur l'arbre qui les porte ; tels sont les fruits à noyau, les Cerises et les Figues. Les signes de leur maturité sont la couleur dans les uns, le parfum dans les autres, la facilité de quelques-uns à se détacher de la branche, etc. Un peu d'habitude instruit mieux les sens que tous les indices que nous pourrions indiquer : le pouce est un juge dommageable ; les meurtrissures qu'il fait occasionnent bientôt la pourriture et causent souvent à tout le fruit un goût désagréable. Tous les fruits, surtout ceux qui ont du parfum, sont beaucoup meilleurs après avoir passé au moins quelques heures dans un lieu frais qu'en sortant de l'arbre.

Quelques fruits se cueillent un peu avant leur maturité ; telles sont les Poires sujettes à devenir molles ou cotonneuses, qui, acquérant plus lentement et plus successivement leur maturité dans la fruiterie que sur l'arbre, passent moins vite. Enfin les Poires et Pommes tardives, seule ressource de l'arrière-saison, qui ne mûssent que longtemps après avoir été cueillies, ne doivent être récoltées qu'à la veille des gelées ; car, si elles sont cueillies plus tôt, elles se fanent et n'acquièrent ni maturité, ni le goût qui leur est propre. Les Poires sont plus sensibles au froid que les Pommes ; la Pomme d'api peut ordinairement demeurer sur l'arbre jusqu'en novembre.

Article III. — *De la fruiterie.*

La fruiterie, dit Duhamel, doit être un lieu sec, si bien orienté, construit, fermé de portes et de châssis, que ni la gelée ni l'humidité, les grands ennemis des fruits, ne puissent y pénétrer, et que les rats et les souris n'y trouvent ni passage ni retraite. Les poêles qu'on voit dans quelques fruiteries les préservent de la gelée et de l'humidité ; mais la chaleur qu'ils y répandent avance la maturité des fruits et en abrége la durée. Le pourtour intérieur doit être garni d'un ou de plusieurs rangs de tablettes en planches bordées d'une tringle en bois pour retenir les fruits. Le milieu peut être occupé par des tables ou de pareilles tablettes. Les uns couvrent les planches de papier, d'autres de paille, de mousse bien sèche, etc. ; d'autres les laissent nues. Quelques-uns étendent de la fleur de Sureau sur les tablettes où doivent être placées les Pommes, qui en prennent bien le parfum, comme elles contractent facilement l'odeur de la paille, du bois, et de toutes choses odorantes sur lesquelles on les laisse longtemps.

Les fruits étant cueillis par un beau temps, on les porte dans la fruiterie ; on les dispose de façon qu'ils ne se touchent pas les uns les autres. On met chaque espèce séparément, et on pose les Poires sur l'œil, parce que les indices de maturité paraissant d'abord sur l'autre extrémité, elle doit être évidente. Le papier, dont quelques-uns enveloppent chacun de leurs fruits les plus beaux et les plus précieux, ne peut que contribuer à leur conservation.

Quand les derniers fruits sont placés dans la fruiterie, on ne l'ouvre plus que dans le milieu du jour, et seulement lorsque le temps est beau et sec ; et, lorsque la saison devient rude et fâcheuse, on la tient exactement fermée. Cependant on la visite fréquemment, tant pour reconnaître l'état des fruits que pour retirer ceux qui sont gâtés, dont la pourriture pourrait se communiquer à leurs voisins.

Voilà à peu près ce que dit Duhamel. Maintenant je vais dire quelques mots sur le fruitier du potager de Versailles. C'est une pièce carrée, exposée au midi et au couchant, et dans laquelle sont des armoires du haut en bas des murs pour loger les fruits qui se trouvent déposés sur des tablettes ; ces armoires restent ouvertes et se ferment à volonté, selon le degré de chaud ou de froid. Eh bien, cette fruiterie, qui a été faite selon la volonté de la Quintinye, sous Louis XIV, n'est pas du tout aussi bonne et aussi parfaite qu'elle devrait l'être, parce qu'elle est trop élevée au-dessus du sol, et que là les changements de chaud et de froid, de sec et d'humide se font trop fortement sentir. J'ai visité plusieurs fruiteries chez les habitants de Montreuil, et j'ai toujours vu qu'elles étaient au-dessous du rez-de-chaussée, qu'elles n'étaient éclairées que par des fenêtres basses que l'on ouvrait de temps en temps quand le temps était beau, et que l'on refermait avec soin quand il était humide ou froid, et l'on sait que les habitants de Montreuil conservent des Poires et des Pommes plus longtemps qu'ailleurs. J'ai eu un parent qui habitait la bibliothèque de Versailles, et sous ce bâtiment il y a des caves magnifiques, très-sèches, où le thermomètre se tient à 8 ou 9 degrés ; eh bien, dans ces caves les Poires et les Pommes s'y conservaient plus longtemps que partout ailleurs.

Article IV. — *Des propriétés alimentaires et médicamenteuses des fruits.*

Pour donner quelques idées des propriétés des fruits considérés en général, il est nécessaire d'établir entre eux certaines divisions au moyen desquelles ceux qui ont des qualités communes se trouvent groupés ensemble. Cependant cette distinction ne peut être faite que d'une manière bien incomplète, puisqu'il en est quelques-uns qui ont des propriétés tellement propres, qu'on ne pourrait les faire connaître exactement qu'en les considérant dans chacun isolément, telles sont les Châtaignes, les Amandes, les Noix, et plusieurs autres, qui sont, en général, solides, contiennent peu ou point de suc et sont formés d'une matière féculente renfermant plus ou moins d'huile, si on en excepte toutefois les Châtaignes. Ces fruits sont nutritifs et jouissent de peu de propriétés médicamenteuses, si ce n'est ceux qui contiennent une substance huileuse.

Tous les autres fruits se distinguent par une grande abondance de suc, une matière sucrée, quelques acides, et, le plus souvent, un arome particulier et une matière colorante ; ce sont les fruits proprement dits. Nous les diviserons en fruits acerbes et en fruits doux.

Les premiers forment une division bien tranchante, dans laquelle se trouvent naturellement placés les Coings, certaines Poires acerbes, le Verjus, les fruits sauvages ou encore verts, et quelques autres dont l'acerbité est telle, qu'on ne peut les employer comme aliment qu'après leur avoir fait subir certaines préparations, mais principalement la coction. Comme médicament, ils sont astringents, peuvent suppléer les acides dans quelques cas, et provoquent la constipation.

Tous les fruits doux ou sucrés sont ceux dont le sucre est assez abondant pour que l'acide paraisse doux, ou dont l'acide est assez faible pour que le sucre domine ; tels sont les fruits rouges, Cerises, Groseilles, Fraises, Framboises, Mûres, les Prunes, les Pêches, les Abricots, les Poires, les Pommes, les Figues, les Oranges et surtout les Raisins. Ces fruits sont pourvus d'une grande abondance de suc, qui se prend facilement en gelée pour peu qu'on y mêle du sucre. Ils sont, en général, peu nourrissants et très-rafraîchissants ; mais il faut remarquer qu'ils sont d'autant plus nourrissants qu'ils ont moins de suc, et qu'ils sont d'autant plus rafraîchissants qu'ils en contiennent davantage et que ce suc est plus

acide. Ainsi la Figue est plus nourrissante que la Cerise ; la Groseille est plus rafraîchissante que l'Abricot.

Beaucoup de monde connaît les différentes préparations que
l'on fait subir aux fruits : elles ont pour objet de diminuer l'acidité ou d'en rendre la saveur plus agréable. Mais de là résulte nécessairement dans la propriété rafraîchissante une diminution proportionnée à la quantité de sucre ajoutée, et il en résulte une substance échauffante quand ce dernier est surabondant.

Telles sont, mais d'une manière bien générale, les propriétés
alimentaires des fruits. Quant aux accidents qu'ils peuvent causer,
il faut presque toujours les rapporter à l'abus ou au mauvais choix.
C'est ainsi qu'on trouve ordinairement la source d'un cours de
ventre qui résulte de leur usage, dans l'excès qu'on en a fait ou
dans la qualité de ces fruits trop verts ou détériorés ; c'est encore
ainsi que les fruits qui ont subi un commencement de fermentation acide produisent dans notre estomac une acidité tellement
active, qu'il en résulte des douleurs assez fortes pour stimuler la
colique de plomb.

Duhamel, après avoir indiqué la manière de ranger les fruits
dans la fruiterie, paraît renvoyer de suite le jardinier continuer ses
travaux, en ajoutant ce qui suit :

En novembre on laboure les plates-bandes des espaliers, et, si
l'on soupçonne que la langueur de quelques arbres vienne de la
maigreur ou de l'épuisement du terrain, on fait, à 0^m,555 ou
0^m,667 de distance du pied de l'arbre, une tranchée large de
0^m,667 à 1^m,333, dont la profondeur descende jusqu'aux racines ;
on la remplit de bonne terre neuve, et l'on transporte ailleurs les
terres usées qu'on en a tirées. S'il n'y a pas de bonne terre à portée, il faut faire la tranchée moins profonde, afin de ne pas découvrir les racines ; la remplir de fumier pourri, mais non réduit en
terreau : fumier de cheval, si le terrain est fort et froid ; fumier de
vache s'il est léger. La tranchée demeure ouverte et le fumier à découvert jusque vers la mi-février, qu'on le recouvre avec la terre
tirée de la tranchée. Au mois de novembre suivant, on donne un
profond labour pour mêler la terre au fumier, qui alors sera bien
consommé.

Quelques jardiniers rejettent le fumier comme préjudiciable aux
arbres et à la qualité des fruits ; il est certain qu'on ne doit pas
fumer les jeunes arbres qui ne peuvent avoir épuisé le terrain où
ils sont plantés, à moins que le sol ne soit très-mauvais, auquel
cas il ne fallait pas le planter d'arbres, qui, avec le secours même
des engrais, n'y réussiront jamais bien. Pareillement, le fumier

TABLEAU ANALYTIQUE ET SYNOPTIQUE DES GENRES D'ARBRES FRUITIERS CULTIVÉS EN FRANCE A L'AIR LIBRE.

ARBRES FRUITIERS.

	NOMS FRANÇAIS.	NOMS LATINS.

FLEURS COMPLÈTES.

— **Pistil libre ou indépendant du calice.**

  — *Un seul pistil dans la fleur.*

    — *Fruit à noyau.*

      — Noyau muni d'une crête, recouvert d'une enveloppe

        — herbacée . . . . Amandier . . . . *Amygdalus*, L.

        — charnue.

          — Peau couverte d'une fleur glauque . . . Prunier . . . . *Prunus*, L.

          — veloutée.

            — Feuilles ovales . . . . Abricotier . . . . . . *Armeniaca*, T.

            — lancéolées . . . . Pêcher . . . . *Persica*, L.

          — lisse.

            — Noyau rugueux . . . Brugnon . . . . . . —

            — lisse . . . . Cerisier . . . . . . *Cerasus*, T.

    — *Fruit dépourvu de noyau.*

      — Noyau dépourvu de crête, à enveloppe huileuse . . . . Olivier . . . . *Olea*, L.

      — Enveloppe verruqueuse

        — contenant une huile essentielle aromatique . . . . Citronnier . . . . . *Citrus*, L.

        — dépourvue d'huile . . . . Arbousier . . . . . . *Arbutus*, L.

      — Enveloppe lisse

        — coriace, graine grosse brune . . . . Pavia . . . . *Pavia*, L.

        — mince.

          — Fruit en grappe . . . . Épine-vinette . . . . *Berberis*, L.

          — en panicule . . . . Vigne . . . . *Vitis*, L.

  — *Plusieurs pistils dans la fleur.*

    — *Fruit mou*

      — contenant de 1 à 6 graines coriaces aplaties . . . . Assiminier . . . . . *Anona*, L.; *Assimina*, Adans.

      — offrant de petits grains secs fixés sur une masse charnue . . . . Fraisier . . . . . . *Fragaria*, L.

      — succulents — spongieuse conique . . . . Framboisier . . . . . *Rubus*, L.

— **Pistil adhérent ou renfermé dans le calice.**

  — *Fruit charnu*

    — muni d'un noyau.

      — Chair acide . . . . . . Cornouiller . . . . . *Cornus*, L.

      — mucilagineuse . . . . Jujubier . . . . . . *Zizyphus*, H. P.

    — dépourvu de noyau,

      — sans loges apparentes à la maturité.

        — Tégument très-mince.

          — Graines petites dépourvues de pulpe.

            — Plante feuillue . . . Airelle . . . . *Vaccinium*, L.

            — grasse . . . . . Figue d'Inde . . . . *Opuntia*, DC.

          — Graines petites recouvertes de pulpe . . . . Groseillier . . . . . *Ribes*, L.

        — Tégument assez épais contenant des graines soyeuses . . . . Rosier . . . . *Rosa*, L.

      — présentant 5 loges,

        — à 1 et 2 pepins.

          — Feuilles dentées.

            — Fruit acidulé . . . . Pommier . . . . . . *Malus*, T.

            — Fruit sucré.

              — en bouquet . . . Alizier . . . . *Cratægus*, Lindl.

              — solitaire . . . . Poirier . . . . *Pirus*, T.

          — Feuilles lobées . . . . Azerolier . . . . . . *Mespilus*, L.

          — pennées . . . . . Sorbier . . . . *Sorbus*, T.

        — à plusieurs pepins . . . . Coignassier . . . . . *Cydonia*, T.

        — 1 à 5 osselets . . . . . Néflier . . . . *Mespilus*, L.; *Eriobot.* Lindl.

— Fruit sec contenant des graines recouvertes d'une enveloppe très-succulente . . . . Grenadier . . . . . . *Punica*, L.

FLEURS INCOMPLÈTES

— **polygames**

  — monopétalées. — Fruit bacciforme à graines coriaces aplaties . . . . Plaqueminier . . . . *Diospyros*, L.

  — apétalées.

    — Fruit ovale à une seule graine . . . . Pistachier . . . . . *Pistachia*, L.

    — en gousse à plusieurs graines . . . . Caroubier . . . . . . *Ceratonia*, L.

— **monoïques**

  — mâles et femelles en chatons; ces dernières charnues et soudées en une sorte de fruit unique . . . . Mûrier . . . . *Morus*, L.

  — — — fixés à la paroi interne d'une sorte de bourse charnue . . . . Figuier . . . . *Ficus*, L.

  — mâles en chatons et femelles solitaires.

    — dépourvues d'enveloppe particulière, tégument aromatique . . . . Noyer . . . . *Juglans*, L.

    — munies d'enveloppe particulière.

      — en forme de cupule écailleuse . . . . Chêne . . . . *Quercus*, L.

      — de sac coriace découpé au sommet . . . . Noisetier . . . . . . *Corylus*, L.

      — de coque épineuse . . . . Châtaignier . . . . . *Castanea*, T.

  — mâles en chatons et femelles en cônes écailleux à la base desquels se trouve la graine comestible . . . . Pin . . . . *Pinus pinea*, L.

— **dioïques** mâles en chatons et femelles en panicule renfermée dans une spathe : fruit charnu . . . . Dattier . . . . *Phœnix*, L.

est inutile et pourrait même être nuisible à des arbres qui poussent avec vigueur et nourrissent bien leurs fruits ; mais, lorsque des arbres sont modérés, il est bon de les soutenir avec quelque engrais, et, lorsque leurs productions montrent qu'ils s'affaiblissent ou qu'ils languissent, il est nécessaire de les fumer pour les ranimer et leur fournir une substance plus abondante, sans craindre que leurs fruits en soient altérés. Car 1° les fruits de tout arbre faible, malade, languissant sont mauvais ou médiocrement bons ; par conséquent, tout ce qui peut contribuer au rétablissement de l'arbre contribue aussi à rendre les qualités à ses fruits ; 2° la plupart des fruits, et quelques-uns en particulier, comme Pêches, Prunes, Cerises, plus ils sont gros, relativement à leur espèce, meilleurs ils sont, pourvu que leur grosseur ne vienne pas d'un excès d'humidité dans le terrain ; et, si un petit Abricot de plein-vent est préféré à un gros Abricot d'espalier, ce n'est pas parce qu'il est petit, mais pour sa qualité, à laquelle l'espalier et le plein-vent mettent une différence plus sensible dans ce fait que dans tout autre ; 3° enfin la pratique des plus habiles cultivateurs, autorisée par le succès, ne laisse aucun lieu de douter qu'à défaut de bonne terre le fumier est avantageux aux arbres.

Voir ci-contre le *Tableau analytique et synoptique des genres d'arbres fruitiers cultivés en France*, qui termine cette leçon.

QUARANTE-TROISIÈME LEÇON.

Messieurs, nous sommes arrivés à l'endroit le plus difficile de ce qui me reste à vous expliquer, la nomenclature des arbres fruitiers cultivés en France sous le climat de Paris. Cette partie de l'horti-culture est devenue, depuis une cinquantaine d'années, la plus obscure de toutes, par le grand nombre d'espèces et variétés de fruits mentionnées dans les catalogues, et par l'immense difficulté de les voir dans les pépinières, ou décrites et figurées dans les ou-vrages qu'il est possible de se procurer. Comme aucune pépinière ne les possède tous, que, chaque année, quelques pépiniéristes ou autres personnes en annoncent des nouveaux obtenus de semis, il est impossible de savoir exactement le nombre de ceux que nous possédons. D'ailleurs il y a des fruits connus depuis longtemps , et qui sont plus ou moins bons, cultivés par les uns et négligés par les autres, et, s'il y a quelques propriétaires qui recherchent toutes les nouveautés, il y en a un bien plus grand nombre qui ne font cul-tiver que les espèces dont le mérite est bien constaté. Je crois donc qu'on en cultive beaucoup qui ne méritent pas cet honneur, et que c'est cela seulement qui met tant d'incertitude dans le choix de ceux qui ne veulent planter que du bon pour chaque saison. Mais un arbre qui porte de bons fruits une année n'en porte pas toujours d'aussi bons tous les ans, parce que la température n'est pas tou-jours la même, de sorte que les uns les trouvent bons, et que d'autres peuvent les trouver médiocres, sans compter l'influence de la terre et de l'exposition.

Ce n'est pas tout. Il y a plus de cent cinquante ans qu'il existe à Vitry, village près Paris, et dans beaucoup d'autres endroits de la France, des pépiniéristes qui fournissent, chaque année, des arbres fruitiers en quantités innombrables, et qui sont plantés sur divers sols de nos départements ; or, si tous ces arbres prospéraient, la France entière en serait actuellement couverte, et cependant on n'en voit encore que dans quelques jardins en petites quantités, où ils se soutiennent plus ou moins bien. Il faut donc qu'il y ait bien des terres qui ne conviennent pas aux arbres fruitiers, ou que les arbres fruitiers soient eux-mêmes d'une nature peu robuste pour qu'ils ne soient pas encore plus nombreux sur notre territoire, où il s'en plante quelques millions chaque année. C'est là une question qui n'a pas encore été faite, et qui est digne d'être traitée par une plume plus savante que la mienne.

Il y a longtemps que je peins les fleurs des arbres fruitiers, et j'ai remarqué que tous les boutons floraux des Poiriers offrent des différences entre eux par leur forme, leur grosseur, leur couleur; par la forme de leurs écailles plus ou moins velues en dehors, et surtout en dedans; que les pétales de ces fleurs, lorsqu'elles sont épanouies, présentent des variations considérables de forme, d'étendue, de couleur plus ou moins blanche; que leurs étamines, leurs pistils diffèrent par leurs grosseurs, leurs grandeurs, leurs couleurs, leur glabréité, leur pubescence, leurs directions constantes ou changeantes. De semblables caractères différentiels existent dans les fleurs des Pruniers et d'autres genres; je me suis dit qu'on pouvait reconnaître la forme et la qualité d'une Poire, d'une Pomme et d'une Prune par la seule inspection de sa fleur; mais la langue manque de termes pour exprimer ces nuances variables; et c'est bien dommage, car ces différences se reproduisent chaque année. L'algèbre seule pourrait nous les représenter, mais cette science est encore bien loin d'être invoquée dans l'art pomologique.

De 1807 à 1820, feu Turpin et moi avons figuré et décrit plus de quatre cents espèces et variétés de fruits comestibles en cinq volumes grand in-folio, et cette publication a coûté plus de 100,000 fr. à Delachaussée, l'éditeur de cet ouvrage. Je dois le dire, jamais un particulier seul n'a fait aussi grande dépense que Delachaussée pour la publication d'un ouvrage sur les arbres fruitiers, et il y avait alors peu d'hommes aussi capables que mon ami Turpin pour peindre les fruits. Je les peignais aussi, mais non avec la même perfection. En ma qualité de jardinier et d'observateur depuis longtemps, j'ai fait et rédigé tout le texte de notre ouvrage, ayant toujours celui de Duhamel sous les yeux, et ne m'en écartant que lorsque la nature me semblait n'être pas d'accord avec ce qu'il avait dit.

Maintenant, messieurs, le nom de Turpin, que je viens de prononcer, me sera toujours cher, et je demande à votre bienveillance la permission de parler, le plus brièvement possible, de quarante-cinq ans de sa vie, pendant laquelle il est parvenu à mériter l'honneur d'être reçu membre de l'Institut de France. Il y a dix-huit ans qu'il a eu cet honneur, onze ans qu'il est mort, et depuis cette époque ni l'Institut, ni personne n'a dit un mot de lui; je m'estimerais heureux, si ma vieille existence trouvait en vous, dans le modèle de Turpin que je vais vous retracer, la sympathie dont je suis pénétré pour lui.

P. G. F. Turpin est né, à Vire (Calvados), en avril 1775; il fut un de ces hommes rares qui, par la force du génie, arrivent à une grande distinction, et se font ouvrir les portes de l'Académie sans le secours d'études préliminaires ni de ce qu'on appelle une brillante éducation.

Fils d'un ouvrier sans fortune, toute l'éducation du jeune Turpin a été d'apprendre à lire et à écrire. Heureusement pour lui, il y avait à Vire une école de dessin, dirigée par un nommé Delavente, où il fut envoyé pendant deux ans; ses progrès furent rapides et encouragés par le maître, qui avait pour lui une bonté toute paternelle.

Mais bientôt la révolution de 89 éclata, des enrôlements volontaires s'établirent sur une grande partie de la France, et Turpin, âgé seulement de quatorze ans, s'engagea dans le bataillon du Calvados, formé à Vire, et commandé par Clouart, simple bourgeois, qui, devenu depuis un officier de grand mérite, mourut au champ d'honneur sous l'empire.

Dès que le bataillon du Calvados fut formé, on l'envoya dans la Vendée, où le jeune Turpin parvint, en peu de temps, au grade de sergent-fourrier. Il suivit toutes les vicissitudes de la malheureuse guerre civile qui dévasta cette contrée, et fut témoin du désastre de Quiberon, où les Anglais abandonnèrent au feu de nos soldats les Vendéens qu'ils avaient jetés sur la côte.

Pendant ce temps, les représentants du peuple, Polverel et Sonthanax, furent envoyés à Saint-Domingue pour donner la liberté aux nègres; on sait tous les maux que cette liberté, mal préparée, a fait pleuvoir sur la colonie. Avant de se retirer, Sonthanax investit le nègre Toussaint-Louverture du titre de gouverneur général de la colonie. Ce nègre, doué d'une rare capacité et d'une grande énergie, administra bientôt à la satisfaction de tous les habitants de la colonie, mais non au gré du gouvernement français de cette époque, et en 1794 on équipa deux vaisseaux et une frégate à Rochefort, et autant à Brest, pour aller, disait-on, rétablir l'ordre à Saint-Domingue. Le bataillon du Calvados fut embarqué dans l'expédition de Brest, et Turpin arriva à Saint-Domingue comme soldat. Je partis en même temps de Rochefort et arrivai à Saint-Domingue comme botaniste du gouvernement.

Les deux flottilles de Brest et de Rochefort portaient à Saint-Domingue des troupes, plusieurs généraux et des commissaires du gouvernement, parmi lesquels figurait encore Sonthonax, chargé d'instructions fort différentes de celles qu'il avait trop fidèlement exécutées à son premier voyage. Cette fois, il trouva Toussaint-Louverture maître absolu de la colonie, et ce nègre rusé parvint à forcer les généraux et les commissaires du gouvernement à se rembarquer successivement pour la France ou à se démettre de leurs fonctions. Ce fut pendant ce conflit que je fis la connaissance du jeune Turpin, dont la candeur et la bonne tenue inspiraient tout d'abord de l'intérêt à sa personne. Il avait alors dix-neuf ans ; j'en avais vingt-huit. Je note ici cette différence d'âge, parce qu'elle en entretenait nécessairement une très-considérable dans l'état de nos connaissances individuelles à cette époque reculée, et pour donner la clef de plusieurs circonstances de l'amitié intime qui a régné entre nous pendant quarante-cinq ans, et que sa mort seule a interrompue. Je lui parlai d'abord de botanique, et il me montra un dessin de Corossol qu'il avait fait ; je vis qu'il dessinait mieux que moi, mais que son dessin n'avait pas la précision rigoureuse que réclame la science. Je lui donnai quelques conseils, et bientôt il me fit deux dessins que je conserve encore, qui sont mieux que celui du Corossol qu'il m'avait déjà montré, mais infiniment moins bien que tous ceux qu'il avait faits depuis.

Le chef de bataillon Clouart aimait beaucoup Turpin, et ne l'obligeait pas à coucher à la caserne ; je ne l'aimais pas moins, et nous allions souvent herboriser dans les mornes, aux environs du Cap. Cependant je ne m'apercevais pas qu'il prît beaucoup de goût pour la botanique ; il m'adressait rarement quelques questions sur cette science.

Au moyen des facilités que lui accordait son chef de bataillon, Turpin menait une vie assez tranquille au Cap ; il portait rarement l'uniforme ; sa jeunesse, sa bonne mine, son air distingué le faisaient aimer de tout le monde et admettre dans les bonnes sociétés du Cap.

Le pouvoir de Toussaint-Louverture, sa grande influence sur la destinée de la colonie éveillèrent encore les soupçons du gouvernement français, et il envoya à Saint-Domingue le général Hédouville avec un brillant état-major et de nouveaux administrateurs. Ce général, débarqué à Santo-Domingo, dans la partie espagnole, se rendit au Cap par terre. Le rusé Toussaint-Louverture ne vint pas plus au Cap que sous les précédents représentants et généraux, et entretint par ses agents une sorte de correspondance insignifiante avec le général Hédouville ; de sorte qu'après quelques mois ce général fut aussi obligé de se rembarquer pour la France et d'emmener avec lui le bataillon du Calvados, dans lequel était mon ami Turpin.

Dès le lendemain de ce départ, Toussaint-Louverture entra dans la ville à la tête de ses troupes, et fit l'étonné de n'y plus trouver que des habitants paisibles. Comment, dit-il, « moi vini pou palé avé general là, pi li embarqué ? »

Pour avoir l'air de toujours gouverner au nom de la France, Toussaint-Louverture fit venir de Santo-Domingo l'agent Roume, qu'il installa au Cap dans la maison du gouvernement, et auquel il n'accorda qu'une autorité dérisoire.

Le bataillon du Calvados étant arrivé en France, Turpin ne tarda pas à entrer comme dessinateur dans l'état-major du général Leclerc, établi à Rennes. Ce général s'intéressa à lui, et, pour que ses années de service ne fussent pas perdues, il le fit nommer lieutenant dans un corps de cavalerie, où cependant il n'a jamais paru, et dont il n'a jamais touché les appointements ni retiré aucun avantage. Quoique sa place de dessinateur à l'état major du général Leclerc fût assez belle, Turpin regrettait la vie agréable qu'il avait menée à Saint-Domingue, et il obtint du général Leclerc de retourner dans cette colonie. Il y revint justement dans le moment que Toussaint-Louverture entreprenait le siége de Jacmel et faisait au Cap une levée générale pour cette expédition. J'échappai à cette levée, parce que je logeais dans une maison avec quelques musiciens de l'armée, que je jouais de la clarinette, qu'on me prit pour un musicien, et que la musique ne fut pas commandée pour cette expédition. Turpin ne fut pas aussi heureux ; il ne coucha que deux nuits au Cap, et fut entraîné comme les autres au siége de Jacmel. Il souffrit beaucoup dans cette campagne, qui fut courte, à la vérité, mais dans laquelle Toussaint-Louverture ne payait ni ne nourrissait ses soldats. Enfin il parvint à se faire réclamer comme dessinateur par M. Sorel, ingénieur en chef au Port-au-Prince, et il évita ainsi une mort à peu près certaine, car de tous les blancs pris au Cap pour aller au siége de Jacmel il n'en revint qu'un seul avec une jambe de moins.

Après un séjour de quelques mois au Port-au-Prince, Turpin revint au Cap, où venait d'arriver M. Stevens, consul des États-Unis, grand amateur de plantes, et avec lequel je m'étais déjà mis en relations. Je lui présentai mon ami Turpin comme un habile dessinateur, et nous convînmes que je nommerais et décrirais les plantes, tandis que Turpin les peindrait.

Nous allâmes, aux frais de M. Stevens, nous installer dans l'île de la Tortue, chez M. Labattue, riche propriétaire de cette île, où nous espérions trouver des plantes plus intéressantes ou plus rares qu'aux environs du Cap. Nous restâmes un an dans cette petite île, et revînmes ensuite au Cap avec une assez riche collection de plantes et de dessins.

Nous étions alors à la fin de 1800, et on parlait, à Saint-Domingue, d'une seconde expédition de la France contre le gouvernement de Toussaint-Louverture. Cette nouvelle s'étant peu à peu confirmée, un autre incendie et un nouveau massacre des blancs à l'approche des Français paraissaient imminents. Tous ceux qui pouvaient fuir de la colonie partaient. Moi je craignais plus pour mes collections en histoire naturelle que pour moi-même. Lorsqu'il ne fut plus possible de douter de l'arrivée des Français, M. Stevens facilita mon passage sur un bâtiment américain, pour me rendre aux États-Unis avec mes collections. Quant à Turpin, il se décida à rester à Saint-Domingue et à continuer de dessiner des plantes pour M. Stevens ; mais, cinq mois après mon départ, le général Leclerc arriva à Saint-Domingue avec une armée de 25,000 hommes. Les nègres, n'ayant pu empêcher le débarquement, incendièrent pour la seconde fois la ville du Cap avant de se retirer. Beaucoup de blancs furent sacrifiés. Turpin eut le bonheur de pouvoir se sauver avec quelques Français dans les mornes, d'où ils virent les flammes consumer leurs maisons et tout ce qu'ils possédaient.

Quand le général Leclerc fut installé au Cap, Turpin ne tarda pas à se faire reconnaître ; il obtint aisément les moyens de faire de la botanique et de dessiner des plantes. Des nouvelles idées se développèrent en lui ; les ordres naturels de Jussieu, qu'il connaissait par la traduction de Ventenat, le frappèrent, et en moins d'un an il se fit des idées sur l'organisation végétale, qu'il a étendues et mûries par la suite, et qui enfin lui ont ouvert plus tard les portes de l'Académie.

Tant que le général Leclerc a vécu (1), la position de Turpin a été belle et digne d'envie pour un botaniste ; mais, à la mort du général, son successeur, le général Rochambeau, laissa Turpin dans un dénûment absolu. Heureusement que M. Bailly, médecin en

---

(1) Quoique Toussaint-Louverture eût été vaincu par la prise du cap Français, il avait pourtant obtenu du général Leclerc de vivre dans la colonie avec quelques hommes de sa troupe ; mais enfin, comme on le connaissait pour être un malin,

chef de l'armée, le fit nommer pharmacien de deuxième classe, sans l'obliger d'en remplir les fonctions, ce qui lui permit de continuer de se livrer à l'étude des végétaux encore quelque temps. Cependant la position de la colonie devenait de plus en plus critique, et Turpin crut prudent de s'embarquer pour les États-Unis avant que Rochambeau fût obligé d'évacuer Saint-Domingue.

Turpin débarqua à New-York et se rendit de là à Philadelphie, d'où il m'écrivit pour m'annoncer sa nouvelle résidence. Je lui répondis en l'invitant de venir à Paris, où j'avais monté quelques ouvrages que nous continuerions ensemble. Pendant ce temps, il fit la connaissance du général Hamilton, grand amateur de plantes, à qui j'en avais déjà envoyé de Saint-Domingue, et il lui fit quelques dessins de plantes rares qui croissent aux environs de Philadelphie. Bientôt le célèbre voyageur M. Humboldt aborda à Philadelphie, en revenant de son voyage dans l'Amérique du Sud, et Turpin s'embarqua avec lui pour revenir en France à la fin de l'année 1802.

Telles sont les principales circonstances de sa vie avant son arrivée à Paris, où bientôt son amabilité, l'étendue et la nouveauté de ses connaissances en botanique ne tardèrent pas à lui mériter l'estime de plusieurs hommes célèbres dans la science des végétaux.

Nous n'eûmes d'abord qu'une chambre, et nous dessinions sur la même table. Un jour Correa de Serra vint nous voir ; on parla botanique. Turpin développa ses idées sur l'organisation végétale avec une telle clarté, que, pendant qu'il avait le dos tourné, Correa me dit : « Ce jeune homme ira loin, » prédiction qui s'est accomplie.

Depuis 1802 jusqu'à 1814, nos travaux et nos intérêts n'ont cessé d'être communs entre Turpin et moi ; nous avons fait les figures d'un grand nombre d'ouvrages publiés par divers botanistes. Nous avons surtout publié, aux frais de la Chaussée, notre *Traité des arbres fruitiers*. Je me plais à reconnaître, ici comme ailleurs, que les plus beaux dessins de cet ouvrage sont dus à l'habile pinceau de mon ami Turpin.

Il ne se bornait pas à représenter fidèlement l'image des plantes qu'il dessinait soit en Amérique, soit en France ; il en étudiait aussi les rapports de structure, d'organisation, et quand

---

des officiers du général Leclerc, étant aux Cailles, firent si bien, qu'ils le déterminèrent à venir dîner avec eux, et pendant le dîner l'un d'eux le saisit par derrière, on le porta à bord d'un canot d'un bâtiment qui l'amena au Cap, et de là en France avec sa femme. Les journaux en ont parlé quelque temps, et bientôt n'en ont plus rien dit ; de sorte qu'il est mort sans bruit, ainsi que sa femme.

en 1815, il fut chargé de faire les figures du *Dictionnaire d'histoire naturelle de Déterville*, il mit dans cet ouvrage un choix si judicieux d'exemples de toutes les familles connues du règne végétal, et des analyses si correctes, qu'il n'avait jamais été rien fait d'aussi exact par aucun peintre ni par aucun botaniste dans un ouvrage de cette nature. Les connaissances en botanique et en physiologie de Turpin s'étendirent encore en faisant cet ouvrage, dont les exemples étaient restés à son choix. Il en convenait lui-même, et me disait que cet ouvrage lui fournissait l'occasion de faire un cours l'histoire naturelle le plus complet qui eût jamais été fait. En effet, il lui a passé sous les yeux et il a peint tant d'objets des deux règnes, que, avec son esprit observateur et sa rare facilité de comparer et *synthétiser*, l'organisation des végétaux et des animaux est devenue pour lui beaucoup plus simple qu'on ne l'avait cru jusqu'alors, parce que, disait-il, on avait coutume d'examiner les choses toutes venues, tandis que lui, au contraire, avait pour principe de *voir venir les choses pour les expliquer*. Cette manière de procéder l'a amené à reconnaître que tout être commence d'abord par être un organe simple auquel la nature ajoute successivement un certain nombre d'autres organes pour arriver au corps le plus compliqué. Que cette manière de considérer les corps organisés soit la meilleure ou non, il n'est pas moins certain qu'elle est la plus simple, la plus sûre pour expliquer l'organisation.

Turpin fut aussi le premier en France qui ouvrit les idées des botanistes sur la facilité et la fréquence de changements d'un organe en un autre organe dans les végétaux, et il trouva beaucoup d'opposition, parmi les botanistes, à établir cette nouvelle vérité, qui aujourd'hui est généralement admise. A ce sujet, on a vu un botaniste de ses amis, Labillardière, dire à ses convives dans un dîner : « *Vous croyez, messieurs, manger des fruits? eh bien, vous ne mangez que des feuilles.* » Ce botaniste pouvait être plaisant; mais, à coup sûr, il n'était pas physiologiste.

Cependant les idées que Turpin s'était formées, par l'observation et par la seule force de son génie, sur l'organisation et la transformation des organes, n'étaient pas entièrement nouvelles. Déjà, et depuis un certain temps, Goëthe, célèbre poëte allemand, avait publié un ouvrage intitulé, *Métamorphose des plantes*, dans lequel on trouve une partie des idées développées par Turpin ; mais l'ouvrage de Goëthe, publié en allemand, était peu connu en France à cette époque, et Turpin ne se doutait nullement de son existence, quand il a publié les mêmes principes en France. Il paraît même qu'alors les idées de Goëthe sur la structure des plantes n'étaient pas plus goûtées en Allemagne qu'en France ; car un botaniste prussien, Kunth, résidant alors à Paris, disait de l'ouvrage de Goëthe : « *C'est la poésie de la botanique, mais non pas la science.* » Au contraire, c'est la véritable science et le chemin le plus court pour arriver à la connaissance de l'organisation végétale, et pour expliquer tous les changements qui arrivent naturellement ou accidentellement dans les organes appendiculaires des végétaux.

Turpin a enrichi la physiologie végétale d'une grande quantité de faits qui resteront dans la science ; mais il a professé aussi quelques idées dont la solidité est encore contestée par les savants, et qui auront de la peine à obtenir leur sanction : telle est la comparaison figurée du système terrestre et du système aérien des végétaux avec les membres supérieurs et inférieurs de l'homme. Ces figures doivent être considérées plutôt comme un moyen frappant d'exprimer sa pensée que sa pensée toute pure (1).

Après avoir admis, avec les botanistes, la nécessité de la fécondation dans les plantes pour leur reproduction, et avoir le premier indiqué une ouverture (le micropyle) par où le fluide fécondant pouvait s'introduire dans l'ovule, il en est venu, par d'autres considérations, à nier la nécessité de la fécondation pour la reproduction des espèces végétales. Ce coup hardi contre une croyance à peu près générale et basée sur plusieurs faits incontestables, respectables par leur ancienneté, par leur accord avec ce qui se passe dans presque tous les animaux, n'a été soutenu par Turpin dans aucun mémoire particulier ; mais il l'a toujours soutenu dans la discussion.

Néanmoins Turpin faisait des découvertes si neuves et si intéressantes à l'aide de son microscope, que la nécessité de se servir de cet instrument a frappé les naturalistes, les chimistes et les physiciens. Aujourd'hui il y a peu de savants naturalistes qui n'emploient pas le microscope pour fouiller dans l'infiniment petit de l'organisation des êtres.

Turpin commençait à jouir de la réputation attachée à son nom, et de l'aisance qu'il avait acquise par ses travaux, lorsque, en 1821, il fut impitoyablement frappé, dans ses plus chères affections, par la mort de son fils unique, jeune homme de dix-huit ans, qui était

---

(1) Jussieu, le célèbre auteur des ordres naturels, avait beaucoup d'estime pour Turpin ; il admettait plusieurs de ses idées et en repoussait d'autres : au sujet de ces dernières, il avait coutume de dire de Turpin, « *Ce jeune homme est l'enfant perdu de la botanique.* »

déjà peintre habile, botaniste distingué, et initié, comme son père, dans la parfaite connaissance de l'organisation végétale. Cette perte fut un coup de foudre pour Turpin ; elle lui enlevait la joie de ses vieux jours ; elle détruisit ses espérances, dérangea ses projets, mais n'abattit pas son courage ; il continua de consacrer son pinceau à illustrer plusieurs ouvrages de botanique, en même temps qu'il s'occupait, pour son compte, à perfectionner, par de nouvelles observations, la théorie qu'il s'était faite de l'organisation végétale.

La réputation de Turpin, comme botaniste et physiologiste d'un grand mérite, s'accroissant de jour en jour, l'Académie des sciences le reçut au nombre de ses membres titulaires le 16 décembre 1833.

Si cet article ne paraissait pas déjà trop long à ceux qui me font l'honneur de me lire, je leur énumérerais le nombre des ouvrages que Turpin a publiés ; je leur dirai seulement qu'avant d'être académicien il en avait publié dix-neuf, imprimés la plupart dans les *Mémoires du muséum d'histoire naturelle*, et que, pendant les sept ans qu'il vécut encore, il en a publié douze dans les *Mémoires de l'Institut;* ce qui fait en tout trente et un mémoires accompagnés d'excellents dessins. Enfin Turpin a prouvé, en parvenant à l'honneur de siéger comme un de ses membres à l'Académie des sciences, ce que peuvent le génie, le bon jugement, la constance et la persévérance dans les sciences d'observation sans le secours de ce qu'on nomme éducation.

Quoique la santé de mon ami Turpin ne fût pas des meilleures, l avait pourtant lieu d'espérer de vivre encore longtemps pour la science, sa femme et ses amis. Malheureusement, en avril 1840, l se décida à aller à une petite campagne isolée à 12 lieues de Paris ; il travailla à son jardin ; il eut chaud, se laissa refroidir, et fut atteint d'une fluxion de poitrine. Privé de son médecin, de celui qui connaissait la faiblesse de sa poitrine, il fut négligé pendant trois jours. Après ce temps, il revint à Paris ; mais il était trop tard ; tout l'art de la médecine ne pouvait rien pour le sauver ; e mal était si grave, qu'à peine il pouvait se faire entendre et reconnaître ses amis, et que, le 1er mai, à huit heures du matin, après une maladie de cinq jours qui avaient été presque cinq jours d'agonie, il s'éteignit à l'âge de soixante-cinq ans.

Il a laissé un vide dans la science des végétaux, de grands regrets à ses amis, une épouse dans la désolation, et qui n'a pu trouver de consolation qu'en pensant aux distinctions dont Turpin s'était rendu digne, et à la place honorable qu'il occupait à l'Académie des sciences, le premier corps savant du monde.

Quand un membre de l'Académie des sciences meurt, ce corps savant a coutume d'exprimer ses regrets en rappelant les droits qu'avait le défunt à l'estime de ses confrères. Il y a onze ans que Turpin est mort, et cependant l'Académie n'a encore rien dit de lui. Puisse mon faible discours ne pas laisser oublier que Turpin avait les plus grands droits d'obtenir quelques mots de l'Académie des sciences de la France !

QUARANTE-QUATRIÈME LEÇON.

Écoles d'arbres fruitiers.

Quoique j'aie vu la pépinière d'arbres fruitiers des chartreux en 1789, avant qu'elle fût transportée du Luxembourg à Sceaux, revenir ensuite au Luxembourg, où il n'en existe aujourd'hui qu'un très-faible débris que l'on doit à la bienveillance éclairée de M. le duc Decazes, ci-devant grand référendaire à la chambre des pairs, je m'aiderai cependant, dans ce que je vais en dire, d'un petit ouvrage publié, en 1804, par Etienne Calvel, intitulé, *Notice historique sur la pépinière nationale des chartreux, au Luxembourg*.

Olivier de Serres est le premier qui ait parlé des arbres fruitiers avec méthode dans son *Traité d'agriculture*, et on n'a guère profité de son livre pour former des pépinières que dans les environs d'Avignon, de Toulouse et d'Orléans. Le talent de les conduire avec méthode et succès semblait s'être concentré uniquement dans le village de Vitry, près Paris, et ce village était alors en possession d'offrir des arbres fruitiers à la France et à l'Europe, et la réputation justement acquise des Adam, des Crété, des Chatenay et d'autres pépiniéristes soutint longtemps cette renommée.

Vers 1650, un des habitants de Vitry, que le goût de la retraite avait attiré chez les chartreux de Paris, où on lui donna le nom de *frère Alexis*, fut chargé d'élever de jeunes arbres pour planter d'une manière économique dans le vaste enclos de ces moines, qui contenait alors plus de 80 arpents. Le talent et les succès du frère Alexis portèrent les chartreux à employer utilement ses connaissances, et ils établirent des pépinières sur leur propre terrain.

Les bons arbres qui en sortirent firent peu à peu la réputation de cet établissement, et dès 1712, à une époque où l'on plantait beaucoup moins qu'aujourd'hui, il sortait de la pépinière des chartreux plus de quinze mille arbres fruitiers chaque année, dont la beauté et la vigueur firent à cette pépinière presque autant d'ennemis qu'elle avait de concurrents dans ce genre de commerce.

Après le frère Alexis, vint le frère Philippe, qui soutint la réputation de la pépinière des chartreux ; mais celui qui la fortifia, qui lui assura cet éclat qui avait fixé l'attention et la confiance de l'Europe, c'est Christophe Hervy, père de Michel-Christophe Hervy, pépiniériste très-habile et qui succéda à son père.

Mais bientôt la révolution de 89 arriva, et les chartreux furent supprimés, ainsi que leur pépinière.

Je ne m'arrêterai pas à rappeler tout ce qui a été fait sur le terrain des chartreux depuis 1789 jusqu'en 1804, mais je rappellerai que Calvel dit positivement « qu'un ordre est parvenu aux citoyens « Hervy père et fils, le 27 ventôse an IV, qui les força de trans- « porter aussitôt à Sceaux les restes infortunés de cette pépinière « jadis si brillante, où, en semis, en plants, en arbres, qu'on « comptait, peu d'années auparavant, par millions, il n'en restait « plus qu'environ dix-huit mille. »

A la même époque, c'est-à-dire en 1792, Thoüin, dont le nom sera toujours cher à la France, obtint de l'infortuné ministre Roland qu'on lui délivrât, pour le jardin des plantes, deux arbres fruitiers de chaque genre, espèce ou variété, et c'est avec ces arbres qu'on a fait la première école d'arbres fruitiers qui ait été plantée au jardin des plantes, à Paris.

Après toutes les complications d'une révolution, le comte Chaptal ayant été nommé ministre de l'intérieur, ce savant, ce protecteur éclairé, cet ami des sciences et des arts voulut rétablir la pépinière des chartreux dans le lieu même où elle avait existé, et il chargea Hervy fils de cette grande et difficile entreprise, qui dura plusieurs années, pendant lesquelles disparurent tous les bâtiments des chartreux, excepté la pompe et la maison où est aujourd'hui M. Richard, professeur de botanique à l'école de médecine. Hervy s'acquitta on ne peut mieux de niveler le terrain, de le planter au fur et à mesure en pépinière dans la partie sud, et en école d'arbres fruitiers au nombre de sept cents dans la partie nord, séparée de la partie sud par une allée de Marronniers allant du Luxembourg à l'observatoire, sous les ordres de M. le duc Decazes, et qui est aujourd'hui la plus belle de toutes les avenues.

En mai 1809 Hervy a ouvert un cours d'horticulture dans la pépinière du Luxembourg. Je m'y trouvai parmi les élèves, qui étaient nombreux. Hervy nous lut avec attendrissement quelques mots sur son père, qui avait tout fait pour rendre célèbre la pépinière des chartreux, et ce qu'il comptait faire lui-même pour les élèves pendant ce cours, qui devait se renouveler chaque année, trois fois chaque semaine, du 15 janvier au 15 octobre. Quand il eut fini de nous lire les deux discours fort bien faits, imprinés, en 1809, en tête du *Catalogue méthodique et classique de ous les arbres, arbustes fruitiers et Vignes formant la collection le l'école impériale établie près le Luxembourg*, il nous mit tous même de travailler dans un carré, les uns à ratisser, les autres à plucher les jeunes plants.

Cette manière d'enseigner l'horticulture est certainement la meilleure, sous les yeux et avec les observations du maître ; mais, ans que j'en explique la raison, elle n'a pas duré longtemps, et, 'année suivante, il n'y avait plus que peu ou point d'élèves ; tous u presque tous avaient quitté le Luxembourg, pour aller entendre e célèbre Thoüin, qui avait ouvert un cours d'horticulture plus dé-aillé au jardin des plantes, et qui eut le plus grand succès.

La pépinière du Luxembourg jouit pourtant d'un beau résultat endant plusieurs années ; mais son directeur Hervy n'a pas tou-ours conservé le ton doux et aimable qu'il avait dans le commen-ement. Un jour trois députés allèrent, sans se faire connaître, vi-iter la pépinière du Luxembourg, et sortirent mécontents de la éception que leur avait faite le directeur Hervy. Quand on en vint discuter le budget à l'assemblée nationale, ils firent retrancher es dix mille francs attachés à l'entretien de la pépinière du Luxem-ourg ; alors elle fut supprimée. Ce coup fut si pénible pour Hervy, u'il en mourut moins d'un an après, et en 1834 le terrain où tait l'école des arbres fruitiers fut donné à l'école de médecine our y faire un jardin botanique médicinal, et la maison qu'ha-itait Hervy pour loger le professeur Richard. Alors M. Decazes t établir une autre école d'arbres fruitiers sans espalier dans le errain où était la pépinière, mais beaucoup moins considérable que ancienne, et M. Hardy, jardinier en chef, y fait, chaque année, un ours de taille sur les arbres fruitiers.

Tel est aujourd'hui, 1851, l'état des arbres fruitiers au Luxem-ourg. Les Vignes n'y ont pas subi de diminution comme les arbres ruitiers. En 1842 M. Decazes a fait publier un catalogue des Vignes ui y sont cultivées, et ce catalogue contient 1,498 espèces ou va-iétés de Vignes provenant de 57 départements, puis d'Espagne, e Portugal, de Nice, Piémont, Sardaigne, Naples, Toscane, Italie, uisse, Allemagne, Russie, Hongrie, Transylvanie, Crimée, Trieste, Dalmatie, Istrie, Zante, Grèce, Turquie, Santorin, Chypre, Smyrne, Corfou, Afrique, cap de Bonne-Espérance, Amérique, Inde. Il ne manque plus qu'à savoir sur ces 1,498 espèces combien il y en a qu'il serait avantageux de cultiver dans l'un ou l'autre de nos dé-artements.

Dès 1780, le comte Chaptal avait aussi réuni au Luxembourg

beaucoup de Vignes de nos départements : Bosc avait été chargé de les décrire et de les faire peindre ; Redouté, Bessa, Turpin et moi en ont peint un certain nombre, et je ne sais ce qu'il est devenu. Toujours est-il certain que peu de ces Vignes ont été reconnues mériter d'être cultivées de préférence à celles de nos départements où la culture de la Vigne est possible.

De la pépinière d'arbres fruitiers au jardin des plantes.

J'ai déjà dit, d'après Deleuze et Calvel, qu'en 1792 Thoüin avait obtenu du gouvernement qu'on lui livrât deux individus de chaque espèce ou variété de tous les arbres fruitiers qui existaient dans la pépinière des chartreux, pour être plantés au jardin des plantes de Paris. Que ces arbres aient été donnés à Thoüin par le ministre, il n'y a aucun doute à cet égard ; mais, pour planter en école 800 espèces d'arbres et d'arbrisseaux provenant de la collection qui existait chez les chartreux, il fallait trouver et préparer de la place au jardin des plantes, et ce ne fut qu'en 1794 que l'administration du muséum décida qu'il serait arraché un carré d'arbres verts au bout de l'école de botanique, pour y planter l'école d'arbres fruitiers que Thoüin avait obtenue du Luxembourg. Ce fait est incontestable, malgré ce que disent Deleuze et Calvel, que l'école des arbres fruitiers a été plantée au jardin des plantes en 1792 ; car alors j'étais jardinier de l'école de botanique depuis 1790, j'y suis resté jusqu'en 1794, et c'est alors seulement qu'on a défoncé le carré d'arbres verts placé au bout de l'école de botanique, pour y planter les arbres fruitiers que Thoüin avait obtenus de la pépinière des chartreux. Quant à moi, le représentant du peuple Lakanal demanda à Thoüin et Daubenton, à la fin de l'année 1794, un jardinier pour aller former un jardin botanique à Bergerac (Dordogne), et j'y fus envoyé ; mais les temps difficiles de cette époque ne me permirent pas d'achever ce jardin. Alors Thoüin, qui me voulut toujours du bien, me fit passer à Saint-Domingue comme botaniste du gouvernement, où je suis resté sept ans, et ensuite je suis revenu à Paris en 1802.

Alors l'école des arbres fruitiers que l'on avait formée au jardin des plantes en 1794 et en 1795 était parfaitement établie, et commençait à donner des résultats satisfaisants. Quelques années après, Thoüin lui donna pour jardinier en chef M. Dumoutier, jeune homme très-studieux, que Lelieur de Ville-sur-Arce, directeur des jardins de la couronne, enleva en 1813 pour le placer à Trianon dans les pépinières du gouvernement, et M. d'Albret

qui travaillait depuis quelque temps au jardin des plantes, remplaça M. Dumoutier dans l'école des arbres fruitiers.

Voilà comme a été formée l'école d'arbres fruitiers au jardin des
plantes en 1794 et 1795. Je ne puis donc concevoir comment
Oscar Leclerc a pu dire dans une note imprimée dans le *Cours de
culture et de naturalisation* par André Thoüin, vol. I, page xxvi :
« *En* 1802, *André Thoüin créa au jardin des plantes l'école des
arbres fruitiers.* » Voilà tout ce que l'on trouve sur cette école
dans les trois volumes de ce cours publié en 1827 par Oscar Leclerc,
trois ans après la mort de Thoüin arrivée le 27 octobre 1824. C'est
une chose bien singulière que Thoüin, qui avait formé cette école,
n'en dise pas un mot dans son *Cours de culture* , que son neveu,
Oscar Leclerc, dise qu'elle a été formée en 1802, et que Deleuze pré-
tende qu'elle a été plantée en 1792 ; tandis que moi, je certifie
qu'on n'a commencé à la planter qu'en 1794, puisque j'étais encore
attaché au jardin des plantes à cette époque, et que j'ai vu défoncer
le terrain pour la planter.

Le catalogue des arbres fruitiers du jardin des plantes n'ayant
jamais été imprimé, je suppose naturellement que, quand Hervy
livra les arbres qui le composent au jardin des plantes, il donna
aussi à Thoüin le catalogue de ces arbres, car autrement il n'aurait
guère été possible de les planter convenablement ; cependant je n'ai
aucune preuve de ce fait. En conséquence, je me suis adressé à
M. d'Albret, qui a été longtemps jardinier en chef du carré des arbres fruitiers au jardin des plantes, avec prière de me communiquer le catalogue de ces arbres fruitiers, et au commencement
de l'année 1851 il eut la bonté de me communiquer deux catalogues manuscrits qu'il conservait de l'école des arbres fruitiers
qu'il a dirigée au jardin des plantes depuis 1815 jusqu'en 1845.
L'un de ces catalogues porte l'année 1824 et l'autre l'année 1839,
et sur celui-ci il est écrit qu'il a été copié sur celui de 1824. Or,
l'école des arbres fruitiers du jardin des plantes ayant été plantée
en 1794, il n'est pas possible qu'Hervy, qui a fourni les arbres à
Thoüin, ne lui en ait pas donné en même temps le catalogue.
Pourtant ce fait n'est établi nulle part dans l'ouvrage de Thoüin,
publié par son neveu Oscar en 1827, et il est bien étonnant que ce
fait important n'ait pas été hautement annoncé par Thoüin, quand
il cite, dans son ouvrage, des choses bien moins intéressantes.

Dans le nombre de 909 espèces ou variétés de fruits mentionnées
dans chacun des deux catalogues qu'a bien voulu me communiquer
M. d'Albret, je remarque que dans l'un il a fait une grande quantité de notes qui montrent que ce catalogue contenait beau-

coup d'erreurs sur les noms des arbres fruitiers, et qu'il a fait ce qu'il a pu pour rétablir le vrai nom à ces espèces. Or je crois que ce catalogue ne peut pas être celui fourni à Thoüin par Hervy en 1794, car il connaissait trop bien les arbres fruitiers pour avoir fait tant d'erreurs. Quoi qu'il en soit, je prie M. d'Albret de recevoir mes sincères remercîments pour la communication de ses deux catalogues, et pour toutes celles qu'il a bien voulu me faire pendant tout le temps que j'ai travaillé à notre *Traité des arbres fruitiers*, depuis 1807 jusqu'en 1820. Je dois même dire que, sans les secours que j'ai trouvés à la pépinière du jardin des plantes et à celle du Luxembourg, notre *Traité des arbres fruitiers* ne serait pas fait, puisque nous n'avons dû peindre que des espèces présentes à nos yeux.

Ainsi la première école d'arbres fruitiers que l'on ait vue au jardin des plantes de Paris y a été plantée en 1794, dans le carré à la suite de l'école de botanique ; en 1824, elle a été transplantée dans le carré des plantes économiques ; enfin, en 1840, elle a encore été transplantée le long de la rue de Seine, où elle existe aujourd'hui ; mais le nombre des arbres est beaucoup diminué, parce que ce dernier terrain ne pouvait contenir tous ceux qui se trouvaient dans la dernière école. M. Jamin, habile pépiniériste, a fourni pour cette nouvelle école beaucoup de Poiriers nouveaux que les anciennes ne possédaient pas. Cependant le nombre d'arbres fruitiers est encore si restreint aujourd'hui, 1851, au jardin des plantes, que ce nombre ne mérite plus le nom d'école. En effet, on n'y compte que 260 Poiriers en pyramide, 9 Pêchers en espalier et 24 Fraisiers, parce qu'il n'y a pas de place pour en contenir un plus grand nombre ; mais, depuis quatre ans, le gouvernement a acheté pour le jardin des plantes un terrain rue de Buffon, où l'on établit actuellement une autre école d'arbres fruitiers qui sera plus considérable que celle qui existe encore contre la rue de Seine.

Notice sur quelques pépiniéristes.

J'ai déjà publié dans ce volume, de la page 91 à celle 141, les noms de trente auteurs et leurs principaux ouvrages en jardinage ; je vais ici rappeler quelques noms qui méritent aussi d'être cités.

Le premier et le plus ancien livre que j'aie à citer date de 1752, et porte le titre de *Catalogue des plus excellens fruits, les plus rares et les plus estimés qui se cultivent dans les Pépinières des Révérends Pères* CHARTREUX *de Paris ; avec leurs descriptions et le tems le plus ordinaire de leur maturité. A Paris, chez la veuve*

Thiboust, *Imprimeur du* Roi, *Place de Cambrai.* On voit à la fin du livre, page 59, que cet ouvrage est une troisième édition. Il n'a ni préface, ni rien qui indique le nom de son auteur ; il contient, en outre, quelques arbres et arbustes d'ornement : on y trouve 289 espèces de fruits assez bien décrites.

Au sujet de cet ouvrage, je ferai remarquer qu'il date de 1752, et que le frère Alexis a quitté Vitry, son pays, en 1650, pour se rendre frère chartreux à Paris, où il cultiva les arbres fruitiers. Il y avait donc cent ans qu'on cultivait les arbres fruitiers aux chartreux quand le catalogue des fruits dont je viens de parler a été imprimé, puisque le frère Alexis, originaire de Vitry, près Paris, y était entré en 1650. Or en introduisant les arbres fruitiers aux chartreux il les a très-probablement tirés de Vitry.

Duhamel, qui a fait imprimer son *Traité des arbres fruitiers* en 1782, ne dit pas du tout d'où il a tiré la nomenclature des fruits qu'il a décrits ; eh bien, je crois fermement qu'il l'a tirée des pépiniéristes de Vitry, et du frère Alexis, directeur de la pépinière des chartreux, puisque la nomenclature des fruits, dans le petit ouvrage que j'ai sous les yeux, publié en 1752, est la même que celle employée par Duhamel en 1782. Cela me paraît incontestable.

Mais aujourd'hui les pépiniéristes ont-ils pour Duhamel les mêmes égards qu'il a eus pour le frère Alexis dans la nomenclature des fruits? non certainement. Les fruits sont plus nombreux maintenant que du temps de Duhamel, et ceux qui existaient alors existent encore pour la plupart ; mais on leur donne des noms différents, parce que le plus grand nombre des pépiniéristes n'ont pas le temps de rechercher assez dans Duhamel si un fruit qui leur semble nouveau ou qu'ils ne connaissent pas ne serait pas décrit avec son nom dans cet auteur.

Je le répète, Duhamel a eu le tort de ne pas mettre à la suite des noms de ses fruits le nom du frère Alexis, quand le fruit avait été décrit par lui, comme font les botanistes, qui placent toujours le nom de celui qui a décrit le premier une plante en tête de la description qu'ils en donnent. Si cet usage était introduit en arboriculture, chaque pomologiste qui obtiendrait un fruit lui paraissant nouveau ferait des recherches avant de le nommer, pour savoir s'il l'est véritablement, et pour lui imposer un nom qui serait suivi du sien, ce qui le rendrait responsable, comme cela a lieu chez les botanistes; mais non, on donne un nom à un fruit sans faire les recherches nécessaires, tandis qu'il peut être déjà nommé plusieurs fois, comme on le verra dans le catalogue de la Société d'horticulture de Londres, dont je parlerai tout à l'heure.

Ainsi, si les pépiniéristes désirent vraiment qu'on croie que les noms des arbres fruitiers qu'ils désignent dans leurs catalogues sont leurs vrais noms, il faudrait qu'ils fissent comme font les botanistes, c'est-à-dire qu'ils missent le nom de celui qui a nommé un fruit le premier au commencement de sa description. Tant que cela n'aura pas lieu, il y aura toujours une telle confusion dans les noms des fruits, qu'on ne pourra jamais accorder une confiance entière à aucun catalogue de fruits.

En suivant l'ordre des dates, je cite ici M. N. J. Prevost, pépiniériste distingué, à Bois-Guillaume, près Rouen, qui a succédé, il y a quarante ans, à son père, également pépiniériste. J'ai eu l'avantage de le rencontrer chez M. Vibert, à Saint-Denis, il y a déjà longtemps, et, d'après l'inspection que nous fîmes du jardin, M. Prevost a prouvé qu'il connaissait parfaitement les arbres fruitiers et leurs noms. Quand la Société d'horticulture de Rouen s'est fondée, en 1836, M. Prevost en a été nommé l'un des premiers, et il y conserve toujours une place aussi utile qu'honorable. Lorsque cette Société a décidé de publier avec figure tous les fruits des Poiriers cultivés, M. Prevost s'est chargé de ce travail important, et la description des espèces de Poires y est faite de la manière la plus claire et la plus savante.

La Société d'horticulture de Rouen n'ayant pas jugé convenable de prendre le titre de Société d'horticulture et de botanique, trois jeunes gens, MM. Lierval, Harel aîné et Teinturier, ont fondé, en 1845, sous le titre de *Cercle d'horticulture pratique et de botanique de la Seine-Inférieure*, une société de botanistes et de jardiniers. Cette société forme un herbier, une collection de fruits modelés, de bois étrangers, de graines et de fruits exotiques, d'insectes utiles et nuisibles à la culture, etc., etc. Une bibliothèque, qui s'enrichit chaque jour, est ouverte aux membres et aux jeunes gens admis comme auditeurs les dimanches, et en hiver, un jour dans la semaine après l'heure du travail, et elle publie un volume in-8° chaque année. Cette société, comme on le voit, s'occupe de choses fort utiles outre l'horticulture, et est placée sous la présidence de M. Prevost.

Depuis quarante ans que M. Prevost exerce l'état de pépiniériste d'arbres fruitiers, il possède aujourd'hui plus de quatre cents espèces ou variétés de Poiriers; eh bien, depuis quarante ans, il n'a pas encore pu, quoique l'un des plus actifs pépiniéristes, publier un catalogue de ses arbres fruitiers avec toute l'exactitude qu'il voudrait y mettre et dont il sent toute l'importance. Chaque année, on annonce, de droite et de gauche, de nouvelles variétés de Poires peu ou mal déterminées qui le tiennent dans le doute, et, après avoir vu et examiné ces nouvelles espèces, plusieurs d'entre elles ne lui paraissent pas devoir être séparées des anciennes ; de sorte que, s'il publiait un catalogue, il serait autrement que ceux de ses confrères, et probablement dans le genre de celui de la Société horticulturale de Londres, qui lui-même n'est pas sans défaut. Ainsi, si M. Prevost n'a pas encore publié le catalogue des arbres fruitiers, c'est qu'il lui semble impossible de le bien faire tant que les pépiniéristes de France ne s'entendront pas entre eux, comme s'entendent les botanistes de l'Europe pour nous faire connaître toutes les plantes à mesure qu'on les découvre ; mais, comme nos arbres fruitiers n'ont pas de caractères naturels qui les distinguent les uns des autres comme en ont les espèces botaniques, il ne sera jamais possible de les distinguer aussi nettement qu'elles, à moins qu'on n'emploie l'algèbre, et c'est ce qui est encore loin d'arriver.

Catalogue général et prix courant des arbres fruitiers, arbres et arbrisseaux d'ornement cultivés par CROUX, *successeur de son père, à la ferme de la Saussaye, près Villejuif,* 1847.

Ce pépiniériste avait son établissement à Vitry, et à l'automne de 1847 il a transporté ses pépinières sur la ferme de la Saussaye, où elles occupent plus de 20 hectares, et sont dans un état qui témoigne hautement des connaissances pratiques et de l'activité de cet habile arboriculteur.

Je n'ai pas à m'occuper ici des arbres, arbrisseaux et arbustes d'ornement, qu'il élève en quantité prodigieuse ; mais, pour ne mentionner que les arbres à fruit, je dirai que son catalogue présente un choix de 21 Abricotiers, 44 Cerisiers, 28 Pêchers, 346 Poiriers, 60 Pommiers, 67 Pruniers, 62 Vignes, etc., etc., tous en espèces ou variétés d'élite.

Ce qui rend encore cet établissement plus intéressant, c'est que M. Croux a formé, dans un jardin de 1 hectare qui entoure son habitation, et dont les murs ont un développement d'environ 2,500 mètres, une école fruitière, où il dispose sous diverses formes les meilleures variétés de fruits, et dans laquelle il démontre gratuitement, deux fois par semaine, les opérations de la taille, de la greffe, l'ébourgeonnement et le pincement. C'est un cultivateur ami du progrès, et qui en comprend l'importance ; non-seulement il applique le pincement à ses jeunes élèves de pépinière, mais il prépare encore, sous diverses formes, les arbres que recherchent les propriétaires pressés de jouir.

Il s'occupe, en ce moment, d'un catalogue raisonné, où il se propose de réunir la synonymie des fruits, travail immense et d'un intérêt incalculable, et de fixer les qualités, le mérite et l'époque de maturité de chacun d'eux; ce serait le plus grand service qui pourrait être rendu à l'horticulture en général, et en particulier aux nombreux amateurs de ces riches produits. On a tout lieu d'espérer qu'il mènera ce travail à bien. Passionné pour son état, il est jeune et actif, et j'ose lui prédire un rang brillant parmi les arboriculteurs du premier mérite.

Établissement horticole, en arbres et arbustes, de madame veuve Levacher-Bruzeau *et fils, pépiniéristes, à Orléans, 1847-48.*

Tout le monde sait que, après Vitry (Seine), ce sont les villes d'Orléans et d'Angers qui ont le plus de pépiniéristes d'arbres fruitiers. J'ai connu autrefois plusieurs marchands d'arbres de ces trois endroits; mais, aujourd'hui qu'il ne m'est plus possible de marcher, j'ai recours à la complaisance de M. Deláire, jardinier en chef du jardin botanique de la ville d'Orléans, et que j'ai l'avantage de connaître depuis qu'il était attaché au muséum d'histoire naturelle, à Paris, pour savoir combien il existe aujourd'hui, 1851, de pépiniéristes marchands d'arbres fruitiers à Orléans : il a bien voulu me répondre le 30 juin dernier, et me donner les noms des pépiniéristes qui sont aujourd'hui établis à Orléans, et dont je vais transcrire la liste, après avoir parlé un instant du catalogue d'arbres fruitiers et autres de madame veuve Levacher-Bruzeau et fils, pépiniéristes, à Orléans, 1847-48. On trouve écrit ce qui suit, page 5 de ce catalogue :

« La nomenclature des arbres fruitiers dits nouveaux est si
« considérable aujourd'hui, que c'est un véritable chaos. Les sy-
« nonymes qui en doublent le nombre, sans autre avantage que de
« produire, sur divers catalogues, des séries de noms, nous ont
« déterminés à ne produire ici que les espèces ou variétés recon-
« nues les plus intéressantes sous le point de vue de leur fructi-
« fication et de l'effet que doivent produire certains d'eux par
« leurs feuillages. »

L'opinion de madame Levacher sur la nomenclature actuelle des fruits est hardie, et n'avait encore été prononcée par aucun pépiniériste, quoique presque tous éprouvent un grand embarras quand ils forment leurs catalogues, et qu'ils y mettent des espèces qu'ils ne connaissent que par ce qu'ils en ont entendu dire. L'opinion de madame Levacher me paraît donc très-bien fondée, et je suis persuadé qu'elle mérite d'être prise en considération par un grand nombre de pépiniéristes; on voit que cette dame met en pratique ce qu'elle conseille, car son catalogue n'annonce que 61 espèces de Poires.

Voici les douze principaux pépiniéristes existant, en 1851 , à Orléans :

D. DAUVESSE, avenue Dauphine;
Veuve LEVACHER-BRUZEAU et fils, au Lièvre d'or ;
HEMERAY-FRISON, rue de Guinegault ;
TRANSON-FORTEAU, route d'Olivet ;
THUILLIER (Thomas), à Saint-Marceau ;
DEFOSSÉ-THUILLIER, route d'Olivet;
GAUGUIN-GODILLON, à Saint-Marceau ;
CHOUETTE (Simon), route d'Olivet ;
BRUZEAU-PROUST, à Saint-Marceau ;
BRETON-RENAUD, quartier du Lièvre-d'Or ;
LEFÈVRE (Baptiste), croix Saint-Marceau ;
GRANGER-FAUGOIN et fils, avenue Dauphine.

Je sais qu'il en existe encore quelques autres que je suis fâché de ne pouvoir nommer; car après Vitry, près Paris, c'est Orléans qui contient le plus de pépiniéristes.

Catalogue et prix courant des végétaux ligneux, arbres, arbrisseaux et arbustes fruitiers, forestiers et d'ornement, cultivés dans l'établissement de M. Marius JACQUEMET-BONNEFONT, *pépiniériste, à Annonay (Ardèche), 1847-48.*

M. Jacquemet-Bonnefont, que la mort a enlevé l'an passé, mais qui a laissé un fils qui lui succède avec honneur, a créé le plus vaste établissement d'arbres fruitiers et de plantes que je connaisse. Cet établissement occupe une superficie de plus de 90 hectares, où cent ouvriers sont continuellement occupés. La plus grande sévérité d'ordre préside à tous les détails. On y trouve des écoles classiques de tous les arbres, arbrisseaux, arbustes fruitiers et d'ornement de pleine terre, ainsi que des serres chaudes et tempérées propres aux plantes, arbustes et arbres des climats chauds.

M. Marius Jacquemet-Bonnefont tient aussi le commerce de graines avec celui des plantes et des arbres. Je remarque, dans son catalogue, que les noms des Poires surtout sont presque tous suivis d'une courte description qui fait connaître les qualités du fruit et l'époque de la maturité. Voici deux de ces descriptions pour exemple :

BON-CHRÉTIEN NAPOLÉON, Bonaparte ou Médaille. Plus que moyen, jaune, taché ou piqueté ; chair fondante, parfumée : très-bon. Octobre.

D'ABONDANCE ou AH ! MON DIEU ! Moyen, vert et jaune, pointillé ; chair demi-fondante : bon, fin août. Arbre très-fécond.

Voilà comme M. Jacquemet-Bonnefont décrit la plupart des fruits de son catalogue en 1847. Il serait avantageux, pour tous les pépiniéristes d'arbres fruitiers qui publient un catalogue, de faire de même, ou mieux, s'il leur est possible, afin d'obtenir la confiance de ceux qui leur achètent des arbres ; car, lorsque l'annonce d'un fruit n'est pas suivie de la description qui en désigne les qualités, on ne peut y avoir de confiance, actuellement qu'il y a tant de fruits dont les uns sont bons et les autres sujets à contestation sur leurs qualités.

Catalogue raisonné et précédé d'instruction sur la plantation des arbres fruitiers, arbustes et arbrisseaux cultivés chez MM. JAMIN (Jean-Laurent) et DURAND, son gendre, horticulteurs-pépiniéristes, à Bourg-la-Reine, barrière d'Enfer, 1848.

Je connais M. Jamin depuis longtemps, et je puis assurer que c'est l'un des hommes qui connaissent le mieux leur état et qui fassent journellement des efforts et annuellement des voyages pour observer les fruits nouveaux et remarquer tout ce qui peut perfectionner leur culture. Celles de l'Allemagne, de la Belgique, de l'Angleterre lui sont aussi familières que les siennes propres, et il serait difficile de lui parler d'un procédé qu'il ne connût pas. Les sociétés d'horticulture de Paris lui décernent des prix chaque année, et M. le président Héricart de Thury a fait un discours sur ses cultures, inséré dans ces *Annales*, qui vaut mieux que tout ce que je pourrais dire sur son établissement. Je me bornerai donc à rappeler ici que son catalogue, qui ne porte pas de date, mais qui a été imprimé en 1848, contient en abrégé et d'une manière très-claire tout ce qu'il est nécessaire de savoir pour bien planter toute espèce d'arbres fruitiers à Paris et dans les environs, et la manière de les traiter pendant leur jeunesse. Cette partie du catalogue de M. Jamin est telle, que tous les pépiniéristes d'arbres fruitiers feraient bien d'en mettre une pareille en tête de leurs catalogues, pour indiquer, aux propriétaires qui leur achètent des arbres, les moyens de les bien planter et d'en obtenir un produit satisfaisant.

M. Jamin, soit qu'il ait senti le besoin de s'expliquer mieux que ses collègues, soit qu'il ait voulu imiter les auteurs du catalogue des fruits de la Société horticulturale de Londres, dont je parlerai tout à l'heure, présente ses fruits sous un ordre inusité par ses confrères, et qui a des avantages que je dois signaler, parce qu'il faut bien connaître chaque fruit nommé dans un catalogue pour les ranger comme l'a fait M. Jamin. Je vais transcrire seulement l'ordre de la classification et quatre espèces de Poires.

H. Signe de la haute tige.	P. Signe de la pyramide.	E. Signe de l'espalier.	Expositions. — L. Levant. M. Midi. C. Couchant. N. Nord.	NOMS DES GENRES, ESPÈCES ET VARIÉTÉS.	Chair des fruits.	Qualité des fruits.	Volume des fruits.	Fertilité des arbres.	Époque de maturité.	Degré de mérite des fruits.
H.	P.	E.	L. M. C. N.	Soldat laboureur..........	Fond.	1	moy.	fertile.	Novembre à janvier.	,,,,,,
H.	P.	..	L. C.......	Joséphine de Malines......	Fond.	1	moy.	fertile.	Fin d'hiver et printemps	,,,,,,,,,
H.	P.	..	L. M. C. N.	Doyenné d'h. ou d'Alençon.	Fond.	1	a. g.	tr.-fer.	Fin d'hiver et printemps	,,,,,,,,,
H.	..	E.	....	Frangipane...............	Cass..	2	moy.	......	Fin sept. e. d'octobre.	,

Cette manière de représenter les qualités des fruits est bonne, mais elle exige l'in-4°, et peu de pépiniéristes sont disposés à employer ce format dans leur catalogue. La fertilité des espèces de Poiriers est une chose bonne à marquer, et M. Jamin l'a fait autant qu'il l'a pu ; mais, comme il faut observer un arbre quelques années pour juger son degré de fertilité, il n'a pu l'assigner à tous ses arbres, parce qu'il faudrait, pour cela, en avoir élevé et conservé depuis plusieurs années, et que beaucoup de pépiniéristes ne sont pas dans le cas de pouvoir le faire.

Enfin M. Jamin a cru, dans son n° 11, devoir désigner les qualités de ses fruits par des virgules, d'autant plus nombreuses que les fruits avaient plus de qualités. Ainsi la Poire de Portugal, la Deschamps n'ont chacune qu'une virgule, tandis que le Saint-Germain d'hiver en a dix et le Doyenné d'hiver en a douze, et cela veut dire, je crois, que la Poire de Portugal n'a qu'une qualité, et que le Saint-Germain d'hiver en a dix. Or les degrés de bonté jusqu'à l'excellentissime ne sont pas encore mentionnés dans la qualité des fruits, et je ne sais comment on pourrait exprimer les douze virgules qui suivent le nom du Doyenné d'hiver du catalogue de M. Jamin. Je conçois que l'on puisse dire qu'un fruit est passable, bon, très-bon, excellent, excellentissime ; mais je ne connais pas d'expression qui dise plus qu'excellentissime, qui exprime le cinquième degré dans la qualité d'un bon fruit, et cependant l'expression de dix virgules semble annoncer que M. Jamin reconnaît qu'il y a dix degrés de bonté dans le Doyenné d'hiver, chose qu'il serait difficile d'exprimer ; tandis que, s'il eût employé 1 pour dire passable, 2 pour dire bon, 3 pour dire très-bon, 4 pour dire excellent, et 5 pour dire excellentissime, il eût dit plus vrai et aurait été mieux entendu.

Je sais que M. Jamin est amateur passionné de son état, et qu'il voudrait que tous les pépiniéristes fissent leurs efforts pour le perfectionner autant qu'il le mérite. Il m'a souvent témoigné le regret de ne pas rencontrer des confrères qui voulussent bien s'entendre avec lui pour ranger les fruits selon l'ordre de leur affinité, en faisant connaître les rapports qui existent entre plusieurs d'entre eux. N'ayant pas trouvé ceux qu'il cherchait, il a fait lui-même, dans le catalogue que j'ai sous les yeux, les rapprochements qu'il jugeait nécessaires ; ainsi son catalogue présente 60 Poires sous le nom de Beurré, mais ayant chacune leur nom propre, 26 Bergamotes, 11 Besis, 11 Bon-chrétien, etc. Il faudrait, en effet, pour que ces noms de famille fussent généralement adoptés, que les principaux pépiniéristes se concertassent et s'entendissent entre eux, et cela n'est pas facile, quoique nécessaire pour leur état, comme font les botanistes.

Catalogue des anciennes cultures de veuve Leroy *et fils*, André Leroy, *près la station du chemin de fer, à Angers (Maine-et-Loire)*, 1849.

La douceur du climat d'Angers, dit M. Leroy, la fertilité de son sol et sa position près de la jonction de quatre grandes rivières qui lui offrent des moyens faciles de transport, ont fait de cette ville un centre de culture où tous les genres y sont traités avec le plus grand soin. Le chemin de fer de Nantes à Paris, qui traverse cette cité, et dont la station est à la porte de notre établissement, vient encore lui apporter de nouveaux moyens de transport sur la capitale, le midi, le nord, la Belgique, et toutes les contrées *desservies* par ces nouvelles voies de communication rapide.

Rien n'est plus vrai que ce que dit ici M. Leroy ; aussi Angers est aujourd'hui le centre de beaucoup de pépinières d'arbres fruitiers, et qui ont un avantage unique en France ; c'est qu'il y a à

ngers même une école d'arbres fruitiers instituée aux frais du
épartement, où l'on s'occupe de nommer les fruits inconnus que
us les pépiniéristes qui aiment leur état et leur réputation y sou-
ettent. J'ai visité cette école il y a quelques années, et M. Drapier,
résident de la Société horticulturale d'Angers, peignait les Poires
u jardin avec une grande perfection, dans l'intention de les pu-
lier, ce qui mettrait le comble aux bienfaits que cette Société
rocure au département.

On sait que la ville d'Angers a un climat plus doux que Paris
endant l'hiver, et qu'on y élève en pleine terre des arbres qui ne
euvent y résister dans le département de la Seine ; tels sont le *Mi-
osa julibrissin*, les *Magnolia*, les *Camellia*, les Thés et autres
lantes. M. Leroy est le seul pépiniériste marchand à Angers qui
ultive ces arbres et arbrisseaux, en très-grande quantité, en pleine
rre, et, si on excepte Nantes, il n'y a pas d'endroits où l'on voie de
lus beaux et de plus forts *Magnolia grandiflora* en pleine terre
ue chez M. Leroy à Angers. Son catalogue de 1849 annonce une
rès-grande quantité d'arbres, d'arbrisseaux et de plantes aimables
e pleine terre, qu'on ne voit pas ordinairement sur les autres
atalogues.

M. Leroy est aussi dessinateur et planteur de jardins français et
nglais, et j'ai vu chez lui beaucoup de plans de jardins fort bien
aits qu'il avait exécutés dans son département et ailleurs.

Quant aux arbres fruitiers, M. Leroy est aussi l'un de ceux qui
n cultivent un très-grand nombre, et je vois avec plaisir, dans son
atalogue de 1849, qu'il a adopté, pour les annoncer, presque la
néthode employée par M. Jamin à Paris, qui est aussi presque celle
mployée par la Société horticulturale de Londres, et qu'il serait
tile de voir employée par tous les marchands d'arbres fruitiers
n France. Voici un abrégé de la méthode employée par M. Le-
oy :

POIRIERS.

Numéros.	NOMS DES ESPÈCES, DES VARIÉTÉS et des synonymes.	Qualité.	Grosseur.	Usage.	Nature de la chair.	Fertilité.	ÉPOQUE de MATURITÉ.	Forme préférable.	Expositions.
1	Ah! mon Dieu!.......... *D'abondance.*	2.	P	T	C	T F	Août.	Pyr. T.	....
11	Austrasie............... *Beurré d'Austrasie.* *Jaminette.* *Sabine.*	1.	G	T	M F	P F	Décemb., janvier.	Pyr. T.	M . L.
54	Beurré d'Aremberg......	1.	G	T	F	F	Septembre.	T. F.	M . L.
104	Bonne Louise d'Avranches — — *de Jersey.* *Louise bonne d'Avranch.*	1.	G	T	F	T	Septembre.	T. F.	N . C.
201	Joséphine de Malines....	1.	M	T	F	F	Février, avril.	Pyr. E.	N . L.

Telle est la manière dont M. Leroy expose son catalogue d'arbres fruitiers, particulièrement pour le genre Poirier, et dont on trouve le tableau page 14. Voici l'explication de toutes ces lettres pour l'espèce Joséphine de Malines : 1 signifie que l'espèce est de première qualité ; *M.*, qu'elle est de moyenne grosseur ; *T.*, que c'est un fruit de table. *F.* indique que l'espèce est fertile et que sa chair est fondante. *Fév.*, *avril* indiquent qu'elle mûrit en février et avril. *Pyr.* indique que l'espèce peut ou doit être dirigée en pyramide, *E.* en espalier ; et enfin *N. L.* veut dire que l'espèce préfère l'exposition du nord et du levant.

Il a appliqué cette méthode non-seulement aux Poires, mais aussi à quelques autres genres, dans son catalogue. Il serait fort à désirer que tous les pépiniéristes s'entendissent pour faire comme MM. Jamin et Leroy, afin qu'on pût commencer à comprendre tous les catalogues qui se publient, comme s'entendent les botanistes, dont les plantes qu'ils décrivent sont infiniment plus nombreuses que les fruits des pépiniéristes, et qui pourtant se reconnaissent très-bien

QUARANTE-CINQUIÈME LEÇON.

*talogue des fruits cultivés dans le jardin de la Société horticul-
turale de Londres, 2ᵉ édition, 1831.*

Je vais d'abord donner un exemple de la manière dont sont re-
ésentés les caractères des fruits dans l'ouvrage cité ci-dessus;
suite je dirai ce que j'en pense.

Exemple pour les Poires.

Numéros.	NOMS.	Couleur.	Forme.	Grandeur.	Usage.	Texture.	Qualité.	Saison.	Situation.	REMARQUES.
651	Verte longue..	G	Pyriforme.	2	T	J	2	Octobre.	S	Arbre fertile.
658	Virgouleuse....	J G	Obovale.	1	T	B	1	Nov. Janv.	W	Chair jaune, arbre vigoureux, mais mauvais porteur.
22	Angleterre. ...	B R	Pyriforme.	2	T	B	2	Octobre.	S	Bon porteur, ainsi qu'en plein vent ; qualité infér. au Beurré brun.
255	Doyenné blanc.	P Y	Pyr. obov.	2	T	B	1	Sept. Oct.	W	Bon et excellent porteur, s'il est employé quand il est dans sa vraie perfection.

Maintenant je vais dire ce que représentent les lettres et les numéros qui sont dans ces quatre exemples de descriptions.

Le n° 651 indique que c'est sous ce numéro qu'il faut chercher
 Poire *Verte longue*, dans le catalogue de la Société horticulturale
 Londres : *G* indique que la couleur de ce fruit est verte ; *Pyr.*
ndique qu'il est pyriforme ; 2 indique qu'il est de deuxième gros-

seur ; *T* indique qu'il est bon pour la table : *J* indique qu'il est juteux ; 2 indique qu'il est de deuxième qualité ; *Oct.* indique qu'il mûrit en octobre ; *S* indique que c'est un arbre de plein vent ; enfin, à la dixième colonne, sont des remarques sur la qualité des arbres et des fruits.

Ainsi, pour donner une explication plus complète des lettres et numéros qui sont à la suite des quatre noms de Poires mentionnées ci-dessus, je vais les expliquer en français.

Verte longue. Fruit vert, pyriforme, de deuxième grosseur bon pour la table, juteux, de deuxième qualité, mûrissant en octobre, plein vent. *Remarque.* Arbre fertile.

Virgouleuse. Fruit vert jaune, obovale, de première grandeur, tendre, bon pour la table, de première qualité, mûrissant de novembre à janvier, exigeant l'espalier. *Remarque.* Chair jaune ; arbre vigoureux, mais mauvais porteur.

Angleterre. Fruit d'un **brun rouge**, pyriforme, de deuxième grosseur, bon pour la table, Beurré de deuxième qualité, mûrissant en octobre, plein vent. *Remarque.* Bon porteur, ainsi qu'en plein vent. Qualité inférieure au Beurré brun.

Doyenné blanc. Fruit d'un jaune pâle, pyriforme-obovale, de deuxième grosseur, bon pour la table, Beurré de première qualité, mûrissant en septembre et octobre, espalier et plein vent. *Remarque.* Bon et excellent porteur, s'il est employé dans sa vraie perfection.

Telle est la manière dont les fruits sont annoncés et décrits dans le catalogue de la Société horticulturale de Londres, 2ᵉ édition, 1831. Il a suffi, aux auteurs de ce catalogue, d'un petit nombre de lettres et de chiffres pour expliquer les principales qualités des fruits, et faire un ouvrage très-supérieur à tous les catalogues qui existaient jusqu'alors, et qui n'indiquent nullement les qualités des fruits qu'ils annoncent. Il faut espérer que bientôt tous les pépiniéristes français imiteront l'exemple de la Société horticulturale de Londres, car, quel que soit leur talent, le temps arrivera où on n'aura pas de confiance en ceux qui ne désigneront pas la qualité des fruits qu'ils annoncent.

Déjà M. Jamin, à Paris, et M. André Leroy à Angers, imitent la manière de la Société horticulturale de Londres, et il y a lieu d'espérer que tous les pépiniéristes d'arbres fruitiers de France feront bientôt de même, car la confiance s'éloignerait d'eux, et ils ne trouveraient, pour acheter leurs arbres, que le peu de personnes qui ignoreraient encore qu'il existe une manière de connaître les fruits avant d'acheter les arbres qui les portent, et que cette manière est expliquée dans le catalogue de la Société horticulturale de Londres, et dans ceux de M. Jamin à Paris, et de M. Leroy, à Angers.

Dans les quatre exemples que je viens de rapporter du catalogue de la Société de Londres, ainsi que dans tout l'ouvrage, la qualité des fruits ne paraît pas aussi bonne qu'elle l'est en France, parce que le soleil ne luit pas aussi souvent ni aussi fort en Angleterre que chez nous. Il ne gèle pas non plus autant pendant l'hiver en Angleterre qu'en France, quoique nous soyons plus au midi que les Anglais, parce que leur ciel est plus brumeux que chez nous. J'ai vu, dans ce pays, des *cistus purpureus*, hauts de 2 mètres, en pleine terre dans un parc près de Londres, et jamais on n'en a vu de cette espèce souffrant la pleine terre aux environs de Paris.

Que le catalogue des fruits cultivés dans le jardin de la Société horticulturale de Londres soit exact ou qu'il contienne des répétitions, ce qui me semble vrai, il n'est pas moins certain que les espèces de fruits mentionnées dans ce catalogue le sont d'une manière beaucoup plus satisfaisante que dans aucun des catalogues publiés en France. Il est vrai que la Société de Londres est infiniment plus riche qu'aucune autre de France; mais il est bien vrai, aussi, qu'elle a pris des soins pour publier son catalogue qu'aucune autre Société n'a encore cherché à imiter, et c'est bien dommage; car, si les pépiniéristes de France en faisaient autant, les propriétaires qui leur achètent des arbres fruitiers verraient d'abord, en consultant leurs catalogues, la qualité, l'époque de maturité des fruits, et ils ne seraient plus embarrassés pour faire un choix convenable. Je me rappelle que quand je travaillais chez le jardinier-fleuriste Audibert, il y a soixante-trois ans, j'allais souvent chercher des arbres fruitiers à Vitry, et que j'en rapportais fréquemment que le pépiniériste cultivait depuis quinze et dix-huit ans, et dont il n'avait jamais vu le fruit. Je sais qu'il n'existe plus de pépiniéristes aussi indifférents aujourd'hui, et que tous font leur possible pour connaître les fruits qu'ils cultivent.

Le catalogue de la Société horticulturale de Londres a 166 pages in-8°; il contient 23 genres de fruits, 4,055 espèces jardinières et 3,342 variétés, ce qui fait en tout 7,397 noms.

Le genre Pêcher, par exemple, contient dans cet ouvrage 183 espèces auxquelles sont attachés 365 noms comme synonymes, ce qui fait 548 noms pour ce genre. J'ai vu tous ces arbres en 1838, mais pas assez longtemps pour faire des observations, excepté celle-ci : j'ai vu que tous les Poiriers de cette école avaient d'abord été taillés en gobelet sur trois branches, et qu'alors ils ne l'étaient plus et s'élevaient en liberté sur ces trois branches. C'est après avoir vu ces arbres à Londres que j'en ai formé quelques-uns de semblables dans le jardin de la Société centrale d'horticulture de Paris, parce qu'il m'a semblé que des Poiriers élevés sous cette forme se mettaient plus tôt à fruit que s'ils étaient élevés sur une seule tige.

La description des fruits dans le catalogue de la Société de Londres est divisée en 4, 5, 6, 7, 8, 9 et 10 colonnes perpendiculaires, selon qu'il y a plus ou moins de caractères à signaler ; ainsi les caractères des Nèfles sont signalés en 4 colonnes, ceux des Melons en 8 colonnes, et ceux des Poiriers en 10 colonnes, qui est le seul exemple que j'ai dû rapporter ici.

Enfin je ne puis m'empêcher d'exciter tous les pépiniéristes français à imiter la Société horticulturale de Londres, et de faire encore mieux, s'il leur est possible. Pourtant la Société de Londres a mis un si grand nombre de noms de fruits dans son catalogue, que je dois en dire un mot. En effet, cette Société rapporte au Doyenné blanc 25 noms différents, au Glou-morceau 11, au Saint-Germain 6, au Passe-Colmar 17, au Messire-Jean 6, à la Jargonelle 6, au Chaumontel 6, au Bon-chrétien d'hiver 15, au Besi de Caissoy 12, au Beurré Brown 15; enfin, ce de quoi je ne puis m'empêcher d'exprimer ma surprise, c'est de trouver dans ce catalogue 149 Poires sous le nom de Beurré, et 69 sous le nom de Bergamote. Parmi les Pêches, la Grosse Mignonne porte 58 noms ; dans les Cerises, la May-Duk en porte 21.

Les auteurs de ce catalogue ne disent pas pourquoi ils ont rapporté tant de noms différents à beaucoup de leurs espèces de fruits. On peut croire que ce sont des noms qui leur ont été envoyés de différents pays avec les arbres quand ils les ont demandés pour former leur école ; mais les auteurs de ce catalogue, parmi lesquels figure avec honneur M. Robert Thompson, ne le disent pas dans l'édition de 1831 que j'ai sous les yeux. Au reste, si tous ces noms différents sont employés dans les différents pays d'où viennent ces arbres, ce qui est très-probable, il fallait le dire à chaque édition de ce catalogue. Et puis, j'en demande bien pardon aux auteurs, mais je ne crois pas qu'il existe autant de variétés de fruits, dignes d'être cultivées, que leur catalogue en contient. En effet, on ne croira pas aisément qu'ils aient pu réunir, dans les vingt-trois genres de fruits qu'ils désignent, 4,055 espèces et 5,542 variétés.

En 1807, nous avons, Turpin et moi, les premiers, je crois, cherché à classer méthodiquement les fruits cultivés ; et, quoiqu'il y ait plusieurs manières de les classer, nous n'avons nullement entendu avoir indiqué la meilleure. Mais, comme nous voulions une classification basée sur certains caractères, nous avons adopté celle que je représente ici une seconde fois, sans cependant la donner comme naturelle ou irréprochable, tant s'en faut, puisque, ainsi que je l'ai dit dans le premier volume de ce cours, page 518, « quoique la méthode naturelle soit une très-belle conception de « l'esprit humain, ne croyez pas, messieurs, que ce soit une chose « parfaite ; vous pouvez même vous persuader qu'elle ne le sera ja- « mais, car, quelle que soit la perspicacité des hommes supérieurs, « ils ne connaîtront jamais tous les replis du vaste plan de la na- « ture. »

J'ai communiqué mon plan d'arbres fruitiers à M. Decaisne, membre de l'Institut, professeur de culture au jardin des plantes : il a bien voulu y faire quelques corrections utiles, dont je le prie de vouloir bien recevoir mes sincères remercîments. Il m'a fait ob- server qu'il ne croyait pas que les Fraisiers dussent entrer dans un ouvrage sur les arbres fruitiers : à cela, je ne dis pas le contraire ; mais beaucoup de pépiniéristes, Duhamel le premier, ont placé les Fraisiers avec les arbres fruitiers, et je ne puis me dispenser de faire observer qu'il me serait pénible d'ôter les Fraisiers de nos arbres fruitiers, car ils sont la partie pour laquelle j'ai pris le plus de soin, le plus de peine, et de laquelle je reste le plus content. D'un autre côté, il y a déjà quelques Violettes qui s'élèvent en ar- brisseaux, ce qui peut faire espérer qu'un jour on trouvera aussi un Fraisier à tige ligneuse, chose qui n'est pas impossible, et qui m'oblige à ne pas me rendre à l'opinion de M. Decaisne, dont je respecte, d'ailleurs, la manière de voir. Ainsi je ne donne pas au- jourd'hui mon plan d'arbres fruitiers comme le plus naturel, mais seulement comme l'un des mille qu'il est possible d'imaginer pour employer un certain ordre lorsque l'on traite des arbres frui- tiers.

Je sais qu'il y a, en France, en Belgique, en Angleterre et aux Etats-Unis d'Amérique, beaucoup de pépiniéristes qui cultivent les arbres fruitiers, que beaucoup d'entre eux les cultivent conve- nablement et que je devrais les relater ici ; mais je ne suis plus capable de le faire aussi bien que je le sens, et je dois laisser cette honorable et délicate partie à l'un de mes successeurs, qui aura la bonne foi de rendre à chacun l'honneur qu'il mérite. Ce sera, d'ailleurs, la première fois que tous les pépiniéristes de France et de l'étranger seront connus, et leur état est bien aussi digne de l'être que celui de beaucoup d'autres.

En attendant qu'un auteur plus jeune que moi se charge de cet honneur, je vais faire l'histoire abrégée de trente-quatre genres d'arbres fruitiers, en m'aidant, toutefois, de la partie historique du *Traité des fruits*, fait par M. Couverchel, imprimé en 1839 chez madame Huzard, et qui est le meilleur livre que je connaisse sur la manière de se servir de tous les fruits connus. Soulange Bodin et moi avons fait chacun un article sur cet ouvrage dans les *Annales* de la Société d'horticulture de Paris, et je suis heureux d'avoir un tel ouvrage sous les yeux.

Je dois mentionner aussi l'excellent livre de M. A. J. Downing, imprimé à New-York en 1846, et qui a pour titre, *The fruits and fruit trees of America, or the culture, propagation, and menagement in the garden and orchard of fruit trees generaly, with descriptions of all the finest varieties of fruit native and foreign, cultivated in this country*. Plusieurs journalistes américains et anglais attestent que ce livre est le premier écrit en Amérique qui soit bon ; moi, j'affirme que son auteur, sir Downing, est le premier Américain qui soit bien au courant de ce qui se fait en Europe. Il décrit très-bien les fruits, et y rapporte les mêmes synonymes que la Société horticulturale de Londres, ce qui est très-bien, et qui devrait se faire par tous ceux qui publient des catalogues de fruits en Europe.

Si, en effet, l'usage s'introduisait d'imiter le catalogue de la Société de Londres dans tous ceux de même nature qui se publient en Europe, ces nombreux noms, attachés au même fruit, sauteraient aux yeux, dégoûteraient même, et donneraient aux arboristes intelligents l'idée de s'entendre entre eux pour faire comme font les botanistes. En effet, quand un botaniste, dans l'Inde ou en Amérique, décrit une plante nouvelle et lui donne un nom, ce nom est reçu et respecté par tous les botanistes de l'Europe. Pourquoi donc les pépiniéristes ne font-ils pas de même au sujet des fruits nouveaux? Il est vrai que toutes les variétés de fruits ne se distinguent pas aussi bien ni aussi aisément que les espèces botaniques, mais enfin elles se distinguent aussi ; et, si la langue française n'a pas assez d'expressions pour exprimer leurs différents caractères, eh bien la langue algébrique pourra les distinguer très-facilement, fussent-ils même encore moins saillants.

Je vais maintenant décrire les trente-quatre genres de fruits comestibles qui se cultivent ou peuvent se cultiver aux environs de Paris. Je sais que tous les pépiniéristes ne cultivent pas ces trente-quatre genres actuellement; mais j'ai expérimenté qu'ils ne sont pas indignes de la culture.

1. **Amandier**, Duh.; *Amygdalus*, Lin.; Almond en *anglais*, Mandelbaum en *allemand*, Mandorlo en *italien*, Almendro en *espagnol*.

Genre de plantes de la famille des Rosacées et de la tribu des Amygdalées, composé d'arbres et d'arbrisseaux à feuilles simples et alternes, et dont le caractère commun est d'avoir

1° Un calice en godet, caduc, divisé en cinq découpures ovales et ouvertes;

2° Cinq pétales oblongs, échancrés au sommet, insérés à l'orifice du calice;

3° Une vingtaine d'étamines, moins longues que les pétales, insérées comme eux à l'orifice du calice;

4° Un ovaire libre, ovale, soyeux, uniloculaire, surmonté d'un style simple, rarement double, de la longueur des étamines, terminé en un stigmate élargi, échancré latéralement;

5° Un drupe ovale ou oblong, un peu aplati, soyeux, sec, s'ouvrant en deux valves, contenant une (rarement deux) amande oblongue, sans périsperme, et dont la radicule est dirigée vers le sommet du fruit.

Observation. Il n'y a que l'Amande-Pêche qui déroge un peu à ce caractère, en ce que ce fruit est souvent assez charnu pour imiter une Pêche sans en acquérir les bonnes qualités.

Histoire, usage et culture.

Le genre Amandier contient un petit nombre d'espèces et davantage de variétés. Il est originaire de la Perse et du nord de l'Afrique, et craint d'autant plus nos hivers rigoureux, qu'il fleurit chez nous dès février, à peu près comme dans son pays natal; ce qui fait qu'à la latitude de Paris ses fleurs sont souvent moissonnées par des gelées tardives.

Les Amandiers, considérés comme espèces par les botanistes, ont les Amandes amères; les Amandes douces sont produites, selon eux, par des variétés : cette opinion aurait besoin d'être appuyée par des faits. Quoique tout le monde mange des Amandes douces avec plaisir, l'Amandier à fruit doux est peu cultivé comme arbre fruitier aux environs de Paris. Les pépiniéristes l'élèvent pour avoir des sujets sur lesquels ils greffent leurs Pêchers, et ils préfèrent pour cet objet l'Amande douce à coque dure.

Quand des fécondations croisées n'altèrent pas la qualité des fruits, les Amandes douces en reproduisent des douces par les semis; mais on ne se fie pas trop à ce moyen de reproduction. On préfère greffer un rameau dont on est sûr de l'espèce, plutôt que de semer les fruits de cette espèce. L'Amandier aime une terre douce, légère, plus sèche qu'humide, et qui ait de la profondeur, car l'Amandier pivote volontiers. On ne le cultive qu'en plein vent; il croît fort vite, s'élève assez haut, et produit peu d'ombrage.

Les Amandes vertes se mangent en juillet; toutes mûrissent et se récoltent en septembre, même quelques-unes en octobre. Celles qui sont douces et qui ont la coque tendre se réservent pour la table; les autres sont employées à faire des huiles et différentes substances. Avec des Amandes douces on fait des gâteaux, des biscuits, des massepains, des macarons, des conserves, des dragées, des pralines, des pâtes et différentes émulsions. En Provence, on torréfie les Amandes, et elles prennent un goût de praline agréable; on les appelle alors *Amandes torrades*.

Les Amandiers se divisent d'abord en deux sections, ceux qui produisent des Amandes douces et ceux qui produisent des Amandes amères; ensuite les variétés se distinguent à coque dure, à coque tendre, à l'époque de leur floraison, à la grandeur de leur fleur et à la grosseur de leur fruit. Enfin l'Amandier-Pêche se distingue des autres en ce que ses feuilles sont plus grandes, ses fleurs plus colorées, que ses fruits sont plus gros, et que, dans les bonnes années, ils ont l'écorce plus charnue, quelquefois fendue, qu'on peut même la manger; mais elle n'est jamais aussi bonne ni aussi succulente qu'une Pêche. Voici une partie de ce que dit M. Couverchel des fruits des Amandiers; je préviens même que je citerai souvent cet excellent auteur lorsque je parlerai des fruits dans cet ouvrage.

« Les Amandes à coque tendre sont l'un des fruits de dessert appelés *quatre mendiants*. Ces Amandes, pilées avec égales parties de sucre et mêlées ensuite avec une suffisante quantité d'eau, forment une émulsion appelée *lait d'Amande* ou *amandée*. On l'emploie dans l'art culinaire pour faire des potages, et plus communément en médecine comme boisson rafraîchissante et sédative; unie au sucre, elle fait la base des loochs et du sirop d'orgeat. Les Amandes douces, plongées dans un sirop de sucre très-blanc et cuit convenablement, passées ensuite au crible et replongées plusieurs fois dans le saccharé ou sirop, forment des dragées ou des pralines, suivant la quantité du sucre et le tour de main qui constitue l'art du dragiste. On fabrique, en outre, avec des Amandes entières ou divisées préalablement et privées de leur tunique ou épisperme, une pâte sucrée, blanche ou colorée, qui constitue les *nougats* rouges ou blancs, dont l'usage est très-répandu, et qui figurent dans tous les desserts.

Les Amandes amères, pilées avec du sucre, forment une pâte dite *frangipane*, qui, divisée par partie et soumise à l'action d'un four légèrement chauffé, sert à faire des macarons, massepains, etc. Enfin, divisées par lanières ou tranches, et plongées dans du sucre caramelé, les Amandes douces et autres forment les nougats ordinaires. On doit se garder, je le répète à dessein, d'y faire entrer les Amandes amères en trop grande proportion.

Sirop d'orgeat. Maintenant qu'on ne fait plus entrer d'Orge dans sa composition, la dénomination de sirop d'Amande serait plus exacte. En Espagne, et notamment aux environs d'Alicante, on se garde bien de perdre le brou des Amandes ; on le fait entrer dans la composition du savon commun : la grande quantité du principe alcalin et mucilagineux qu'elles contiennent les rend, en effet, propres à cet usage. Enfin, dans le midi de la France, où, comme on le sait, les Amandiers sont fort communs, on est dans l'usage d'engraisser les mulets et les chevaux avec les coques, soit fraîches, soit sèches, des Amandes. Pour éviter que ces animaux. qui en sont très-friands, ne les mangent avec trop d'avidité, et qu'il ne résulte des inconvénients, on les mélange avec de la paille hachée ou des balles d'Avoine.

Huile d'Amande. L'huile douce que renferment les Amandes forme environ la moitié de leur poids. Pour l'extraire, on choisit les plus récentes ; il ne faut cependant pas, comme je le dirai pour les Noix, qu'elles soient trop fraîches, car elles fourniraient beaucoup moins d'huile douce : cette circonstance très-remarquable, et dont on avait naguère encore de la peine à se rendre compte, est maintenant rangée dans l'ordre des faits naturels, depuis les belles expériences de MM. Robiquet et Boutron.

Les parfumeurs, pour obtenir les tourteaux plus blancs, et, par suite, une plus belle pâte d'Amande, les plongent dans l'eau bouillante pour en séparer la pelure ou tunique externe ; mais cette manière, qui a l'inconvénient de provoquer la rancidité, altère conséquemment sa qualité et diminue sa valeur.

L'huile d'Amande est presque toujours unicolore ; elle se congèle assez difficilement, car elle reste fluide à 12° au-dessous de zéro : elle est légèrement laxative. On l'administre rarement pure, à moins que ce ne soit dans le cas d'empoisonnement ; on l'associe au sirop de Chicorée pour faire évacuer les enfants à la mamelle. »

Après avoir rapporté les usages auxquels sont adaptées les diffé-

rentes espèces de fruits comme je viens de le faire pour les Amandes,
je citerai quelques pépiniéristes et le nombre de fruits qu'ils cultivent. Cela me semble nécessaire à faire, pour savoir, par la suite,
si le nombre des fruits augmente ou diminue avec le temps, soit par
la faute des hommes, soit que la nature se refuse à les multiplier,
comme elle le fait aujourd'hui , et comme on le remarque depuis
que les hommes observent. On trouvera donc, après la description
de chaque genre de fruit, le nombre des espèces qui sont cultivées
aujourd'hui par un certain nombre de pépiniéristes.

Je voudrais bien relater ici le nombre des pépiniéristes qui existent dans la commune de Vitry, près Paris, célèbre par sa culture
d'arbres fruitiers depuis plusieurs siècles; mais peu de ces cultivateurs modestes publient des catalogues de leurs cultures, et je suis
forcé de les passer sous silence. La ville d'Orléans est également célèbre, il y a longtemps, par ses nombreux pépiniéristes, et je dois
à l'amitié de M. Delaire, jardinier en chef du jardin botanique de
cette ville, d'avoir pu nommer, dans la quarante-quatrième leçon,
ceux qui sont aujourd'hui les douze premiers arboriculteurs de
cette ville.

Outre ces douze pépiniéristes, il y a un très-grand nombre de
cultivateurs dans le territoire d'Orléans qui cultivent des arbres
fruitiers et les vendent à ces pépiniéristes.

Voici donc les catalogues d'un certain nombre de pépiniéristes
et le nombre d'arbres qu'ils annoncent.

	Amandiers.
Catalogue des plus excellents fruits cultivés dans la pépinière des Chartreux à Paris, 1752.	5
Traité des arbres fruitiers, par Poiteau et Turpin, 1807.	13
Catalogue des arbres fruitiers cultivés par Hervy, à la pépinière du Luxembourg, 1809.	16
Manuel complet du jardinier, par L. Noisette, 1825.	18
Catalogue of the fruits cultivated in the garden of the horticultural Society of London, 1831.	10
A guide to the orchard an kitchen garden, by John Lindley, 1831.	8
Catalogue des arbres fruitiers du jardin des plantes de Paris, par M. d'Albret, 1839.	16
The fruits and fruit trees of America, by J. Downing, 1846.	7
Catalogue des arbres fruitiers de M. Jacquemet-Bonnefont, pépiniériste à Annonay (Ardèche), 1847-51.	9

Amandiers.

Observation. On voit, par ces différents catalogues, combien les pépiniéristes sont peu d'accord entre eux pour reconnaître les différentes variétés d'Amandiers qui méritent d'être cultivées. Pourtant il serait utile, autant que raisonnable, que les pépiniéristes s'entendissent entre eux pour obtenir la confiance des personnes qui leur demandent des Amandiers. Comment, en effet, croire à la connaissance, à la sincérité des pépiniéristes, quand on voit ici M. Jamin et M. Croux n'annoncer que 4 et 5 Amandiers, et M. Papeleu, en Belgique, en annoncer 25, quand tout le monde sait combien peu d'espèces ou variétés d'Amandiers sont cultivées comme arbres fruitiers? car on ne croit pas que la Belgique soit plus propre à la culture de ce genre d'arbres que la France, ni qu'on n'y en cultive en plus grand nombre.

2. PRUNIER, Duh.; *Prunus*, Lin.; Pftaumembaum en *allemand*, Prugno en *italien*, Ciruelo en *espagnol*, Plum en *anglais*.

Genre de la famille des Rosacées, tribu des Amygdalées, composé de moyens et petits arbres à feuilles simples, alternes, et dont le caractère commun est d'avoir

1° Un calice monophylle caduc, ovale, strié, glanduleux intérieurement, divisé en cinq découpures oblongues, ouvertes d'abord en cloche, ensuite réfléchies;

2° Cinq pétales oblongs, ouverts, insérés à l'orifice du calice et alternes avec ses divisions;

3° Une vingtaine d'étamines insérées également à l'orifice du calice : elles ont le filet à peu près de la longueur des pétales, et les anthères ovales, bilobées ;

4° Un ovaire libre, ovale, surmonté d'un style tors de la hauteur des étamines, terminé par un stigmate élargi, aplati en dessus, échancré latéralement : l'ovaire contient deux ovules dans une seule loge ;

5° Le fruit est un drupe charnu, ovale ou arrondi ; il renferme dans un noyau osseux une amande blanche à deux lobes et à radicule supérieure.

Observation. Je ne connais que la *Prune sans noyau* qui déroge en partie à ce caractère.

Histoire, usage et culture.

Le type de nos meilleures espèces de Prunes est originaire de la Grèce et de l'Asie. Les espèces moins fines et moins délicates croissent naturellement dans les parties tempérées de l'Europe et de l'Amérique ; mais la plupart sont réunies depuis longtemps dans nos jardins, où elles ont produit un grand nombre de variétés que l'on conserve par la greffe.

Il y a cependant quelques-unes de ces variétés estimées qui se reproduisent de noyau ; mais les connaisseurs assurent qu'elles ne se reproduisent jamais franches par ce moyen, et que c'est parce qu'on a beaucoup multiplié la Reine-Claude de noyau qu'il s'en trouve aujourd'hui tant de variétés qui n'ont plus les qualités qui ont fait donner le nom de Reine à cette Prune, lorsqu'elle s'est montrée pour la première fois dans nos cultures. Pourtant, si l'on veut manger de bonne Reine-Claude, il faut planter l'arbre en espalier au midi, et laisser le fruit sur l'arbre jusqu'à ce qu'il soit fané ; alors il est délicieux.

Presque tous les Pruniers drageonnent plus ou moins, et l'on se sert quelquefois de ces drageons comme de sujets sur lesquels on greffe de bonnes espèces ; mais il vaut mieux se servir de sujets provenus de noyaux, parce qu'ils drageonnent peu ou point.

Les sujets de Cerisette et de Saint-Julien sont préférés pour recevoir toutes les espèces de Prunes, parce qu'étant d'une moyenne vigueur et ayant la séve douce ils forment des arbres plus fertiles. Le petit Damas noir est aussi un fort bon sujet, mais il est trop faible pour recevoir la greffe des espèces vigoureuses. L'Abricotier et le Pêcher reçoivent aussi fort bien la greffe de diverses sortes de Prunes, mais les pépiniéristes emploient rarement ces sortes de sujets et pour cause.

On ne cultive guère le Prunier qu'en plein vent. Quelques espèces se mettent pourtant en espalier, surtout la Reine-Claude, si
on veut la manger dans toute sa perfection. Toutes viennent dans
toutes sortes de terrains ; mais les Prunes ne sont bonnes que dans
les terres sablonneuses, légères, chaudes, exposées au soleil. A
l'ombre et dans les terres froides, elles sont sans saveur.

Les diverses espèces de Prunes se succèdent depuis la fin de juin
jusqu'en octobre. La plupart se mangent crues ; quelques-unes ne
sont bonnes que cuites ou en pruneaux, ce qui n'empêche pas que
les meilleures à manger crues ne soient aussi les meilleures cuites
ou préparées de différentes manières dans les offices. En général,
les Prunes crues sont appétissantes, émollientes, rafraîchissantes
pour les estomacs bien constitués, tandis qu'elles sont indigestes et
fiévreuses pour les estomacs faibles et pituiteux.

Le bois du Prunier est dur, veineux, ordinairement rougeâtre ;
en le faisant bouillir dans la lessive ou de l'eau de chaux, il devient plus rouge, et, comme il est toujours plus veiné que le Merisier, il devient souvent plus beau. Sa gomme a la couleur et à peu
près les propriétés de la gomme arabique ; aussi assure-t-on que les
marchands les mêlent ensemble dans le commerce. Le suc des
Prunes est moins fluide que celui des Cerises et moins mucilagineux que celui d'Abricot.

Examen chimique. Les analyses que l'on doit à M. Bérard, de
Montpellier, montrent que dans les Prunes, comme dans les autres
fruits à peu près semblables, le principe sucré se forme aux dépens de la gélatine ou de la gomme, et par suite de l'action des
acides. Voir le *Traité des fruits*, par M. Couverchel, à cet égard.

Sucre de Prune. La quantité assez notable de principe sucré
que contiennent beaucoup de Prunes a fait naître l'idée de l'extraire
pour les besoins économiques, et M. Bornnberg, chimiste à Stras-
bourg, qui le premier s'est occupé de son extraction, a annoncé
que ce sucre était analogue à celui de Canne, ce qui est encore
loin d'être admis. M. Heydeck, pharmacien à Brunswick, a obtenu,
par un procédé analogue, 2 livres de sucre de 24 livres de Prunes ;
mais ce sucre n'a jamais offert de trace de cristallisation régulière
comme le sucre de Canne.

Récolte des Prunes. La récolte des Prunes, surtout celle des
belles espèces, doit être effectuée avec précaution. Pour y procéder, on attend que le soleil ait absorbé l'humidité qui se condense à leur surface pendant la nuit ; on les détache par un mouvement de torsion ; on les place ensuite dans des corbeilles plates,
et on les porte au fruitier. Abandonnées là pendant trois jours,

elles y conservent toutes leurs qualités et en acquièrent même de nouvelles ; car on a remarqué qu'elles étaient alors plus agréables et plus savoureuses que lorsqu'on les mangeait au moment de la cueille.

Ce fruit a le grand avantage de pouvoir, sans exiger beaucoup de soin, être conservé pendant l'hiver. La simple dessiccation au soleil et au four, successivement, suffit pour convertir les Prunes en Pruneaux ; elles forment, dans cet état, un aliment d'autant plus précieux, qu'il s'approprie à tous les régimes et qu'il est l'objet d'un commerce fort intéressant pour plusieurs de nos départements.

Je renvoie au livre de M. Couverchel pour les différentes manières dont on traite les Prunes. Je rappellerai seulement que cet auteur dit que Desfontaines, professeur de botanique au jardin des plantes, disait que toutes les variétés connues de Prunes se rapportaient aux six espèces suivantes : 1° Prune Sainte-Catherine, *Prunus cerea* ; 2° Prune Mirabelle, *Prunus cereola* ; 3° Prune de Damas, *Prunus damascena* ; 4° Prune Damas noir, *Prunus hungarica* ; 5° Prune Reine-Claude, *Prunus Claudiana* ; 6° Prune Cerisette, *Prunus acinaria.* Je ne puis dire rien ni pour ni contre cette assertion.

Catalogue des Pruniers cultivés par un certain nombre de pépiniéristes.

<table>
<tr><td></td><td>Pruniers.</td></tr>
<tr><td>Catalogue des plus excellents fruits cultivés dans la pépinière des Chartreux à Paris, 1752.</td><td>40</td></tr>
<tr><td>Traité des arbres fruitiers, par Poiteau et Turpin, 1807.</td><td>49</td></tr>
<tr><td>Catalogue des arbres fruitiers cultivés par Hardy, à la pépinière du Luxembourg, 1809.</td><td>68</td></tr>
<tr><td>Manuel complet du jardinage, par L. Noisette, 1825.</td><td>67</td></tr>
<tr><td>Catalogue of the fruits cultivated in the garden of the horticultural Society of London, 1831.</td><td>274</td></tr>
<tr><td>A guide to the orchard and kitchen garden, by George Lindley, 1831.</td><td>60</td></tr>
<tr><td>Traité des fruits, par M. Couverchel, 1839.</td><td>70</td></tr>
<tr><td>Catalogue des arbres fruitiers du jardin des plantes, par M. d'Albret, 1839.</td><td>59</td></tr>
<tr><td>The fruits and fruit trees of America, by J. Downing, 1846.</td><td>97</td></tr>
<tr><td>Catalogue des arbres fruitiers de M. Jacquemet-Bonnefont, à Annonay (Ardèche), 1847.</td><td>88</td></tr>
</table>

5. **Abricotier**, Duh.; *Armeniaca*, Lin.; Avrikosenbaum en *allemand*, Albercoco en *italien*; Albarcoque en *espagnol*, Apricot en *anglais*.

Genre de la famille des Rosacées, de la tribu des Amygdalées, composé d'un nombre d'arbres à feuilles alternes figurées en cœur, et dont le caractère commun est d'avoir

1° Un calice monophylle dont le tube est campanulé, et le limbe découpé en cinq divisions ovales, réfléchies;

2° Cinq pétales arrondis, légèrement onguiculés, insérés à l'orifice du tube du calice;

3° De vingt à trente étamines insérées sur deux rangs aux mêmes endroits que les pétales : ces étamines ont les filets simples un peu moins longs que les pétales, les anthères ovales, bilobées, biloculaires et s'ouvrant latéralement;

4° Un ovaire libre, ovale, uniloculaire, pubescent, surmonté d'un style simple de la hauteur des étamines, terminé par un stigmate élargi et papilleux, entouré, d'un côté, d'un sillon qui descend en spirale le long du style jusqu'à la base de l'ovaire : cet ovaire contient deux ovules pendants;

5° Un fruit que les botanistes appellent *drupe*, arrondi, pubescent, divisé, sur l'un de ses côtés, par un sillon longitudinal, composé, extérieurement, d'une chair molle, pulpeuse, et, intérieurement, d'un noyau osseux, ovale, comprimé sur les bords, légèrement chagriné à la surface, relevé, sur l'un de ses côtés, de trois arêtes, dont celle du milieu est la plus saillante : ce noyau, formé de deux valves qui ne s'ouvrent que dans la germination, contient une Amande blanche à deux lobes, douce ou amère, renversée, c'est-à-dire que sa radicule est dirigée vers le sommet du fruit.

Histoire, usage et culture.

Il est généralement reçu que l'Abricotier est originaire d'Arménie, et que de là il passa en Grèce, ensuite en Italie, et enfin dans tout le reste de l'Europe, où il a produit toutes les variétés que nous connaissons aujourd'hui ; cependant j'observe que ces assertions ne sont appuyées d'aucune autorité compétente. On n'a pas encore reconnu clairement l'Abricotier parmi les végétaux décrits ou mentionnés par les anciens. Columelle cite les Cormes d'Arménie comme un fruit qui n'est pas à dédaigner ; mais pourrait-on assurer que c'est de nos Abricots que cet auteur parle, par cela seul que les botanistes ne connaissent pas de Cormes en Arménie ? On trouve en Sibérie une espèce d'Abricotier qu'il serait difficile de rapporter à celle d'Arménie, et qui doit dérouter un peu ceux qui croient que toutes les variétés spécifiques sortent de la même souche. Pour augmenter encore l'incertitude, Allioni nous assure que l'Abricotier croît naturellement dans les bois de Montferrat, et que nous venons d'en recevoir une nouvelle espèce du Népaul.

C'est pourtant une chose incontestable, qu'il apparaît de temps en temps de nouvelles variétés d'arbres fruitiers, et que plusieurs de ces espèces ont pris naissance chez nous. On ne peut disputer à la ville de Pézenas l'avantage d'avoir possédé la première l'Abricot-Pêche ; et, comme cet Abricot n'avait jamais été vu auparavant, on en conclut qu'il est né aux environs de cette ville et que c'est une espèce hybride. Rosier croit qu'elle provient de l'union du pollen d'étamine d'un Pêcher avec le pistil de quelque Abricotier ; mais cette idée n'est appuyée sur aucun fait, car l'Abricot-Pêche n'a de rapport avec la Pêche que le nom qu'on s'est plu à lui donner. Duhamel avait désigné sous le nom d'Abricot-Pêche un petit Abricot qui a le goût et en partie la chair de la Pêche, et Duhamel avait raisonné conséquemment ; l'usage a prévalu malgré Duhamel, et il nous a fallu appeler Abricot blanc l'Abricot-Pêche de Duhamel.

Si l'idée de Rosier au sujet de l'Abricot-Pêche ne me semble pas fondée, celle que je soumets au lecteur, relativement à la naissance de l'Abricotier noir, *Prunus dasycarpa*, Willd., me le semble extrêmement. Je pense que l'Abricotier à fruit noir, est le résultat d'une fécondation entre un Abricotier et le Prunier myrobolan. Ces deux arbres ont la plus grande ressemblance dans la couleur et la grosseur de leurs bourgeons, dans la forme de leurs boutons, dans leur port et dans une partie de leurs feuilles. Leurs fleurs n'offrent qu'une légère différence ; elles sont également pédonculées, et cette dernière circonstance ferait même pencher à croire que l'Abricotier noir tient plus du Prunier que de l'Abricotier, dont les fleurs sont presque sessiles ; mais son fruit pubescent force à le considérer comme un Abricot. Au reste, quoique l'Abricot noir soit assez nouveau, le lieu et l'époque de sa naissance nous sont également inconnus.

Les Abricotiers sont de petits arbres d'une vigueur extraordinaire dans leur jeunesse, sujets à la gomme, à rameaux très-étalés, dont les feuilles sont grandes, alternes, et figurées en cœur. Leurs fleurs, toujours nombreuses, sont presque sessiles, groupées sur le long des jeunes rameaux, blanches, sans odeur sensible, soutenues d'écailles et d'un calice souvent très-rouge ; elles s'épanouissent ordinairement en mars longtemps avant le développement des feuilles, et sont malheureusement souvent moissonnées par les gelées tardives aux environs de Paris.

Ces arbres aiment les pays chauds ; et, quoique nous trouvions les Abricots de Provence, du Roussillon excellents, ils n'ont ni le parfum ni le goût exquis de ceux de Damas, si vantés dans le voyage de Pockocke, ni de ceux d'Alep et d'Aintob décrits par Otter. Il semble que la latitude de Paris soit le terme où l'on puisse cultiver l'Abricotier avec avantage, car en passant de cette ligne vers le nord il achève de perdre sa saveur et le parfum agréable qu'on lui trouve dans les parties méridionales de la France.

Toutes les espèces d'Abricotiers se plaisent dans une terre chaude, légère, sablonneuse et profonde ; cependant on en voit réussir dans des terrains assez frais, s'ils sont greffés sur Pruniers ou sur Abricotiers. L'Alberge, que l'on peut regarder comme une espèce primitive, se reproduit de noyau sans varier sensiblement. L'Abricot-Pêche se reproduit aussi quelquefois de graine, mais rien n'est moins constant, et il ne faut pas se fier à ce moyen de reproduction, quoiqu'en dise Rosier.

Les arbres provenus de graines des autres espèces d'Abricotier ne donnent ordinairement que des fruits dégénérés, à moins que quelques circonstances que l'on ne peut prévoir ne produisent un fruit plus parfait ; mais ils sont toujours d'excellents sujets pour recevoir la greffe des Abricots, des Pêchers et Pruniers. Il est inutile de rappeler combien la pratique de stratifier les noyaux d'Abricot avant de les mettre en place, est avantageuse.

La greffe en écusson à œil dormant est la meilleure et la plus usitée pour les Abricotiers : si l'on emploie des sujets de Pruniers, il faut préférer ceux du Damas rouge à ceux de la Cerisette, parce qu'ils ont la séve plus douce, et qu'ils ne rendent pas amère l'Amande des espèces d'Abricot qui l'ont naturellement douce. Lorsqu'on destine un Abricotier à un terrain chaud, il vaut mieux qu'il soit greffé sur franc. Les Abricots-Pêches, Angoumois et Alberges peuvent se greffer sur Amandiers et sur Pêchers, mais alors ils sont sujets à la gomme et à se décolorer.

Lorsqu'un Abricotier est vieux et que son fruit dégénère, on peut le rapprocher en coupant ses grosses branches ; il reperce facilement, se rajeunit et parcourt encore une longue carrière, si, d'ailleurs, son pied est sain et placé dans un bon fond.

Si l'on veut avoir, à Paris, des fruits aussi parfaits que peut le permettre le climat, il faut planter les Abricotiers en plein vent, et ne point les tailler ; on doit se contenter de les nettoyer, et supprimer les branches qui peuvent nuire aux autres, mais ne jamais les assujettir à d'autres formes que celle que leur a donnée la nature. Tout le monde sait ou peut savoir qu'un Abricot venu en plein vent vaut beaucoup mieux que celui venu sur un arbre taillé tous les ans. On voit, aux environs de Meulan, beaucoup de plantations d'Abricotiers dont les arbres sont soigneusement taillés en gobelet chaque année ; eh bien, ces arbres ne rapportent que des fruits peu ou point colorés, sans saveur, sans parfum, parce que la taille annuelle procure aux parties restantes une plus grande abondance de séve qui tend à réparer les pertes de l'arbre, et que cette séve, étant d'autant plus crue qu'elle est plus abondante, empêche la coction de s'opérer dans les fruits, en même temps qu'elle fait développer des bourgeons vigoureux chargés de feuilles larges et nombreuses qui forment au-dessus d'eux une voûte impénétrable aux rayons du soleil, dont l'aspect bienfaisant est indispensable à toute espèce de fruits.

Mais comme on est pressé de jouir, et que sous le climat de Paris les Abricotiers en plein vent manquent très-souvent de rapporter du fruit à cause des gelées printanières, on plante quelques Abricotiers en espalier, d'abord parce que leurs fruits y mûrissent plus tôt, et qu'ensuite on peut abriter les arbres avec des paillassons pendant les gelées tardives. Ces arbres sont alors soumis à une taille raisonnée, qui n'est qu'une modification de celle du Pêcher,

nais beaucoup moins savante. Cette taille se fera également le
lus tard possible, afin de ne pas hâter le développement des fleurs
lans une saison dangereuse pour elles. Nous voyons avec étonnement un auteur recommandable indiquer de tailler les Abricotiers
ous les ans en février.

Duhamel conseille de planter un ou deux Abricotiers tout à fait
i l'exposition du nord, parce que les fleurs, devant s'y ouvrir plus
ard, courront moins de risques d'être gelées, et que les fruits, n'y
prenant pas de couleur, seront plus propres pour la confiture que
'on désire d'un jaune clair ou peu ombrée.

Aux approches de l'hiver, les feuilles des vieux Abricotiers deviennent ou jaunes, ou rougeâtres, ou cuivrées; celles des jeunes
restent vertes et endurent même quelques gelées assez fortes, mais
enfin elles tombent ordinairement toutes ensemble un beau matin,
après une nuit dont elles n'ont pu supporter la rigueur.

Usages.

L'Abricot se mange cru, en compote, confit entier, en quartiers,
en marmelade, en pâte, à l'eau-de-vie, etc. Cru, c'est un fruit
doux, sucré, d'une odeur d'autant plus agréable qu'il est venu dans
un pays plus chaud. Sa chair est nourrissante, mais un peu lourde;
elle calme la sécheresse de l'arrière-bouche, tempère la soif, dégage beaucoup d'air lorsqu'elle est soumise aux organes de la digestion, et cause souvent des coliques venteuses. On fend les Abricots en deux, et on les fait sécher au soleil et au four pour en faire
des compotes l'hiver. Dans les années abondantes en Abricots, on
en détache une partie, de plus petits et mal placés, avant que le
noyau soit formé, et on les confit de différentes manières. Les
Amandes et même les noyaux cassés servent à faire quelques liqueurs estimées.

On trouve, dans le *Traité des fruits* de M. Couverchel, des choses
aussi curieuses qu'instructives sur les Abricots, que je conseille
au lecteur de lire, et que j'aurais rapportées ici, si je ne craignais
pas d'être trop long.

Abricotiers cultivés par un certain nombre de pépiniéristes.

Abricotiers.

QUARANTE-SIXIÈME LEÇON.

4. PÊCHER, Duh.; *Persica*, Lin.; Pfirschbaum en *allemand*, Persiekkeboom en *hollandais*, Peach tree en *anglais*, Melocoton en *espagnol*.

Genre de la famille des Rosacées, de la tribu des Amygdalées, composé d'un petit nombre d'espèces, mais de beaucoup de variétés d'arbres à suc gommeux, à feuilles alternes, simples, lancéolées, et dont le caractère commun est d'avoir

1° Un calice monophylle en cloche, divisé en son bord en cinq découpures à peu près ovales;

2° Cinq pétales ovales attachés à l'orifice du tube calicinal;

3° Une vingtaine d'étamines attachées également à l'orifice du tube calicinal;

4° Un ovaire ovale, uniloculaire, libre, glabre ou pubescent, surmonté d'un style de la hauteur des étamines, et terminé par un stigmate échancré latéralement.

5° L'ovaire devient un fruit drupacé, arrondi, glabre ou pubescent, charnu, succulent, au centre duquel est un noyau profondément rustiqué à deux valves, et contenant un grand embryon à deux lobes, à radicule supérieure, et dépourvu du périsperme.

Observation. Depuis longtemps on voit au jardin des plantes de Paris un Pêcher à fleurs doubles, grandes et fort belles, qui rendent l'arbrisseau très-élégant. Ces fleurs, quoique doubles, donnent des fruits très-bons à manger, et dont les noyaux, mis en terre, reproduisent des Pêches à fleurs doubles. On trouve aussi dans le commerce un Pêcher nain qui ne s'élève qu'à 15 ou 18 pouces, qui a de grandes fleurs, dont les fruits sont de bonne grosseur, mais n'ont nulle qualité. Ces deux Pêchers sont assez rares, ainsi que le Pêcher d'Ispahan, rapporté de Perse par Olivier, membre de l'Institut. Voir notre *Traité des arbres fruitiers.*

Histoire, usage et culture.

Le Pêcher est originaire de l'Asie et de la Perse, d'où il passa dans l'Europe tempérée, où il a produit un grand nombre de variétés, dont quelques-unes se reproduisent de graines dans nos cultures. La plupart de ces variétés donnent des fruits délicieux sous le climat de Paris, où leur culture est fort étendue et portée, à Montreuil surtout, à un très-haut point de perfection. Ce sont particulièrement les Pêches fondantes que nous cultivons en espalier le long de nos murs ; là elles trouvent une température douce, convenable au parfait développement des bonnes qualités de beaucoup d'entre elles. Quelques-unes, appelées Pavies, ont de la peine à mûrir à Paris ; mais j'ai expérimenté que le long de la Garonne, à Agen, les Pavies sont un fruit délicieux.

Le Pêcher a besoin d'un abri naturel ou artificiel sous le climat de Paris, pour que son fruit atteigne la perfection dont il est susceptible ; il y a même quelques variétés, surtout le Pêcher de Pau et quelques Pavies, qui n'y mûrissent jamais complétement, même aux meilleures expositions. Toutes aiment une terre douce, bien divisée et substantielle ; elles s'accommodent parfaitement de l'espalier au midi, au levant et au couchant : très-peu même peuvent s'en passer, et aucune ne montre ses bonnes qualités à l'exposition du nord.

Peu de variétés se reproduisent de noyau parfaitement semblables à elles-mêmes. L'usage est de les greffer toutes sur Amandier, sur Prunier de Saint-Julien et de petit Damas noir ; elles réussissent aussi très-bien sur Abricotier et sur elles-mêmes quand les sujets sont provenus de bonnes espèces, et l'écusson à œil dormant est la seule greffe employée à leur multiplication.

Des observations partielles avaient fait avancer à quelques jardiniers que les Pêches lisses et la Chevreuse ne réussissaient que sur le Prunier Saint-Julien ; mais il est certain que ces Pêches viennent aussi bien sur Amandier que sur Prunier. Duhamel a remarqué que, toutes choses égales, l'Amandier est toujours un meilleur sujet que le Prunier pour toutes sortes de Pêches.

Quoique le Pêcher vienne dans diverses sortes de terres, on conçoit aisément qu'il ne vient pas également bien partout, et que les qualités de son fruit sont toujours en rapport avec la bonté du terrain. L'expérience a fait passer en usage de ne planter que des Pêchers greffés sur Prunier dans les terres humides et froides, et dans celles qui, quoique sèches et chaudes, n'ont pas beaucoup de

profondeur, parce que, dans le premier cas, le Prunier aime assez
une terre fraîche, et que, dans le second, ses racines, traçant près
de la superficie du sol, se trouvent dans la partie la plus fertile du terrain. On plante, au contraire, le Pêcher greffé sur Amandier dans une terre sèche, chaude, mais profonde, parce que
l'Amandier craint la terre forte et froide, et que ses racines pivo-
tantes vont chercher la nourriture à une grande profondeur dans
la terre.

L'amande, stratifiée pendant l'hiver et mise en terre au printemps, forme un sujet bon à être greffé en écusson au mois de septembre suivant, et l'écusson pousse, l'été d'après, un jet haut de
1 mètre à 2, de sorte qu'en deux ans on a un arbre capable d'être
mis en place, car le Pêcher se plante avec une sorte d'avantage
après sa première pousse. Cependant je ne dois pas laisser ignorer
que, depuis quelques années, certains pépiniéristes habiles plantent
avec succès des Pêchers déjà palissés âgés de trois ou quatre ans.
On plante depuis la mi-octobre jusqu'à la fin de mars; il est avantageux de planter de bonne heure dans les terres légères, et tard
dans les froides. Il est bon de rappeler qu'on doit encore plus ménager les racines des arbres à fruit à noyau, en les levant de terre,
que les arbres à fruit à pepins, parce que les blessures faites aux
racines des premiers y déterminent souvent la gomme après une ou
plusieurs années de plantation, et l'arbre périt tout d'un coup, au
grand étonnement de ceux qui ne se doutent pas de la cause.

Je n'avais pas l'intention de parler ici des Pêchers à hautes tiges,
parce qu'on n'en voit pas dans les jardins de Paris; mais depuis
bien longtemps il vient, chaque année, à Paris, fin de septembre et
dans le commencement d'octobre, des Pêches cultivées dans les
environs de Corbeil. Ces Pêches, qui sont toutes de la même espèce et portent le nom de *Pêches de Corbeil*, sont assez grosses, de
forme ovale ou allongée, ordinairement peu ou point colorées, à
surface plus ou moins raboteuse. Ces Pêches sont assez bonnes,
mais cependant pas assez pour paraître sur les tables opulentes;
aussi ne sont-elles achetées que par ceux qui n'ont pas le moyen
d'en manger d'autres. Voici encore une observation :

Il y a une trentaine d'années, j'ai observé sur les marchés de
Paris, vers la fin d'août, une Pêche que je ne connaissais pas;
m'étant informé d'où elle venait, j'appris qu'elle était cultivée au
delà de Saint-Germain-en-Laye, dans les environs de Poissy. Feu
Noisette, habile pépiniériste, et moi, nous nous y rendîmes, et
trouvâmes, près d'une maison dont j'ai oublié le nom du village,
cinq Pêchers assez près les uns des autres, et qui nous étonnèrent

d'autant plus, que ni Noisette ni moi n'en avions jamais vu de cette forme. Ces Pêchers paraissaient être âgés de quinze à vingt ans, étaient droits comme des Peupliers d'Italie ; ils avaient environ 8 mètres de hauteur, se portaient très-bien, et avaient suffisamment de Pêches, presque toutes mûres, pas très-grosses, ovales, un peu bosselées, et la plupart assez colorées de rouge. La chair nous a paru de deuxième qualité. Le noyau était fort gros, long, profondément rustiqué et muni d'une pointe au sommet. Les feuilles de ces arbres étaient petites, très-gaufrées, finement dentées, et avaient des glandes réniformes. J'ai revu ces arbres au printemps suivant : ils avaient les fleurs grandes et rouges, et comme je n'ai pu rapporter cette Pêche, qui mûrit fin d'août, à aucune des espèces qui m'étaient connues, je l'ai décrite et figurée, dans notre *Traité des arbres fruitiers*, sous le nom de *Pêche blonde*. Le locataire de la maison n'a pu me donner aucun renseignement sur l'origine de ces Pêchers, dont les arbres avaient absolument la forme du Peuplier d'Italie, forme et grandeur que je n'avais jamais vues à aucun Pêcher, et depuis je n'en ai jamais rencontré de semblables ; car ceux qui vivent dans nos Vignes et en plein champ n'ont jamais cette forme, et ne vivent guère plus de dix ou douze ans.

J'ai déjà dit, d'après plusieurs auteurs, que la Pêche était originaire de l'Asie et de la Perse, pays situés entre les 20e et 50° degrés ; j'ajouterai aussi que plusieurs auteurs ont dit que ce fruit était autrefois vénéneux. Le célèbre Cuvier a dit dans l'éloge du vénéré Thoüin : « Qui aurait cru que la Pêche, vénéneuse en « Perse, deviendrait autour de Paris le plus délicieux des fruits ? » D'abord je ne crois pas que la Pêche ait jamais été vénéneuse en Perse ni ailleurs, parce qu'elle appartient à une classe de végétaux qui n'en renferment pas de suspects ; et puis, depuis que les végétaux existent, ils ont sans doute toujours été constitués tels qu'ils le sont aujourd'hui. La culture les fait bien varier un peu, mais jamais au point de faire que ceux qui sont dangereux deviennent innocents ou salutaires.

Un président de la Société d'horticulture de Londres, le révéré Andrew Knight, et quelques autres, ont dit et écrit qu'ils avaient vu des Pêchers qui produisaient naturellement des fruits duveteux, en produire aussi de glabres : moi je n'en ai jamais vu, quoique ce fait m'ait toujours paru très-curieux ; cependant il peut s'expliquer, en considérant que dans nos cultures certaines plantes sont velues ou glabres, en raison de leur vigueur ou des soins que nous leur donnons. Je n'ai jamais vu tant de plantes si velues que celles recueillies en Afrique par feu Delile, mort professeur de botanique à Montpellier, et qui était de l'expédition que Bonaparte fit dans ce pays au commencement de ce siècle.

J'ai fréquenté Sageret plus de vingt ans : j'ai vu dans son jardin, rue de Montreuil, un Amandier-Pêcher dont il faisait grand cas ; mais les Amandes-Pêches de son arbre ne se rapprochaient jamais autant de la Pêche que celles que j'ai peintes parmi nos arbres fruitiers, et qui étaient alors cultivées au jardin des plantes de Paris. Ces Amandes-Pêches, que j'ai peintes, étaient beaucoup plus charnues que les Amandes ordinaires ; l'une d'elles était fendue : on voyait l'épaisseur de la chair ; elle était rougeâtre auprès du noyau, qui était fort gros, mais qui ne différait pas beaucoup d'un noyau d'Amande. Quant à la qualité de ce fruit, je ne lui en ai trouvé aucune. Voir la description et la figure de ce fruit dans notre *Traité des arbres fruitiers.*

Mais il paraît que Knight, président de la Société horticulturale de Londres, a été plus heureux que nous, car il a adressé à cette Société deux Pêches venues sur un Amandier. Voici la traduction de sa lettre par M. Couverchel : « Je vous adresse, dit ce savant,
« deux Pêches d'une variété nouvelle, que je vous prie de présenter
« à la prochaine séance de la Société d'horticulture. Ce n'est point
« pour leur mérite intrinsèque que je vous les envoie, mais à cause
« de la singularité de leur origine ; car elles sont le produit d'un
« arbre qui, lui-même, était issu d'un Amandier fécondé par la
« poussière séminale d'un Pêcher. Indépendamment des deux que
« je vous envoie, l'arbre en a produit trois, lesquelles se sont ou-
« vertes naturellement comme le brou d'une Amande qui approche
« de la maturité. Les autres ont conservé la forme et tous les ca-
« ractères de la Pêche ; leur chair était douce et fondante : l'une
« d'elles était beaucoup plus grosse que la plus grosse de celles que
« je vous fais passer, car elle avait 24 centimètres de circonfé-
« rence.

« Le caractère général et la qualité du fruit que je vous envoie,
« la petitesse du noyau comparativement à l'amande, feront peut-
« être présumer à la Société quelque erreur dans mon expérience ;
« mais j'affirme qu'il n'y en a aucune, qu'il n'a même pu y en
« avoir, et que le résultat m'a autant étonné qu'il l'étonnera elle-
« même. Je n'avais pas la moindre espérance qu'un arbre capable
« de produire un fruit aussi fondant que l'est la Pêche pût venir
« immédiatement d'une amande. J'étais persuadé, depuis long-
« temps, que l'Amandier commun et le Pêcher ne forment qu'une
« espèce, et qu'une culture convenable, continuée pendant plu-

« sieurs générations successives, peut changer un Amandier en
« Pêcher ou Pavie.

« Cette idée me semble une conséquence naturelle de plusieurs
« circonstances de l'histoire du Pêcher dans les siècles les plus re-
« culés. Il ne paraît pas que cet arbre ait été connu en Europe
« avant le règne de l'empereur Claude, et Columelle est, je crois,
« celui qui en a d'abord parlé (liv. X). Pline est le premier qui en
« ait donné une description exacte, et il assure que c'est par
« Rhodes et l'Egypte qu'il a été transporté en Italie de la Perse,
« d'où l'on croit généralement qu'il est originaire. Il est cepen-
« dant probable qu'il n'existait en Perse même que quelques siècles
« avant l'époque de son introduction en Europe; autrement il eût
« été connu des Grecs, qui entretenaient un commerce habituel
« avec les Grecs asiatiques et les Perses, et de plusieurs botanistes
« qui exercèrent successivement leur art à la cour de Perse, où ils
« étaient appelés par les rois de cette contrée. »

M. Couverchel, auquel appartient cette traduction, continue de
suivre Knight, et dit que l'auteur anglais promettait d'envoyer,
l'année suivante, à la Société d'horticulture de Londres, de ces
Amandes changées en Pêches. Mais il paraît que Knight n'a pu tenir
sa parole, et que, l'année suivante, ses Amandiers n'ont produit
que des Amandes et ses Pêchers des Pêches.

En effet, j'ai entendu dire plusieurs fois qu'on avait vu un Amandier produire des fruits semblables à une Pêche, et un Pêcher à
fruit pubescent produire quelques fruits glabres; mais jamais ces
mêmes faits ne se sont produits deux années de suite sur le même
arbre; au reste, comme je n'ai jamais vu moi-même d'Amande
changée en Pêche, et que de Candolle ne parle pas d'un tel fait
dans sa physiologie végétale imprimée en 1832, je laisse à ceux qui
le verront se reproduire, le soin de l'expliquer, car l'Amande-
Pêche que j'ai décrite est loin de ressembler à celles que Knight
a envoyées à la Société d'agriculture de Londres et qui ne se sont
plus reproduites. Maintenant je reviens au Pêcher.

Les bonnes Pêches sont certainement l'un des plus délicieux
fruits importés dans notre climat, et à quelques degrés de moins
qu'à Paris elles sont encore meilleures. Mais toutes les variétés
n'ont pas le même mérite; ce sont les premières et les dernières
qui mûrissent chez nous, qui sont les moins méritantes. J'ai entendu dire et j'ai déjà répété que le Pêcher était d'abord cultivé
en plein air à Paris, et qu'alors son fruit était d'une qualité médiocre, comme l'est encore celui que l'on cultive en plein champ
ou dans les Vignes, aux environs de Corbeil, mais qu'un jour

un habitant de Vitry, après avoir mangé une Pêche, en jeta le noyau contre un mur au midi, et que ce noyau, ayant reproduit un Pêcher qui se trouvait abrité par le mur, a produit des Pêches plus grosses et beaucoup meilleures que celles qui venaient sur les Pêchers en plein vent, et que ce fut alors seulement qu'on reconnut l'importance de cultiver le Pêcher sous la protection d'un mur aux environs de Paris.

Que cette relation soit vraie ou fausse, il n'est pas moins vrai que c'est à Montreuil, près Paris, que la culture du Pêcher en espalier contre un mur est la plus ancienne et la mieux pratiquée. Sans doute il a fallu beaucoup de temps pour que l'on parvînt peu à peu à établir dans cette culture la perfection qu'on y remarque aujourd'hui, mais enfin, depuis Louis XIV, la réputation de Montreuil et Bagnolet est faite pour la culture du Pêcher.

En montant sur les tours du château de Vincennes, ou en se portant sur la route de Rosny, on voit sur le terrain de la commune de Montreuil une immensité de murs dirigés en tous sens, et contre lesquels sont palissés des Pêchers. C'est là le plus riche jardin de France, et qui fait vivre honorablement le plus d'habitants.

Depuis plus d'un siècle un grand nombre d'auteurs ont écrit sur la culture du Pêcher, et ces auteurs diffèrent plus ou moins entre eux et laissent toujours quelque chose à désirer. Dans ces derniers temps, on remarque surtout dans les ouvrages de MM. d'Albret, Malot, Lelieur, de Ville-sur-Arce, beaucoup de choses nouvelles et bonnes sur la culture et la conduite du Pêcher, mais c'est surtout dans la pratique raisonnée de la taille du Pêcher dont l'auteur, M. Alexis Lepère, vient de publier la troisième édition (1852), que sont résumées les plus parfaites connaissances sur la culture du Pêcher. Cet ouvrage a six planches supérieurement gravées dans un grand format qui montre, dans tous les détails, depuis le bouton jusqu'au Pêcher âgé de 12 ans, disposé sous la forme carrée, qui maintenant est la meilleure forme reconnue dans les plus beaux jardins. Il est certain que sous le climat de Paris, qui n'est pas naturel au Pêcher, la manière de le cultiver est portée par M. Lepère à un point de perfection qui n'avait pas encore été atteint, et auquel il paraît difficile aujourd'hui d'ajouter quelque chose, lorsque l'on considère en détail le magnifique espalier qu'il a établi à Montreuil, il y a vingt ans. On ne peut voir les arbres de cet espalier exposé au levant sans les admirer, ainsi que la main intelligente qui les conduit.

Dans son ouvrage, M. Lepère relate un fait dont personne n'avait encore parlé, et que je ne connaissais pas. C'est que le Pêcher peut produire, et produit en effet, de jeunes pousses à travers l'écorce sur des rameaux de deux ou trois ans et plus. Ce fait étant nouveau pour moi, je fus à Montreuil il y a six ans, et M. Lepère m'a montré sur plusieurs de ses Pêchers beaucoup de jeunes pousses qui sortaient du vieux bois. J'ai même remarqué une jeune pousse de Pêcher, longue de 15 centimètres, qui sortait de la greffe de l'un de ces arbres greffés depuis dix ans. Depuis lors une Société d'horticulture des environs de Compiègne a publié une brochure dans laquelle elle cite aussi plusieurs Pêchers sur lesquels on voit des pousses nouvelles sur du bois de deux ou trois ans, et cette Société regardait ce fait comme commun. N'ayant pu, à cause de mon grand âge, retourner voir les Pêchers de M. Lepère, et me retrouvant avec lui à la Société centrale d'horticulture, je lui demandai si les jeunes pousses que j'avais observées sur ses Pêchers avaient produit des fruits. « Certainement, me répondit-il, et plusieurs de « ces petites branches sont à présent fortes et ont pris place dans « la charpente de mes arbres. » Ainsi il est donc bien établi que le Pêcher palissé contre un mur peut produire de nouveaux bourgeons sur le vieux bois, chose dont aucun auteur, du moins à ma connaissance, n'avait jamais encore parlé.

A peine connaissons-nous la fertilité du Pêcher à Paris, quoiqu'il soit cultivé en grand nombre à Montreuil, et toujours en espalier. M. Jamin, l'un des pépiniéristes les plus recommandables, et qui voyage le plus pour augmenter ses connaissances, me racontait dernièrement l'état de la culture du Pêcher en 1850, dans la vallée d'Hyères et dans d'autres provinces méridionales de la France qu'il venait de visiter. « J'ai vu, me disait-il, des vergers considé-« rables appartenant à MM. Beauregard, Denis et Auran. L'un « des vergers de M. Beauregard contient 12,000 Pêchers de cinq « ans de plantation. Ils sont plantés en quinconce à 15 mètres les « uns des autres, en plein vent, sans abri, ainsi que le sont tous « les Pêchers dans le midi de la France. L'un de ces vergers, ap-« partenant à M. Beauregard, contient un plus grand nombre de « Pêchers que les autres, et dont la production, année commune, « est de 2,000 à 2,500 Pêches par chaque arbre, et qui se vendent « au prix de 40 à 60 centimes le kilog. M. Beauregard m'a dit « qu'il estimait la récolte de ses Pêches en 1850 à 30,000 fr. « D'autres vergers appartenant à M. Auran sont presque aussi « considérables que le précédent. M. Auran m'a dit qu'en 1847 « il avait vendu pour 54,000 fr. de Pêches et de Noisettes. La « majeure partie de ces Pêches sont des Pavies, dont la chair tient au « noyau, et on les préfère aux autres variétés à cause qu'elles sup-

« portent mieux le transport que les Pêches tendres, quoique ces
« dernières soient bien préférables pour la qualité. Nous avons
« fourni à M. Auran, il y a quelques années, plusieurs centaines
« des meilleures variétés de Pêchers et Poiriers, dont il est très-sa-
« tisfait tant pour la beauté que pour la qualité des fruits. J'ai re-
« marqué avec plaisir la belle végétation de ces arbres, et le vo-
« lume que leurs fruits acquièrent dans ce pays. »

*Moyens de distinguer les unes des autres les différentes variétés de
Pêchers.*

Depuis 1807 jusqu'en 1820, je me suis beaucoup occupé de dessiner et de décrire les Pêches; j'ai été favorisé, dans ce travail, par
l'école des arbres fruitiers que le ministre de l'intérieur, le comte
Chaptal, avait fait planter au Luxembourg, et dans laquelle école
existaient au levant un espalier de Pêchers, et un autre au couchant :
de sorte que le nombre des espèces de Pêchers était de 43, divisés en quatre sections, c'est-à-dire 1° en fruits à duvet dont la
chair quitte le noyau, 2° en fruits à duvet dont la chair ne quitte
pas le noyau, 3° en fruits lisses dont la chair est adhérente au
noyau, 4° et enfin en fruits lisses dont la chair quitte le noyau.
Cette école, dont le catalogue a été publié en 1809, ne contenait
pas autant de fruits que beaucoup de catalogues marchands en contiennent aujourd'hui ; mais on voit que, en 1809, le directeur Hervy
faisait déjà usage de quatre caractères différents qui se trouvent
dans les Pêches, pour pouvoir aider à les distinguer.
Sans doute c'était déjà beaucoup que de distinguer tous les Pêchers en quatre classes, mais ce n'était pas encore assez ; il était
réservé à M. Desprez, juge à Alençon, représentant du peuple en
1810, et qui se trouvait à Paris à la pépinière du Luxembourg, de
porter son attention sur les Pêchers, et de voir que ces arbres
avaient des glandes globuleuses ou réniformes, ou nulles, ce qui
augmentait au nombre de trois les quatre caractères indiqués par
Duhamel et par Hervy ; et si nous ajoutons à ces sept caractères les
trois que nous fournissent les fleurs, qui sont grandes, moyennes
et petites, cela fait dix caractères qui nous aident singulièrement
à distinguer les unes des autres nos différentes variétés de Pêches.
Il y avait déjà deux ans que je m'occupais sérieusement à peindre et à décrire les arbres fruitiers, lorsque M. Desprez me fit remarquer les glandes qu'il avait vues sur la plupart des feuilles de
Pêchers. Nous examinâmes ensemble tous les Pêchers de l'école du
Luxembourg, et trouvâmes que, de tous ces arbres, les uns avaient

les feuilles munies de glandes globuleuses, que d'autres Pêchers les avaient garnies de glandes réniformes, et que d'autres enfin n'avaient aucune glande, mais que tous ces derniers avaient les dents de leurs feuilles beaucoup plus grandes que celles qui portaient des glandes. Après avoir bien vérifié ces caractères avec M. Desprez, je restai bien honteux, moi qui peignais et décrivais les arbres fruitiers avec beaucoup d'attention, de n'avoir pas encore observé les glandes des feuilles des Pêchers, quand j'avais déjà remarqué des choses beaucoup plus petites.

Quoi qu'il en soit, il doit paraître bien étrange que jusqu'en 1810, époque où M. Desprez vint à Paris, aucun des nombreux auteurs qui ont parlé des feuilles de Pêcher n'ait fait mention des glandes qui se trouvent sur le pétiole ou sur le commencement du limbe de ces feuilles. Ce silence m'a frappé, et plusieurs fois j'ai fait des recherches pour savoir s'il était bien fondé, et nulle part je n'ai trouvé personne qui en eût parlé avant M. Desprez et moi. Enfin, après avoir feuilleté cinquante fois la *Physique des arbres* de Duhamel, le 12 août 1849 j'ai trouvé dans cet ouvrage, vol. I, pl. 15, fig. 119, lettre *f*, une figure très-mal faite qui m'a semblé représenter une des glandes en question; mais, comme je tenais à bien connaître ce qu'en pensait Duhamel, j'en vins à la page 185 du même volume, et je lus ce qui suit :

« *Les glandes à godets*, *f*, ainsi appelées parce qu'en s'ouvrant
« elles présentent une cavité. Il y en a de rondes, d'ovales, de
« pointues ou en forme de gouttière recourbée; elles se trouvent
« ordinairement sur les pédoncules et à la naissance des feuilles
« des Pêchers, des Abricotiers, des Cerisiers, des Acacias, ou à la
« pointe des dentelures de plusieurs feuilles. »

Ainsi Duhamel a connu les glandes des feuilles du Pêcher avant 1758, mais d'une manière si imparfaite, qu'il n'en parle plus dans son *Traité des arbres fruitiers*, publié en 1768, où cependant il en aurait fait un grand usage en décrivant les Pêchers, s'il en eût reconnu toute l'importante utilité.

Au moyen des glandes, de la grandeur des fleurs, de la pubescence et de la glabréité des fruits, j'avais pu diviser tous les Pêchers connus en 14 classes ; mais depuis, M. Decaisne, professeur de culture au jardin des plantes, membre de l'Institut et directeur du *Bon Jardinier*, a réduit ces 14 classes en 12, qui me semblent, en effet, suffisantes. Voici donc les 12 classes de Pêchers proposées dans l'édition du *Bon Jardinier* 1851 par M. Decaisne :

. PÊCHES DUVETEUSES A CHAIR
QUITTANT LE NOYAU.

1. Grandes fleurs.

† *Glandes globuleuses.*

Avant-Pêche rouge.
Mignonne hâtive, Poit.
— frisée, Poit.
Vineuse de Fromentin.
Belle Beausse.
Grosse Mignonne.
A fleurs blanches.

†† *Glandes réniformes.*

Pêche Desse.
Pourprée hâtive.
Abricotée.
Presle.
A fleurs doubles.

††† *Glandes nulles.*

Avant-Pêche blanche.
Madeleine blanche.
De Malte.
Madeleine de Courson.
Cardinale.
Naine.
Princesse Marie.
Pucelle de Malines.
D'Ispahan.

2. Fleurs moyennes.

† *Glandes globuleuses.*

Admirable.

†† *Glandes réniformes.*

Petite Mignonne.
Alberge jaune.
Siculle.
Chevreuse hâtive.
— tardive.

††† *Glandes nulles.*

Madeleine à moyennes fleurs.

3. Fleurs petites.

† *Glandes globuleuses.*

Galande.
Bourdine.
Teton-de-Vénus.
Nivette.
Royale.
A feuilles de Saule.

II. PÊCHES DUVETEUSES A CHAIR
ADHÉRENTE AU NOYAU.

1. Fleurs grandes.

† *Glandes réniformes.*

Pavie de Pomponne.

†† *Glandes nulles.*

Pavie-Madeleine.

2. Fleurs petites.

† *Glandes réniformes.*

Pavie-Alberge.
Persèque.
Pavie tardif, Poit.

III. PÊCHES LISSES A CHAIR NON
ADHÉRENTE AU NOYAU.

1. Fleurs grandes.

† *Glandes réniformes.*

Pêche Desprez, Poit.
Jaune lisse.
Pêche-Cerise.
Violette hâtive.
Grosse violette.

IV. PÊCHES LISSES A CHAIR
ADHÉRENTE AU NOYAU.

1. Fleurs grandes.

† *Glandes réniformes.*

Brugnon musqué.

Telle est, en effet, la manière que je crois la plus convenable d'exposer les caractères que présentent les feuilles des Pêchers, quoiqu'on puisse trouver une autre manière qui soit aussi bonne. Depuis 1810 que j'ai proposé de faire usage des glandes en décrivant les feuilles des Pêchers, d'après la vérification que je venais d'en faire avec M. Desprez, les différents pépiniéristes auxquels j'ai parlé de cette découverte ne crurent pas d'abord à mon assertion. Noisette, mon ami, et qui était alors l'un des plus habiles pépiniéristes, ne voulait pas y croire. Cependant, dans l'édition de son *Manuel complet du jardinier*, publié en 4 vol. en 1825 et 1826, il a admis entièrement les glandes globuleuses, réniformes et nulles dans tous ses Pêchers. Lelieur de Ville-sur-Arce, dans ses deux éditions de la *Pomone française*, publiées l'une en 1817 et l'autre en 1842, a fait également usage des glandes des Pêchers que je l'avais appris à connaître.

En 1846, M. *A. J. Downing*, pomologiste américain, a publié un très-bon ouvrage sous le titre de *The fruits and fruit trees of America*, dans lequel les Pêchers sont désignés avec leurs glandes globuleuses réniformes ou nulles.

M. John Lindley, célèbre botaniste anglais, qui en 1831 a publié son *Guide to the orchard and kitchen garden , or an account of the most valuable fruit and vegetables cultivated in Great Britain*, ouvrage fort bien fait et d'une grande érudition, décrit aussi les Pêchers avec des glandes réniformes, globuleuses ou nulles.

Ainsi il y a bientôt cent ans que les glandes des Pêchers ont été connues de Duhamel, il y a quarante ans que M. Desprez a retrouvé et m'a fait remarquer ces glandes, et depuis quarante ans je les ai toujours étudiées, et toujours trouvées constantes dans leurs deux formes et dans leur absence sur certains Pêchers. Seulement, en 1846, M. Jamin, très-habile pépiniériste, a trouvé, chez M. Janneau, cultivateur, à Lauresse (Maine-et-Loire), un Pêcher qu'il a nommé *Reine des vergers*, qui a un fruit excellent et qui se garde quinze jours en parfaite maturité, dont les fleurs sont petites, et dont les feuilles produisent en même temps des glandes globuleuses et réniformes. C'est la seule variété de Pêcher sur les feuilles de laquelle on ait encore trouvé deux sortes de glandes; et, comme les glandes réniformes sont beaucoup plus nombreuses que les glandes globuleuses, je crois, malgré cette irrégularité, que ce Pêcher doit être rangé dans ceux à glandes réniformes, puisqu'elles sont plus nombreuses.

Dans l'ouvrage de M. Lindley publié en 1831, l'auteur a employé 65 pages in-8 en parlant des Pêchers, et il ne rapporte pas que c'est Duhamel qui, il y a près de cent ans, a découvert les glandes des Pêchers. Moi, depuis quarante ans, je fais mes efforts pour les faire connaître et les mettre en pratique, car je suis toujours persuadé que, sans l'emploi de ces glandes, on ne pourra jamais parvenir à reconnaître avec assurance les différentes sortes de Pêches qui existent actuellement ; et, comme aucun des pépiniéristes de France ne fait encore usage de ces glandes dans les catalogues qu'il publie, on peut être sûr que les noms des Pêchers qu'ils fournissent ne sont fondés sur aucune autorité, et qu'il n'y a que très-peu d'entre eux qui soient d'accord sur les noms qu'ils donnent à leurs Pêchers.

Cependant rien ne serait plus facile que d'obliger tous les pépiniéristes à se mettre au courant des caractères qu'offrent les Pêchers. Il suffirait que tous les propriétaires qui leur demandent des Pêchers exigeassent d'eux qu'ils leur disent, 1° si ces Pêchers ont à leurs feuilles des glandes réniformes, globuleuses ou nulles ; 2° si la fleur de ces Pêchers est grande, moyenne, ou petite ; 3° si les Pêches sont glabres ou pubescentes ; 4° si enfin la chair du fruit quitte le noyau ou y adhère fortement. Si les propriétaires qui demandent des Pêchers aux pépiniéristes, exigeaient d'eux la réponse à ces quatre questions, certes ils se mettraient bientôt dans le cas de pouvoir y répondre exactement, et ils mettraient sur leurs catalogues tous les signes indiqués ci-dessus, et bientôt l'uniformité régnerait dans la nomenclature des Pêches, laquelle est encore aujourd'hui une véritable confusion. Quand on voit, dans le catalogue de la Société horticulturale de Londres, que la *Pêche grosse mignonne* porte à elle seule *trente-huit noms différents*, cela est bien fait pour rendre honteux les pépiniéristes qui se refuseraient à mettre dans leurs catalogues les perfectionnements indiqués ci-dessus, et qui depuis bien longtemps existent dans le *Bon Jardinier*.

Je crois donc que nous pouvons nous dispenser d'adopter les vingt et une classes de Pêches adoptées par M. Lindley, et que nous ferons bien, pour reconnaître parfaitement tous nos Pêchers, de nous en tenir aux douze articles présentés dans le *Bon Jardinier*, quoiqu'il soit possible de trouver un autre arrangement.

Je reviens au *Guide to the orchard and kitchen garden* de M. Lindley, ouvrage excellent dont je recommande la lecture. On trouvera dans cet ouvrage, page 306 et suivantes, que Miller et Duhamel avaient déjà indiqué, pour reconnaître les Pêches, les dentelures des feuilles, les grandes et les petites fleurs, les fruits pubescents ou glabres, et ceux dont la chair se détache du noyau ou y adhère. Vient ensuite Robertson, qui a traité ce sujet un peu mieux que Miller et Duhamel, et qui a, le premier, fait la distinction des Pêches et des Nectarines, et qui a connu aussi et fait usage des glandes des feuilles dans la distinction des fruits, et réduit tous les Pêchers en huit classes.

L'éditeur du *Bon Jardinier* et le comte Lelieur, dit M. Lindley, ont donné une classification des Pêches sur une échelle beaucoup plus compréhensible, en faisant usage d'une troisième division dans les fleurs : *and they take notice also; for the first time, y believe, of two different characters in the glands of the leaves. Their method of arrangement, however appears objectionable in forming their classes from the fruit instead of the leaves, because an attempt at a thorough classification on this principle must be ineffectual till the fruit has arrived ad maturity.*

Cette petite objection, que m'oppose là M. Lindley, ne me paraît pas bien fondée, et je persiste à croire que, vu le peu de Pêchers que l'on connaît et cultive en France, la méthode que j'ai imaginée en 1810, d'après les observations judicieuses de M. Desprez, est bonne et suffisante pour nous. Si nous cultivions en France la grande quantité de Pêchers que contient le catalogue de la Société horticulturale de Londres, peut-être j'aurais fait mon tableau autrement ; mais, d'après le petit nombre de Pêches que nous connaissons, je crois que ma méthode de les classer est bonne. Je ne dis pas avec M. Lindley que les feuilles qui n'ont pas de glandes sont doublement dentées, mais je dis qu'elles ont de grandes dents, parce que les petites dents qui accompagnent les grandes ne sont pas toujours aperçues par ceux qui ne sont pas botanistes.

Enfin je ne puis rien dire sur le Pêcher qui ne soit déjà fort bien dit dans les ouvrages de M. d'Albret, Lelieur de Ville-sur-Arce, et surtout dans celui de M. Lepère, qui a formé les plus beaux modèles de cet arbre dans ses jardins de Montreuil. Je ne veux que rappeler trois faits utiles à pratiquer, et qui ne sont pas assez généralement connus ; les voici :

1° Tous les propriétaires ne savent pas, comme M. Lepère, faire en sorte que tous les membres d'un Pêcher en espalier soient toujours et partout garnis de branches à fruit. Quand sur un membre plusieurs de ses branches à fruit ont disparu, l'arbre ne rapporte plus de fruit que dans ses parties éloignées du centre. Les parties inférieures restent nues, et partout où il n'y a pas de jeunes branches d'un an il ne peut y avoir de fruit. Il y a environ dix-huit ans que j'ai vu des Pêchers dénudés par le bas, dans le jardin de la Société d'agriculture de Versailles, lequel jardin était alors tenu par M. Turlure, qui sortait de l'école d'Alfort. Ce jardinier intelligent, pour raccommoder ces arbres, avait placé des écussons aux places dénudées sur ces Pêchers, et, l'année suivante, j'ai vu tous ces écussons développés en nouvelles branches qui ont ramené du fruit au bas et dans le centre des arbres où on n'en voyait plus depuis plusieurs années.

M. Putheaux, jardinier du potager de Versailles, emploie le procédé de M. Turlure pour regarnir ses Pêchers, et il s'en trouve très bien. Je ne puis donc que conseiller, aux jardiniers qui auraient des Pêchers dont les membres seraient dégarnis de branches à fruit par en bas, d'y placer des écussons, qui bientôt donneront des fruits.

2° Depuis quelques années, certains horticulteurs éclairés conseillent à leurs élèves de pratiquer le *pincement*, qui peut être répété jusqu'à trois fois sur le même bourgeon du Poirier, du Pommier et du Pêcher, depuis mai jusqu'en août, et même sur plusieurs autres arbres, dans la vue de les mettre à fruit. Je ne puis ici, faute d'espace, développer les avantages de cette opération ni la manière assez simple de l'exécuter; mais on peut voir, dans la 5ᵉ édition de l'ouvrage de M. Lepère, page 52, article *Pincement*, la manière et le temps de l'exécuter sur le Pêcher en espalier, qui est l'espèce d'arbre sur laquelle cette opération est la plus efficace et la plus indispensable.

5° Il y a encore une opération à faire sur les membres d'un Pêcher qui se dégarnissent de branches à fruit, et que j'ai vu pratiquer avec succès par M. Desse, cultivateur-amateur à Orléans. J'ai vu chez lui plusieurs Pêchers dont les membres s'étaient dénudés par la perte de leurs branches à fruit; mais il leur en avait rendu d'autres en greffant aux places vides, en juillet et août, le sommet des bourgeons voisins sans les détacher, en enlevant assez d'écorce sur le vieux bois du Pêcher. Cette opération n'est pas aisée à faire sur la jeune branche; mais avec les soins et l'adresse de M. Desse on en vient aisément à bout, et par ce moyen aucune place sur un Pêcher ne se trouve dégarnie de branches à fruit.

Ce procédé, qui semble encore nouveau, a été imaginé, il y a déjà plusieurs années, par C. D. A. Leroy, qui a publié sur cette greffe un article qui lui a valu une médaille d'argent de la Société d'agriculture de Paris. M. Leroy demeurait alors à Courbevoie (Seine), et c'est Silvestre qui a fait le rapport à la Société.

Enfin je donne ici les figures des glandes du Pêcher et celles des trois grandeurs de ses fleurs. Ainsi, dans la fig. 1, le n° 1 montre une feuille de Pêcher de la section des *Madeleines*; ces feuilles ont de grandes dents, et n'ont pas de glandes sur ou près de leur pétiole. La fig. 2 représente une feuille du Pêcher dit *Admirable*; ces feuilles ont de petites dents, et les glandes à leur base sont *globuleuses*. La fig. 5 appartient au Pêcher reconnu, il y a quatre ans, par M. Jamin, sous le nom de *Reine des vergers*;

Fig. 1.

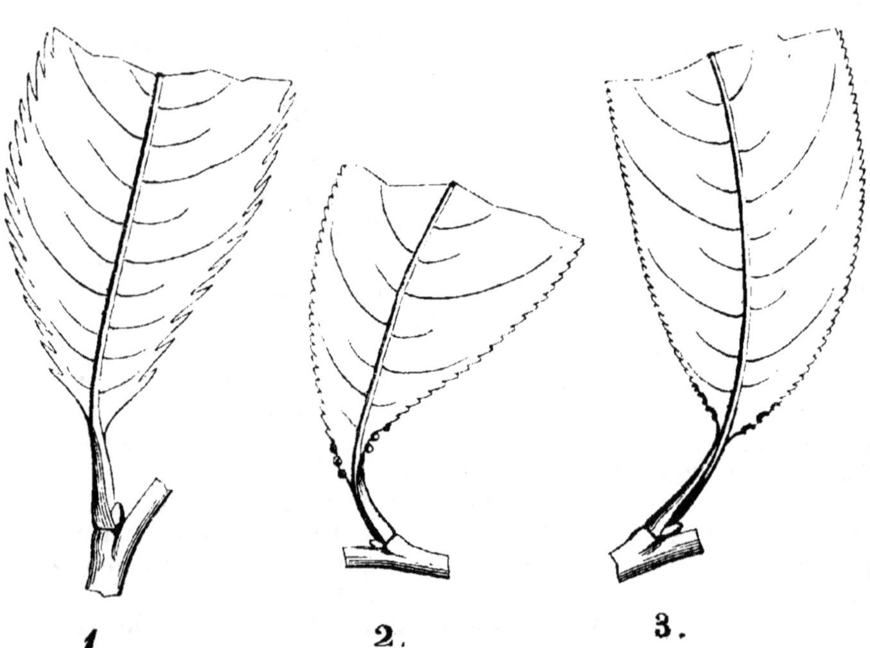

ses feuilles ont également les dents petites, et la plupart des glandes qui se trouvent sur les pétioles sont réniformes; mais il s'y en trouve aussi quelques-unes qui sont globuleuses. C'est le seul Pêcher connu qui porte ainsi deux sortes de glandes.

La fig. 2 montre les trois sortes de fleurs que l'on trouve sur les Pêchers. Le n° 1 se trouve sur le Pêcher *Pavie Alberge*, où sont les plus petites fleurs; le n° 2 représente une fleur de l'*Admirable*, qui est une moyenne en fleur; enfin le n° 3 représente le *Pavie de Pompone*, dont la fleur est grande.

Telles sont les deux formes de glandes pétiolaires et les trois grandeurs des fleurs des Pêchers. Je reste persuadé que, tant qu'on

ne tiendra pas compte de ces différences en énumérant les différentes sortes de Pêches, on ne parviendra jamais à les faire connaître toutes par les descriptions ordinaires.

Fig. 2.

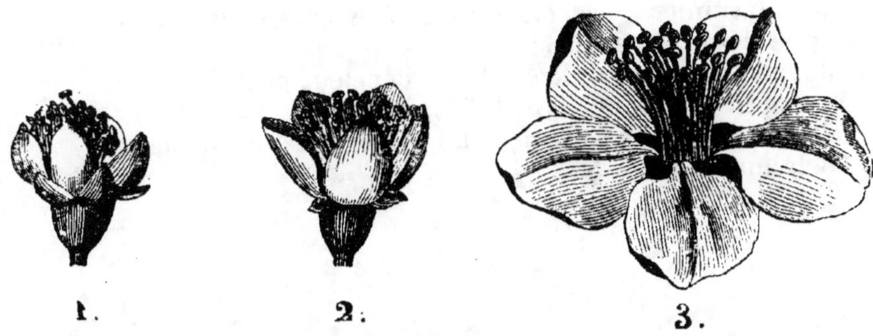

Pêchers cultivés par un certain nombre de pépiniéristes.

Pêchers.

Catalogue des plus excellents fruits cultivés dans la pépi-
nière des Chartreux à Paris, 1752. 45
Traité des arbres fruitiers, par Poiteau et Turpin, 1807. . 39
Catalogue des arbres fruitiers cultivés par Hervy, à la pépi-
nière du Luxembourg, 1809. 43
Manuel complet du jardinage, par L. Noisette, 1825. . . 56
Catalogue of the fruits cultivated in the garden of the hor-
ticultural Society of London, 1831. 248
A guide to the orchard and kitchen garden, by John Lindley,
1831. 134
Traité des fruits, par M. Couverchel, 1839. 71
Catalogue des arbres fruitiers du jardin des plantes de Pa-
ris, par M. d'Albret, 1839.. 45
The fruits and fruit trees of America, by J. Downing, 1846. 98
Catalogue des arbres fruitiers cultivés par M. Jacquemet-
Bonnefont, à Annonay (Ardèche), 1847. 47
Catalogue des fruits cultivés à la Saussaye par M. Croux,
1847. 28
Catalogue des arbres fruitiers cultivés par MM. Jamin et
Durand, à Bourg-la-Reine, 1848. 98

QUARANTE-SEPTIÈME LEÇON.

5. **Cerisier**, Duh. ; *Cerasus* , Lin. ; Cherry *en anglais*, Kirschen-
baum *en Allemagne*, Cirago *en Italie*, Cerezo *en Espagne*.

Genre de la famille des Rosacées, de la tribu des Amygdalées,
et que Linné a réuni aux genres *Prunus, Armeniaca, Laurocerasus*
et *Padus* établis par Tournefort. Mais, si la fleur et le fruit de ces
plantes n'offrent pas aux botanistes de caractères suffisants pour
les déterminer, on ne peut disconvenir que les Cerisiers se distinguent des autres genres , avec lesquels Linné les confond , par la
longueur de leur pédoncule. Ainsi c'est par la grande longueur
seule du pédoncule, ou de la queue des Cerises, qu'on les distingue,
botaniquement parlant, des genres mentionnés ci-dessus. Cependant chacun de ces genres a une physionomie si différente , que
jamais on ne les confondra l'un avec l'autre.

Bien plus, les Cerisiers se divisent eux-mêmes en plusieurs
groupes qui ont reçu chacun un nom particulier : tels sont les
Merisiers, Guigniers, Griottiers, Bigarreautiers et Cerisiers proprement dits. M. Couverchel cite même un *heaumier* qui a trois variétés, l'une à fruit blanc, l'autre à fruit rouge, et la troisième à
fruit noir. Je ne connais ni l'un ni l'autre dans nos cultures.

Les Merisiers croissent naturellement dans nos forêts et forment
des arbres qui s'élèvent à la hauteur des Chênes, et soutiennent
leurs branches horizontalement ; leurs fruits sont petits, les uns
doux, les autres amers. Les Guigniers et les Bigarreautiers forment
des arbres moins hauts, mais plus gros que les Merisiers, et ne se
trouvent que dans les endroits cultivés ; on les reconnaît en ce
qu'ils laissent pendre leurs rameaux. Enfin la Guigne , qui a la
chair molle et fondante, se distingue du Bigarreau, qui l'a ferme et
croquante. Il serait nécessaire même de diviser encore le groupe
des Cerisiers proprement dits, car on y trouve des fruits doux, des
fruits acides, des sucs colorés et colorants, et des sucs sans couleur.
Certaines espèces élèvent leurs rameaux presque verticalement,

tandis que d'autres les laissent pendre, etc. Toutes les espèces ou variétés domestiques de ce dernier groupe ne se trouvent également que dans les lieux cultivés, et c'est ce qui a fait avancer à plusieurs auteurs que le Cerisier n'est pas naturel à la France ni même à l'Europe, et que nous le devons à Lucullus, qui l'apporta de l'Hellespont, en Italie, l'an de Rome 680. Il est certain, en effet, que Lucullus a introduit un Cerisier en Italie après la défaite de Mithridate ; mais on ne sait si ce fut un Cerisier à fruit doux ou à fruit aigre, et on ne sait pas mieux si c'est à ce Cerisier, quel qu'il fût, que nous devons les nôtres. Quant à moi, je crois que c'est aux Guignes de nos forêts et aux oiseaux qui les ont mangées que nous devons nos premières Cerises.

Il y a quelques variétés de Cerisier qui doivent être mentionnées, non pour le mérite de leur fruit, mais pour la spécialité de leur arbre.

Ainsi je cite le Merisier fastigié, que j'ai observé et décrit en 1808 dans le jardin de M. Cels, à Montrouge : cette espèce est actuellement très-rare ou perdue ;

Le Merisier à fleurs doubles, qui forme au printemps le plus joli effet par ses nombreuses fleurs blanches, au centre desquelles on remarque que les styles sont changés en petites folioles vertes et oblongues ;

Le Cerisier de la Toussaint, qui, au lieu de fleurir en ombelle comme les autres, fleurit en grappe et fructifie continuellement jusqu'aux gelées ;

Le Cerisier à trochet, qui rapporte de quatre à huit fruits réunis au bout de chaque pédoncule;

Le Cerisier nain, dont la feuille est luisante, et qui, planté en espalier au midi, porte des fruits mûrs dès la mi-mai ;

Le Cerisier à feuilles de tabac, qui, dans sa jeunesse, paraît étrange par la longueur et la largeur de ses feuilles.

Sans doute les pépiniéristes sont bien excusables de ne pas cultiver ces arbres, puisque leurs fruits ne sont pas estimés; mais on devrait toujours les voir dans les jardins des gouvernements, parce que leur singularité peut donner lieu à quelques savants de développer certaines idées heureuses à leur sujet.

On remarque que les Cerisiers ont l'écorce double ; que la partie extérieure est formée de huit à douze lames très-minces qui se déroulent circulairement, tandis que l'écorce intérieure est composée de fibres disposées verticalement ; mais l'écorce extérieure, ne pouvant se renouveler annuellement, disparaît sur le tronc âgé et ne se manifeste plus que sur les rameaux.

Les bonnes espèces de Cerises se greffent en fente ou en écusson sur des Merisiers à fruit rouge lorsqu'on veut en faire des arbres élevés ; mais, quand on veut que ces espèces restent le plus bas possible, on les greffe sur des sujets de Cerisiers à fruit rond, ou même sur Sainte-Lucie. On plante quelques espèces hâtives en espalier ou en contre-espalier pour avoir des fruits mûrs en mai ; mais, en général, tous les Cerisiers aiment le plein vent et craignent beaucoup la serpette, c'est-à-dire qu'il faut les tailler avec précaution. Ils ne sont pas très-difficiles sur le terrain ; cependant ils viennent mieux, et leur fruit est beaucoup meilleur dans les terres douces, légères et à l'exposition du midi.

Les Cerises, dit la Bretonnerie, sont fort saines étant mangées crues le matin à jeun ; elles sont rafraîchissantes et capables de calmer le trop grand mouvement du sang ; mais elles se corrompent aisément dans l'estomac, et, lorsqu'elles s'y trouvent en très-grande quantité, elles y causent des vents et des coliques.

Les Cerises se mangent fraîches ou séchées comme les Pruneaux ; elles s'accommodent aussi en compotes, en confitures, à l'eau-de-vie : on en fait une eau très-rafraîchissante, des glaces, du ratafia. En Espagne et en Provence on en fait même un vin très-agréable.

Le bois du Cerisier, et surtout celui du Merisier, sert à faire de jolis meubles qui imitent l'Acajou. Celui de Sainte-Lucie est odorant, léger et sonore. Les luthiers en font des clavecins et d'autres instruments de musique. Du reste, je renvoie à M. Couverchel pour tous les procédés de conserver les Cerises.

Nombre de Cerisiers cultivés par quelques pépiniéristes.

	Cerisiers,
Catalogue des fruits cultivés dans la pépinière des Chartreux à Paris, 1752.	14
Traité des arbres fruitiers, par Poiteau et Turpin, 1807.	29
Catalogue des arbres fruitiers cultivés par Hervy, à la pépinière du Luxembourg, 1809.	57
Manuel complet du jardinier, par L. Noisette, 1825.	51
Catalogue of the fruits cultivated in the garden of the horticultural Society of London, 1831.	219
A guide to the orchard and kitchen garden, by George Lindley, 1831.	28
Traité des fruits, par M. Couverchel, 1839.	41
Catalogue des arbres fruitiers du jardin des plantes, par M. d'Albret, 1839.	38

6 OLIVIER, Duhamel ; *OEhlbaum* en Allemagne, *Ulivo* en Italie, *Olivo* en Espagne ; *Olea*, Linné ; *Olive* en anglais.

Genre de la famille des Oléinées, comprenant des arbres toujours verts, et dont le caractère commun est d'avoir

1° Un calice très-petit à quatre dents ;

2° Une corolle monopétale dont le tube est très-court, et le limbe divisé en quatre lobes ovales, ouverts ;

3° Deux étamines courtes, opposées, insérées au tube de la corolle : les anthères sont grosses, cordiformes, biloculaires ;

4° Un ovaire libre, ovale, biloculaire, à loges dispermes, surmonté d'un style court que termine un grand stigmate bilobé ;

5° Un drupe charnu, ovale ou oblong, contenant un noyau osseux, allongé en navette, biloculaire, ou le plus souvent uniloculaire et monosperme par avortement. La graine, allongée comme le noyau, est composée d'un grand embryon entouré d'un périsperme recouvert d'une mince membrane (1).

Culture, histoire.

Ce genre comprend, avec l'Olivier cultivé en Europe, *Olea eu-*

---

(1) Ayant observé particulièrement la famille des Oléinées, il y a longtemps, sous des rapports botaniques, je me suis assuré que tous les genres qui la composent ont l'ovaire biloculaire, que chaque loge contient deux ovules attachés au sommet des loges, et que toutes les espèces de cette famille ont les feuilles ponctuées en dessous.

ropæa, plusieurs autres espèces exotiques. Je ne traiterai ici que de la première, généralement connue par l'usage que l'on fait de son fruit, et surtout de son huile, qu'aucune autre ne peut remplacer dans l'économie domestique.

Le port de l'Olivier n'a rien de distingué. Lorsqu'il est livré à lui-même, dans un terroir et à une exposition qui lui conviennent, il atteint tout au plus 6 ou 8 mètres de hauteur, et produit souvent deux ou trois tiges médiocres qui s'élèvent de la même racine. Au bas de la tige, ou plutôt aux côtés de la racine, il se forme une protubérance qui a souvent 1 mètre de diamètre sur 4 ou 7 décimètres d'élévation. Ses feuilles, d'un vert terne en dessus et blanchâtres en dessous, sont opposées, simples, très-entières, persistantes, plus ou moins lancéolées selon les nombreuses variétés. Cet arbre commence à se charger d'une grande quantité de fleurs dans le mois d'avril ; ces fleurs, d'un blanc jaunâtre, et que le climat de la Provence ne favorise pas assez sans doute, ne sont complétement épanouies qu'au mois de juin. Ses fruits, assez connus sous le nom d'Olives, prennent, en mûrissant, une couleur noirâtre, violette ou rougeâtre, à l'exception d'une variété qui a les siens d'un blanc mat, et que cette particularité rend très-remarquable. Les Olives n'acquièrent leur parfaite maturité que depuis la mi-octobre jusqu'en décembre, et peuvent rester sur l'arbre jusqu'au mois d'avril.

Duhamel dit que l'Olivier produit une immense quantité de racines qui se conservent en terre pendant des siècles entiers. Saint-Amans, propriétaire à Agen, m'a appris que le funeste hiver de 1709 donna l'occasion de remarquer cette particularité. Plusieurs propriétaires vendirent de ces racines *pour plus que ne valait leur fonds*.

Une partie des territoires de la Provence et du Languedoc, le département des Pyrénées-Orientales et celui des Alpes maritimes sont les seules contrées de la France où l'on cultive l'Olivier ; partout ailleurs, on ne le trouve qu'isolé dans les jardins des curieux. Il passe quelquefois les hivers doux en espalier sous le climat où il fructifie même s'il est secouru par des circonstances très-favorables. Miller dit qu'en 1719 des Oliviers bien abrités à Kensington, près de Londres, produisirent une grande quantité de fruits qui devinrent assez gros pour être marinés ; mais ce fut un phénomène. M. Downing, célèbre pépiniériste en Amérique, dit que la culture de l'Olivier s'est établie et prospère dans la Caroline du sud.

L'Olivier, l'Oranger et un Palmier se sont acclimatés dans la partie la plus méridionale de la France à laquelle ils étaient étrangers. Le Palmier, plus délicat, est resté dans le sud de l'Italie, de l'Espagne, et sur la côte de Gênes, où il existe à la faveur de quelques abris naturels. L'Oranger a fait un pas de plus; il s'est avancé jusqu'à Nice et Hyères, près de Toulon. L'Olivier non-seulement croît avec l'Oranger et le Palmier dans les pays qui leur sont propres, mais il s'est établi sur toutes les côtes de la Méditerranée, et pénètre dans la Provence et le Languedoc, d'un côté jusqu'à Montélimart, et de l'autre jusqu'à Carcassonne.

On ne peut douter que ce ne soit à la culture très-ancienne de l'Olivier, puisqu'on la rapporte à l'arrivée des Phocéens à Marseille, que sont dues les nombreuses variétés de cet arbre précieux. Toutes ces variétés, qui dérivent, pour la plupart, de circonstances locales, et qui souvent se confondent par des nuances aussi minutieuses que fugitives, ne peuvent ici m'occuper. En attendant qu'elles aient été l'objet d'un travail long, fastidieux, difficile sans doute, mais bien nécessaire, et à l'aide duquel on puisse se diriger dans leur obscure synonymie, je me suis borné à représenter, dans notre *Traité des arbres fruitiers*, le dessin de la seule variété d'Olivier désignée par Gouan, dans sa *Flora monspeliaca*, sous le nom d'Olive-Picholine, *Olea oblonga*, et j'ai seulement rapporté les descriptions de 16 variétés, et la dénomination d'environ 50 autres variétés désignées par Gouan, Rozier et Duhamel, tandis qu'Olivier de Serres ne mentionne en tout que 17 variétés.

Enfin on trouve dans les auteurs l'*Olea silvestris* de Gouan, qu'on regarde comme le type d'où sont sorties toutes les variétés de l'espèce. Cet arbre croît spontanément dans les terrains arides et les collines de la Numidie, selon Poiret. Il croît aussi, d'après Garridel, dans quelques endroits stériles de la Provence; il se trouve en Corse, même en Languedoc, suivant Rozier, et sans doute aussi dans les lieux incultes et négligés de la Sicile et de l'Italie. Cet arbre, toujours rabougri et négligé, souvent armé d'épines, a les feuilles petites, dures et obtuses. Le fruit est allongé, très-sec, et peu susceptible d'être confit ou employé à la fabrication de l'huile. Je n'en dirai pas davantage sur l'Olivier silvestre : encore dans l'état de nature, il peut être considéré comme nul pour le besoin de la société.

Aristée d'Athènes fut le premier qui cultiva l'Olivier et qui trouva la manière d'exprimer l'huile de ses fruits. Cet arbre fut transporté en Europe par les Romains, lorsqu'ils firent la conquête de la Grèce. Il n'était connu ni en Italie, ni en Espagne, ni même en Afrique, sous le règne de Tarquin.

L'Olivier, je l'ai déjà dit, est un arbre délicat qui réclame des soins particuliers et une attention presque continuelle de la part des cultivateurs. Rozier s'est beaucoup étendu sur la culture de l'Olivier ; on trouve d'excellentes choses dans le chapitre de son ouvrage qu'il a consacré à cet objet, mais il y a mis, à son ordinaire, tant de divagations et de répétitions, qu'il serait encore trop long de chercher à l'abréger. M. Reguis, directeur des droits réunis dans le département de Lot-et-Garonne, et qui joint à de grandes connaissances en agriculture une très-rare obligeance, m'a fourni des renseignements précieux sur la culture de l'Olivier, et je ne saurais assez lui témoigner à cet égard toute ma reconnaissance.

Si l'existence de l'Olivier en Europe est impérieusement subordonnée à la température des localités, ainsi que cela nous est prouvé depuis plus de mille ans, il serait inutile de tenter de l'acclimater plus au nord qu'il ne l'est maintenant. De Candolle nous a tracé, dans sa *Flore française*, la petite partie sur laquelle l'Olivier peut vivre à l'air libre sur le territoire français, à condition que cette petite partie ne viendra pas plus humide qu'elle ne l'est actuellement ; en voici la preuve :

Il y a environ soixante-dix ans que les plus riches plantations d'Olives existaient dans cette partie de la Provence que traverse la route d'Arles à Aix. Un grand canal d'irrigation, connu sous le nom de canal Boisgelin, ayant été pratiqué, ce canal, qui prenait ses eaux dans la Durance et devait les conduire jusqu'à Aix, en fertilisant la plaine inculte et pierreuse de la Crau, procura l'occasion d'arroser plusieurs cantons peuplés d'Oliviers ; cette tentative eut des succès étonnants. Dans un seul territoire (celui d'Istres), qui contenait le plus d'Oliviers, les récoltes quintuplèrent. En 1787, où presque tous les Oliviers de cette localité avaient été arrosés, le produit en huile excéda de 500,000 fr. celui d'une année commune ; ce qui doit paraître d'autant plus extraordinaire que la qualité de l'huile était inférieure à celle des années qui avaient précédé l'irrigation.

Mais de tels succès ne furent pas de longue durée. Le terrible hiver de 1789 arriva, et tous les Oliviers arrosés périrent même jusque dans leurs racines. Inutilement furent-ils recepés ; aucun rejeton ne se montra : l'espoir même d'un remplacement futur n'apporta pas de consolation aux malheureux cultivateurs, et les Oliviers de la Provence ne sont plus arrosés depuis cette époque.

L'Olivier ne pouvant pas être cultivé en pleine terre aux environs de Paris, je ne dois pas en dire davantage sur son compte ; mais je renvoie à notre *Traité des arbres fruitiers*, où j'ai fait son histoire en grand, d'après les renseignements que m'avait donnés Saint-Amans, savant distingué à Agen, et qui avait été plusieurs fois à Marseille, et avait étudié cet arbre sous tous ses rapports; voir aussi le *Traité des fruits* de M. Couverchel.

Oliviers indiqués par quelques pépiniéristes.

Oliviers.

Traité des arbres fruitiers, par Poiteau et Turpin, 1807.   16
Traité des fruits, par M. Couverchel, 1839.   55
Catalogue des arbres fruitiers cultivés par M. André Leroy,
    à Angers, 1849.   5
Catalogue des arbres fruitiers cultivés par M. Jacquemet-
    Bonnefont, à Annonay, 1851.   2

7. Oranger, *Citronnier*, *Limon*, Jus.; Pomerauze en *allemand*, Arancio en *italien*, Maranja en *espagnol*; *Citrus*, Linné; Orange en *anglais*.

Genre et chef de la famille des Aurantiacées, composé d'arbres et d'arbrisseaux toujours verts, la plupart épineux, à feuilles coriaces, ponctuées, presque toutes simples, et dont le caractère essentiel est d'avoir

1° Un calice monophylle, court, persistant, à cinq dents;

2° Une corolle de cinq pétales oblongs, plans et ouverts;

3° Une vingtaine d'étamines un peu plus courtes que les pétales, et formant une espèce de cylindre autour du pistil; une partie des filets sont libres, subulés, tandis que les autres sont soudés plusieurs ensemble : tous sont terminés par des anthères oblongues;

4° Un ovaire libre, multiloculaire, ovale, entouré d'une grosse glande à la base, surmonté d'un style cylindrique de la hauteur des étamines, et terminé par un stigmate en forme de tête;

5° Un fruit que les botanistes appellent baie cortiquée, ovale ou oblongue, divisée intérieurement depuis six jusqu'à dix-huit loges remplies d'une pulpe vésiculeuse, et de graines plus ou moins nombreuses, la plupart avortées, attachées à l'axe central du fruit, ovales, recouvertes de deux membranes, entre lesquelles on remarque un filet qui part du bas de la graine et va aboutir au sommet, sur la chalaze de la membrane intérieure. Quand l'embryon est simple, il est composé de deux cotylédons oblongs, plans en de-

ns , convexes en dehors , et d'une radicule inférieure courte et
tuse.

Observation. On trouve des graines d'Orangers dont l'embryon
depuis quatre jusqu'à vingt cotylédons, et d'autres graines qui
ntiennent jusqu'à six embryons complets, c'est-à-dire ayant cha-
n leur radicule et leurs deux cotylédons ; aussi les Orangers sont-
des arbres qui offrent le plus d'anomalies dans leur développe-
ent.

Histoire, culture.

La famille des Orangers est certainement un des plus utiles et
s plus beaux ornements du globe. Ces arbres charmants flattent
ns cesse la vue, le goût et l'odorat ; ils recèlent, dans toutes leurs
rties, un arome délicieux propre à combattre les qualités délé-
es de l'atmosphère et à nous préserver de ses mauvaises in-
ences ; ils nous fournissent des essences, des huiles, des odeurs
quises et des confitures excellentes. Sous le ciel heureux de
nde, leur patrie, et sous celui de l'Amérique méridionale qu'ils ont
opté, ils sont presque continuellement en fleur et en fruit ; ils
bellissent les jardins du Portugal, de l'Espagne, de l'Italie, de la
èce, et sont, pour ces pays, un objet de commerce considérable.
Ligurie, il y a des arbres qui rapportent chacun sept ou huit
lle Oranges d'une seule floraison ; quatre arbres suffisent pour
re vivre une famille.

Le commencement de l'histoire de l'Oranger remonte à la plus
ute antiquité, et se perd dans les temps fabuleux ; on ne sait pas
ême aujourd'hui si les Pommes d'or du jardin des Hespérides
ient réellement des Oranges. On désigne la Médie comme la pa-
e du Citronnier et l'Inde comme celle de l'Oranger, et l'on sup-
se que, par le commerce des peuples et surtout des Arabes, ces
bres ont été apportés en Syrie, en Egypte et en Palestine, où ils
sont multipliés, et où, par des fécondations croisées, ils ont pro-
it de nouvelles races, connues aujourd'hui sous les noms de *Cé-
at, Limon, Poncire, Ballotin*, etc., races qui ont passé en Grèce,
ns les îles de l'Archipel, en Italie, en Portugal, etc., où elles ont
core produit une foule de variétés plus ou moins fugitives. Telle
ait l'opinion assez généralement adoptée, quand Gallesio est venu
ranger un peu les idées reçues, en développant des vues nouvelles
r les races et sur les migrations des Orangers. Cet auteur, dans
n *Traité du Citrus*, publié à Paris en 1811, établit que le Ci-
onnier, le Limonier, l'Oranger et le Bigaradier sont quatre es-
ces naturelles qui existent indépendamment les unes des autres,

et que c'est par des fécondations entre ces quatre espèces primitives que sont nées toutes les hybrides et variétés intermédiaires. C'est d'après cette manière de voir que Gallesio fit le livre qu'il lut à l'Institut avant que de le faire imprimer ; mais les commissaires Thoüin, Bosc et Mirbel, nommés pour lui faire un rapport sur ce livre, ne lui en firent point, par égard pour l'auteur, parce que, ne pouvant admettre ses principes, ils se seraient trouvés obligés de les combattre ou de les réfuter.

Cependant, tout en me soumettant au jugement des commissaires, je pense que cet ouvrage contient plus de vérités que les commissaires de l'Institut n'en ont aperçu, et que si l'auteur avait présenté sa classification comme un système commode pour l'étude des Orangers, et non comme l'ouvrage de la nature, ils l'eussent adoptée.

Au reste, la théorie de Gallesio me semble fort bien raisonnée et extrêmement commode pour se reconnaître et mettre de l'ordre dans ce nombre infini de variétés d'Orangers ; c'est un fil d'Ariane qui nous manquait absolument, et dont nous nous servons maintenant avec fruit dans ce dédale d'incertitudes et de difficultés.

Qu'on ne s'attende pourtant pas à trouver ici un traité complet des Orangers, le sujet est trop étendu pour pouvoir entrer dans le cadre de cet ouvrage ; mais je renvoie le lecteur à l'ouvrage intitulé, *Histoire naturelle des Orangers*, par Risso et Poiteau, imprimé, en 1818, par madame Hérissant le Doux, rue Sainte-Anne, 20. Cet ouvrage, in-folio et in-4°, contient 109 figures d'Orangers peintes par moi et imprimées en couleur avec le plus grand soin, et deux cents descriptions faites par Risso, habitant de Savone, pays des Orangers. Je m'empresse de dire que je n'ai été que le peintre de cet ouvrage, que Risso m'envoyait successivement les Oranges que je dessinais et faisais graver, et le texte que je faisais imprimer. Le texte entier de notre ouvrage appartient donc à Risso ; et Thoüin et Bosc l'ont trouvé si savant et si complet, que je ne dois plus en parler après ces académiciens. Je me borne à rappeler que je suis le premier qui aie observé et dit que les Oranges douces ou sucrées ont les vésicules de l'huile essentielle convexes, que les Oranges dont le suc est acide ont les vésicules concaves, et que celles qui ont les vésicules planes ou indéterminées ont le suc fade. Jusqu'aujourd'hui ces observations n'ont pas été démenties, et c'est aux physiologistes à expliquer ce phénomène.

Orangers et Citronniers indiqués par quelques cultivateurs.

Orangers.

Histoire naturelle des Orangers, par Risso et Poiteau, 1818.   109
Manuel complet du jardinier, par L. Noisette, 1825. .   36
Traité des fruits, par M. Couverchel, 1839.   51

. **Arbousier** en *français; Arbutus,* Linné.

Genre de la famille des Bruyères, composé de plusieurs arbrisseaux à feuilles simples, sans stipules, et dont le caractère générique est d'avoir
   1° Un calice très-petit, persistant, à cinq divisions ovales;
   2° Une corolle monopétale, ovale, ventrue à la base, rétrécie
au sommet, velue en dedans, terminée par un limbe court à cinq
divisions roulées en dehors;
   3° Dix étamines plus courtes que la corolle, insérées à sa base
par un pied très-menu : elles ont le filet arqué, épaissi en massue
à la base, velu dans presque toute la longueur, aplati et rétréci
vers l'extrémité; l'anthère est pendante, ovale, bilobée, biloculaire, s'ouvrant auprès de son insertion au filet, munie, vers cet
endroit, de deux cornes divergentes, aiguës, et, au bout opposé,
d'un appendice conique, plus gros et plus court que les cornes;
   4° Un germe libre, ovale, granuleux, entouré, à la base, d'une
grosse glande, surmonté d'un style droit, presque cylindrique, de
la hauteur de la corolle, et terminé par un stigmate en tête aplatie
à cinq lobes arrondis.
   5° Le fruit est une baie globuleuse, charnue, hérissée de pointes
molles, divisée en cinq lobes polyspermes.
   6° Les graines sont attachées à l'axe central; elles sont oblongues, un peu arquées, comprimées ou, le plus souvent, triangu-
laires, et n'ont qu'une mince membrane cendrée qui couvre un
grand périsperme blanc, charnu, au centre duquel est un embryon
droit, également blanc, ayant deux cotylédons ovales, convexes en
dehors, plans en dedans, et une radicule longue, subulée, dirigée
vers l'ombilic de la graine.

Histoire, usage.

Les jardiniers habiles et les curieux de Paris distinguent et cultivent deux variétés d'Arbousiers : l'un, qu'ils appellent commun,

qu'en 1806, il y a actuellement quarante-six ans, les arbrisseaux de *Pavia edulis*, au jardin des plantes, avaient plus de fruits que dans aucune des années qui l'ont suivie jusqu'aujourd'hui. Alors on trouvait qu'un certain nombre de ses fleurs n'avaient pas de pistil. Le nombre de ces fleurs stériles serait-il augmenté ? C'est ce que l'examen pourra vérifier.

Pavia indiqué par quelques cultivateurs.

Pavie.

Traité des arbres fruitiers, par Poiteau et Turpin, 1806.   1
Traité des fruits par M. Couverchel, 1839.   1

10. BERBERIS, Linné; *Epine-Vinette*, Duh. ; Berberry *en anglais*, Berberitzen *en allemand*, Berbero *en italien*, Berberis *en es-pagnol*.

Genre et chef de la famille des Berbéridées. Il comprend des arbrisseaux d'Europe, d'Asie et d'Amérique, dont le caractère est d'avoir

1° Un calice composé de six folioles ovales, concaves, colorées, alternativement plus petites, et se détachant aussitôt la fécon-dation ;

2° Une corolle de six pétales arrondis, concaves, un peu plus grands que le calice, munie, à la base, de deux petits corps glan-duleux;

3° Six étamines opposées aux pétales, dont les anthères ont les loges très-distinctes;

4° Un ovaire libre, cylindrique, uniloculaire, couronné par un gros stigmate sessile, orbiculaire;

5° Une baie oblongue ou cylindrique, uniloculaire, perforée au sommet, contenant deux ou trois graines allongées, épaissies en massue au sommet, entourées d'un périsperme charnu.

Histoire, usage et culture.

Les étamines des Epines-Vinettes éprouvent un mouvement très-sensible d'irritation (si les plantes sont irritables) quand on touche le bas d'un filament, ou même seulement l'onglet d'un pétale. On voit alors l'étamine touchée s'approcher promptement du pistil et souvent entraîner avec elle le pétale auquel elle est opposée; de en hiver. Au reste, voici comme Poiret parle du fruit de l'Arbousier :

« Ce fruit, sans être comparable aux Cerises et aux Prunes, est
« cependant assez bon à manger; il n'est pas aussi malsain qu'on
« le croit. On le vend sur les marchés de plusieurs villes d'Italie,
« de l'Espagne et du Portugal. Il ne faut pas juger de la qualité des
« fruits de l'espèce en général par ceux que l'on recueille en Pro-
« vence, car ils y sont moins bons et plus acerbes qu'ailleurs. On
« remarque qu'ils sont plus gros, plus colorés et de meilleur goût
« dans l'intérieur de l'Italie que sur les bords de la mer. La variété
« sphérique, qui est le type de l'espèce, et celle que l'on trouve
« sauvage, est très-différente des autres. On cultive en Italie les
« variétés coniques et ovoïdes, et nous en avons vu des fruits qui
« étaient de la grandeur de nos plus grosses Prunes : ils étaient
« succulents, très-doux et très-agréables à manger. Ces fruits dif-
« féraient autant de la variété sphérique, très-commune dans les
« bois de l'Italie, que les meilleures Prunes de nos jardins diffèrent
« des Prunelles des haies. Nous sommes persuadé que, si cet ar-
« brisseau était cultivé avec plus de soin et plus d'intelligence, il
« pourrait devenir un arbre fruitier intéressant pour les climats
« tempérés. »

Au sujet de cette dernière phrase de Poiret, je me permettrai de répéter qu'on n'a encore aucun exemple que d'un arbre qui donne naturellement des fruits médiocres ou mauvais on soit jamais parvenu à lui en faire produire de bons; si cela était possible, il y a déjà dix siècles que l'Arbousier est cultivé, et son fruit serait devenu meilleur. Je dirai encore que le végétal dont il est ici question est l'*Arbutus unedo*, Lin., et que l'adjectif *unedo* lui a été donné par Pline, selon M. Couverchel, parce qu'on était dans l'usage, et qu'on l'est encore, de le manger un à un.

Quant à la multiplication de cet arbrisseau, voici ce qu'en dit Noisette : « Ce charmant arbrisseau aime les terres franches, lé-
« gères, et l'exposition du nord-ouest. Dans sa jeunesse il est assez
« délicat, et craint un peu la gelée sous le climat de Paris; aussi
« fera-t-on bien de l'en garantir au moyen de feuilles et de litière
« sèche, ou même en le mettant en pot ou en orangerie près des
« jours, pendant les hivers des trois ou quatre premières années.
« On le multiplie de graines, de marcottes et de boutures. On le
« sème en terrine et sur couche tiède aussitôt la maturité des
« graines. Lorsque le plant a 1 pouce ou 2, on le repique en pot,
« et on l'y laisse jusqu'à ce qu'il soit assez fort pour être mis en
« pleine terre. »

Malgré ce conseil , l'Arbousier est peu cultivé et paraît à peine sur les marchés de la capitale. Cependant je suis persuadé que, si un jardinier habile l'élevait avec l'art usité aujourd'hui en cette partie, il en obtiendrait, à chaque printemps, des fleurs, et à l'automne des fruits mûrs, qui feraient de cet arbrisseau un effet charmant, et dont on tirerait un bon parti; mais il faudrait attendre sept ou huit ans, et c'est là sans doute ce qui fait que cet arbrisseau ne figure que très-peu dans le commerce des fleuristes.

Arbousiers indiqués par quelques cultivateurs.

	Arbousiers.
Traité des arbres fruitiers, par Poiteau et Turpin, 1807.	1
Manuel complet du jardinier, par L. Noisette, 1825. .	2
Traité des fruits, par M. Couverchel, 1839. . . .	1
Le Bon Jardinier, par M. Decaisne, membre de l'Institut, 1850.	3
André Leroy, pépiniériste à Angers (Maine-et-Loire), 1850.	7

9. **Pavier a fruit doux** , *Pavia edulis* , Poit. ; *Æsculus macrostachya,* Michaux ; *Pavia parviflora,* Walter.

Le genre Pavia, établi d'abord par Boerhaave, avait été détruit et réuni au Marronnier d'Inde sous le nom d'Æsculus par Linné ; mais Ventenat crut devoir le rétablir, parce que les arbrisseaux qui le composent ont, en effet, suffisamment de caractères dans la forme et le nombre des parties de leurs fleurs pour constituer un genre distinct de l'*Æsculus.*

La seule espèce de Pavia connue qui mérite d'être élevée au rang d'arbre fruitier a été découverte en 1792, par le célèbre voyageur botaniste André Michaux (1), dans l'Amérique septentrionale, sur le bord du fleuve Savannah, près la petite ville d'Augusta,

---

(1) « André Michaux naquit à Satory, domaine du roi, situé dans le parc de
« Versailles, le 7 mars 1746. A dix ans, on l'envoya au collège, où il ne resta que
« quatre ans. De retour chez son père, il s'occupa du labourage jusqu'à l'âge de
« trente et un ans. Alors, cédant au désir qu'il avait toujours eu de voyager, et
« voulant surtout s'éloigner du lieu où il venait de perdre une épouse adorée, il
« reprit ses études, acquit des connaissances botaniques, et passa en Perse, en
« 1782, avec Rousseau, neveu du philosophe de Genève, consul de France à Bag-
« dad. Il parcourut pendant trois ans ce vaste empire , d'où il rapporta de riches
« collections en histoire naturelle. Le gouvernement, voulant enrichir la France
« de beaucoup de végétaux qui croissent naturellement dans l'Amérique septen-
« trionale, Michaux fut chargé de cette honorable mission , et partit de Paris en

en Géorgie. Ce botaniste en envoya aussitôt des graines et de jeunes pieds en France qui ont très-bien réussi, et qui, depuis ce temps, contribuent à l'ornement des plus beaux jardins. A son retour à Paris, Michaux publia sa *Flora borealis americana*, dans laquelle il désigne cette nouvelle espèce sous le nom d'*Æsculus macro-stachya*, et ne lui attache qu'une petite phrase botanique suffisante pour la distinguer, mais qui laisse tout à désirer sur le mérite et sur les usages de l'arbrisseau qu'il nous faisait connaître.

Il en existe, dans la pépinière du muséum d'histoire naturelle, d'assez forts pieds qui ont donné leurs premiers fruits en 1806, et qui depuis en donnent de nouveaux chaque année. Noël, alors jardinier au muséum, chargé particulièrement de la multiplication des arbres étrangers, a justifié pleinement le choix qu'avait fait l'administration, en le plaçant à la tête de cette culture importante. Cet homme, extrèmement studieux, a enrichi le domaine de Pomone en découvrant dans le fruit de l'*Æsculus macrostachya*, Mich., un marron sain et agréable à manger.

Cette découverte fait d'autant plus d'honneur à Noël, qu'elle est le résultat de l'expérience, et qu'elle prouve qu'il ne se laissait pas conduire par l'analogie, car celle-ci l'aurait persuadé qu'un tel fruit devait avoir l'âcreté rebutante de tous ceux de sa famille.

Après avoir moi-même mangé des graines des fruits ré-coltés sur les arbrisseaux du muséum d'histoire naturelle, et leur avoir trouvé les qualités qui avaient été annoncées par Noël, je les jugeai dignes d'être portés sur la liste de ceux que l'homme opulent mange pour flatter son goût et son palais, et dans lesquels l'homme de la classe inférieure trouve un aliment nutritif et sain. J'ai donc dessiné et peint cet *Æsculus* en deux figures dans nos arbres fruitiers, où l'on trouve sa culture et son histoire avec des détails que je ne puis rapporter ici. Seulement je ferai observer

---

« 1785 pour ces contrées du nouveau monde, où il resta douze années, et d'où il
« envoya une immensité de graines et plus de 60,000 pieds d'arbres. En 1797, il
« revint à Paris, publia une Monographie des chênes de l'Amérique et la *Flora*
« *borealis americana*. Enfin il fit partie de l'expédition de la Nouvelle-Hollande
« du capitaine Baudin, qu'il quitta à l'île de France pour passer à Madagascar, où
« il fut atteint de la fièvre du pays, qui l'enleva au deuxième accès, en 1804.

« Cependant M. Devaux, qui n'avait jamais eu l'avantage de connaître Michaux,
« mais qui est assez savant pour apprécier tout ce que la botanique lui doit, a in-
« séré dans le *Journal de botanique*, tome I, page 142, une note où Michaux est
« peint comme un homme méfiant envers ses amis les plus intimes. Ce n'est pas
« ainsi qu'un savant littérateur distingué a peint Michaux dans une notice que l'on
« trouve au tome III, page 191 des *Annales du muséum*, où ce savant lui rend
« toute la justice qui lui est due. »

qu'en 1806, il y a actuellement quarante-six ans, les arbrisseaux de *Pavia edulis*, au jardin des plantes, avaient plus de fruits que dans aucune des années qui l'ont suivie jusqu'aujourd'hui. Alors on trouvait qu'un certain nombre de ses fleurs n'avaient pas de pistil. Le nombre de ces fleurs stériles serait-il augmenté? C'est ce que l'examen pourra vérifier.

Pavia indiqué par quelques cultivateurs.

Pavie.

Traité des arbres fruitiers, par Poiteau et Turpin, 1806.   1
Traité des fruits par M. Couverchel, 1839. 1

10. **Berberis**, Linné; *Epine-Vinette*, Duh. ; Berberry *en anglais*, Berberitzen *en allemand*, Berbero *en italien*, Berberis *en espagnol*.

Genre et chef de la famille des Berbéridées. Il comprend des arbrisseaux d'Europe, d'Asie et d'Amérique, dont le caractère est d'avoir

1° Un calice composé de six folioles ovales, concaves, colorées, alternativement plus petites, et se détachant aussitôt la fécondation ;

2° Une corolle de six pétales arrondis, concaves, un peu plus grands que le calice, munie, à la base, de deux petits corps glanduleux;

3° Six étamines opposées aux pétales, dont les anthères ont les loges très-distinctes;

4° Un ovaire libre, cylindrique, uniloculaire, couronné par un gros stigmate sessile, orbiculaire;

5° Une baie oblongue ou cylindrique, uniloculaire, perforée au sommet, contenant deux ou trois graines allongées, épaissies en massue au sommet, entourées d'un périsperme charnu.

Histoire, usage et culture.

Les étamines des Epines-Vinettes éprouvent un mouvement très-sensible d'irritation (si les plantes sont irritables) quand on touche le bas d'un filament, ou même seulement l'onglet d'un pétale. On voit alors l'étamine touchée s'approcher promptement du pistil et souvent entraîner avec elle le pétale auquel elle est opposée; de sorte que, si l'on touche toutes les étamines, la fleur se ferme quelquefois.

Les laboureurs croyaient autrefois, dit Duhamel, que l'Epine-Vinette nuisait à la fleur du Blé, et ils éloignaient, autant qu'ils pouvaient, cet arbrisseau de leurs moissons. Je ne vois pas que cette opinion soit fondée; je ne l'ai jamais remarquée chez les laboureurs, qui, la plupart d'ailleurs, ne connaissent pas l'Epine-Vinette. Le jardinier de feu le comte de Praslin a, d'ailleurs, fait des expériences pour prouver que la fleur de l'Epine-Vinette ne nuisait pas à celle du Blé, puisqu'elle ne fleurissait pas à la même époque.

Les différentes espèces d'Epines-Vinettes ne sont guère multipliées dans aucun jardin, excepté dans les jardins botaniques; on les cultive plutôt comme plantes d'agrément que comme plantes utiles, quoique leurs fruits ne soient pas sans mérite. On les sème rarement, et la multiplication s'en fait par drageons et par couchage.

Toutes les Epines-Vinettes sont des arbrisseaux, la plupart ramifiés dès la base, hauts de 65 centim. à 2^m,65; sur les rameaux florifères, les feuilles sont rassemblées, en général, au nombre de trois à six, et munies, à la base, d'une épine simple, double ou triple. Dans toutes, les feuilles affectent la forme spatulée, longues de 27 millim. et bordées de petites dents. Les fruits sont presque toujours en grappes pendantes, souvent d'un très-beau rouge, restant longtemps sur l'arbrisseau après leur maturité, et font un très-bel effet jusqu'aux gelées, surtout l'espèce appelée Epine-Vinette à larges feuilles.

La seconde écorce des racines et des tiges est astringente, détersive, et donne une belle teinture jaune. Les jeunes feuilles ont l'acidité de l'Oseille, et peuvent la remplacer au besoin. On les emploie contre le cours de ventre et la dyssenterie; mais le fruit l'est, de préférence, comme rafraîchissant et astringent. On le prépare de plusieurs manières dans les offices; on en fait des sirops, de la gelée ou rob, des pâtes, des conserves, etc. Voir l'ouvrage de M. Couverchel.

Je reconnais bien que la fleur des Epines-Vinettes n'est pas agréable à sentir, ni peut-être saine, mais je n'ai jamais trouvé cette odeur dans les feuilles comme l'indique Duhamel. Ces arbrisseaux croissent naturellement dans beaucoup d'endroits; on en trouve au Canada, au Nepaul, en Crète, à la Terre de Feu, à la Nouvelle-Grenade : toutes sont rustiques et supportent très-bien notre climat.

Epines-Vinettes indiquées par quelques cultivateurs.

	Epine-Vinette.
Traité des arbres fruitiers , par Poiteau et Turpin , 1807.	5
Catalogue de l'école du Luxembourg , par Hervy , 1809.	7
Manuel complet du jardinier , par L. Noisette , 1825. .	5
Catalogue du jardin des plantes de Paris, 1851. . . .	9
The fruits and fruit trees of America, by J. Downing, 1846.	4

QUARANTE-HUITIÈME LEÇON.

11. Vigne, Duh.; *Vitis*, Linné; Weintrauben *en Allemagne*, Vigna *en Italie*, Vina *en Espagne*.

Genre et chef de la famille des Vignes, qui comprend de grands arbrisseaux sarmenteux et grimpants, dont le caractère commun est d'avoir

1° Un calice inférieur très-petit, à cinq dents ;

2° Cinq pétales lancéolés, verdâtres, adhérents entre eux par le sommet, libres par leur base, et tombant tous ensemble sans se désunir ;

3° Cinq étamines dont les filaments sont subulés, droits, ouverts, terminés chacun par une anthère petite, ovale;

4° Un ovaire ovale, libre, à cinq loges monospermes, surmonté d'un stigmate sessile en forme de tête aplatie ;

5° Une baie arrondie ou ovale, rarement allongée, charnue, contenant depuis un jusqu'à cinq pepins durs, allongés, atténués par en bas, plus gros et souvent échancrés en cœur par en haut, ayant au centre deux petits vides, et à la base un embryon enveloppé d'un périsperme blanc dur et charnu.

Observation. On trouve rarement que les cinq pepins viennent tous dans un grain de Raisin. Il y a même des grains qui n'en contiennent aucun et qui, cependant, sont gros, très-bons et très-estimés, et font mentir la loi qui dit : « point de fécondation, point de fruit. »

Histoire et culture de la Vigne.

Jusqu'ici les écrivains ont pu citer des endroits où croissent naturellement des Pommiers, Poiriers, Cerisiers, etc.; mais on n'a pu, jusqu'à présent, citer avec certitude ni le pays ni le royaume où croissait naturellement la Vigne, tant sa culture est ancienne. Michaux père a dit l'avoir trouvée en Perse dans le bois de Mazanderan, et Olivier, membre de l'Institut, a dit l'avoir vue dans les montagnes du Curdistan. Mais j'ai connu Michaux père et Olivier, et ils ne me paraissent pas avoir suffisamment réfléchi sur l'ancienneté de la Vigne pour que leur opinion soit fondée. On voit, dans le dictionnaire d'agriculture de Déterville, l'article *Vigne*, dans lequel Bosc dit qu'on trouve dans le *Fayoum* le mode de fabrication du vin qui était usité dans l'antiquité. Nectoux, que j'ai connu, et qui était de l'expédition d'Egypte, a écrit et fait représenter une sculpture où six Egyptiens foulent du Raisin dans une grande cuve carrée ; mais cela n'indique pas où la Vigne croissait naturellement.

J'ai trouvé la *Vitis indica*, Linné, dans les mornes de Saint-Domingue en 1797 ; il n'y en avait que quatre pieds à une certaine distance les uns des autres. Ces Vignes s'élevaient sur les arbres à plus de 20 mètres de hauteur (1), et me parurent avoir bien cent ans ; je n'ose cependant assurer que ce Raisin soit naturel à Saint-Domingue, parce qu'il pourrait y avoir été transporté lors de la découverte de l'Amérique. Il n'en est pas de même des espèces de Vignes trouvées sur le continent de l'Amérique septentrionale ; ces espèces ont toujours été là depuis qu'il y existe des végétaux, et ce temps nous restera inconnu, quoi qu'en dise Buffon. Ainsi, malgré que Michaux père et Olivier aient cru avoir trouvé la Vigne à l'état de nature dans leurs voyages, il n'est pas moins vrai qu'on n'a encore aucune preuve certaine du lieu où elle a crû naturellement en Europe.

En 1802, le ministre de l'intérieur, le comte de Chaptal, dont le nom sera toujours cher aux sciences, a fait réunir dans la pépinière du Luxembourg toutes les Vignes qu'il fut possible de se procurer, afin de les étudier comparativement. Ensuite M. le duc Decazes, après avoir été ministre, devenu grand référendaire à la chambre des pairs, a, pendant ce temps, réuni au Luxembourg

---

(1) Cette Vigne porte à Saint-Domingue le nom de *Vigne des voyageurs*, parce qu'en effet elle offre un rafraîchissement salutaire au voyageur altéré ; pour obtenir ce rafraîchissement, on coupe un cep avec le sabre dont on est ordinairement armé. Cette première section ne produit aucun écoulement de séve. On fait aussitôt une seconde coupe à 3 ou 4 pieds au-dessus de la première ; alors le poids de l'atmosphère fait écouler par le bas du tronçon toute la lymphe qu'il contient, et en moins d'une demi-minute un tronçon de 3 pouces de diamètre et long de 4 pieds donne un grand verre d'eau limpide, bien fraîche, un peu acidulée et très-agréable à boire. Cette Vigne produit des grappes longues et étroites de Raisin noir, ovale, pas très-gros, que l'on ne trouverait pas excellent en France, mais que l'on trouve fort bon sous le ciel brûlant de l'Amérique.

toutes les variétés de Vigne cultivées dans cinquante-sept départements de France , puis celles d'Espagne , Portugal , Nice , Piémont , Sardaigne , Naples , Toscane , Italie , Suisse , Dalmatie, Istrie, Zante, Grèce, Turquie, Santorin, Chypre, Smyrne, Corfou , Afrique, cap de Bonne-Espérance, Amérique et l'Inde ; et, après que tous ces plants furent bien repris dans la pépinière du Luxembourg à Paris, M. le duc Decazes a chargé, en 1842, M. Hardy, jardinier en chef, de rédiger et publier le catalogue de toutes ces Vignes. Je sais qu'il avait déjà été publié un catalogue du Luxembourg au temps de Bosc, que je ne possède plus; mais celui publié en 1842, et que j'ai sous les yeux, contient 1,498 espèces ou variétés de Vignes, provenant des pays susnommés , et qui ont été réunies au Luxembourg par les soins et l'autorité de M. le duc Decazes quand il était grand référendaire de la chambre des pairs.

Par l'énumération des pays où l'on cultive la Vigne rapportés ci-dessus, on voit qu'il y en a de très-chauds et de très-froids, et l'on trouverait difficilement un autre végétal ligneux qui pût être cultivé sous des températures si diverses. Ainsi on cultive la Vigne au cap de Bonne-Espérance, situé sous le 52° degré. Elle vient très-bien à Cayenne sous le 5ᵉ degré, et y fructifie trois fois par an quand on la taille convenablement. Je sais qu'un habitant de Schiras, ville placée sous le 25ᵉ degré , étant à Paris, donna à Bosc, peu de temps avant sa mort, des grains de Raisin de son pays, et que Bosc les confia, pour les semer, à M. Léon Leclerc de Laval, grand amateur du département de la Mayenne, qui se trouvait en ce moment à Paris, et qu'il a obtenu de ce semis un Raisin qu'il a nommé *Raisin de Schiras*. En 1848, M. Léon Leclerc m'envoya un panier de ce Raisin, dont les grappes étaient fort longues, à grains gros, ovales, violet clair, que j'ai présenté à la Société d'agriculture de Paris. Ce Raisin, dégusté, n'a pas paru avoir de qualités recommandables. En 1849, M. Léon Leclerc m'envoya un pied de son Raisin de Schiras, que j'ai planté dans le jardin de la Société d'horticulture de Paris, et qui a fructifié en 1851. Le Raisin en était petit, très-noir, oblong, et beaucoup meilleur que celui qu'il m'avait envoyé en 1848, de sorte que ce n'est pas la même espèce. Au reste, M. Léon Leclerc a communiqué son Raisin de Schiras à beaucoup de pépiniéristes, à M. Jamin à Paris, à M. Vibert et à M. Leroy à Angers, qui le relatent sur leurs catalogues, et nous saurons bientôt à laquelle de ces deux variétés doit être rapporté le nom de Schiras.

La Vigne vit très-bien et rapporte ses fruits à l'air libre depuis l'équateur jusqu'au 50° degré septentrional, chose que ne peuvent faire que très-peu ou point de végétaux ligneux (1).

Après la collection de Vignes du Luxembourg, celle de M. le comte Odart est la plus considérable, ensuite celle de M. Audibert à Tarascon, celle de M. Jacquemet-Bonnefont, à Annonay (Ardèche), dans les pépinières desquels il y a de quoi embarrasser le plus vif amateur.

Ne peut-on pas s'étonner, à juste titre, de la prodigieuse quantité de Vignes différentes qui existent actuellement au Luxembourg, à Paris, quand, il y a quarante ans, on ne connaissait encore personne qui eût entrepris de semer un Raisin pour en obtenir de nouvelles variétés ? et s'il en existe aujourd'hui un aussi grand nombre de variétés, sans que l'histoire nous dise que nous les devons à tels et tels semeurs, on conviendra qu'il a fallu bien du temps à la nature, d'après sa marche ordinaire aujourd'hui, pour avoir créé, dans tant d'endroits très-différents, autant d'espèces ou variétés de Vignes qu'il en existe en Europe. Ce temps est si long, qu'il est bien naturel que nous ne croyions pas aujourd'hui que Michaux ni Olivier aient trouvé la Vigne à l'état de nature comme ils nous l'ont dit. Ainsi, soit apathie ou autrement, on ne peut citer aucun homme avant M. Vibert, établi à Angers, qui ait semé du Raisin dans le but d'en obtenir des variétés ; et M. Vibert a si bien réussi dans son entreprise depuis une vingtaine d'années, qu'il a obtenu beaucoup de variétés nouvelles, dont une partie est recommandable et se trouve dans le commerce depuis plusieurs années. Ainsi la Vigne peut produire des variétés en nombre illimité par le semis aussi bien que le Poirier. Cela n'était pas douteux aux yeux du pomologiste ; mais on n'en avait encore aucune preuve, puisque personne ne l'avait essayé avant M. Vibert.

Les anciens rangeaient la Vigne parmi les arbres à cause de sa grandeur, les botanistes la placent parmi les plantes sarmenteuses, c'est-à-dire qu'elle ramperait sur la terre, si elle ne trouvait un support, un arbre, sur lequel elle s'élève au moyen des vrilles dont

---

(1) J'ai porté de France à la Guyane, sous le 3ᵉ degré, notre Merisier. Il y a poussé en trois ans autant qu'il l'aurait fait à Paris en huit ans ; mais il n'a pas pu fleurir, parce que la végétation à Cayenne ne s'arrête, pour la plupart des grands végétaux, que pendant une quinzaine de jours, dans le commencement de septembre, et que les boutons à fruit n'ont pas le temps de se former. Ainsi nos Poiriers, nos Pommiers, dont les boutons à fruit sont longtemps à se former, ne fructifieront jamais à Cayenne ; tandis que la Vigne, dont les boutons à fleur se développent avec la pousse, y fleurit très-bien et donne aisément, si on la taille convenablement, trois récoltes de Raisin par an.

ses rameaux sont armés. Ce n'est pas dans le nouveau monde seulement que la Vigne acquiert un volume considérable. Le musée de Versailles renferme une table de Vigne d'une seule pièce, qui a plus de 66 cent. de largeur. Pline nous apprend qu'on voyait de son temps, à Populonium, une statue de Jupiter faite d'un seul cep de Vigne ; que le temple de Junon, à Métaponte, était soutenu sur des colonnes de Vigne , et qu'on montait au haut de celui de Diane, à Ephèse, par un escalier d'une seule Vigne de Chypre. A Rome, un seul pied de Vigne ombrageait une promenade publique, et rapportait, chaque année, environ 500 pintes de vin. Ce ne fut cependant que vers l'an de Rome 600 que l'Italie commença à sentir le prix de ses vins, dont quelques-uns le disputèrent dans la suite à ceux de la Grèce, parmi lesquels celui de Scio, de Lesbos, et surtout le muscat de Tenedos , selon Tournefort , tiennent le premier rang.

La Vigne se multiplie 1° par les semis , 2° par les marcottes , 3° par les boutures , 4° enfin par la greffe en fente. Il était très-probable, sans qu'aucun auteur nous le dise, qu'autrefois on était dans l'usage de semer la Vigne pour la multiplier, et que c'est à ce procédé que nous devons toutes les nombreuses variétés que nous possédons. Aujourd'hui les semis de Vignes sont peu usités, parce que, comme la plupart des autres arbres fruitiers, la Vigne ne se reproduit pas, de graines, semblable à elle-même dans ses qualités. Des pepins de bons Raisins en produisent souvent de mauvais ; le Raisin noir en produit du blanc, et le blanc du noir ou des deux couleurs. De plus, un pied de Vigne provenu de semence ne fructifie qu'à l'âge de six ans au moins, et peu de personnes ont la patience d'attendre aussi longtemps. D'ailleurs le nombre des espèces cultivées est si considérable à présent, qu'il est inutile de chercher à l'augmenter par semis, à moins que ce ne soit comme M. Vibert, pour prouver que la Vigne peut varier à l'infini, et que l'on peut, en la semant, trouver quelques variétés ou nouvelles, ou encore inconnues dans l'endroit où le semis a été fait.

Lorsqu'on fait une bouture de Vigne dans une terre franche et légère, elle réussit presque toujours; c'est pourquoi, lorsqu'on veut établir un pied de Vigne quelque part, on peut y mettre tout uniment une bouture en la couchant dans de la bonne terre, et en lui donnant les soins nécessaires, qui sont connus aujourd'hui de tous les cultivateurs. Si l'on voulait changer une espèce de Vigne, la greffe en fente s'emploie avec succès en avril, avec un scion qui a deux yeux, et en faisant entrer l'œil inférieur jusqu'au niveau de l'œil du sujet, et en enveloppant bien la partie fendue du sujet.

J'ai toujours vu cette greffe se développer assez tard, mais ensuite pousser avec une vigueur étonnante.

La Vigne n'ayant pas l'écorce comme les autres arbres, il n'est pas nécessaire d'ajuster le côté extérieur du liber de la greffe avec le côté intérieur du liber du sujet pour que la greffe reprenne. Ainsi on peut placer une greffe de 5 millimètres d'épaisseur au bord, au milieu, aux trois quarts de l'épaisseur d'un sujet qui aura 5 à 8 centim. de circonférence ; l'opération réussira toujours bien, si elle est faite avec le soin convenable, par la seule raison, je crois, que dans la Vigne la séve monte par toute l'épaisseur du tronc, tandis que dans les autres végétaux dicotylédons elle monte, ou plutôt elle se trouve entre le bois et l'écorce, et que ce n'est que là que peut se faire l'union des deux séves.

Si l'on recevait d'un pays éloigné une bouture de Vigne faible, rare ou précieuse, il faudrait la planter dans un pot rempli de terre de bruyère ou de terreau de couche bien fait, enfoncer ce pot dans une couche tiède, le couvrir, ainsi que la bouture, d'une cloche de verre recouverte elle-même d'un paillasson ; ne lever la cloche que pour mouiller la bouture si elle en a besoin, ou pour détruire une trop grande humidité. Au bout d'environ trois semaines, la bouture commencera à avoir des racines, et on lui rendra d'abord un peu de soleil et ensuite l'air.

Les marcottes et les boutures enracinées peuvent se planter, depuis novembre jusqu'en mars, dans un terrain léger, chaud, un peu graveleux. Ce n'est pas que la Vigne ne s'accommode assez bien de tous les terrains, excepté de l'argile ; mais son fruit mûrit difficilement et acquiert peu de qualités dans les terres humides, froides, fortes, compactes, etc. Cependant, lorsqu'on ne peut obtenir une terre convenable et une exposition avantageuse, il faut préférer cette dernière ; car on aurait beau planter du Muscat, par exemple, dans une bonne terre à l'exposition du nord, il n'y mûrira jamais aux environs de Paris, tandis qu'il mûrit dans une terre forte et froide, le long d'un mur, à l'exposition du midi.

Il y avait longtemps qu'on cultivait dans la perfection le Chasselas à Thomery, village à 15 lieues de Paris, quand le comte Lelieur, directeur des jardins de la couronne, a examiné le premier cette culture, et la trouva si parfaite, qu'il la décrivit amplement dans son ouvrage publié en 1816 et 1842. Le comte Lelieur dit tout ce qu'il faut dire de cette culture, excepté son introduction, dont il ne parle pas, et que l'on peut reporter au règne de Henri IV. Il approuve l'habitude des habitants de Thomery de planter leur Vigne en espalier, à 1^m,50 du mur sur lequel on doit la palisser, quand, après trois ans successifs de couchage, elle aura atteint le pied du mur.

Tandis que j'étais jardinier en chef au jardin de Fontainebleau, en 1816, je suis allé plusieurs fois à Thomery voir la culture de la Vigne dans ce pays, qui était et qui est toujours d'un grand produit, ainsi que celle du parc même de Fontainebleau; et, quoique je ne veuille rien dire de contraire à la pratique des habitants de Thomery, je ferai cependant observer que je crois qu'ils sont dans une habitude contraire à leur intérêt de planter la Vigne à 1^m,50 du mur, et de mettre ensuite trois années à la coucher successivement pour l'approcher du mur sur lequel ils la palissent. Ces cultivateurs croient sans doute que leurs Vignes, couchées de 1^m,50, conservent des racines sur cette longueur, mais ils se trompent; les dernières racines développées font mourir peu à peu les premières racines développées, et la Vigne ne vit plus qu'aux dépens ou qu'à la faveur des dernières racines développées sur une longueur de 50 à 66 centim. tout au plus, et que celles qui sont plus éloignées du collet de la plante deviennent inutiles et meurent successivement. Il ne faut donc pas, lorsqu'on plante de la Vigne, la coucher en terre plus de 66 centim. en longueur.

Je ne puis m'empêcher d'exprimer mon étonnement de ce que depuis Henri IV, que la culture du Chasselas est établie d'une manière si remarquable à Thomery et avec un profit si remarquable pour ses habitants, cette culture soit restée ignorée partout ailleurs qu'à Fontainebleau, jusqu'à ce que Lelieur de Ville-sur-Arce l'ait fait connaître en 1816. Le terrain de Thomery ne semble pourtant pas très-favorable à la culture de la Vigne : ce terrain est sur une pente exposée à l'est, et le sol est argileux; mais les murs très-nombreux sur lesquels est palissée la Vigne font disparaître cet inconvénient. Depuis que Lelieur a fait connaître cette culture, et que Loudon l'a répétée dans son *Magazine botanic*, je ne connais encore que M. Jacquin à Charonne, et M. Malot à Montreuil, qui l'aient mise en pratique avec succès. M. Malot, surtout, est celui qui la cultive avec le plus grand soin, et ses espaliers sont une chose admirable à voir.

Au reste, que ceux qui auraient besoin ou envie d'en voir davantage sur la culture et le produit de la Vigne veuillent bien lire l'article *Vigne* de M. Couverchel, de Chaptal, de Bosc et de Parmentier, dans le *Cours complet d'agriculture* de M. le comte Odart, et surtout de M. Michaux, sur le mode de palisser la Vigne sur des fils de fer, mode tout nouveau, excellent, et qui commence à s'introduire chez plusieurs vignerons.

Espèces de Vignes cultivées par quelques pépiniéristes ou amateurs.

12. ASSIMINIER en *français*; *Anona*, Linné; *Assimina*, Adans. (1); *Porcella*, Flor. pér.; *Orchidocarpum*, Mich.

Genre de plantes de la famille des Anonacées, qui comprend

----

(1) Adanson, mort à Paris en 1807, était l'un des plus érudits botanistes qui

quelques arbrisseaux à feuilles simples, à fleurs solitaires, axillaires, tous originaires de l'Amérique septentrionale, et dont le caractère commun est d'avoir

1° Un calice composé de trois folioles ovales, concaves, tombant avec les pétales ;

2° Une corolle campanulée, composée de six pétales cordiformes, concaves, nerveux, dont trois sont intérieurs, plus petits et plus onguiculés ;

3° Un très-grand nombre d'étamines (200 selon Adanson) insérées sur le réceptacle ; les filets sont très-courts, peu apparents ; les anthères sont grandes, en forme de massue biloculaire, à loges latérales, contenant un pollen dont les globules se tiennent et semblent former de petites chaînes ;

4° De quatre à huit ovaires oblongs, multiloculaires, légèrement pédiculés, posés au sommet du réceptacle, et surmontés chacun d'un stigmate ovale et sessile ;

5° D'un à huit fruits distincts, à douze loges (selon Adanson), oblongs, un peu arqués, divergents, pulpeux, ne s'ouvrant pas, marqués, sur leur longueur, du côté extérieur, d'une arête ou élévation peu sensible formée par le placenta, où sont attachées une douzaine de grosses graines ovales, comprimées, revêtues d'une membrane dure, coriace et luisante en dehors, tapissée intérieurement de lames nombreuses, parallèles, qui s'incrustent dans autant de sillons profonds, à la surface d'un grand périsperme corné.

Observation. Les graines récoltées en France, quoique bien conformes, n'ont pas d'embryon, ou du moins je n'en ai jamais trouvé dans toutes celles que j'ai analysées ; mais, d'après tous les rapports naturels, je ne doute pas que dans les graines parfaites il ne soit logé dans le bout du périsperme, près de l'ombilic, et que sa radicule ne soit dirigée vers cette ouverture.

---

aient encore paru. Il publia en 1763 un ouvrage en 2 vol. in-8° intitulé, *Familles des plantes*, dans lequel il a déposé des connaissances immenses, développé un nombre prodigieux d'idées neuves et lumineuses, et où l'on trouve exposés, pour la première fois, de véritables principes de la botanique. Cet ouvrage n'a pas eu cependant tout le succès que son excellence semblait devoir lui faire obtenir : d'abord parce qu'il est écrit avec une originalité d'orthographe qui n'a pas été goûtée des botanistes français ; ensuite parce qu'il contient une critique trop amère des ouvrages du célèbre Linné, et que cette critique a été regardée comme une jalousie nationale par les botanistes étrangers, qui tous étaient les disciples ou les admirateurs de l'immortel professeur d'Upsal.

Assiminier de Virginie, *Assimina*, Adans.; *Anona triloba*. Lin.

J'ai mangé des fruits de cet arbrisseau dans l'Amérique septentrionale, le long du fleuve Potomak, et depuis j'en ai mangé aussi venus dans le potager de Versailles, où étaient autrefois une partie des pépinières de la couronne. Ce fruit n'est pas très-bon ni en Amérique ni en France ; cependant j'ai cru devoir le relater parmi les arbres fruitiers que Turpin et moi ont peints depuis 1807 jusqu'en 1820, parce que ce fruit n'a pas d'autre défaut que celui d'être trop doux, et que, s'il était seulement un peu acide, on le trouverait très-bon : ce qui peut-être pourrait arriver, si on le cultivait davantage.

Assiminier ou Assimina est un nom canadien dont l'origine, dit Loudon, ne nous est pas connue. C'est un arbrisseau dont le bois, mou et flexible, s'élève à la hauteur de 4 à 5 mètres (12 à 15 pieds), sur une tige simple, ou quelquefois divisée, dès la base, en plusieurs branches rameuses et un peu divergentes ; son écorce est épaisse, grisâtre sur le vieux bois, rougeâtre sur les jeunes bourgeons.

Pendant l'hiver, les feuilles sont équilatérales dans leur involution ; après leur développement, elles sont alternes, pubescentes et un peu rousses dans leur jeunesse, ensuite vertes et glabres, distiques, oblongues, élargies en spatule ou en coin dans leur partie supérieure, entières en leur bord, longues de 18 à 24 centimètres (6 à 8 pouces), portées sur de courts pétioles canaliculés et dénués de stipules.

Les fleurs naissent avec la poussé actuelle, mais elles ne se développent pas dans la même année ; elles restent jusqu'au printemps suivant sous la forme de petits boutons ronds, axillaires et solitaires, recouverts seulement de deux écailles vertes. Si l'on veut les examiner au mois de juillet ou d'août, alors on les trouvera d'un pourpre noir, très-velues, et l'on pourra facilement en distinguer toutes les parties.

Au printemps suivant, leur pédoncule s'allonge ; elles se dégagent de leurs écailles, s'inclinent vers la terre, se développent et acquièrent une largeur de 5 centimètres (1 pouce au moins) : elles ont alors le pédoncule et le dehors du calice velus, les pétales d'un pourpre noir foncé et très-velus, les étamines d'un jaune sale, rangées autour des ovaires, qui sont un peu plus longs qu'elles, et terminés en stigmate d'un vert foncé. Quoique chaque fleur con-

tienne de quatre à huit ovaires, il n'en persiste ordinairement
qu'un à trois, qui se changent en autant de fruits longs de 4 à 6 centimètres (1 po. 1/2 à 2 po.) sur 3 à 5 centimètres (1 po. à 1 po. 1/2)
d'épaisseur, divergents, convexes du côté extérieur, marqués d'une
arête peu sensible du côté intérieur, et terminés par un petit point
brun.

La chair de ce fruit est d'un vert jaunâtre, beurrée, fondante,
d'une saveur un peu trop douce ; cependant on y retrouve le goût
de l'*Avocat* (1), c'est-à-dire celui du beurre et de la Noisette. Un
fruit bien venu contient une douzaine de graines qui ont la forme
de petites Fèves : elles sont comprimées, très-dures, brunes, mar-
quées de lignes transversales plus brunes ; leur intérieur est une
substance coriace, sèche, qui a un arome très-agréable.

Selon Richard, l'Assiminier a fructifié pour la première fois à
Trianon en 1779. Duhamel nous apprend que, de son temps, il
en existait un pied très-fort au château de la Galissonnière, près
Nantes ; mais il n'avait pas connaissance que cet arbre ni aucun individu aient encore fructifié en France. Je le désigne par le nom
d'Assiminier de Virginie, 1° parce que je l'ai observé en très-grande
quantité, en Virginie, dans tous les bois frais, et notamment sur
les rives du Potomak, depuis l'embouchure de ce fleuve dans la
baie de Chesapeak, jusqu'à Federal-City, où on le trouve bien plus
fréquemment que dans le Maryland et la Pensylvanie ; 2° parce
qu'il me semble que la figure qu'a donnée Catesby, à laquelle on
rapporte l'*Anona triloba*, figure qui a été copiée par Trew et par
Duhamel, représente une autre espèce que la mienne. Les fruits
de mon dessin sont exactement de la même grosseur, de la même
couleur, et ont la même direction que ceux que j'ai vus et mangés
en Amérique, tandis que ceux de Catesby sont pendants, infiniment
plus gros et d'une couleur jaune ; d'ailleurs cet auteur les fait
précéder par des fleurs d'un jaune verdâtre, tandis que celles de
l'Anone à trois lobes, ou plutôt à trois fruits, sont d'un pourpre
noir.

Les botanistes ne paraissent pas encore d'accord sur l'organisation intérieure du fruit de l'Assiminier. Catesby, Adanson, et les auteurs de la *Flore du Pérou*, divisent ce fruit en douze lobes, et placent les loges sur deux rangs. Michaux, dans sa *Flore de l'Amérique*

---

(1) L'Avocat est le fruit d'un Laurier, *Laurus persea*, très-commun dans
l'Amérique méridionale. Il ressemble à une grosse Poire verte, ne contient qu'une
grosse amande très-amère, tandis que la chair du fruit a la consistance, la couleur et le goût du beurre mêlé avec celui de la Noisette.

boréale, place les loges sur un seul rang et n'en détermine pas le nombre ; cet auteur est, d'ailleurs, le premier qui ait annoncé que les graines de l'Assiminier étaient arillées.

J'ai moi-même observé ce fruit avec attention, et j'ai remarqué qu'il règne dans son intérieur un placenta auquel les graines sont attachées par un cordon ombilical, comme elles le sont dans les Légumineuses, telles que les Pois, Haricots, et que, si on n'a pas encore pensé à rapporter ce fruit aux Légumineux , c'est d'abord parce que sa fleur en diffère considérablement , et qu'ensuite son fruit charnu n'a pas permis aux botanistes de constater que les graines sont placées sur un réceptacle longitudinal, comme dans le Haricot.

L'Assiminier a refusé, jusqu'ici, de se multiplier de marcottes et de boutures par les méthodes ordinaires employées dans les pépinières , et l'on n'a encore trouvé aucun autre végétal sur lequel on peut le greffer ; et , comme les graines qu'il produit à Paris n'ont pas d'embryon, l'arbrisseau est toujours très-rare, et ne se trouve pas dans le commerce des plantes. Quand j'étais à la tête des pépinières de Versailles, il existait un très-beau pied d'Assiminier dans le potager de Versailles, et M. Puteau, l'habile jardinier de ce potager, a eu l'heureuse idée de prendre des racines de l'Assiminier, de les couper par tronçons longs de 10 centim., de les planter dans une terrine en terre de bruyère, de mettre cette terrine sur une couche tiède et de la couvrir d'une cloche. Six semaines après, j'ai vu qu'il sortait au sommet de ces boutures, entre le bois et l'écorce, de nouveaux germes qui se disposaient à devenir autant de nouvelles plantes. Je ne sais si ces nouvelles plantes sont venues à bien, mais je sais que M. Neumann, jardinier des serres au muséum d'histoire naturelle de Paris, multiplie plusieurs plantes de la même manière.

Les graines d'Assiminier récoltées à Paris n'ayant pas d'embryon, on le multiplie de graine venant de l'Amérique septentrionale, et que l'on sème en terrine dans de la terre de bruyère. La terrine doit être placée sur couche et couverte d'un châssis vitré pour que ces graines lèvent la même année ; car, mises en pleine terre, elles ne lèvent ordinairement que la seconde année. Lorsque le jeune plant a 16 centim. de haut, on le repique en terre de bruyère, au nord, et on le laisse se fortifier ; et, quand on le met en place, il faut lui donner une nourriture composée de deux tiers de bonne terre et un tiers de terre de bruyère. Si le sol n'est pas naturellement frais et si l'exposition n'est pas au nord, il sera nécessaire de ne pas ménager les arrosements pendant l'été.

Espèce mentionnée dans le

13. **FRAISIER**, Duh. ; *Fragaria*, Linné ; Strawberry *en anglais*, Erdbeerpflanze *en allemand*, Piantadifragola *en italien*, Fresa *en espagnol*.

Genre de la famille des Rosacées et de l'ordre des Driadées, qui comprend des plantes-vivaces, à tiges très-courtes, à feuilles stipulées, composées de trois folioles dentées sur un pédoncule commun, et dont le caractère commun est d'avoir

1° Un calice persistant à dix découpures lancéolées, dont cinq sont extérieures et plus étroites ;

2° Cinq pétales arrondis ou en forme de coin, rétrécis en onglet à la base, attachés au bord du tube du calice et alternes avec ses divisions intérieures ;

3° Vingt étamines au moins attachées sur le même plan que les pétales : les filets de ces étamines sont de moyenne longueur, élargis à la base, terminés par des anthères cordiformes, comprimées, biloculaires, s'ouvrant latéralement ;

4° Un nombre indéterminé d'ovaires attachés sur un réceptacle commun, conique : chaque ovaire a un style latéral, simple, épaissi en un stigmate obtus ;

5° Un fruit succulent, ovale ou arrondi, formé du réceptacle commun devenu charnu, à la superficie duquel sont les graines en grand nombre, nues (1), en forme de rein, composées d'une tunique extérieure coriace, d'une autre tunique intérieure membraneuse, ayant une chalaze jaunâtre au sommet, un embryon ovale à deux cotylédons ovales et à radicule courte et supérieure.

Culture, usage et propriétés.

Il y a une quarantaine d'années que les Anglais d'abord, ensuite les Belges et les Français ont commencé à multiplier les Frai-

---

(1) Quoique les botanistes modernes soient bien convaincus que les graines ne peuvent naître à nu sur les plantes, l'usage fait continuer d'appeler graines nues celles dont le péricarpe est si mince, qu'il avait échappé à l'œil des anciens.

siers par semis, et avec un tel succès, qu'aujourd'hui il en existe tant de variétés, que beaucoup d'entre elles ne peuvent plus se distinguer par des caractères qui leur soient propres, et qu'il existe maintenant beaucoup d'incertitude dans la nomenclature de toutes ces variétés.

Il y a plus de vingt ans que j'ai établi dans le *Bon Jardinier* la division, en six classes, de tous les Fraisiers connus alors ; et, quoique les variétés se soient extrêmement multipliées depuis, ces six classes se sont toujours conservées dans le *Bon Jardinier*, parce qu'elles sont basées sur des caractères qui ne disparaissent pas. Ainsi il faudrait que tous ceux qui annoncent une collection de Fraises dissent et précisassent à laquelle de ces six sections appartiennent les Fraises qu'ils annoncent.

Tous les Fraisiers connus jusqu'à ce jour se cultivent en pleine terre, puis sous châssis et en serres, et supportent aisément les diverses températures du climat de Paris ; ils se multiplient très-aisément par les graines, par les coulants et par les éclats enracinés.

Par les graines. Il faut choisir les plus belles Fraises de l'espèce que l'on veut multiplier, les laisser bien mûrir sur pied, ensuite cueillir les Fraises, les mettre dans un vase où on les écrase dans une petite quantité d'eau pour en détacher les graines, que l'on fait ensuite sécher à l'ombre, et que l'on conserve jusqu'au printemps, si on ne peut les semer de suite. Alors on laboure et on ameublit bien un coin de terre, on le passe au râteau et on lui donne une mouillure ; ensuite on y sème la graine de Fraise, qui devra être aussitôt recouverte de 1 millimètre de terreau fin, que l'on saupoudrera avec un tamis fin. Ce terreau, se liant facilement à la terre humide, pressera les graines de toute part et favorisera leur germination. On recouvre la planche avec un paillasson lorsqu'il fait du soleil ou du vent, et on la mouille souvent et très-légèrement pour tenir toujours la terre fraîche. Quinze jours après, les jeunes Fraisiers doivent paraître ; alors on donne un peu plus d'air au plant en éloignant le paillasson du sol, en le dressant du côté du soleil pour garantir le jeune plant de ses rayons. Si l'on n'avait que peu de graines, il vaudrait mieux les semer de la même manière dans un vase, que l'on tiendrait sous châssis et que l'on couvrirait légèrement de mousse, afin qu'un coup de soleil ne tuât pas le jeune plant en levant.

Par les coulants. On sait qu'à l'exception de deux variétés sans coulants, le *Fraisier buisson* et le *Fraisier des Alpes sans coulants*, tous les Fraisiers produisent des coulants ou filets qui sortent des aisselles des plus jeunes feuilles, s'étendent en tous sens sur la terre, produisent, de distance en distance, de nouvelles plantes qui s'enracinent aux lieux où elles touchent la terre, et multiplient ainsi leur espèce à l'infini. Il y a bien longtemps que l'on a remarqué que les coulants des Fraisiers produisent, à des places déterminées, de nouvelles plantes ; mais je crois être le premier qui aie observé, en 1810, qu'il y a sur ces coulants, entre chaque jeune plante, une écaille à la base de laquelle on doit supposer qu'il existe ou doit se développer un bourgeon, et que cependant il ne s'en développe jamais sous cette écaille. J'ai cherché pendant longtemps pourquoi il ne se développait pas de bourgeons sous ces écailles, je n'ai jamais pu en trouver la raison, et je regarde toujours, comme une chose bien singulière, que les coulants des Fraisiers produisent alternativement un bourgeon, puis une écaille sans bourgeon, puis un bourgeon, puis une écaille sans bourgeon, et ainsi de suite : ce fait mérite bien d'être expliqué par les physiologistes.

Duhamel dit qu'il faut douze à treize ans d'intervalle entre deux plants de Fraisiers dans le même endroit ; je n'ai jamais vu qu'aucun praticien ait suivi cette maxime, et même je n'en ai jamais reconnu la nécessité. Les habitants de Montreuil et de Bagnolet admettent un intervalle de trois ans, et ce temps est bien suffisant pour refaire la terre.

Je voudrais bien répéter ici tout ce que j'ai dit sur les Fraisiers dans notre ouvrage intitulé, *Traité des arbres fruitiers*, commencé en 1807 et fini en 1820, où j'ai décrit en 68 pages grand in-folio et figuré 25 espèces ou variétés de Fraises, avec des détails assez rares sur leur origine et leur culture. J'ai consulté et nommé beaucoup d'auteurs qui ont écrit sur les Fraises : j'ai surtout consulté et suivi Duchesne dans ses cultures, Duchesne, qui, dès l'âge de dix-huit ans, avait eu l'honneur de correspondre avec le grand Linné, et de lui envoyer le *Fragaria monophylla* qu'il venait d'obtenir de graine, et qui, jusqu'à sa mort, arrivée en 1827, s'est toujours occupé des Fraisiers et de leur culture.

Depuis que notre *Traité des arbres fruitiers* est publié, les Anglais ont donné une grande impulsion à la culture des Fraises ; ils les ont tellement multipliées par les semis, qu'ils en ont maintenant une quantité si prodigieuse de variétés, qu'il est très-difficile de les distinguer par écrit. Les Français les ont moins multipliées ; cependant M. Gabriel Pelvilain, du temps qu'il était jardinier au château de Meudon, a obtenu de semis, en 1844, deux Fraises nouvelles qu'il a nommées, l'une *Princesse royale* et l'autre *Comte de Paris*, belles et bonnes Fraises, qui ont surtout l'avantage de se conserver plus longtemps que les autres et de pouvoir être envoyées à de plus grandes distances.

La Fraise du Chili, étant la plus grosse, la plus rare et la plus difficile espèce à cultiver aux environs de Paris, je vais répéter ici ce que j'en ai dit dans notre *Traité des arbres fruitiers*, parce que, depuis ce temps, je ne connais personne qui s'en soit occupé.

Fraisier du Chili. Le commencement de l'histoire de ce Fraisier est enveloppé d'une obscurité qu'il ne m'a pas été possible de dissiper. Les anciens botanistes n'ont pas connu ce Fraisier ; Tournefort n'en parle pas dans ses institutions, quoique ce soit une véritable espèce. L'Europe le doit à Frezier, officier de marine, qui, selon Duchesne, « ravi de la grosseur et de la beauté des Fraises
« cultivées près de la Conception, au pied des Cordilières, rapporta
« en France cinq individus vivants de ce superbe Fraisier, et qu'il
« partagea avec son subrécargue pour prix de l'eau douce dont il
« avait bien voulu les faire arroser pendant la traversée. Des trois
« pieds débarqués à Marseille, un fut donné au ministre Souzy, un
« au professeur A. de Jussieu, et le troisième emporté par Frezier
« à Brest, d'où il s'est propagé sur toute la côte occidentale avec
« plus de succès que dans tout le reste de l'Europe. »

Ce fut en 1712 que Frezier apporta ce Fraisier en Europe. On ignore ce que sont devenus les pieds donnés au ministre Souzy et au professeur A. de Jussieu. Leur stérilité, vu que c'est une espèce dioïque, les aura sans doute fait négliger, et ils se seront perdus ; mais le pied porté à Brest par Frezier s'y est parfaitement acclimaté et singulièrement multiplié.

Ici commence l'obscurité. Ce pied, porté à Brest, était femelle, puisqu'on n'avait jamais vu en France d'individu mâle du Fraisier du Chili. Comment ce Fraisier a-t-il pu porter des fruits ? En a-t-il produit sans fécondation étrangère ? Est-il resté stérile jusqu'à ce que le hasard ou l'expérience ait appris à le féconder artificiellement ? S'il a absolument besoin d'être fécondé par d'autres étamines que les siennes, qui paraissent, en effet, incapables de remplir cet acte, est-ce le Capron mâle ou le Capron royal qui en a rempli les fonctions ? est-ce le Fraisier de Virginie ? Ces trois espèces étaient-elles alors cultivées à Brest ? Les Hollandais n'avaient-ils pas obtenu le Fraisier du Chili en même temps ou plus tôt que nous ? Les Anglais ne le connaissaient pas alors, puisque Loudon dit qu'il n'a été connu en Angleterre qu'en 1727, c'est-à-dire quinze ans après son introduction à Brest. Frezier n'était ni botaniste ni cultivateur ; il n'a laissé aucun écrit sur son Fraisier. J'avais cependant espéré qu'il se serait conservé à Brest quelques traditions des circonstances qui ont suivi l'introduction du Chili dans ce pays, et j'ai prié mon ancien ami Laurent, directeur du jardin botanique de cette ville, de vouloir bien faire les recherches nécessaires pour m'éclairer à ce sujet ; mais ses démarches ont été à peu près infructueuses, parce que vers l'an 1712, époque de l'introduction du Fraisier du Chili, il n'y avait encore à Brest ni savant ni amateur. Tout ce que mon ami put apprendre, c'est que Frezier, qui vivait encore, fut plusieurs années avant de voir fructifier son Fraisier du Chili. Alors ce Fraisier était cultivé dans plusieurs jardins, notamment dans ceux de MM. Palmar et de Bauchènes, capitaines de vaisseau ; alors, enfin, on mêlait déjà au Fraisier du Chili un tiers du Fraisier de la Caroline pour le féconder.

Depuis la guerre des Américains, en 1778, les maisons de campagne et les jardins se sont beaucoup multipliés aux environs de Brest, et la culture du Fraisier du Chili s'y est étendue et perfectionnée. On choisit, de préférence, une terre légère, rocailleuse ou sablonneuse, peu substantielle, peu profonde et, s'il se peut, inclinée au midi. Après l'avoir labourée, nettoyée et divisée en planches, on plante les Fraisiers à environ 55 centimètres (1 pied) les uns des autres, en ayant l'attention de mettre deux tiers de Fraisier du Chili et un tiers de Fraisier de la Caroline, que l'on nomme plus communément à Brest Fraisier d'Angleterre. Quand on peut se procurer du Capron, on le préfère pour faire le mélange, parce qu'on lui croit plus d'analogie avec le Fraisier du Chili que celui de la Caroline, et que ses étamines sont plus grosses.

Le Fraisier du Chili dégénérant promptement, on le renouvelle tous les trois ans par le moyen de ses coulants, que l'on ménage à propos et que l'on traite, comme je l'ai dit, pour les espèces communes.

Il n'y avait pas encore à Brest, en 1778, un jardinier qui se fût attaché à cultiver particulièrement le Fraisier du Chili. Les envois qu'on en faisait à Paris et dans les autres contrées se tiraient, la plupart, des maisons de campagne. On ne s'est pas encore aperçu, dans le département du Finistère, qu'il eût besoin d'être garanti de la gelée pendant l'hiver. Pendant plus de cinquante ans que mon ami Laurent a habité ce pays, on n'a jamais vu le Fraisier du Chili souffrir du froid. Il y donne des fruits dont la grosseur est celle d'un œuf de poule ; ces fruits prennent une belle couleur carminée du côté du soleil, et restent pâles ou peu colorés du côté de l'ombre. Lorsqu'ils sont bien mûrs, leur parfum est assez agréable, mais ils ne valent jamais la Fraise de Caroline, la Fraise Ananas, ni surtout la Fraise des bois, qui, lorsqu'elle vient naturellement dans un endroit découvert et en terre légère, est bien certainement la meilleure de toutes les Fraises. Cependant la Fraise du Chili, en 1812, se vendait encore plus cher que toutes les autres. Dans la primeur elles coûtent 5 centimes la pièce, et ensuite 15 ou 20 centimes la douzaine. Voilà les renseignements que j'ai reçus de mon ami Laurent. Maintenant je vais parler du Fraisier du Chili d'après mes propres connaissances.

Le Fraisier du Chili est peu connu et peu cultivé aux environs de Paris, quoiqu'il y ait des terrains et des expositions qui lui conviennent parfaitement. En 1806, Feburier, cultivateur à Versailles, en fit venir de Brest, son pays, une assez grande quantité pour planter une longue costière, et, l'année suivante, il en obtint une superbe récolte de très-beaux fruits que j'ai admirés. L'année suivante, lorsque j'ai été pour les revoir, ils étaient presque tous détruits ; il n'y restait plus, par-ci par-là, que quelques Fraisiers jaunes et mourants ; tout le reste avait péri par l'humidité froide de la terre pendant l'hiver, et cependant ce terrain n'est ni fort ni froid. L'année suivante, M. Carrier en fit planter deux planches dans son jardin à Ville-d'Avray, dont la terre est forte, froide et humide ; ils y reprirent à peine, passèrent peu, jaunirent et périrent avant l'hiver. Noisette en avait planté plusieurs pieds dans sa collection au faubourg Saint-Jacques, à Paris, où la terre est sèche, légère, nitreuse ou salpêtrée ; et ils y périssaient tandis que toutes les autres espèces de Fraisier y prospéraient à merveille. M. Vilmorin, au contraire, conservait et multipliait aisément les siens dans son jardin près la barrière du Trône, en les cultivant en terre de bruyère ; et depuis ce temps j'ai remarqué, en effet, que la terre de bruyère convient beaucoup au Fraisier du Chili. Quoi qu'il en soit, il est certain que ce Fraisier est l'espèce la plus délicate, la plus difficile à cultiver sous le climat de Paris, et qu'elle a besoin d'y être abritée des fortes gelées pendant l'hiver.

Si Noisette ne pouvait conserver la vraie Fraise du Chili dans son jardin, il y conservait aisément une de ses variétés qui a le fruit moins gros, et qui le tient constamment droit, ce qui est le caractère particulier de la Fraise du Chili. Le *Bon Jardinier* en mentionne encore une autre variété qui m'est inconnue.

Je renvoie, pour le surplus, le lecteur à notre *Traité des arbres fruitiers*, où il trouvera beaucoup de détails intéressants que je ne puis répéter ici.

Fraisiers cultivés par quelques pépiniéristes.

QUARANTE-NEUVIÈME LEÇON.

14. Framboisier, Duh.; *Rubus*, Lin.; Raspberry en *anglais*, Himbeerestrauch en *allemand*, Rova ideo en *italien*, Frambueso en *espagnol*.

Genre de la famille des Rosacées, et de l'ordre de ceux qui ont les ovaires libres et indéfinis, et dont le caractère est d'avoir

1° Un calice profondément divisé en cinq découpures lancéolées, aiguës, persistantes, très-ouvertes;

2° Cinq pétales alternes avec les divisions du calice et insérés à son orifice;

3° Un nombre indéterminé d'étamines attachées au même lieu que les pétales, dont les filaments, élargis à la base, sont atténués en alène au sommet, et terminés chacun par une anthère ovale à deux loges;

4° Un ovaire libre, composé d'un grand nombre d'ovules munis, chacun, d'un style latéral simple, de la hauteur des étamines, terminé par un stigmate obtus;

5° Une baie composée d'autant de petites baies qu'il y avait d'ovules dans la fleur : chacune d'elles se distingue par un mamelon au centre duquel se trouve une petite graine dure, chagrinée, et qui a la forme d'un Haricot.

La principale différence qui existe entre les Framboises et les Fraises, c'est que les premières ont les graines renfermées dans leur pulpe, et que les secondes les ont attachées à nu à leur superficie.

Culture.

Les Framboisiers ne sont nombreux ni en espèces ni en variétés; ce sont des sous-arbrisseaux, hauts de 3 à 5 pieds, qui s'élèvent de racines nombreuses, traçantes, très-vivaces, et qui produisent, chaque année, des tiges qui vivent moins de deux ans, meurent ensuite, et font place à d'autres tiges qui naissent chaque année.

Dans l'automne ou au printemps on coupe rez terre toutes les tiges qui ont donné des fruits et qui sont mortes, et on rabat le sommet des nouvelles tiges pour les faire ramifier et en obtenir davantage de fruits; mais il vaut mieux rabattre ces jeunes tiges au mois de juillet, afin qu'elles se ramifient davantage, parce qu'alors on en obtient davantage de fruits l'année suivante.

Pour avoir des buissons bientôt formés, comme ceux que l'on a en plein champ aux environs de Paris, on plante ensemble trois pieds de Framboisier. Quoique cet arbrisseau aime mieux une bonne terre qu'une médiocre, on le relègue presque toujours dans cette dernière, ou même dans une mauvaise. Le coin le moins évident du jardin, l'exposition au septentrion, où rien ne veut ni croître ni mûrir, est ordinairement occupé par le Framboisier, qui y réussit bien, donne beaucoup de fruits, mais moins savoureux qu'à une meilleure exposition.

Pendant l'hiver, on coupe près de terre toutes les tiges qui ont donné du fruit l'été précédent, et qui alors sont desséchées; on coupe aussi le sommet de celles qui ont poussé pendant l'été, et qui doivent donner du fruit l'été suivant. On rabat près de terre celles qui sont trop faibles ou mal placées, et on donne un léger labour. Comme cette plante pullule considérablement, elle a bientôt usé la terre, et on ne la laisse que quatre ans au plus dans le même endroit, afin d'en obtenir toujours de beaux fruits.

On possède actuellement des variétés à fruit blanc, à fruit rouge, et des quatre saisons, qu'il vaut mieux multiplier que les autres. On trouve aussi dans nos champs, au pied des murs, dans les moissons et dans les prés, une espèce de Ronce à fruit bleu, *Rubus cæsius*, Lin., qu'on ne cultive pas, et qui est figurée dans notre *Traité des arbres fruitiers.*

Cette espèce de Framboise ou Ronce a des tiges ligneuses, minces, souvent très-longues, radicantes, rameuses, couchées, cylindriques, vertes ou bronzées du côté du soleil, couvertes d'une légère poussière glauque, garnies de petits aiguillons épars comme les autres espèces du même genre, assez nombreux et dirigés en arrière.

Ainsi que les autres espèces, celle-ci a les feuilles ternées, à folioles très-gaufrées, ovales, terminées en pointe, inégalement dentées; la foliole intermédiaire est pétiolée, les latérales sont presque sessiles et souvent bilobées. La feuille qui se trouve le plus près des fleurs est simple ou seulement trilobée.

Les extrémités des petits rameaux se terminent par une grappe lâche, formée de quatre à huit fleurs blanches, dont les divisions calicinales sont ovales, concaves, terminées en longues pointes, et parsemées, en dessous, de papilles rousses et glanduleuses; elles ont les pétales oblongs, distants les uns des autres, non larges et rapprochés, comme les représente la figure de Bulliard. Les étamines, d'abord d'un blanc sale, deviennent brunes après la fécondation.

Les fruits, quoique composés d'un petit nombre d'ovaires, sont gros, d'un bleu d'azur clair, au moyen d'une poudre de cette couleur qui les recouvre; car, sans cela, ils seraient naturellement d'un bleu noir.

Ils ont la chair et l'eau agréablement acidulées, et leur couleur est un violet foncé; on trouve au centre de chaque petit grain un pepin comprimé, chagriné, et qui a la forme d'un petit Haricot.

Ce fruit mûrit en septembre. Son acide assez élevé le rend, selon moi, la meilleure espèce des Framboises, et, si elle n'est pas cultivée dans les jardins, c'est sans doute parce que les jardiniers ne l'ont pas assez appréciée ou qu'ils n'ont pas jugé ses fruits assez abondants. D'un autre côté, je vois que les herboristes de Paris ne préparent et ne vendent que les feuilles de cette espèce pour les infusions et tisanes de Ronce, parce qu'elles sont nues et ne déposent pas, dans l'infusion, de petits poils qui s'attachent à la gorge, inconvénient qui aurait lieu si on employait des feuilles de Ronce des haies, *Rubus fruticosus*, L.

Voici une observation que j'ai faite dans nos arbres fruitiers et que je répète ici. « Le Framboisier à fruit blanc est du nombre de « plantes dont on connaît avec certitude la couleur des fleurs et « des fruits à la seule inspection de la tige. Au milieu de l'hiver, « on sait si les Lauriers-roses doivent se charger de fleurs blanches « ou roses l'été suivant; on sait si un Groseillier produira des « fruits rouges ou blancs, comme on est certain de la couleur « qu'auront les Framboises en examinant seulement la tige qui « doit les porter. Un œil exercé ne s'y trompe jamais; il retrouve « la couleur des fleurs et des fruits répandue sur toute l'écorce de « la tige, et il remarque que la couleur pâle est presque toujours « le résultat d'une organisation affaiblie et d'un degré de végéta- « tion inférieur à celui des plantes à fleurs colorées. Ainsi nous « voyons que le Framboisier à fruit blanc a ses tiges moins hautes « et moins fortes que celui à fruit rouge, et que son écorce est plus « pâle; qu'il est moins fécond, et que son fruit est moins savou- « reux. »

Le fruit du Framboisier se sert sur les tables, mêlé avec des Fraises; on en fait des compotes, des pâtes, d'excellentes confitures qui se conservent très-bien, mais qui sont difficiles à cuire. Ce fruit entre dans la gelée de Groseille. Son jus, cristallisé, est très-commode en voyage, pour avoir sur-le-champ une liqueur agréable et rafraîchissante. On fait aussi, avec la Framboise, la Groseille, du vinaigre et du sucre, un sirop excellent en été pour calmer la soif, et utile dans les fièvres putrides et bilieuses.

Framboisiers cultivés par quelques pépiniéristes.

	Framboisiers
Traité des arbres fruitiers, par Poiteau et Turpin, 1807.	4
Catalogue des arbres fruitiers cultivés par Hervy, à la pépinière du Luxembourg, 1809.	8
Manuel complet du jardinier, par L. Noisette, 1825.	6
Catalogue des Framboises cultivées dans le jardin de la Société horticulturale de Londres, 1851.	21
A guide to the orchard and kitchen garden, by John Lindley, 1851.	22
Traité des fruits, par M. Couverchel, 1839.	4
Catalogue des arbres fruitiers du jardin des plantes de Paris, par M. d'Albret, 1839.	8
The fruits and fruit trees of America, by A. J. Downing, 1846.	14
Catalogue des arbres fruitiers cultivés par M. Jacquemet-Bonnefont, à Annonay (Ardèche), 1847.	7
Catalogue de M. Croux, pépiniériste à la Saussaye, 1843.	8
Catalogue des arbres fruitiers cultivés par MM. Jamin et Durand, à Bourg-la-Reine, 1848.	25
Catalogue des arbres fruitiers cultivés par madame Levacher-Bruzeau et fils, à Orléans.	22
Catalogue des arbres fruitiers cultivés par M. André Leroy, à Angers, 1849.	17
Le Bon Jardinier, par M. Decaisne, membre de l'Académie des sciences, 1852.	58

15. CORNOUILLER, Duh.; *Cornus*, Lin.

Genre de la famille des Chèvrefeuilles, Jus., des Cornées, Decaisne, composé de plusieurs arbres et arbrisseaux, quelques-uns à feuilles opposées et stipulées, les autres alternes, et dont le caractère commun est d'avoir

1° Un calice petit à quatre dents;

2° Une corolle de quatre pétales ovales-oblongs, plus grands que le calice ;

3° Quatre étamines de la longueur des pétales, alternes avec eux, et dont les anthères sont ovales ;

4° Un ovaire infère à deux loges, surmonté d'une glande au milieu de laquelle s'élève un style simple, droit, de la hauteur des étamines ;

5° Un fruit charnu ovale, succulent, à une loge, contenant un noyau osseux oblong à deux loges monospermes, mais dont l'une des semences avorte constamment ; la graine, entourée d'un périsperme charnu, a les cotylédons ovales et la radicule longue dirigée du côté supérieur.

Histoire et culture.

De tous les Cornouillers connus, un seul, avec ses variétés, a les fruits comestibles ; c'est celui que les botanistes appellent *Cornus mas*, Cornouiller mâle, dénomination fort mauvaise sans doute, puisque ses fleurs sont hermaphrodites ; mais c'est un reste du temps où l'on désignait par l'épithète *mâle* l'individu plus fort, plus gros ou plus vigoureux que les autres individus de son genre. C'est ainsi que le vulgaire, toujours imbu de cette idée, appelle Chanvre mâle les individus femelles, parce que ceux-ci sont plus gros, plus forts que les individus mâles.

Le Cornouiller cultivé, le seul qui doit m'occuper, croît naturellement dans différentes parties de l'Europe ; c'est un arbre que l'on trouve plutôt isolé qu'en famille, quoiqu'il pullule considérablement du pied, et qu'il semble que plusieurs oiseaux doivent en disperser les graines. Sa croissance est très-lente ; sa hauteur dépasse rarement 25 pieds, et, quand le diamètre de son tronc dépasse 2 pieds près du sol, il est très-gros. Il vit plus longtemps qu'aucun arbre européen, et la dureté de son bois ne le cède en rien à celle du Buis, du Cormier et de l'If ; c'est à la dureté de son bois, que l'on a comparé à celui de la corne, qu'il doit son nom. D'après Virgile, les anciens en faisaient des dards, et c'est à peu près là tout ce que l'antiquité nous a transmis au sujet de cet arbre. Bosc dit que les Cornouillers qu'il a observés dans la forêt de Montmorency, vers 1793, avaient plus de mille ans ; la lecture de quelques titres lui a démontré que ces arbres avaient été plantés là, à cette époque reculée, pour servir de bornes ou de limites entre les bois du duché de Montmorency et ceux du prieuré de Sainte-Radegonde.

Le bois du Cornouiller pèse 69 livres 9 onces 5 gros par pied cube, étant bien sec ; il prend un très-beau poli et casse difficilement : son aubier est rougeâtre et son centre brun. On en fait de jolis meubles sur le tour ; mais il ne faut l'employer que sec, car autrement il se tourmente et se fend. Ses jeunes pousses, étant fortes et en même temps élastiques, font d'excellents manches de fouet, et ses brindilles servent à faire des balais dans les endroits où il n'y a pas de Bouleaux. Ses fleurs, petites, jaunes et disposées en ombelle, se développent avant les feuilles dès la fin de l'hiver, saison où il n'y a guère d'autres fleurs, et sont avidement recherchées des abeilles, qui y trouvent un riche butin. Comme cet arbre fleurit considérablement chaque année, il n'est pas sans agrément à l'époque où l'on attend le retour du printemps, et vers la fin d'août des fruits nombreux, rouges et semblables à de petites Olives, mêlés à la verdure de son feuillage, lui donnent encore d'autant plus d'intérêt que, lorsque ces fruits sont bien mûrs, qu'ils tombent tout seuls, ils sont fort doux, très-bons à manger et très-sains ; alors ils se détachent eux-mêmes de l'arbre et couvrent le sol.

On fait, avec les Cornouillers, des confitures, des marmelades, des liqueurs vineuses, et diverses préparations médicales rafraîchissantes, et même trop astringentes, si on les emploie avant leur parfaite maturité. Leur Amande donne de l'huile, mais en petite quantité.

Un seul Cornouiller est suffisant dans le plus grand jardin, parce qu'il rapporte beaucoup chaque année, qu'il vit extrêmement longtemps, que ses fruits, une fois mûrs, ne se conservent pas longtemps, et que l'usage de le servir sur les tables ne s'est pas encore introduit, quoiqu'il le mérite bien.

Voir sa figure dans nos arbres fruitiers.

Cornouillers cultivés par quelques pépiniéristes.

	Cornouillers.
Traité des arbres fruitiers, par Poiteau et Turpin, 1807. .	1
Catalogue des arbres fruitiers cultivés par Hervy, à la pépinière du Luxembourg, 1809.	5
Manuel complet du jardinier, par L. Noisette, 1825. . .	4
Traité des fruits, par M. Couverchel, 1839.	2
Catalogue des arbres fruitiers du jardin des plantes de Paris, 1839.	2

16. AIRELLE, *Vaccinium*, Lin.; Cranberry, en *anglais*, Die moose-berre en *allemand*, Ossicocco en *italien*.

Genre de la famille des Bruyères, comprenant plusieurs petits arbustes à feuilles simples, et dont le caractère commun est d'avoir

1° Un calice très-petit, entier en son bord ;

2° Une corolle fausse monopétale (1) figurée en grelot, insérée sur l'ovaire, rétrécie à son origine, où l'on remarque un très-petit limbe divisé en cinq lobes arrondis ;

3° Dix étamines incluses, insérées immédiatement sur l'ovaire, composées, chacune, d'un filet court, épaissi inférieurement, et d'une anthère droite, beaucoup plus grande que le filet, divisée à la base en deux lobes comprimés latéralement, et au sommet en deux autres lobes obtus, assez distants, uniloculaires, s'ouvrant à l'extrémité pour répandre le pollen ; mais ce qu'il y a de plus remarquable, ce sont deux cornes aiguës, ascendantes, un peu plus courtes que les lobes, et placées sur le milieu du dos de l'anthère ;

4° Un ovaire adhérent, surmonté d'un style simple, un peu plus long que la corolle et terminé par un stigmate obtus ;

5° Une baie globuleuse, ombiliquée, divisée intérieurement en cinq loges polyspermes ;

6° Enfin un grand nombre de petites graines attachées à un ré-

---

(1) La corolle est composée de cinq pétales soudés ensemble et qui semblent n'en former qu'un ; mais on juge aisément qu'ils sont cinq, en ce que chacun d'eux a son point d'attache distinct sur l'ovaire.

ceptacle central, divisé en autant de lobes saillants qu'il y a de loges dans le fruit : ces graines, ovales ou allongées, fauves ou rougeâtres, sont composées d'une tunique membraneuse, d'un périsperme dur, blanc, charnu, aussi long que le périsperme, divisé supérieurement en deux petits cotylédons, et allongé inférieurement vers l'ombilic de la graine en une radicule obtuse.

Voilà le caractère de notre Airelle-Myrtille, *Vaccinium Myrtillus* assez longuement expliqué, et je ne sais si ce caractère convient aux autres espèces étrangères ; mais il est celui de l'espèce qui croît aux environs de Paris, et cela me suffit.

Si ce petit arbuste venait de la Chine ou de la Nouvelle-Hollande, il ferait fortune dans nos jardins ; mais il a le malheur de croître naturellement dans la forêt de Montmorency, il n'en faut pas davantage pour être frappé de proscription. Ni les jolies fleurs roses qu'il nous offre en avril et mai, ni les fruits nombreux qu'il laisse tomber dans nos mains en juillet et août ne peuvent lui faire obtenir la plus petite place dans nos cultures auprès de ses superbes compagnons, qui ont, au-dessus de lui, le mérite de venir de l'Amérique ou du Japon, et de coûter bien cher.

Au reste, l'Airelle peut fort bien se passer de notre apologie ; tant que subsisteront les nations, on se rappellera ce vers de Virgile :

Alba ligustra cadunt, VACCINIA *nigra leguntur.*

L'Airelle, que les botanistes appellent *Vaccinium* avec Virgile, a reçu beaucoup de noms en différents temps et en différents pays. Les Bauhins l'appelaient Vigne du mont Ida, à cause de la couleur et du volume de ses fruits. Tabernæmontanus, lui ayant trouvé du rapport avec un petit Myrte, l'appelait Myrtille, et Cæsalpin lui donne le nom de Bagole. Aujourd'hui on le connaît sous le nom de *Moret* dans toute la Normandie, et sous celui de Raisin des bois aux environs de Paris.

L'Airelle est un petit arbuste qui s'élève à la hauteur de 4 à 5 décimètres (1 pied à 1 pied et 1/2), et qui pullule au point de couvrir en peu d'années un espace considérable de terrains sablonneux aux lisières des bois et dans les taillis découverts où il croît naturellement. Sa principale racine, assez ordinairement couchée ou oblique, est peu divisée ; elle est munie, çà et là, de quelques petits chevelus très-ramifiés et plus nombreux vers le collet que partout ailleurs.

La tige, roussâtre et fendillée à la base, devient rarement plus grosse qu'une plume à écrire ; elle est droite et se divise, près de terre, en plusieurs rameaux anguleux par la décurrence des supports, et garnis de feuilles alternes, ovales, longues de 9 à 12 lignes, terminées en pointe raccourcie, bordées de petites dents inégales, acuminées et glanduleuses. Ces feuilles, teintes d'un assez beau rouge dans leur jeunesse, sont, dans leur état adulte, d'un vert gai en dessus, d'un vert moins foncé en dessous, et portées sur de courts pétioles, un peu renflés et presque toujours roussâtres ; elles tombent aux approches de l'hiver, et laissent voir dans leur aisselle un bouton long, pointu et blanchâtre qui contient le rudiment d'une nouvelle pousse.

Les fleurs naissent en avril et mai sur les nouvelles pousses ; elles sont axillaires, solitaires, pédonculées, figurées en grelot et d'un rose pâle : je les ai toujours vues décandres, avec un style simple plus long que la corolle.

A ces fleurs succèdent des baies noires qui atteignent au plus la grosseur d'une petite balle de mousquet. Elles sont couvertes d'une poudre bleuâtre et couronnées par un large ombilic au centre duquel on voit le style ou la place qu'il occupait, et sur un cercle plus excentrique dix points où étaient placées les étamines, et enfin sur un autre cercle plus excentrique encore cinq cicatrices qui, en indiquant l'insertion de la corolle, prouvent évidemment que, malgré son intégrité apparente, cette corolle était composée de cinq pétales. L'intérieur du fruit est une chair aqueuse, violette, dans laquelle on trouve une grande quantité de petites graines jaunâtres au temps de leur maturité, qui arrive en juillet et août.

Quelques auteurs font mention d'une variété à fruit blanc que je ne connais pas.

Usages et propriétés.

Les fruits de l'Airelle sont d'une saveur sucrée, relevée d'un aigrelet agréable ; on les mange crus avec plaisir. On les vend à la mesure sur les marchés de plusieurs villes de la Normandie, et, comme ils sont très-communs dans cette partie de la France, je crois, avec Bosc d'Antic, qu'on pourrait en faire des pains de confitures, en employant le procédé usité chez les Canadiens pour le *Vaccinium corymbosum.* « Ce procédé, dit Bosc, consiste à faire
« cuire les fruits dans un vase de fer et à augmenter, par la cha-
« leur du four, la dessiccation jusqu'à consistance solide. Il en ré-
« sulte une confiture naturelle d'un goût très-agréable, qui se
« garde longtemps, et dont les sauvages du nord de l'Amérique et
« de l'Asie font une partie de leur nourriture. On sait que les peu-
« ples chasseurs ichthyophages du nord de l'Europe, de l'Asie, les

« Lapons, Samoïèdes, Kamtschadales, Vastiakes, Kouriles, ra-
« massent en très-grande abondance les baies de la Ronce arétique
« et de la Ronce herbacée pour leur servir de nourriture pendant
« l'hiver, mais qu'ils ne les font point dessécher, qu'ils se conten-
« tent de les mettre dans des vases d'écorce et de les enfouir dans
« la terre. On pourrait conserver de même celles de l'Airelle-Myr-
« tille, car les vignerons qui s'en servent pour colorer le vin les
« gardent, sans inconvénient, depuis le mois de juin jusqu'à la
« vendange, avec la seule précaution de les placer à la cave dans
« des vases bien fermés (1). »

La médecine fait usage des baies de l'Airelle pour arrêter le cours
de ventre, la dyssenterie et le crachement de sang. On les fait cuire
jusqu'à consistance de raisiné en y ajoutant un peu de sucre, ou
bien on les fait sécher, et on les réduit en poudre, qu'on
administre à la dose de 1 à 2 gros. Quand les enfants en mangent immodérément, elles leur causent une légère ivresse, et peuvent donner lieu à des obstructions. Les qualités astringentes de
toute la plante la rendent propre à tanner le cuir. Les chèvres, et
quelquefois les moutons, la mangent; les chevaux et les vaches n'en
veulent pas.

Airelles cultivées par quelques pépiniéristes.

	Airelles.
Traité des arbres fruitiers, par Poiteau et Turpin, 1807.	1
Manuel complet du jardinier, par L. Noisette, 1825. .	3
Traité des fruits, par M. Couverchel, 1839.	4
Fruits and fruit trees of America, by J. Downing, 1846.	2
Catalogue des arbres fruitiers de Jacquemet-Bonnefont, pépiniériste à Annonay (Ardèche), 1847.	2
Catalogue des arbres fruitiers cultivés à la Saussaye, par Croux, 1847.	1
Catalogue des arbres fruitiers de MM. Jamin et Durand, à Bourg-la-Reine, 1848.	1
Établissement horticole de veuve Levacher-Bruzeau et fils, à Orléans, 1847-48.	1
Catalogue des arbres fruitiers cultivés par M. André Leroy, à Angers, 1849.	2
Le Bon Jardinier, par M. Decaisne, membre de l'Acadé-mie des sciences, 1851.	2

---

(1) Je ne crois pas du tout que les fruits des Myrtilles puissent se conserver de
cette simple manière.

17. **Groseillier**, Duh. ; *Grossularia,* Tournef. ; Currant en *an-glais*, Diejohannisbeere en *allemand*, Ribas rosso en *italien*, Grosella en *espagnol; Ribes,* Lin.

Genre constituant la famille des Ribésiacées , qui comprend beaucoup d'arbrisseaux et d'arbustes touffus, les uns épineux , les autres sans épines, et dont le caractère commun est d'avoir

1° Un calice supère, d'une seule pièce, en forme de coupe, profondément divisé en cinq découpures oblongues, rétrécies à la base, roulées en dehors, persistantes ;

2° Cinq pétales très-petits, arrondis, insérés au bord du calice;

3° Cinq étamines courtes, alternes avec les pétales, et insérées de même au bord du calice;

4° Un germe adhérent, couronné par le calice, du centre duquel s'élève un style profondément divisé en deux branches divergentes, épaissies en stigmates au sommet ;

5° Une baie globuleuse ou ovale, lisse ou poilue, ombiliquée, uniloculaire, ayant deux réceptacles opposés qui font corps avec la paroi interne du fruit, où sont attachées, par de longs cordons ombilicaux , plusieurs graines ovales, un peu comprimées et munies d'un albumen.

Histoire et culture.

On voit maintenant, au muséum d'histoire naturelle, plusieurs très-belles et grandes espèces de Groseilliers qui n'y existaient pas quand j'étais jardinier dans cet établissement, et qui, aujourd'hui, méritent d'être recherchées dans les jardins d'agrément. Il y a cinquante ans, on ne connaissait, en fait de Groseilliers à grappes, que la Groseille rouge, la blanche et le Cassis, qui se reconnaît toujours à des points rouges odorants dispersés sous les feuilles : aujourd'hui l'on connaît plus de quinze Groseilliers à grappes, qui ornent le jardin des Plantes. Ces espèces viennent la plupart de l'Amérique.

Nous distinguons, en France, les Groseilles à grappes des Groseilles à maquereau, distinction assez naturelle; mais les botanistes, qui recherchent les caractères des fleurs les plus minutieux, n'en ont pas encore trouvé pour pouvoir les diviser en deux sections, ce qui serait pourtant très-naturel ; car les Groseilliers à grappes diffèrent autant des Groseilliers à fruits solitaires et géminés que le jour diffère de la nuit. Les Anglais, qui ont commencé bien avant les Français la culture des plantes étrangères, ont débuté aussi avant nous dans celle des Groseilles à maquereau, et ils en cultivent aujourd'hui plusieurs centaines de variétés, dont la plupart nous sont encore inconnues, mais dont nous nous faisons une idée assez juste par celles que nous connaissons.

L'espèce primitive des variétés de Groseilliers à grappes se trouve dans tous les bois de l'Europe, d'où on l'a tirée pour la cultiver dans les jardins ; cependant elle n'était pas connue des anciens botanistes, ou du moins on ne la trouve dans aucun de leurs ouvrages. Tragus paraît être le premier qui l'ait décrite et figurée vers l'an 1550 ; mais cet auteur, qui ne connaissait le *Ribas* des Arabes, *Rheum ribes*, Lin., que par ses propriétés médicinales, et qui retrouvait les mêmes propriétés dans la Groseille, et une espèce de ressemblance entre ce fruit et les tubercules des tiges et des feuilles du *Ribas*, confondit cette dernière plante avec le Groseillier, en les réunissant sous le nom de *Ribes*. Cet assemblage monstrueux persista très-longtemps, parce que les botanistes arabes ne connaissaient pas le Groseillier, et que les botanistes d'Europe ne connaissaient pas le *Ribas* des Arabes. Dillen, botaniste anglais, ayant reçu et semé des graines de *Ribas* en 1750, reconnut pourtant que cette plante se rapprochait des Oseilles ; enfin Linné la rangea parmi les Rhubarbes, dont elle est une véritable espèce (1).

Depuis longtemps, l'usage de multiplier le Groseillier à grappes par le semis est abandonné, probablement parce qu'on n'en obtenait pas de meilleures variétés ; cependant Gondoin, le dernier jardinier du roi Louis XVI, à Choisy-le-Roi, en a obtenu, par le semis, une variété à fruit rouge et plus gros que les autres, et qui est conservée dans les jardins sous le nom de *Groseillier Gondoin*.

La fertilité extraordinaire du Groseillier à grappes fait qu'on le cultive assez négligemment dans les potagers de plusieurs maisons, tandis que les habitants de Montreuil et de quelques autres communes le cultivent avec beaucoup de soin pour en apporter les fruits sur les marchés de Paris. Dans les potagers, on le plante ordinairement dans les plates-bandes, entre les quenouilles des Poiriers. Il n'est pas délicat ; des éclats enracinés, des marcottes, des boutures suffisent à sa multiplication. On lui conserve souvent la forme d'un petit buisson qu'il prend naturellement ; quelques jardiniers le tondent même avec des ciseaux, mais cet usage est très-blâmable, parce qu'en agissant ainsi on détruit continuellement les

---

(1) Voyez, à ce sujet, un mémoire de Desfontaines dans les *Annales du muséum d'histoire naturelle*, tome II, page 261.

jeunes pousses propres à donner de plus beaux fruits, et que, l'intérieur du buisson se garnissant de plus en plus, le fruit qui s'y trouve ne peut plus jouir ni de l'air ni du soleil. Il faut, au contraire, entretenir beaucoup de vide au centre du buisson, et ne lui laisser que quatre tiges que l'on dirige en vase, et que l'on arrête à la hauteur de 1 mètre. Tous les ans, en hiver ou au printemps, on taille les plus forts bourgeons à quatre yeux, les moyens à deux, et on laisse entières les petites branches à fruit. Quand ces tiges sont devenues trop grandes ou qu'elles ne donnent plus que de petites grappes, on les supprime successivement, en choisissant, pour les remplacer, les plus forts bourgeons qui se développent chaque année.

Mais, lorsque enfin les Groseilliers sont trop vieux, ils ne produisent ordinairement que des petits fruits d'une telle acidité, dit Duhamel, que les oiseaux même ne les mangent pas. Pour les renouveler, il n'est pas nécessaire de tirer du plant d'ailleurs ; de jeunes bourgeons éclatés de ces vieux pieds dégénérés, et plantés en d'autres places, se rétabliront et donneront de beaux fruits.

C'est ainsi que les jardiniers cultivent le Groseillier dans les plates-bandes d'un potager. Quelquefois ils l'élèvent en boule sur une seule tige haute de 1 mètre à 1^m,50, ce qui est préférable, nécessaire même, lorsqu'on n'a que peu de place à donner à cet arbrisseau. On peut encore le mettre en espalier au midi, pour hâter la maturité de son fruit, et au nord pour la retarder.

Quand les Groseilles sont mûres, elles n'ont pas de plus dangereux ennemis qu'un soleil trop ardent ; pour les en préserver et les conserver jusqu'en novembre, on les couvre avec de légers paillassons.

Usages.

La Groseille rouge ou blanche se mange en santé comme un fruit délicieux, et elle n'est pas moins utile dans la maladie. On en prépare une gelée et un sirop propres à modérer les ardeurs de la fièvre causée par une bile trop exaltée ; elle se confit en grains, en pâte, en conserve, en compote. L'agréable acidité de ce fruit apaise la soif des malades et leur donne bonne bouche. Le sirop de Groseille, battu dans de l'eau, est d'un usage familier, utile et agréable en été. Dans les diarrhées et les coliques bilieuses, ce sirop et la gelée sont très-efficaces. Le suc de Groseille, mêlé avec quantité égale de suc de Verjus, de Citron et d'eau commune, est un des meilleurs gargarismes pour les maux de gorge, de quelque nature qu'ils soient. Aucun acide ne vaut le sirop de Groseille dans le mal gangréneux des enfants, parce qu'il est aussi cordial que rafraîchissant. On relève la confiture de Cerises avec des Groseilles, et on adoucit celle de Groseilles avec des Framboises. Pour faire un excellent vin de Groseille, on en extrait le jus qu'on laisse un peu fermenter, et on y ajoute du sucre convenablement.

Tout ce que je viens de dire s'applique aux Groseilles à grappes, mais nullement aux Groseilles à maquereau, dont les qualités sont très-différentes en moins; celles-ci ont très-peu d'acide. Les Anglais les aiment beaucoup cuites en tartre, et en mangent considérablement. Les Français n'ont pas le même goût, et les Groseilles à maquereau sont bien moins nombreuses et bien moins cultivées en France qu'en Angleterre. On trouve, dans le *Traité des fruits* de M. Couverchel, auquel je renvoie, de nombreux détails sur ces Groseilles.

Groseilliers cultivés chez quelques pépiniéristes.

	Groseilliers.
Traité des arbres fruitiers, par Poiteau et Turpin, 1807. .	31
Catalogue des arbres fruitiers cultivés par Hervy, à la pépinière du Luxembourg, 1809.	20
Manuel complet du jardinier, par L. Noisette, 1825. .	62
Catalogue of the fruits cultivated in the garden of the horticultural Society of London, 1831.	552
A guide to the orchard and kitchen garden, by George Lindley, 1831.	722
Traité des fruits, par M. Couverchel, 1839.	20
Catalogue des arbres fruitiers du jardin des Plantes de Paris, 1839.	48
The fruits and fruit trees of America, by Downing, 1846.	40
Catalogue des arbres fruitiers de Jacquemet-Bonnefont, à Annonay (Ardèche), 1847.	156
Catalogue des arbres fruitiers cultivés à la Saussaye, par M. Croux, 1847.	103
Catalogue des arbres fruitiers cultivés par MM. Jamin et Durand, à Bourg-la-Reine, 1848.	159
Catalogue des arbres fruitiers cultivés par madame Levacher-Bruzeau et fils, à Orléans, 1847-48.	13
Catalogue des arbres fruitiers cultivés par M. André Leroy, à Angers, 1849.	68
Le Bon Jardinier, par M. Decaisne, membre de l'Académie des sciences, 1851.	20

18. Églantier ; *Rosier*, Duh. ; *Rosa*, Lin.

Les Eglantiers sont communs en France, en Europe, en Amérique et dans d'autres parties du monde, et sont désignés sous le nom de *Rosa* par les botanistes. Les jardiniers, au contraire, distinguent très-bien la fleur d'un Eglantier, quoique les botanistes ne le puissent pas.

En général, les Eglantiers sont regardés comme le type des Rosiers ; mais il y a si longtemps que les Rosiers sont connus, et il en existe aujourd'hui un si grand nombre qui augmente chaque année, que personne ne peut dire au juste combien de variétés ont été ou sont encore dans le commerce. Les nouvelles variétés font négliger les anciennes, excepté la Rose cent feuilles, dont la forme et la bonne odeur n'ont pas encore été retrouvées, et dont l'origine nous reste inconnue, quoique Sprengel nous dise qu'elle est originaire du Caucase et de Macédoine, chose que Linné n'avait pas dite.

D'après le titre de cet ouvrage, le genre Rosier ne devrait pas trouver place ici ; pourtant il y a quelques Eglantiers dont les fruits sont mangeables , quoique l'usage ne soit pas de les mettre au nombre des arbres fruitiers.

Églantiers cultivés chez divers pépiniéristes.

Églantiers.

Catalogue des arbres fruitiers cultivés par Hervy, au Luxembourg, 1809. 2
Traité des fruits, par M. Couverchel, 1859. 1
Le Bon Jardinier, par M. Decaisne, de l'Académie des sciences , 1851. 2

CINQUANTIÈME LEÇON.

19. **Pommier**, Duh. ; *Malus*, Lin. ; Apple en *anglais*, Apfelbaum en *allemand*, Melopomo en *italien*, Manzana en *espagnol*.

Genre de la famille des Rosacées , composé d'arbres à feuilles alternes , simples , stipulées , et dont le caractère commun est d'avoir

1° Un calice supérieur, persistant, à cinq divisions oblongues et aiguës;

2° Cinq pétales ovales, plus grands que le calice et insérés à son orifice ;

3° Une vingtaine d'étamines, dont les filets sont souvent rapprochés en un faisceau plus court que les pétales, et insérés au même lieu qu'eux ;

4° Un ovaire turbiné adhérent, surmonté d'un style simple à la base, divisé dans la partie supérieure en cinq branches terminées chacune par un stigmate en massue ;

5° Cet ovaire se change en un fruit charnu, arrondi, divisé intérieurement en cinq loges cartilagineuses qui contiennent chacune deux pepins ovales ou oblongs dénués de périsperme.

Histoire, usages et culture.

Le Pommier croît spontanément dans nos forêts ; par suite d'une longue multiplication par graines on en a obtenu un si grand nombre de variétés, qu'il est aujourd'hui à peu près impossible de les connaître toutes. On divise aujourd'hui les Pommes en douces, acides et amères : les acides sont estimées pour être mangées crues ou cuites ; on mange cependant aussi les douces de cette manière; les amères ne peuvent se manger, mais elles entrent dans la confection du cidre et donnent une qualité particulière à cette boisson.

Les diverses variétés de Pommiers ne se reproduisant pas ordi-

nairement de graines, on les multiplie par les greffes en fente et
en écusson. Les sujets sur lesquels on les greffe sont le franc, le
Douçain et le Paradis. Le Douçain fait des arbres moins grands que le
franc, et le Paradis les fait encore plus petits que le Douçain ; mais
il rend les fruits plus gros que l'un et l'autre. Le Pommier aime une
terre franche et fraîche ; il craint la chaleur. Sa culture en grand,
établie au nord de Paris, ne s'étend pas au sud de cette capitale,
de sorte que, là où la Vigne ne peut plus produire de bons vins à
cause de l'abaissement de la température, commence le climat
propre au Pommier ; aussi la Hollande et l'Angleterre cultivent-
elles plus de Pommes qu'aux environs de Paris.

Les Pommiers greffés sur franc forment des hautes tiges de
plein-vent et se plantent ordinairement en quinconce ou en verger ; ceux greffés sur Douçain se plantent dans les plates-bandes
des jardins potagers, et se taillent en éventail ou en vase ; ceux
greffés sur Paradis forment des massifs, se taillent ordinairement
en buisson, en gobelet, et peuvent être plantés à 8 ou 9 pieds les
uns des autres. Les Paradis sont encore très-propres à être plantés
et conduits en éventail palissé sur des murs hauts de 3 à 5 pieds.
On voit beaucoup plus de Pommiers que de Poiriers dans les campagnes ; c'est peut-être parce que les Pommes se gardant, la plupart, plus longtemps et plus aisément que les Poires, elles offrent
plus de ressources aux cultivateurs ; c'est peut-être aussi parce que
les Pommiers viennent plus aisément que les Poiriers. En général,
la culture du Pommier est plus facile que celle du Poirier : on
l'assujettit plus rarement à une taille réglée, et il en a moins besoin
pour produire de beaux fruits. Son ennemi le plus dangereux, lorsqu'il est grand, est le Gui, plante parasite qui s'attache à ses branches, les dessèche et les fait périr, si on la laisse longtemps. Ce
que j'ai déjà dit sur la culture en général suffit à celle du Pommier.
Je vais rapporter ce que dit la Bretonnière sur la conservation et
les usages des Pommes.

« On cueille les Pommes vers la fin d'octobre par un beau temps ;
« celles d'Api se cueillent quinze jours plus tard que les autres.
« Il faut avoir eu soin, en août, de découvrir les Pommes de leurs
« feuilles pour leur faire prendre une belle couleur qu'elles n'ac-
« quièrent parfaitement que dans l'arrière-saison. On porte les
« Pommes, dans la fruiterie, dans des corbeilles ou des paniers,
« et on les y conserve ainsi qu'il est dit au chapitre *Fruiterie*. Elles
« ne sont en parfaite maturité que quand elles sont ridées ; c'est
« alors qu'elles ont perdu leur acidité, elles sont devenues douces.
« Lorsqu'elles gèlent dans la fruiterie, elles ne sont pas perdues

« pour cela ; en n'y touchant pas, elles reviennent dans leur pre-
« mier état ; mais, si elles étaient gelées de nouveau, elles seraient
« perdues. Le plus sûr est de les mettre dans des armoires ou
« dans une serre voûtée à l'abri de la gelée, ou de les descendre
« à la cave aux approches de Noël avant les fortes gelées.

« Les Pommes crues sont un aliment salutaire, prises modéré-
« ment, pour les personnes sujettes à des altérations et à des co-
« liques bilieuses, à des digestions fougueuses, et pour celles qui
« sont échauffées par accident, pressées d'une soif opiniâtre, tour-
« mentées de rapports nidoreux, semiputrides. C'est une très-
« bonne ressource contre le mauvais état de l'estomac qui suit
« l'ivresse ; les ivrognes prétendent même, par leur secours, se
« préserver de l'ivresse et même la dissiper.

« Les Pommes crues ne conviennent pas aux estomacs faibles,
« glaireux, pituiteux, qui refusent les crudités ; elles leur donne-
« raient des coliques, des indigestions.

« La Pomme, réduite en pulpe, en cataplasme, amollit les tu-
« meurs dures, inflammatoires, dont elle apaise encore la douleur.
« On fait entrer les Pommes dans la composition de plusieurs
« onguents, auxquels on a donné pour cela le nom de pommade,
« nom qui a pris chez les praticiens la place de celui d'on-
« guent. »

Les Pommes cuites devant le feu fournissent un aliment aussi
léger qu'agréable, innocent en santé comme en convalescence.
Elles sont également bonnes en compote de plusieurs façons, en
marmelade, en tourte, ou sous la cloche à la manière flamande,
avec un peu de beurre. La Pomme de Châtaignier, qui est moelleuse
et tendre, est particulièrement propre à cet usage.

La Pomme de Reinette est bonne pour faire des pâtes (les meilleures nous viennent d'Auvergne), soit des confitures et de la gelée,
qui est très-agréable aux convalescents : c'est à Rouen qu'on fait
la meilleure. On en fait aussi du sirop qui adoucit les âcretés de
la gorge, l'enrouement, et qui devient purgatif pour les enfants, si
on y mêle du Séné. Les Pommes, à la différence des Poires, se sè-
chent sans être pelées ; on les coupe par la moitié, on leur ôte le
trognon, que l'on fait bouillir pour en tirer le jus et y tremper celles
qu'on destine pour sécher. Pour le reste, on procède comme pour
les Poires tapées.

Le cidre qu'on tire des Pommes est une boisson agréable et
saine pour les estomacs qui ne sont ni pituiteux ni glaireux.
Celui des Pommes douces est plus délicat que celui fait avec des
Pommes âcres ; mais celui-ci se garde plus longtemps. On peut

faire un cidre bon en mélangeant les deux sortes de Pommes : voici comme on le prépare. Les Pommes étant cueillies après la mi-octobre, on les laisse en tas dans le verger jusqu'aux gelées ; là elles suent et achèvent de mûrir, et, quoiqu'il s'en gâte la moitié, on les porte toutes à la meule et au pressoir, et le cidre qu'on en tire n'en vaut pas moins. On le gouverne, du reste, comme le vin, en le laissant bouillir dans le tonneau et en le remplissant jusqu'à ce qu'il soit clair ; après quoi, on bouche la barrique.

Dans quelques pays où l'on fait du vin et du cidre, quand on a tiré le vin de la cuve, on jette le cidre sur le marc, avec lequel on le laisse quelques jours, où il bout même et se colore ; ensuite on le tire, on presse les grappes, et l'on a un cidre coloré qui est d'une bonne ressource pour les maisons de laboureurs dans les cantons où il y a peu de vin. Le marc de Pommes sert d'aliment aux poules pendant l'hiver ; les vaches en mangent même quelquefois.

On fait le même usage du bois de Pommier que de celui du Poirier, quoiqu'il soit un peu moins dur, et que sa couleur soit plus blanche et moins agréable ; néanmoins les menuisiers, les tourneurs, les graveurs sur bois, les layetiers le recherchent également. Les charpentiers l'emploient pour faire les menues pièces de moulin. Le bois du Pommier franc est le meilleur ; il est aussi fort bon à brûler.

Les Pommes n'ont jamais autour des loges de concrétions pierreuses comme en ont les Poires. Duhamel avait déjà remarqué et figuré assez mal cette différence ; Turpin a fait la même remarque et l'a très-bien figurée. La Pomme contient aussi dans ses cellules infiniment plus d'air que la Poire : cela se prouve en faisant cuire l'une et l'autre entières devant le feu ; on entend l'air sortir de la Pomme. Cette quantité d'air qu'elle contient la rend plus légère que la Poire, et, si on les plonge toutes les deux dans l'eau, la Poire plongera, et la Pomme restera à la surface de l'eau.

Je pourrais ajouter encore beaucoup de choses au sujet des Pommes ; mais je renvoie le lecteur au savant *Traité des fruits* de M. Couverchel, où il trouvera ce que je ne puis dire ici, excepté ces quelques lignes.

Dans notre *Traité des arbres fruitiers*, se suivent les Pommes Azerole, de Paradis et Api, et voici ce que je disais, en 1830, à leur sujet :

« Cette espèce et les deux suivantes forment un petit groupe
« qui unit les Pommiers aux Poiriers, en liant les caractères phy-
« siques employés par M. de Jussieu pour distinguer ces deux

› « genres. En effet, sans ces trois espèces, on pourrait dire que
› « tous les Pommiers n'ont qu'un style divisé dans la partie supé-
› « rieure en cinq branches, et que les Poiriers ont cinq styles bien
› « distincts. Mais cette différence est si difficile à saisir dans les
› « trois espèces en question, que l'on pourrait soutenir qu'elles
› « ont cinq styles, ou qu'elles n'en ont qu'un, avec autant d'appa-
› « rence de raison pour l'une que pour l'autre opinion. »

Pommiers annoncés chez divers pépiniéristes.

Pommiers.

Catalogue des plus excellents fruits cultivés dans la pépi-
    nière des Chartreux à Paris, 1752. 44

Traité des arbres fruitiers, par Poiteau et Turpin, 1807. 56

Catalogue des arbres fruitiers cultivés par Hervy, à la pé-
    pinière du Luxembourg, 1809. 119

Manuel complet du jardinier, par L. Noisette, 1825. . 104

Catalogue des fruits cultivés dans le jardin de la Société
    d'horticulture de Londres, 1851. 1,400

A guide to the orchard and kitchen garden, by John
    Lindley, 1851. 214

Traité des fruits, par M. Couverchel, 1839. 233

Catalogue des arbres fruitiers du jardin des Plantes de Pa-
    ris, 1839. 191

The fruits and fruit trees of America, by J. Downing, 1846. 186

Catalogue des arbres fruitiers de Jacquemet-Bonnefont,
    d'Annonay, 1847. 203

Catalogue des arbres fruitiers cultivés par M. Croux, à la
    Saussaye, 1847. 60

Catalogue des arbres fruitiers cultivés par MM. Jamin et
    Durand, à Bourg-la-Reine, 1848. 265

Catalogue des arbres fruitiers cultivés par madame Leva-
    cher-Bruzeau et fils, à Orléans, 1847-48. 24

Catalogue des fruits cultivés par M. André Leroy, à An-
    gers, 1849. 175

Le Bon Jardinier, par M. Decaisne, membre de l'Institut,
    1851. 114

20. ALIZIER, *Cratœgus*, Lin.

Genre de la famille des Rosacées comprenant des arbres et arbrisseaux exotiques ou indigènes, plus cultivés pour l'ornement des jardins que pour leurs fruits, que quelques personnes mangent avec plaisir lorsqu'ils ont été, comme les Nèfles, parfaitement mûris sur la paille. Il a les mêmes caractères que l'Azerolier ou Néflier, à l'exception des styles, qui varient de deux à cinq selon les espèces, tandis qu'ils sont généralement de cinq dans les précédents. Les fruits, fermentés, produisent une boisson économique analogue au cidre et au poiré. Son bois est recherché par les tourneurs, sculpteurs et mécaniciens, parce qu'il est souple et liant, quoique très-dur et tenace. Il prend un très-beau poli.

Les principales variétés à fruits comestibles sont

1° L'Alizier terminal, Allouchier des bois (*Cratægus terminalis*, Lin.), arbre indigène qui s'élève de 6 à 7 mètres, et fournit des fruits rouges et ronds, de la grosseur d'une Cerise;

2° L'Alizier blanc (*Cratægus aria*, Lin.) indigène, arbre de 7 à 8 mètres, à fruits semblables;

3° L'Alizier de Fontainebleau (*Cratægus latifolia*), arbre indigène de 7 à 8 mètres, dont les fruits, d'un rouge orangé, sont plus longs et plus gros que les précédents;

4° L'Alizier-amélanchier (*Cratægus rotundifolia*), indigène et croissant à Sumatra, arbrisseau de 2 à 3 mètres, donnant des fruits violet noirâtre, les moins bons de tous.

La culture de l'Alizier est en tout semblable à celle de l'Azerolier et du Néflier, nous y renvoyons le lecteur. Ce genre est, au reste, peu intéressant parmi les arbres fruitiers.

21. Poirier, *Pirus*, Lin. ; Pear en *anglais*, Birnebaum en *allemand*, Pero en *italien*, Pera en *espagnol*.

Les caractères génériques du Poirier ressemblent tellement à ceux du Pommier que Linné a réuni ces deux genres en un seul. A. L. de Jussieu, dans son *Genera plantarum*, les a divisés de nouveau d'après la forme du fruit et surtout d'après la considération des styles, qui sont réunis par leur base dans le Pommier et libres dans toute leur longueur dans le Poirier ; mais, depuis la publication du *Genera plantarum*, de nouvelles espèces de Poirier sont venues détruire cette différence, et mettre les botanistes dans l'impossibilité de séparer désormais le Poirier du Pommier en n'employant pour cette séparation que les organes de la fructification.

J'ai vu greffer des rameaux de Poirier sur un gros Pommier, et ces rameaux reprendre, pousser pendant trois et quatre ans et mourir ensuite sans avoir produit du fruit. Ce fait est à la connaissance de tout le monde; mais en voici un autre plus rare : un pépiniériste de Saint-Denis , vers 1830 , a greffé en fente , près de terre , des rameaux de Poirier de Doyenné sur des sujets de Pommier, et avec un tel succès, que les Poiriers ont très-bien poussé, et que le propriétaire a écrit à la Société d'horticulture de Paris d'envoyer voir ces greffes. La Société chargea feu Camuset, moi et quelques autres d'aller voir ces greffes. Nous nous y rendîmes dans l'automne, et trouvâmes, en effet, une douzaine de Poiriers âgés de cinq à six ans, dont plusieurs portaient des fruits de Doyenné qui approchaient le point de maturité. Camuset, très-habile en cette matière, fouilla au pied de ces arbres et reconnut que les racines étaient, en effet, du Pommier. Quant aux Poires que ces arbres avaient produites, nous ne pûmes leur trouver aucune différence avec le Doyenné ordinaire greffé sur Cognassier.

D'après cet exemple, on peut établir, provisoirement, que, en greffant des rameaux de Poirier sur un gros Pommier à haute tige, ces rameaux peuvent s'unir au Pommier, mais ne persisteront pas jusqu'à produire des Poires, mais que, en greffant près de terre ou même en terre des greffes de Poirier sur de très-jeunes Pommiers, les greffes peuvent prendre, pousser, produire un arbre et donner des Pommiers. Quant à savoir si ces Poiriers greffés sur Pommier vivront longtemps, je ne puis en rien dire, n'ayant plus vu ni entendu parler de ceux de Saint-Denis.

Il serait très-curieux, très-inutile à mon sujet, de rechercher dans l'antiquité l'origine de la culture du Poirier, puisque l'origine de cette culture est perdue dans la nuit des temps. Je me borne à dire que les botanistes pensent que le Poirier sauvage qui croît dans nos bois est le type de tous ceux que nous connaissons aujourd'hui. Il paraît bien constaté qu'on a trouvé dans nos bois un sauvageon de Poirier dont le fruit était bon, mais ce bon fruit n'a persisté qu'autant que l'arbre qui le portait, car l'art de la greffe n'a pu être trouvé que bien longtemps après que les hommes s'étaient réunis en société. Avec le temps les connaissances se sont accrues, l'art de la greffe a été deviné, et par son moyen on a pu conserver et multiplier les bons fruits à mesure que la nature les faisait naître. C'est ainsi que le nombre des bonnes Poires s'est accru peu à peu, et qu'on en compte aujourd'hui plusieurs centaines dans les collections et dans les catalogues.

Une bonne Poire étant infiniment plus estimée que la meilleure Pomme, il n'est pas étonnant que la culture du Poirier soit plus perfectionnée que celle du Pommier, quoiqu'en Normandie les

Pommiers qui produisent le cidre soient beaucoup plus communs que les Poiriers ; il est vrai aussi que le Poirier est plus délicat que le Pommier, et que plusieurs de ses variétés ont besoin d'une nourriture appropriée et d'un degré de chaleur convenable, pour que leurs fruits atteignent la perfection dont ils sont susceptibles. Cependant, quoique la culture du Poirier soit plus grande, quoiqu'elle soit plus perfectionnée que celle du Pommier, il faut pourtant que le Poirier ne puisse se conserver aussi longtemps que le Pommier; car, depuis bientôt deux siècles que Vitry, Orléans, Angers et la Belgique fournissent, chaque année, des millions de Poiriers à toute la France, notre sol en serait couvert, et cependant à peine les voit-on s'augmenter. Je ne veux pas ici en chercher la raison, que je trouverais peut-être; mais le fait est que l'on plante beaucoup plus de Poiriers que de Pommiers chaque année, et que pourtant on trouve partout beaucoup plus de Pommiers que de Poiriers dans l'ouest de la France.

On cultive aux environs de Paris, et l'on vend dans les rues de la capitale, au moins une trentaine de Poires différentes, d'un mérite très-inférieur, et qu'on ne trouve chez aucun pépiniériste. J'ai acheté, dégusté, dessiné plus de vingt de ces Poires de très-médiocres qualités, qu'aucun pépiniériste ne connaît, qui ne sont bonnes ni au goût ni à la santé, et dont un jour, il faut l'espérer, la police défendra la vente dans les rues et sur les marchés de la capitale. Ces Poires, *à un sol le tas,* sont nuisibles aux enfants qui les achètent.

Toutes les Poires d'été aiment le plein vent ; celles d'hiver ont, la plupart, besoin de l'espalier et, en conséquence, du secours de la taille. Le Poirier s'accommode moins d'une terre forte et fraîche que le Pommier, surtout s'il est greffé sur Cognassier ; et on ne doit greffer sur ce sujet que les arbres destinés à être taillés ou qui doivent être plantés dans un petit emplacement où un grand arbre ne pourrait se développer. Quant à la greffe, à la plantation et à la taille du Poirier, on peut consulter ce que j'en ai déjà dit dans l'introduction, et ce que Duhamel, Bosc et tous les bons auteurs ont déjà dit dans leurs ouvrages. Je vais passer à la cueillette des Poires, à la manière de les conserver et à leurs usages, en rapportant ce qu'en a dit l'auteur qui me semble avoir le mieux traité cette matière.

Les Poires se mangent crues ou cuites, en compote, à l'eau-de-vie ou séchées. Quand on en a une assez grande quantité pour qu'on ne puisse la consommer dans la saison, on peut faire sécher, pour son usage ou pour vendre, une partie de ces fruits, qui peuvent, par celle opération, se garder pendant deux ans. La plupart des recettes pour faire ce qu'on appelle communément des *Poires tapées* sont im-parfaites et peu sûres; je crois devoir rapporter ici celle dont j'ai fait usage afin de fixer les idées des personnes qui seraient dans le goût de faire des économies de campagne.

Prenez des Poires de Rousselet, de Beurré d'Angleterre, de Doyenné, de Beurré, de Messire Jean, de Martin-sec; ce sont les espèces les plus convenables. Vous les pèlerez et ne jetterez pas les pelures; vous passerez vos Poires à l'eau bouillante et les laisserez prendre quelques bouillons avant de les retirer. Jetez dans la même eau bouillante les pelures que vous ferez cuire jusqu'à ce que vous puissiez exprimer le jus en le passant dans une passoire ou dans un linge blanc et clair. Vous remettrez bouillir ce jus exprimé jusqu'à ce qu'il soit réduit en sirop; ensuite vous mettrez vos Poires sur des claies au four, que vous chaufferez un peu moins que pour faire cuire le pain. Vous les y remettrez successivement trois jours de suite, et le quatrième jour, avant de les remettre au four, vous les aplatirez entre les doigts et les tremperez, ainsi aplaties et une fois seulement, dans le sirop. Lorsqu'elles sont retirées du four, il n'y a plus qu'à les mettre dans des boîtes proprement garnies et couvertes de papier, pour les garder en lieu sec jusqu'au carême, et même pendant deux ans. Le sirop restant peut servir à faire quelque compote; on ne perd rien en ménage. On mange les Poires tapées, sèches comme elles sont, ou cuites en compote; nos ménagères font de ces Poires sans les peler, et les mêlent parmi les Pruneaux.

Les Poires d'hiver ne peuvent s'apprêter de la même manière, parce qu'elles sont trop dures : les unes se mangent crues, comme la Virgouleuse, le Colmar, la Royale d'hiver; les autres ont besoin de cuisson, comme le Catillac, etc.

Les Poires de Bon-Chrétien d'hiver se mangent aussi crues, seules ou avec des Oranges, le tout coupé par rouelles arrosées d'eau-de-vie et saupoudrées de sucre; elles sont excellentes aussi quand elles sont cuites convenablement. La façon la plus simple est la meilleure, en même temps qu'elle est aussi la plus économique; voici comme l'on procède : on met ces Poires sans être pelées et sans sucre, dans une quantité d'eau suffisante pour qu'elles en soient couvertes; on fait cuire le tout jusqu'à réduction de l'eau en sirop; on dresse ces Poires sur des assiettes, et le sirop se verse dessus. Préparées de cette manière, leur sucre naturel se porte à un degré supérieur. Plus simplement encore, on peut les faire cuire au feu dans leur peau comme des Pommes ; elles sont aussi sucrées de cette façon ; le parfum est le même, elles n'ont de moins que le sirop.

Je n'ai décrit ces recettes que parce que beaucoup de personnes croient que le mérite des Poires de Bon-Chrétien n'est que d'orner les desserts d'hiver par leur beauté, leur couleur, qui quelquefois s'élève à un haut degré, ou bien parce qu'elles ne connaissent que la manière des grandes maisons, où on en fait des compotes après les avoir coupées par quartiers, et en jetant par-dessus un sirop pâle, pas très-sucré et sans parfum.

Toutes les autres Poires à cuire sont âcres et ne peuvent se passer de sucre quand on les fait cuire dans l'eau, à moins qu'on ne les mêle avec des Poires de Bon-Chrétien d'hiver, de Martin-sec, dont le sirop, réduit, leur donne le sucre qu'elles n'ont pas elles-mêmes; mais, étant cuites au feu, elles sont suffisamment sucrées. C'est avec des Poires et le vin doux qu'on fait le raisiné, sorte de confiture économique où il n'entre point de sucre ; mais on peut faire sans vin et sans sucre une confiture de Poires ou espèce de raisiné plus doux que le raisiné ordinaire, et encore plus économique. Toutes les Poires d'hiver ou Poires cassantes peuvent y entrer; celui que l'on fait avec des Poires de Messire Jean ou de Martin-sec est le meilleur. Pour cela, on pèle des Poires dont on jette les pelures dans de l'eau où on leur fait subir quelques bouillons, puis on les en retire et on met à leur place les Poires pelées et coupées par quartiers, que l'on fait cuire dans cette espèce de sirop jusqu'à ce qu'il soit suffisamment consommé. Quelques-uns, sur la fin de la cuisson, y ajoutent une bouteille de bon vin, suivant la quantité de Poires, et s'abstiennent d'y mettre du sucre ; sans vin ce raisiné est plus doux. On procède, du reste, comme pour le raisiné ordinaire.

Les propriétés médicinales des Poires sont peu considérables : elles sont humectantes et rafraîchissantes ; elles donnent de l'appétit, fortifient l'estomac et facilitent la digestion ; elles resserrent un peu, surtout celles qui sont âpres, comme la Crassane. Les Poires cuites au four ou sous la cendre sont permises aux convalescents; mais leur usage n'est pas bon pour ceux qui sont sujets à la colique.

On fait avec le jus de Poires une boisson que l'on nomme *poiré*, mais qui ne se garde pas aussi longtemps que le cidre fait avec le jus de Pommes. Le marc de l'un et de l'autre s'achète par les pépiniéristes, qui le répandent, en mars, sur des planches labourées, et dont les pepins de Pommes ou de Poires lèvent assez promptement et produisent des sujets que l'on repique en carré, et que l'on greffe un, deux et trois ans après.

Le bois du Poirier est d'un jaune rougeâtre, ferme, doux, compacte et fort uni ; il prend un beau poli et n'est pas sujet à être piqué par les vers. Les charpentiers l'emploient dans les menues pièces de rouage des moulins, les menuisiers pour en faire des outils et des meubles. Il est recherché des ébénistes, des tourneurs, et particulièrement des lutiers pour en faire des bassons, des flûtes et autres instruments. Les graveurs sur bois le recherchent aussi. Le Poirier sauvage est le plus dur et le meilleur pour tous les outils des menuisiers. Il n'y a point de bois qui prenne mieux la teinture et qui ressemble plus à l'ébène.

Poiriers annoncés sur divers catalogues.

Poiriers.

Catalogue des plus excellents fruits de la pépinière des Chartreux à Paris, 1752.	110
Traité des arbres fruitiers, par Poiteau et Turpin, 1807.	108
Catalogue des arbres fruitiers cultivés par Hervy, de la pépinière du Luxembourg, 1809.	189
Manuel complet du jardinier, par L. Noisette, 1825.	152
Catalogue des fruits du jardin de la Société d'horticulture de Londres, 1831.	677
A guide of the orchard and kitchen garden, by John Lindley, 1831.	162
Traité des fruits par M. Couverchel, 1839.	228
Catalogue des arbres fruitiers du jardin des Plantes de Paris, 1839.	281
The fruits and fruit trees of America, by A. J. Downing, 1846.	253
Catalogue des arbres fruitiers cultivés par Jacquemet-Bonnefont, d'Annonay, 1847.	585
Catalogue des arbres fruitiers cultivés par M. Croux, à la Saussaye, 1847.	546
Catalogue des arbres fruitiers cultivés par MM. Jamin et Durand, à Bourg-la-Reine, 1848.	824
Catalogue des arbres fruitiers cultivés par madame veuve Levacher-Bruzeau et fils, à Orléans, 1847-48.	61
Catalogue des arbres fruitiers cultivés par M. André Leroy, à Angers, 1849.	495
Le Bon Jardinier, par M. Decaisne, de l'Académie des sciences, 1851.	231

22. **Azerolier**, Dub. ; *Mespilus*, Lin.

Genre de la famille des Rosacées, composé d'arbres, d'arbrisseaux et d'arbustes , les uns indigènes , les autres exotiques , à fleurs latérales ou terminales, et dont le caractère commun est d'avoir

1° Un calice supérieur , turbiné , divisé en cinq découpures oblongues ou lancéolées et ouvertes ;

2° Cinq pétales insérés à la gorge du calice, ovales, anguleux, alternes avec les divisions du calice ;

5° De vingt à trente étamines insérées au même lieu que les pétales ;

4° Un ovaire infère, formant le tube calicinal, surmonté de cinq styles filiformes de la hauteur des étamines, et terminés chacun par un stigmate obtus ;

5° Un fruit globuleux ou piriforme, charnu, couronné par le calice et le réceptacle de la fleur ; ce fruit contient cinq osselets biloculaires à loges dispermes, mais le plus souvent uniloculaires par avortement. Chaque osselet est oblong, anguleux du côté intérieur, convexe et plus ou moins raboteux du côté extérieur ; il renferme une Amande blanche, ovale, à deux cotylédons, à radicule conique, saillante, inférieure et dirigée vers l'ombilic, qui se trouve près de la base du côté intérieur de l'osselet.

Histoire, culture et usage.

Les genres *Pirus*, *Mespilus* et *Cratægus* se trouvent séparés ou confondus selon que les botanistes ont jugé plus ou moins importants certains de leurs caractères. Je suis ici l'opinion de Desfontaines, qui considérait comme des Azeroliers (*Mespili*) tous les arbres en question qui ont un fruit à plusieurs osselets, sans avoir égard au nombre des styles, qui varient considérablement dans cette famille, ce qui produit la discordance que l'on remarque entre les botanistes.

Jusqu'à la fin du xviie siècle, les Néfliers formaient un genre très-distinct des Azeroliers, et il n'aurait pas été déraisonnable de les en distinguer ; mais, depuis ce temps, le Néflier du Japon est venu combler l'intervalle qui les séparait, et les unir par une transition si naturelle qu'il n'y a plus de raison pour qu'on pense jamais à les séparer.

La plupart des Azeroliers ne figurent dans nos jardins que comme des arbres d'ornement, parce que leurs fruits ne peuvent acquérir, sous le climat de Paris, ni la grosseur, ni la qualité qu'on leur trouve dans le Levant et en Italie. Les espèces américaines mûrissent très-bien leurs fruits à Paris ; mais ces fruits sont presque sans saveur et d'un très-petit mérite. Nos Nèfles, quoique dédaignées par plusieurs personnes, leur sont beaucoup supérieures et d'une utilité bien plus générale.

On trouve des Azeroliers depuis la taille d'un arbrisseau jusqu'à celle d'un Pommier. On les multiplie par la graine et par la greffe; tous se greffent les uns sur les autres, c'est-à-dire les plus rares sur les plus communs, ou sur ceux qui se multiplient le plus aisément, ainsi que sur l'Epine blanche, le Cognassier et le Poirier. La greffe en fente et la greffe en écusson réussissent également bien à leur propagation. Si on les multiplie de graines, il est bon de faire stratifier leurs noyaux à l'automne afin qu'ils germent au printemps; autrement ils ne lèvent ordinairement qu'à la seconde année, et encore très-imparfaitement.

Ces arbres et arbrisseaux croissent assez lentement dans leurs premières années, surtout s'ils ne sont pas greffés; ils sont, d'ailleurs, d'une culture aisée et peu difficiles sur la nature du terrain, pourvu qu'il ne soit pas trop humide ; on les élève tous en arbre de tige et en plein-vent. L'Azerolier d'Italie seul et les variétés les plus belles se placent en espalier quand on veut que leurs fruits atteignent leur parfait développement et le plus de qualités possible; car ils ne mûrissent jamais parfaitement en plein vent sous le climat de Paris, quoi qu'en dise la Bretonnerie.

Au reste, les Azeroles et les Nèfles ne sont que des fruits de fantaisie très-peu cultivés, et surtout très-peu multipliés à Paris, où nous en avons tant d'autres si bons et si variés. En Provence, en Languedoc, et surtout en Italie, on fait quelques cas des Azeroles, parce qu'elles sont meilleures là que chez nous, et que leur acidité y plaît d'autant plus qu'il y fait plus chaud. On les mange crues, on en fait des tartes, des confitures. Pour conserver des Azeroles mûres et pour les envoyer assez loin, on les trempe une à une dans de la cire fine fondue et tiède seulement; il en reste une couche mince sur le fruit qui le met à l'abri du contact de l'air et en retarde la fermentation.

Azerolier écarlate, *Mespilus pirifolia*, Hor., Par. ; *Mespilus coccinea*, Ehrh. ; *Cratægus coccinea*, Lin. ; *Mespilus æstivalis*, Walt ; *Purpurea*, Poir.

Je pourrais citer encore plusieurs autres noms donnés à cet Azerolier par les botanistes ; mais je préfère renvoyer le lecteur au catalogue du jardin des Plantes de Paris, troisième édition, 1829, où il verra combien les botanistes sont peu d'accord entre eux au sujet de ce genre.

L'Azerolier écarlate est un petit arbre régulier qui forme une tête assez conique, et dont on distingue aisément deux variétés, l'une à bois rouge et l'autre à bois blanc. Il est épineux ou sans épines ; lorsqu'il en offre, c'est ordinairement sur les plus forts bourgeons, et elles sont solitaires, un peu arquées en arrière, longues de 1 pouce au moins, et très-menacantes.

Tous les ans on recueille et on sème des graines d'*Azerolier écarlate* ou *pirifolia* au jardin des Plantes. Les arbres qui en proviennent sont épineux dans leur jeunesse ; ils ont les bourgeons rouges et ponctués ; leurs feuilles sont ovales, roides, bordées de dents aiguës, portées sur de courts pétioles munis de grandes stipules falciformes et frangées : ces feuilles, dans lesquelles on a cru remarquer quelques rapports avec celles du Poirier sauvage, rougissent beaucoup aux approches de l'hiver. Les arbres, en grandissant, changent entièrement d'aspect ; ils affectent le port d'un petit Pommier : leurs épines disparaissent, leurs feuilles prennent un autre volume et d'autres dimensions ; elles se rétrécissent en forme de coin vers la base, et s'arrondissent au sommet, où elles se trouvent également allongées aux deux extrémités. Elles ont les nervures latérales parallèles, obliques, simples, creusées en sillons en dessus, saillantes et un peu velues en dessous ; toute la circonférence est bordée de petites dents presque égales, mais le plus souvent la partie supérieure a, en outre, de grandes échancrures entre les nervures. Les pétioles sont nus et courts sur les branches fructifères.

Les boutons sont gros, obtus, rougeâtres, imbriqués d'écailles arrondies, épaisses et luisantes. En septembre on découvre déjà à leur centre les fleurs de l'année suivante.

Les fleurs se développent à Paris vers le 10 avril ; elles sont blanches, nombreuses, disposées en petits corymbes serrés au sommet des rameaux. Leur odeur n'est ni forte ni agréable. L'ovaire est turbiné, surmonté d'un calice à cinq divisions linéaires, plates,

aiguës, réfléchies, entières dans leur plus grande longueur, munies, seulement vers le sommet, de quelques petites dents glanduleuses. Les cinq pétales sont concaves, très-chiffonnés, lacérés et
plissés sur les bords ; ils entourent au moins une vingtaine d'étamines plus courtes qu'eux, terminées par des anthères vacillantes
d'un rose violet faible. Au centre de ces étamines on trouve de
trois à cinq styles, soyeux à la base, simples et nus dans toute leur
longueur, qui est à peu près celle des étamines, et terminés en
stigmates capités. Si l'on ouvre un ovaire encore jeune, on voit aisément que chaque loge contient deux ovules attachés latéralement
l'un au-dessus de l'autre, mais il en avorte toujours au moins un.

Les fruits sont d'un beau rouge vif, assez nombreux, pendants
ou inclinés, solitaires ou groupés plusieurs ensemble. Leur grosseur
et leur forme varient un peu selon l'âge de l'arbre qui les porte
et selon certaines circonstances qui les accompagnent ; on en voit qui
sont ovales, d'autres figurés en Poire, d'autres toruleux auprès du
pédoncule : leur diamètre moyen est de 18 à 20 millimètres (8 à
10 lignes). On remarque à leur surface des points inégaux, jaunes
ou verdâtres , au centre desquels est un point noir. Le sommet
est couronné par les cinq divisions calicinales, qui sont devenues
plus grandes.

La chair de ce fruit est jaunâtre ; l'eau est peu abondante, acidulée et agréable. Le centre est occupé par trois, quatre ou cinq
osselets, dont quelques-uns sont toujours vides, et dont la cavité
intérieure est en partie ou entièrement remplie par l'épaisseur des
parois. On trouve rarement deux amandes parfaites dans la loge
d'un osselet.

Les Azeroles écarlates mûrissent à Paris vers le 15 septembre.

Il y a encore trois Azeroliers dignes de la culture ; ce sont d'abord
l'Azerolier à feuilles de Poirier, puis sa variété à fruit jaune, puis
enfin l'Azerolier à feuilles de Tanaisie. Ces quatre sortes d'Azeroles
sont figurées et amplement décrites dans notre *Traité des arbres
fruitiers* , dont la publication a commencé en 1807 et a fini
en 1824.

Azeroliers annoncés sur divers catalogues.

Azeroliers.

Catalogue des plus excellents fruits de la pépinière des Char- treux, à Paris, 1752.	6
Traité des arbres fruitiers, par Poiteau et Turpin , 1807. .	4
Manuel complet du jardinier, par L. Noisette, 1825. . .	5

25. SORBIER DOMESTIQUE, Cormier; *Sorbus,* **Lin.**

Genre de la famille des Pomacées, de l'icosandrie-trigynie,
qui contient peu d'espèces, et dont une seule, le Sorbier domestique, doit trouver place ici.

Nous n'avons pas dessiné ce fruit comme les autres parmi nos
arbres fruitiers, et je ne sais pourquoi, car il en existe un arbre
depuis bientôt un siècle au jardin des Plantes de Paris, et qui donne
des fruits chaque année depuis bien longtemps. Bosc a très-bien
décrit cet arbre, dans le *Nouveau cours complet d'agriculture*,
en 1823, et ce que je vais en dire ici se trouve déjà dit par cet
auteur.

Le Sorbier domestique est originaire des parties méridionales
de l'Europe ; il s'élève à plus de 50 pieds, fleurit au milieu du printemps et se cultive fréquemment, même dans le nord, pour son
bois et pour ses fruits. Cet arbre a l'écorce grise, rude, crevassée ;
les branches nombreuses ; les feuilles alternes, ailées avec impaire,
munies de stipules, à folioles sessiles, presque rondes, dentées,
velues surtout en dessous. Les fleurs sont blanches, naissent en
corymbe. Les fruits ont 1 pouce de diamètre, sont ovales ou piri-
formes, grisâtres ou rarement rougeâtres, et ne sont mangeables
qu'étant blets.

Le Sorbier croît très-lentement, ne commence à porter des fruits
que dans un âge fort avancé, et sa culture est difficile dans ses
premières années ; c'est pourquoi il n'est pas aussi commun que la
beauté de son aspect, le parti que l'on tire de ses fruits, et surtout l'excellente qualité de son bois doivent le faire désirer. On le
multiplie de ses graines, que l'on sème aussitôt qu'elles sont mûres,

ou que l'on conserve en jauge pendant l'hiver pour ne les semer qu'au printemps dans une planche préparée au levant. Le plant qui en provient a à peine 5 pouces de hauteur la seconde année, époque où il convient de le repiquer dans un autre endroit à 6 ou 8 pouces de distance. Il en périt toujours beaucoup dans cette transplantation, quelques précautions qu'on y apporte. A quatre ans, il faut encore relever ce plant, qui alors a plus de 1 pied de hauteur, pour le mettre dans un autre lieu et l'espacer davantage. Il en meurt encore dans cette troisième transplantation. Alors on le taille en crochet, on l'ébourgeonne et on lui fait subir toutes les opérations de l'art. Enfin, à huit ou dix ans, ce plant a acquis 8 ou 10 pieds de haut et 1 pouce au moins de diamètre; il peut définitivement être mis en place, ce qui en fait encore périr. Mais pourquoi, dira-t-on, lui faire subir ainsi quatre crises, lorsqu'on pourrait lui en éviter deux? C'est qu'un pied qu'on transporterait, du lieu du semis, à dix ou douze ans, dans celui où il doit être placé à demeure, périrait sûrement à raison de son long pivot et de son peu de chevelu. Aussi, en tout état de cause, le Sorbier domestique demande-t-il à être semé en place pour venir sûrement bien.

Le prix actuel de l'argent ne permet plus guère de faire des plantations particulières de Sorbiers domestiques, car il faudrait que la dépense annuelle de ces arbres fût compensée par le produit de ceux qui croissent plus rapidement, et cependant il est à désirer qu'ils se multiplient, car le besoin s'en fait sentir, surtout dans le nord. A Paris, par exemple, les échantillons un peu gros de leur bois se payent extrêmement cher.

Le Sorbier domestique se multiplie aussi par la greffe sur le Poirier, sur l'Aubépine et autres arbres de la même famille. Dans ce cas il vient plus vite, mais les arbres sont moins beaux et surtout moins durables que ceux provenus de graines. Les greffes en fente doivent être faites rez terre ou en terre. Elles ne réussissent, dit Bosc, qu'autant qu'on fait attention à l'état réciproque de la séve, car il y a entre ces arbres une petite différence à cet égard. Toutes les parties de cet arbre sont astringentes; on les emploie quelquefois en médecine.

Le fruit du Sorbier domestique, qu'on appelle *Sorbe* ou *Corme*, est très-acerbe avant sa maturité. Arrivé à ce point, il est mou et presque fade. Il nourrit médiocrement et ne convient qu'aux estomacs robustes. On le cueille ordinairement avant sa complète maturité, qui s'achève sur la paille. Écrasé dans l'eau, livré à la fermentation vineuse, il forme une boisson peu différente du poiré pour le goût, mais bien plus enivrante, boisson que, dans beaucoup de lieux, on regarde comme meilleure que le poiré et le cidre. Lorsqu'on n'a pas la quantité de fruit nécessaire pour faire la liqueur pour remplir un tonneau, on se contente de mettre ce qu'on en a, après l'avoir écrasé dans ce tonneau qu'on remplit d'eau. Au bout d'un mois, on peut boire cette eau , qui est légèrement vineuse et très-rafraîchissante. Au reste, la bonté de ces fruits tient beaucoup au sol et au climat. Ceux que j'ai mangés à Paris, dit Bosc, étaient de beaucoup inférieurs à ceux que j'ai mangés dans les parties méridionales de l'Europe.

Sorbiers mentionnés sur divers catalogues.

	Sorbiers
Manuel complet du jardinier, par Louis Noisette, 1825. .	5
Traité des fruits , par M. Couverchel , 1839.	1
Catalogue des arbres fruitiers de Jacquemet-Bonnefont, d'Annonay, 1847.	1
Catalogue des arbres fruitiers de Croux, à la Saussaye, 1847.	1
Catalogue des arbres fruitiers de Jamin et Durand, à Bourg-la-Reine, 1848.	2
Catalogue des arbres fruitiers de madame Levacher - Bruzeau, à Orléans, 1847-48.	1
Catalogue des arbres fruitiers de M. André Leroy, à Angers , 1849.	1
Le Bon Jardinier, par M. Decaisne, de l'Académie des sciences, 1851.	1

24. Cognassier, Duh. ; *Cydonia*, Lin. ; Quince en *anglais*, Quittenbaum en *allemand*, Cotogno en *italien*, Membrillo en *espagnol*.

Le genre Cognassier se distingue de ceux du Poirier et du Pommier en ce que ses fruits ont de douze à quarante pepins dans chacune des cinq loges de ces fruits, tandis que celles du Poirier et Pommier n'en ont que deux. C'est d'après cette seule considération qu'il est possible, selon les lois de la botanique, d'en faire un genre particulier, considération qui avait échappé à Linné, à Jussieu, quoique Tournefort eût déjà fait trois genres de ces trois arbres, genres que la culture n'avait jamais confondus, que les botanistes d'aujourd'hui ont rétablis, et dont la distinction est de la plus grande évidence et d'un usage indispensable dans la pratique.

On ne connaît encore que trois espèces et quatre variétés de Cognassier ; c'est l'espèce la plus anciennement connue qui a produit ces variétés : elle était nommée Pomme de Cydon par les anciens, parce que l'arbre, croissait abondamment près de la ville de ce nom dans l'île de Crète, appelée maintenant Candie. Les Romains l'apportèrent de Grèce en Italie, et le cultivèrent d'abord aux environs de Cotone, aujourd'hui Codogno, d'où il s'est ensuite acclimaté de proche en proche dans presque toute l'Europe.

Le Cognassier est un petit arbre très-rameux, diffus, dont la tête s'arrondit naturellement ; ses rameaux sont souples et pliants ; son écorce est grise et se détache naturellement comme celle du Platane. Ses feuilles sont alternes, grandes, ovales, d'un vert blond, plus ou moins cotonneuses en dessous et munies de stipules caduques. Les fleurs sont toujours solitaires et terminales, grandes, lavées de rose et fort belles. Les fruits, connus sous le nom de Coings, varient un peu de forme et grosseur, mais ils sont toujours cotonneux dans leur jeunesse, jaunissent en mûrissant, et répandent une odeur forte qui leur est particulière.

Les Coings sont de si beaux fruits, que plusieurs auteurs pensent que c'étaient plutôt des Coings que des Oranges qui étaient dans le jardin des Hespérides. Cette idée, au reste, n'est pas nouvelle ; car ce sont des Coings et non des Oranges que l'Hercule du jardin des Tuileries tient dans la main. Il est bien dommage que d'aussi beaux fruits ne soient pas mangeables crus, et que, quand ils approchent de leur maturité en novembre, décembre et janvier, ils répandent une odeur capable d'incommoder plusieurs personnes ; cependant, au moyen du sucre, on en fait d'excellentes confitures, des compotes, du ratafia, et une pâte sèche nommée *cotignac*, dont la plus renommée se fait à Orléans. Ces diverses préparations sont astringentes et toniques : on en recommande l'usage dans les diarrhées dont on reconnaît pour cause la faiblesse des organes de la digestion ; on assure même qu'elles ont la propriété d'empêcher l'ivresse.

Les feuilles de Cognassier, trempées dans l'eau-de-vie ou du vin chaud, sont estimées pour dessécher les vieux ulcères aux jambes. Les fruits du Cognassier sont réduits aux usages dont je viens de parler. On le multiplie peu dans les pépinières comme arbre fruitier. On le sème même rarement, et c'est probablement pourquoi on en a si peu de variétés. On le multiplie seulement de couchage, de marcottes et de boutures pour en obtenir des sujets sur lesquels on greffe les Poiriers que l'on désire tenir en pyramide ou en quenouille. C'est ordinairement la variété à fruit piriforme que l'on choisit pour cet usage, comme étant d'une force moyenne ; celle à fruit pomiforme est plus faible et celle dite de Portugal est plus forte. C'est cette dernière que l'on cultive pour obtenir des fruits dont on fait le cotignac. Il faut au Cognassier une terre qui soit plutôt siliceuse que calcaire ; la terre argileuse, froide ou humide ne lui convient pas.

Je ne m'arrêterai pas à décrire le Cognassier à fruit oblong, ni celui à fruit piriforme ou femelle, quoiqu'il soit hermaphrodite, ni celui à fruit pomiforme, ni celui de Portugal, puisque je les ai déjà décrits dans nos arbres fruitiers ; mais je vais rappeler la description du Cognassier de la Chine. Voici ce que j'en disais alors :

Vers l'an 1800, MM. Cels et Noisette, les deux plus habiles cultivateurs de Paris, reçurent en même temps de Hollande et d'Angleterre cette nouvelle espèce de Cognassier, que l'on croit originaire de la Chine, et d'où elle a été apportée en Europe à la fin du XVIIIᵉ siècle. En 1806, j'en vis les fleurs, pour la première fois, dans le jardin de M. Noisette. Aussitôt je les dessinai, croyant qu'elles allaient être suivies de quelques fruits ; mais ce fut en vain que je les attendis : il n'en est noué aucun pendant plusieurs années sur les nombreux individus que possédait M. Noisette. Heureusement, l'arbre fourni au muséum par M. Cels et planté dans l'école de botanique a produit, en 1811, deux superbes fruits qui ont acquis un volume considérable, et que Thoüin a bien voulu me permettre de peindre pour compléter mon dessin commencé depuis cinq ans. Il y a donc quarante et un ans que j'ai décrit et figuré le *Cydonia sinensis.* Alors je croyais que cet arbre allait devenir plus fort et d'une forme plus élégante que nos Cognassiers ordinaires ; mais je me suis trompé, cet arbre ne peut, sans souffrir, supporter les fortes gelées qui se font sentir certains hivers à Paris, et depuis quarante ans non-seulement on ne le trouve pas multiplié à Paris, mais il ne figure même pas sur les catalogues de beaucoup de pépiniéristes, et n'est plus guère cultivé que dans les pépinières du midi. Bosc, qui écrivait le *Cours d'agriculture* en 1821, ne parle pas de notre Cognassier de la Chine, et je ne crois pas que cet arbre ait encore été décrit par d'autres que par moi. Je vais répéter une partie de ce que j'en disais dans nos arbres fruitiers.

Cette espèce n'a été connue en Angleterre qu'en 1818, selon Loudon. Les individus que nous possédons forment des arbrisseaux en pyramide d'un bien plus beau port que les Cognassiers ordinaires ; ils n'ont même rien de semblable ni dans l'aspect ni dans le ton de leurs feuilles. Leur tronc est droit, bien garni de branches, et couvert d'une écorce grise, dont une partie tombe par lambeaux comme celle des Platanes.

Ils ont les rameaux nombreux et dirigés la plupart verticalement ; l'écorce des bourgeons est brune à la base, finement crevassée, cuivrée ou rougeâtre, et un peu cotonneuse dans la partie supérieure. Les yeux sont petits, obtus sur les branches à fruit, et peu ou point apparents sur les gourmands et sur les grosses branches à bois.

Les feuilles sont obovales, roides, longues de 54 à 80 millimètres (2 à 3 pouces), d'un vert luisant en dessus, pâles, finement réticulées et légèrement cotonneuses en dessous, terminées en pointe courte, bordées de dents en scie, nombreuses et glanduleuses. Leur pétiole est très-court, canaliculé, rougeâtre à la base et muni, sur les deux bords de son canal, de pointes glanduleuses analogues aux dents des feuilles ; mais, dans sa jeunesse, ce pétiole avait, en outre, deux grandes stipules ovales, oblongues, acuminées, bordées de dents glanduleuses et garnies, à la base, de deux ou quatre oreillettes lancéolées. L'involution de ces feuilles diffère de celle des autres Cognassiers ; ici leurs deux demi-diamètres sont appliqués l'un contre l'autre, tandis que dans les Cognassiers ordinaires ils sont abattus ou couchés sur la nervure du milieu.

Les boutons à fruit, constamment uniflores dans les Cognassiers, et placés au sommet ou sur les côtés de petites bourses, sont de moyenne grosseur, obtus, roussâtres, peu serrés, composés chacun de six à huit écailles profondément divisées en deux lobes plus ou moins arrondis, bordés de dents glanduleuses et très-fines ; entre ces deux lobes on aperçoit le rudiment d'une feuille, plus développé sur les écailles intermédiaires que dans les extérieures et les intérieures. On reconnaît ce rudiment de feuille en ce qu'il est sensiblement laineux, tandis que les écailles, qui ne sont autre chose que des stipules, sont assez glabres et même luisantes.

Au centre de chacun de ces boutons se trouve une seule fleur dont on reconnaît déjà toutes les parties dès le mois de janvier, lesquelles, se développant peu à peu, le sont parfaitement à la fin d'avril. Alors la fleur est d'un beau rose, large de 34 à 40 millimètres (15 à 18 lignes), et répand une douce odeur de Violette. Avant son parfait épanouissement, ses pétales sont un peu tournés en hélice de gauche à droite, et se recouvrent les uns les autres par leurs bords. Cette fleur est composée

1° D'un ovaire inférieur, sessile, allongé en olive, très-vert, très-glabre, divisé intérieurement en cinq loges qui contiennent chacune de trente à quarante ovules disposés sur deux rangs ;

2° D'un calice couronnant l'ovaire, découpé en cinq folioles ovales, aiguës, réfléchies et pubescentes en dessus ;

3° De cinq pétales roses, oblongs, souvent échancrés au sommet, bien étendus, rétrécis à la base en un onglet blanc muni de soies laineuses assez longues ;

4° D'une vingtaine d'étamines rapprochées en gerbes comme dans le Pommier, insérées à l'orifice du calice : elles ont les filets assez gros, plus courts que les pétales, légèrement lavés de violet, les anthères jaunes, oblongues et bilobées ;

5° D'un style entier à la base, et divisé dans la partie supérieure en cinq branches de la hauteur des étamines, terminées chacune en un stigmate lobé, difforme et hispide.

6° L'ovaire se change en un fruit qui a la forme d'un tonneau, et dont la hauteur est de 108 millimètres (4 pouces). Il est d'un vert jaunâtre, lisse, marqué, au sommet, d'un léger enfoncement dans lequel est placé l'œil dont les découpures sont alors tombées.

La chair de ce fruit est sèche, grossière, granuleuse, jaunâtre et revêche.

Son eau est acide et très-peu abondante.

On trouve au centre de ce fruit cinq grandes loges, dont quelques-unes sont ordinairement oblitérées. Des trente ou quarante ovules que chaque loge contenait dans l'état d'ovaire, il n'en parvient ordinairement qu'environ un quart à la perfection et qui se soient changés en pepins ovales, comprimés, courts, irréguliers, couleur de marron, et enduits d'une matière concrète, un peu grasse comme dans les autres Coings. Les pepins parfaits se trouvent dans la partie supérieure des loges : ils sont composés de deux tuniques brunes dont l'extérieure est beaucoup plus épaisse et plus forte que l'intérieure ; d'un embryon formé de deux cotylédons parallèles, arrondis, nerveux comme les feuilles, et d'une radicule inférieure, obtuse et saillante. Cet embryon est doux à manger et a un petit goût d'Amande.

Observations. Le fruit que je viens de décrire, et dont la figure est peinte dans nos arbres fruitiers, est un de ceux cueillis, le 4 novembre 1811, dans l'école de botanique du muséum d'histoire naturelle de Paris. On ne croyait pas, dans le courant de l'été, qu'ils dussent acquérir un volume aussi considérable, quoique le jardinier eût répandu de la litière au pied de l'arbre et qu'il l'eût fréquemment arrosé pendant les grandes chaleurs. Il paraît qu'ils doivent leur grosseur à des pluies survenues en octobre, car on a remarqué que, durant ces pluies, ils ont grossi d'environ un tiers en dix jours. On les a cueillis le 4 novembre, non pas qu'ils aient encore donné aucun signe de maturité, mais parce qu'on craignait qu'ils ne gelassent sur l'arbre. Thoüin les a gardés dans un lieu tempéré jusqu'au 6 mars 1812. Leur odeur, qui jusqu'alors avait été douce, fine et très-agréable, est devenue semblable à celle de Coing ordinaire, mais tempérée par celle de l'Ananas.

En les ouvrant on leur trouva la chair extrêmement ferme, ce qui indiquait qu'ils auraient pu se conserver encore un mois ou deux. L'odeur intérieure, au lieu de flatter comme l'extérieure, ne nous a pas semblé du tout agréable. La chair n'était pas mangeable crue, et elle ne s'est pas trouvée meilleure cuite avec du sucre ou sans sucre. Quelques écrivains espèrent qu'ils s'amélioreront ; mais moi je n'espère pas qu'ils soient jamais meilleurs sous notre climat.

Le Cognassier de la Chine commence à végéter et à fleurir quelques jours avant le Cognassier ordinaire, et il paraît que le froid seul suspend ou arrête sa végétation à la fin de l'automne. La beauté de ses fleurs au printemps, le ton gai de ses feuilles pendant l'été, les nuances de rouge et de jaune qu'elles prennent à l'automne lui donnent le droit de figurer avec avantage parmi les arbres d'agrément dans un jardin pittoresque.

Enfin je dois finir par la citation d'un passage du rapport que fit M. A. Julien Crosnier, le 26 octobre 1851, à la Société d'horticulture d'Orléans, page 537, sur un ouvrage publié par M. Morren, professeur de botanique et d'agriculture à l'université de Liége.

D'après M. Morren, il faudrait que le Cognassier du Japon fût âgé au moins de vingt-cinq ans pour que sa fructification fût abondante. Cependant l'arbre dont j'ai dessiné le fruit n'avait que six ans d'âge ; cet arbrisseau a vécu encore quelques années , sans prendre les proportions d'un arbre, mais je doute fort qu'il ait pu vivre à Liége jusqu'à l'âge de vingt-cinq ans, puisqu'à Paris il ne vit que huit ou dix ans au plus, et les gelées de l'hiver finissent toujours par le tuer.

M. Morren dit que cet arbre fut introduit en Angleterre en 1796, puis sur le continent en 1814. Pourtant Loudon dit positivement qu'il a été introduit en Angleterre en 1818, et moi je dis que Cels et Noisette l'ont reçu en France en 1800, et que j'en ai peint les fleurs en 1806.

Voici maintenant, selon M. Morren, les différents noms que cet arbrisseau a reçus. Thunberg, Willdenow, Sims l'appelèrent *Pirus japonica*. Andrews en fit un Pommier et l'appela *Malus japonica*. Persoon et de Candolle y virent un Cognassier et le nommèrent *Cydonia japonica*. Enfin M. Lindley, par des considérations à lui appartenantes, l'a nommé *Chœnomeles japonica*. Ainsi voilà sept auteurs, tous célèbres, qui ont donné quatre noms différents au même arbrisseau depuis le commencement de ce siècle, ce qui ne fait pas du tout honneur à la science des botanistes.

Cognassiers annoncés sur divers catalogues.

	Cognassiers.
Traité des arbres fruitiers, par Poiteau et Turpin, 1807. .	5
Catalogue des arbres fruitiers cultivés par Hervy, au Luxembourg, 1809.	5
Manuel complet du jardinier, par Louis Noisette, 1825. .	6
Catalogue des fruits du jardin de la Société d'horticulture de Londres, 1851.	6
A guide to the orchard and kitchen garden, by George Lindley, 1851.	5
Traité des fruits, par M. Couverchel, 1859.	7
Catalogue des arbres fruitiers du jardin des Plantes de Paris, 1859.	3
The fruits and fruit trees of America, by J. Downing, 1846.	5
Catalogue des arbres fruitiers cultivés par Jacquemet-Bonnefont, à Annonay, 1847.	5
Catalogue des arbres fruitiers cultivés par M. Croux, à la Saussaye, 1847.	3
Catalogue des arbres fruitiers cultivés par Jamin et Durand, à Bourg-la-Reine, 1848.	5
Catalogue des arbres fruitiers cultivés par madame Levacher-Bruzeau et fils, à Orléans, 1847-48.	4
Catalogue des arbres fruitiers cultivés par M. André Leroy, à Angers, 1849.	6
Le Bon Jardinier, par M. Decaisne, membre de l'Académie des sciences, 1851.	4

CINQUANTIÈME ET UNIÈME LEÇON.

25. NÉFLIER , Duh. ; *Mespilus* , Lin.

Les Néfliers forment un petit groupe d'un aspect assez différent des Epines et des Azeroliers, auxquels les botanistes les ont réunis. Ce sont de petits arbres ou arbrisseaux assez mal tournés, très-irréguliers, souvent épineux, d'un bois très-dur, élastique dans la jeunesse, coriace et très-dur dans la vieillesse : ils pèsent environ 55 livres par pied cube. Les jeunes drageons qui s'élèvent quelquefois du pied de ces arbrisseaux sont fort estimés pour faire des manches de fouets.

Les feuilles des Néfliers sont oblongues ou presque lancéolées, un peu pubescentes, longues de 8 à 11 centimètres (3 à 4 pouces), les unes entières, les autres plus ou moins bordées de dents inégales et très-fines ; elles ont le pétiole très-court, velu comme le jeune bourgeon où il est attaché, et muni d'une stipule foliacée plus ou moins grande.

Les fleurs sont terminales, solitaires et sessiles comme celles des Cognassiers. Leur ovaire est inférieur, turbiné, ordinairement accompagné de deux bractées linéaires et très-longues. Les cinq divisions calicinales sont lancéolées, étroites et aiguës. Les cinq pétales, à peu près de la longueur des folioles du calice, sont blancs, arrondis, concaves et un peu frisés sur les bords. On compte dans chaque fleur environ deux douzaines d'étamines d'inégale hauteur, plantées sur un bourrelet glanduleux à cinq angles rentrants ; le disque est couvert de soie, et du centre de cet appareil s'élèvent cinq styles moins longs que les étamines, et terminés en petite tête oblique.

Si maintenant nous ouvrons un ovaire, nous verrons qu'il est divisé intérieurement en cinq loges, et que chaque loge contient deux ovules placés l'un au-dessus de l'autre, quoique attachés tous

deux au même point ; mais c'est que l'un est sessile et l'autre pé-
donculé, comme dans tous les Azeroliers.

Le fruit, constamment terminé par un large ombilic étoilé et
couronné par les divisions calicinales, varie un peu de forme et de
grosseur ; les uns n'ont que 23 millimètres (10 lignes) de diamètre,
les autres en ont jusqu'à 31 millimètres (14 lignes).

Selon Duhamel, quand le fruit est allongé, les divisions de son
calice se rapprochent les unes des autres et couvrent l'ombilic ;
quand, au contraire, il est raccourci, ces divisions s'écartent et
laissent l'ombilic à découvert. Je n'ai jamais fait moi-même cette
remarque. On place quelquefois, dit Bosc, « le Néflier dans les jar-
« dins paysagers, parce qu'il forme d'agréables buissons lorsqu'il
« est en fleur ; c'est isolé au milieu des gazons ou sur le bord des
« massifs qu'il produit le plus d'effet. On en fait aussi d'excellentes
« haies ; mais, comme il croît lentement, on ne l'emploie pas aussi
« souvent à cet objet qu'il serait à désirer. »

Le Néflier se multiplie de graines qu'il faut semer à l'automne,
si l'on veut qu'elles lèvent au printemps suivant ; on le multiplie
aussi, en le greffant en fente ou en écusson, sur Poirier, Cognassier, Aubépine. J'ai vu à Ville-d'Avray une haie d'Epines bien en-
tretenue et parfaitement taillée, haute de 4 pieds, sur laquelle on
avait greffé, à 15 pieds de distance, des Néfliers qui produisaient
des fruits magnifiques.

Les Nèfles sont d'une saveur tellement acerbe et astringente
avant leur entière maturité, qu'elles ne sont pas mangeables ; aussi
ce n'est que quand elles sont devenues molles qu'elles sont douces
et peuvent être mangées. Quelques-unes mollissent assez vite lorsqu'elles sont cueillies en octobre ; mais, pour les faire mûrir plus
promptement, on les roule et on les secoue sur un drap en les faisant choquer les unes contre les autres, après quoi elles mollissent
en peu de temps. Alors elles sont douces, agréables à manger ; mais
on ne doit pas en manger beaucoup, car elles sont toujours astringentes.

Les Néfliers étant peu cultivés et ne devant en parler que peu,
je rappellerai ici l'histoire d'une Nèfle particulière que j'ai décrite
il y a longtemps et que je n'ai pas revue depuis.

En décembre 1807, M. Correa de Serra, agent portugais, botaniste distingué, voulut bien me communiquer l'échantillon d'une
Nèfle qu'il venait de recevoir de son marchand fruitier, auquel un
homme de la campagne l'avait apporté la veille. Cet échantillon
présentait un fruit si particulier, que je me transportai aussitôt
chez le fruitier qui l'avait fourni à M. Correa, pour obtenir, s'il

était possible, quelques renseignements sur l'origine et l'histoire de cette singulière production; mais je ne pus apprendre autre chose, sinon que l'arbre qui l'avait fournie en produisait assez souvent de semblables.

J'ai donc décrit cette Nèfle dans nos arbres fruitiers sous le nom de Nèfle de Correa, *Mespilus portentosa, fructu maximo deformi*, et voici ce que j'en disais :

La grandeur des feuilles de l'échantillon et la forme des dents calicinales du fruit m'autorisent à assurer que cette Nèfle est une variété de celle à gros fruit, *Mespilus macrocarpa*; elle paraît formée par la réunion de quatre fruits qui se sont trouvés greffés ensemble lorsqu'ils étaient encore à l'état d'embryon imperceptible. Les vingt découpures calicinales qui terminent cette réunion semblent, en effet, le prouver, comme la figure de ces mêmes découpures démontre à quelle espèce elle appartient.

N'ayant encore pu voir que l'échantillon figuré dans nos arbres fruitiers, je ne me hasarderai pas à donner une description étendue de cette production extraordinaire; car, malgré qu'on m'ait dit que l'arbre en produit assez souvent de semblables, il pourrait bien se faire que, quoique ces fruits soient monstrueux, ils différassent sensiblement les uns des autres, et qu'on ne rencontrât que très-rarement, peut-être jamais, un fruit semblable à celui qu'a bien voulu nous donner M. Correa, et qui est peint dans notre ouvrage avec toute la perfection que mon collègue Turpin mettait à tout ce qu'il dessinait.

Les vingt découpures calicinales, et les débris des autres organes qui étaient sur ce fruit, indiquent qu'il avait été précédé d'une fleur quadruple. Son disque s'était tellement développé, principalement sur deux sens opposés, qu'il en était devenu arrondi, divisé par un sillon longitudinal, et qu'il décrivait trois quarts de cercle en se rabattant à droite et à gauche, de sorte que l'ensemble du fruit paraissait très-comprimé, ainsi que le représente notre dessin.

Lorsque ce fruit fut parvenu à un degré de maturité convenable, je l'ai ouvert et ai trouvé dans son intérieur un grand nombre d'osselets irréguliers, aplatis, plus grands que dans les autres Néfliers. La chair de ce fruit m'a semblé aussi bonne que celle des autres espèces, et n'a rien offert de particulier.

Je regrette bien qu'on n'ait pu me dire où existait l'arbre qui produisait de telles Nèfles; je me serais empressé d'aller le voir et de tâcher d'en obtenir des rameaux pour les greffer, car on sait que l'art en est venu au point d'avoir déjà fixé et perpétué un

grand nombre de variétés accidentelles et fugitives, qui ne se seraient probablement plus montrées, si on ne les eût pas enlevées
pour les greffer sur un autre arbre. Presque tous nos arbres pana-
chés n'ont pas d'autre origine : un rameau se panache par accident, on le coupe pour en faire une greffe, et la panachure se conserve, tandis qu'elle se serait effacée si on l'eût laissée en place.

J'ai appris dans de Candolle qu'un botaniste, qui n'est que botaniste, dédaigne de s'occuper de ces divers jeux de la nature ; il
regarde comme des monstres tout ce qui sort des règles étroites
dans lesquelles il s'est enfermé et qu'il s'imagine être celles de la
nature. Cependant l'étude de ces sortes d'aberrations est très-
instructive ; il en jaillit souvent des traits de lumière qui guident
le véritable naturaliste dans la recherche des vérités cachées sous
différents voiles, et qu'il ne découvrirait peut-être jamais sans
l'examen préalable de ce qui paraît sortir des règles ordinaires.

Non-seulement l'art sait fixer les variétés fugitives qui apparais-
sent furtivement, mais il sait encore forcer la nature à varier ses
productions pour notre profit ou notre plaisir. C'est à l'industrie
humaine que nous devons la grande quantité de fruits délicieux
qui ornent nos tables et flattent notre palais ; si l'homme suspen-
dait ses travaux, tous ces fruits savoureux, toutes ces fleurs char-
mantes rentreraient dans le néant.

Néfliers annoncés sur divers catalogues.

Néfliers

Catalogue des plus excellents fruits de la pépinière des
   Chartreux à Paris, en 1752.   3
Traité des arbres fruitiers, par Poiteau et Turpin, 1807. .   4
Catalogue des arbres fruitiers cultivés par Hervy, au Luxem-
   bourg, 1809.   4
Manuel complet du jardinier, par L. Noisette, 1825. . .   4
Catalogue des fruits du jardin de la Société d'horticulture
   de Londres, 1831.   19
A guide to the orchard and kitchen garden, by John Lindley,
   1831.   2
Traité des fruits, par M. Couverchel, 1839.   4
Catalogue des arbres fruitiers cultivés par M. Jacquemet-
   Bonnefont, à Annonay (Ardèche), 1847.   5
Catalogue des fruits cultivés à la Saussaye par M. Croux,
   1847.   5

26. **Grenadier**, Duh. ; *Punica*, Lin. ; Pomegranate en *anglais*,
Granatenbaum en *allemand*, Melagrano en *italien*, Granado
en *espagnol*.

Genre composant seul la famille des Granatées, composée de
quelques arbrisseaux des pays méridionaux, dont le caractère commun est d'avoir

1° Un calice supérieur évasé en cloche, divisé en cinq, six,
sept ou huit découpures ouvertes, coriaces, aiguës, persistantes ;

2° Autant de pétales que de découpures au calice, insérés à son
orifice, alternes avec ses divisions, légèrement onguiculés, plissés,
chiffonnés ;

3° Un grand nombre d'étamines plus courtes que les pétales,
insérées sur toute la paroi interne du tube du calice ;

4° Un ovaire adhérent, globuleux, surmonté d'un style de la
longueur des étamines, épaissi à la base, atténué vers le sommet
et terminé par un stigmate capité ;

5° Un gros fruit arrondi, bacciforme, légèrement anguleux,
couronné par le calice, charnu, coriace, divisé intérieurement par
une membrane transversale : la loge supérieure, qui est la plus
grande, est subdivisée en sept ou neuf compartiments, et l'inférieure en trois seulement ;

6° Un grand nombre de grains succulents, cristallins, aqueux,
colorés de rouge, renfermant chacun une semence, dont l'embryon
a les deux cotylédons foliacés, roulés en spirale.

Culture et usage.

Il n'y a qu'une espèce de Grenadier qui mérite de faire partie de
nos arbres fruitiers ; c'est le Grenadier à fruit doux de Duhamel,
Punica fructu dulci de Tournefort et *Punica granatum* de Linné.

Cette espèce est originaire de l'Asie, et depuis longtemps naturalisée en Italie, en Espagne et en Portugal. C'est un arbrisseau très-rameux, à feuilles caduques chez nous, dont une variété à fleur double se cultive en caisse et se rentre en orangerie chaque hiver. On cultive aussi en caisse le Grenadier à fleur simple; mais sa fleur est loin d'être aussi belle que celle qui est pleine.

Quelques amateurs seulement cultivent le Grenadier à fleur simple à Paris, parce que les Grenades qu'il produit ne peuvent mûrir complétement, et ne sont jamais aussi bonnes que celles que le commerce fait venir de l'Espagne ou de Portugal. Quand on voit quelques Grenadiers chez nous, c'est toujours le long d'un mur, au midi, qu'ils se trouvent le mieux, contre lequel ils se palissent très-bien et produisent un bel effet; mais leurs fruits n'y peuvent acquérir toute leur grosseur, ni encore moins toute leur qualité. Ainsi le fruit de notre dessin est un fruit venant de Portugal, acheté chez un fruitier, et que Turpin a peint à la place de celui que portait l'échantillon qu'il a dessiné.

Le Grenadier à fruit doux est un arbrisseau qui atteint, à Paris, la hauteur de 8 à 12 pieds, très-rameux, dont l'écorce est d'un gris cendré. Les bourgeons sont grêles, ailés la première année; mais ensuite ils deviennent ronds quand leur premier épiderme est détruit. Les petites branches latérales se terminent ordinairement par une épine sèche; les supports sont très-peu élevés; les boutons sont petits, ordinairement opposés deux à deux, quelquefois trois à quatre, rarement alternes.

Les feuilles sont oblongues, légèrement pétiolées, ondulées, entières, luisantes, opposées, ternées sur les bourgeons très-vigoureux, quelquefois alternées sur d'autres, longues de 54 à 81 millimètres (2 à 3 pouces). Le pétiole est court et se colore en rouge à l'automne.

Les fleurs naissent trois ou quatre ensemble au sommet des branches d'une moyenne grosseur; elles sont rouges, et se succèdent depuis le mois de juin jusqu'en septembre, et rendent le Grenadier l'un des beaux ornements des jardins. Les pétales tombent le troisième ou quatrième jour après leur épanouissement; mais les nombreuses étamines dorées persistent, ainsi que le calice, dont la vive couleur ne le cède en rien à celle qu'avaient les pétales.

Le fruit est une grosse capsule arrondie, inégale à sa surface, comprimée à la base et au sommet, du diamètre de 81 à 106 millimètres (3 à 4 pouces), couronnée par le calice. La peau est épaisse, coriace, d'un fond jaune tiqueté de points roux et lavé d'une belle couleur rouge du côté du soleil. L'intérieur du fruit est divisé en plusieurs loges inégales, aux parois desquelles sont attachés un grand nombre de grains de la grosseur et de la couleur d'une Groseille rouge, comprimés, anguleux, transparents, gonflés d'un suc doux, abondant et très-agréable.

Le centre de chaque grain est occupé par une semence blanchâtre, allongée, qui n'a aucune saveur, et à laquelle on attribue des qualités astringentes.

Un fait très-singulier et digne de l'attention des physiologistes, c'est que la tige des Grenadiers à fleur double se tord, en vieillissant, d'une manière particulière, comme on peut le voir sur les Grenadiers de l'orangerie de Versailles et du palais du Luxembourg. Je ne sais si les Grenadiers à fruit comestible éprouvent aussi cette torsion, parce que je n'en connais pas de très-vieux.

Le Grenadier se multiplie facilement par les drageons enracinés qu'il pousse du pied et par les marcottes qu'on en fait. Dans le midi de la France, cet arbrisseau forme des haies d'une bonne défense, par les épines dont ses branches sont armées.

En médecine, les fleurs du Grenadier se nomment *balaustes*, et l'écorce de son fruit s'appelle *malicorium*; on les emploie avec succès dans le cours de ventre, la dyssenterie et les pertes de sang; les fleurs, par pincées en infusion; l'écorce se met en poudre et se prend en décoction. On prépare, avec le suc de Grenade, un sirop excellent pour apaiser la soif dans les fièvres continues; il adoucit la bile et les humeurs âcres par son agréable acidité. Les graines sont astringentes comme l'écorce du fruit, et sont employées pour arrêter les gonorrhées. Dans les usages de la médecine, on préfère les Grenades aigres à celles qui sont douces.

Il y a une douzaine d'années seulement, on a découvert qu'en buvant de l'eau dans laquelle on avait fait bouillir des racines de Grenadier elle avait la propriété certaine de faire rendre le ténia aux personnes qui en étaient affligées.

Grenadiers annoncés sur divers catalogues.

	Grenadiers.
Traité des arbres fruitiers, par Poiteau et Turpin, 1807. .	1
Manuel complet du jardinier, par L. Noisette, 1825. . .	1
Traité des fruits, par M. Couverchel, 1839.	3
The fruits and fruit trees of America, by J. Downing, 1846.	4
Catalogue des arbres fruitiers de Jacquemet-Bonnefont, pé- piniériste à Annonay, 1847.	2

27. PLAQUEMINIER, *Diospyros*, Lin.

Genre et chef des Ébénacées, contenant plusieurs arbres des
deux mondes, qui portent des fleurs hermaphrodites fertiles sur
certains individus, et des fleurs hermaphrodites stériles sur d'autres
individus.

CARACTÈRES GÉNÉRIQUES.

Fleur hermaphrodite stérile.

1° Calice petit à quatre dents.
2° Corolle monopétale ; tube gonflé en grelot, rétréci à la gorge ;
limbe ouvert à quatre divisions ovales, roulées en dehors.
5° Seize étamines insérées sur deux rangs à la base de la corolle ;
filets très-courts ; anthères lancéolées, velues, conniventes, biloculaires, s'ouvrant latéralement, plus courtes que la corolle.
4° Rudiment d'un ovaire au centre de la fleur.

Fleur hermaphrodite fertile.

1° Calice persistant, coriace, infundibuliforme, à quatre divisions ovales, ouvertes.
2° Corolle monopétale ; tube gonflé en grelot ; limbe ouvert à
quatre divisions ovales, convexes.
5° Huit étamines insérées sur un seul rang à la base de la corolle ; filets courts ; anthères velues, petites et stériles.
4° Ovaire libre, arrondi, à huit angles peu sensibles, surmonté
d'un style soyeux, profondément divisé en quatre branches bifides
au sommet.

5° Le fruit est une baie molle, pulpeuse, globuleuse, soutenue par le calice, terminée par le style divisé en huit loges monospermes.

6° Les graines pendent du sommet d'un axe commun ; elles sont ovales, comprimées, composées d'une tunique épaisse, coriace, d'un grand périsperme corné, et d'un petit embryon logé dans le bout du périsperme, près de l'ombilic, et ayant la radicule dirigée vers cet ombilic.

Observation. Le caractère générique que je viens d'établir est d'après le Plaqueminier d'Italie et celui de Virginie. Ces deux espèces s'accordent rigoureusement sur toutes les parties de la fructification, et semblent s'écarter en ce point de plusieurs autres espèces rapportées au même genre, et auxquelles le caractère botanique énoncé jusqu'à ce jour par les botanistes convient mieux. Les différences spécifiques exprimées dans les phrases botaniques pour distinguer nos deux espèces me semblent insuffisantes, et j'emploie de préférence celles découvertes par le célèbre professeur Desfontaines.

PLAQUEMINIER D'ITALIE, *Diospyros lotus*, Lin., *foliis oblongis, acutis, superne nitidis, subtus ad apicem glandulosis.*

On a cru pendant longtemps que cet arbre produisait le *Lotos* des anciens, fruit fameux chez les poëtes, et très-commun dans l'île de Gerbes, près la côte de Barbarie, au royaume de Tunis ; mais il est bien reconnu aujourd'hui que le Lotos est le fruit d'un Nerprun appelé par les botanistes *Rhamnus lotus*, et non celui de notre arbre, ni celui du Micocoulier, comme quelques-uns l'ont prétendu. Non-seulement le fruit du Plaqueminier d'Italie n'est pas délicieux comme le Lotos, mais il n'est pas même mangeable dans l'état où il est à présent ; cependant il paraît susceptible de s'améliorer, et je ne l'ai placé dans notre ouvrage que pour inviter les curieux à employer les moyens propres à opérer peu à peu cette métamorphose.

L'arbre qui le porte est originaire de l'Afrique, et croît spontanément aujourd'hui en Italie et dans les provinces méridionales de France. On le cultive comme arbre d'agrément dans plusieurs jardins. Il est d'une taille médiocre, s'élève droit, et prend une taille pyramidale quand rien ne gêne sa végétation ; ses branches sont horizontales, quelquefois pendantes sur les individus fructifères.

Ses feuilles sont alternes, pétiolées, oblongues, entières, ter

minées en pointes, longues de 9 à 15 centimètres (3 à 5 pouces).
d'un vert foncé et luisant en dessus, pâles et un peu pubescentes
en dessous, munies de ce côté, vers l'extrémité, de plusieurs petites glandes creuses ponctiformes.

Certains individus ne portent que des fleurs stériles, qui naissent
axillaires, trois à trois, avec la pousse actuelle : elles sont rougeâtres en leur bord, à quatre divisions et à seize étamines, rarement à cinq divisions et à vingt étamines; leur centre est occupé
par le rudiment d'un ovaire entouré d'une grosse glande angu-
leuse.

Sur d'autres individus naissent les fleurs fertiles, également
axillaires et sur la pousse actuelle, mais solitaires, plus sessiles,
plus grandes et moins rouges que les fleurs mâles; le calice surtout se fait remarquer par sa grandeur. Ici chaque corolle ne contient que huit étamines, petites et stériles; de sorte que ce sont
les étamines des fleurs précédemment décrites qui fécondent les
ovaires de celles-ci.

Le fruit est ovale, arrondi, de la grosseur d'une balle de mousquet, d'un jaune obscur, terminé par le style desséché. Si toutes
les graines venaient à bien, chaque fruit en contiendrait huit;
mais on n'en trouve ordinairement que trois ou quatre, quelquefois moins : elles sont blanches, très-dures, et elles ont à peu près
la forme d'un petit Haricot.

Observation. Feu Noisette, habile cultivateur, a remarqué qu'un
individu mâle de ce Plaqueminier exhalait parfois une odeur in-
fecte, semblable à celle qui se dégage de la Serpentaire, *Arum
dracunculus*, lorsque cette plante est en fleur; cette observation,
que je n'ai pas été à même de suivre, paraît mériter l'attention des
physiologistes.

PLAQUEMINIER DE VIRGINIE, *Diospyros virginiana*, Lin., *foliis
oblongis, acutis, eglandulosis.*

Cet arbre, originaire du nouveau monde, introduit et multiplié
en France quand l'indépendance de l'Amérique septentrionale nous
mit à même de commercer directement avec les peuples de ce riche continent, n'a été pendant longtemps considéré en Europe
que comme un arbre d'agrément. Sa naturalisation a été longue,
et il n'y a pas encore bien des années qu'on le juge digne de figurer
dans les rangs de nos arbres fruitiers.

J'ai commencé à l'observer moi-même aux lisières des bois, dans
les terrains secs et sablonneux des provinces de la Virginie, du Ma-

ryland et de Pensylvanie, pendant mon séjour en Amérique. Je l'ai remarqué aussi avec plaisir planté en ligne avec des Pommiers et autres arbres fruitiers, dans un verger à Grey's-Ferry, lieu de plaisance à quelques milles de Philadelphie; c'est là où j'ai mangé de ses fruits pour la première fois, et où je me suis fait une juste idée de sa force et de son port. M. Saint-Amans, savant distingué, le cultivait aussi avec succès à sa terre, près Agen, dans le département de Lot-et-Garonne. Dans l'automne de 1810, il a bien voulu m'en envoyer des fruits à Paris, que je ne trouvai pas aussi savoureux que ceux que j'avais mangés en Amérique, mais qui étaient extrêmement meilleurs que ceux que l'on obtenait depuis quelques années dans les pépinières de Trianon, où j'ai pris l'échantillon du dessin que j'ai publié. En cherchant à se rendre compte de ces différences, il est tout naturel de penser d'abord que ce fruit a pu subir des modifications désavantageuses en passant de l'Amérique en France, ensuite que, suivant la loi générale, il doit avoir moins perdu dans les départements méridionaux qu'aux environs de Paris; j'ajouterai même, comme probabilité, qu'il existe déjà quelques variétés de cette espèce, puisqu'on remarque des différences assez grandes dans les feuilles de divers individus.

Le Plaqueminier de Virginie est un arbre de la taille et du port d'un petit Pommier. Son tronc, rarement plus gros que la cuisse d'un homme, se termine par une tête arrondie dont les rameaux, très-flexibles, sont le plus souvent diffus et inclinés. Ses bourgeons sont d'un vert cendré ou quelquefois rougeâtres, pubescents, marqués de points allongés. Les supports sont saillants, les boutons gros, coniques et luisants.

Les feuilles sont alternes, pétiolées, oblongues, entières, longues de 12 à 15 centimètres (4 à 5 pouces), d'un vert gai en dessus, glauques et un peu velues en dessous; elles se distinguent aisément de celles du Plaqueminier d'Italie, en ce qu'elles ne sont pas luisantes en dessus et en ce qu'elles n'ont pas de glandes en dessous.

Comme dans l'espèce précédente, certains individus ne portent que des fleurs mâles, auxquelles il ne peut jamais succéder de fruits: elles naissent également avec la pousse du printemps et sont nombreuses, jaunâtres, disposées trois à trois sur de très-courts pédoncules axillaires.

Les fleurs mâles ont le calice infundibuliforme, à quatre divisions droites, aiguës. La corolle a le tube gonflé en grelot, et les quatre divisions du limbe ouvertes ou roulées en dessous. Les étamines, insérées sur deux rangs à la base de la corolle, sont naturellement au nombre de seize, mais elles s'élèvent quelquefois au nombre de dix-huit ou dix-neuf ; elles ont un très-court filet, et sont lancéolées et velues dans toute leur longueur. Au centre de la fleur se trouve un rudiment d'ovaire surmonté d'un style imparfait.

Les fleurs femelles se trouvent sur d'autres individus ; elles sont une fois plus grandes et deux fois moins nombreuses que les fleurs mâles, et sont solitaires, axillaires, sessiles sur la pousse actuelle, munies, à la base, de deux petites écailles qui tombent promptement. Elles ont le calice grand, persistant, campanulé, à quatre divisions ovales, oblongues, ouvertes. La corolle est jaunâtre, à tube globuleux, à limbe divisé en quatre lobes ovales. Au bas du tube sont insérées huit étamines soyeuses, lancéolées, stériles, plus petites que celles des fleurs mâles. Le centre de la fleur est occupé par un ovaire ovale, tétragone, entouré, à la base, d'une glande cupulée, crénelée en son bord, et surmonté d'un gros style soyeux divisé supérieurement en quatre branches subdivisées elles-mêmes en deux, trois ou quatre autres plus petites branches. Cet ovaire se change en un fruit arrondi de 27 millimètres (1 pouce) de diamètre, soutenu par le calice, qui est devenu très-grand et coriace. Le fruit, un peu déprimé à la base, est terminé au sommet par le style desséché ; sa surface est luisante, d'un jaune ponceau, quelquefois d'un rouge assez vif, du côté du soleil. La chair, de la même couleur que la peau, est molle, visqueuse, douce, un peu acerbe si elle n'est parfaitement mûre. On trouve dans l'intérieur quatre à huit grosses graines comprimées, rangées autour d'un axe vertical.

Ce fruit mûrit à la fin d'octobre. On le laisse supporter quelques petites gelées sur l'arbre avant de le cueillir ; on le mettra ensuite sur une tablette ou sur de la paille, où on le laissera s'amollir comme on fait pour les Nèfles. Il se mange comme elles et a l'avantage de rester longtemps mou et bon sans se pourrir.

Les Américains en font du cidre, des galettes, ou de petits pains longs, d'un goût agréable, qui ont la propriété d'être astringents ; pour cela, on écrase des fruits que l'on passe au travers d'un gros tamis pour en séparer les graines et la peau ; la pulpe se réduit en bouillie que l'on façonne en petits pains, et que l'on fait sécher au feu ou plutôt au soleil parce qu'ils en sont meilleurs.

Lamarck dit que ce Plaqueminier s'élève à la hauteur de 19^m,49 (60 pieds) ; cependant Catesby, qui a parcouru l'Amérique septentrionale et qui a publié l'histoire naturelle de plusieurs de ses provinces, ne donne à cet arbre que 4^m,87 à 6^m,49 (15 à 20 pieds) l'élévation sur un tronc de 27 centimètres (10 pouces) de diamètre. Je n'en ai jamais vu de plus gros.

Il en existait quelques individus dans les pépinières de Versailles quand j'en étais le jardinier, ainsi que dans la pépinière du Roule à Paris. Ces arbres avaient 18 pieds de hauteur.

—Plaqueminiers cultivés chez divers pépiniéristes.

	Plaqueminiers.
Traité des arbres fruitiers, par Poiteau et Turpin, 1807.	2
Catalogue des arbres fruitiers cultivés par Hervy, au Luxembourg, 1809.	5
Manuel complet du jardinier, par L. Noisette, 1825.	2
Traité des fruits, par M. Couverchel, 1859.	2
Catalogue des arbres fruitiers de Jacquemet-Bonnefont, pépiniériste à Annonay (Ardèche), 1847.	2
Catalogue des arbres fruitiers cultivés à la Saussaye, par Croux, 1847.	1
Catalogue des arbres fruitiers de MM. Jamin et Durand, à Bourg-la-Reine, 1848.	1
Établissement horticole de veuve Levacher-Bruzeau et fils, à Orléans, 1847-48.	2
Catalogue des arbres fruitiers cultivés par M. André Leroy, à Angers, 1849.	2
Le Bon Jardinier, par M. Decaisne, membre de l'Académie des sciences, 1851.	2

28. PISTACHIER, Duh.; *Pistacia*, Lin.

Genre de la famille des Anacardiacées, à feuilles composées, à fleurs diclines, et dont le caractère commun est d'avoir

1° Pour fleurs mâles, des anthères nombreuses en panicule, dénuées de calice et de corolle, munies seulement chacune d'une bractée à la base. Ces anthères, terminant les ramifications d'une petite panicule, sont oblongues, un peu arquées, à quatre sillons, et s'ouvrant latéralement du bas en haut en deux loges.

2° Pour fleurs femelles, des ovaires nombreux en panicule, uniloculaires, dénués de calice et de corolle, munis seulement chacun de trois à cinq bractées à la base; ces ovaires forment une panicule et sont ovales, plus ventrus d'un côté que de l'autre, atténués supérieurement en un style court, surmonté de deux à trois stigmates élargis en lames papilleuses très-inégales.

Le fruit est une noix oblongue, sèche, bivalve, uniloculaire et monosperme : elle contient une arille assez mince, puis une amande verte à deux cotylédons, qui paraît renversée, puisque la radicule est dirigée vers le sommet du fruit (1).

PISTACHIER COMMUN, *Pistacia vera, foliis simplicibus, bijugis. ternatis, impari-pinnatis ; foliolis ovato-oblongis, acutiusculis. venosis.*

Pline nous apprend que *Vitellius*, alors gouverneur de la Syrie, apporta, le premier, des Pistaches à Rome vers la fin du règne de Tibère. C'est de là que le Pistachier s'est répandu dans les contrées méridionales de l'Europe, où il a formé trois variétés que Linné a cru reconnaître pour des espèces, mais que de Candolle, qui a vu les Pistachiers de plus près que Linné, a réduites à une seule espèce. On trouve, en effet, sur un seul arbre les trois caractères qui ont servi à Linné pour former ses trois espèces. Au reste, il est naturel qu'un arbre cultivé depuis si longtemps offre des variétés. Le Pistachier n'en est pas moins un arbre intéressant pour nous, et l'un des beaux présents que Rome ait faits à l'Europe.

Le Pistachier est un arbre de moyenne grandeur, assez touffu, qui perd ses feuilles chaque année, dont les rameaux élastiques et flexibles sont couverts d'une écorce cendrée qui se crève par places pour laisser sortir beaucoup de gros points roux assez élevés.

Ses feuilles varient beaucoup dans leur composition ; on en trouve de simples, de conjuguées, de ternées, de bijuguées, et d'ailées à cinq folioles : ces folioles sont ovales-oblongues, quel-

---

(1) Cette amande est une de celles dont le développement offre des singularités remarquables : d'abord la noix qui la contient a déjà atteint presque toute sa grosseur, qu'on ne trouve encore dans son intérieur qu'un grand podosperme blanc diversement plissé, d'une nature moitié fibreuse et moitié charnue. Ce podosperme prend naissance à la base de la noix, se dirige obliquement le long de la suture la moins convexe, à laquelle il adhère dans la partie inférieure, s'élève jusqu'à la voûte, redescend un peu de l'autre côté, et se termine en une tête globuleuse et pendante ; c'est dans cette tête, qui doit servir d'arille à la graine, qu'est logé l'embryon, qui n'est encore qu'un point vert, et qui bientôt se développe en une grosse amande verte, qui doit remplir toute la capacité de la noix. C'est de cette manière que l'amande se trouve renversée, car sans la grande longueur et l'inflexion du podosperme elle se trouverait droite.

Quant aux fleurs mâles et femelles, je les ai décrites d'après nature, et n'y ai pas trouvé le calice que les auteurs leur attribuent ; mais, en les examinant fort jeunes, on trouve, à leur base, de trois à cinq petites écailles qui tombent promptement, et que je ne puis considérer comme un calice, puisqu'elles sont alternes. D'ailleurs, pour bien comprendre ce que je viens de dire, il faut avoir sous les yeux les figures que Turpin et moi en avons faites.

quefois arrondies à la base et terminées au sommet en pointe raccourcie ; d'autres fois elles sont arrondies ou échancrées au sommet et rétrécies à la base, mais toujours entières ou ondulées sur
les bords, parfaitement nues sur les deux faces, un peu luisantes,
d'un vert cendré, épaisses, coriaces, ayant les nervures beaucoup
plus saillantes en dessus qu'en dessous, ce qui est très-rare dans
les feuilles : celles-ci varient de 6 à 12 centimètres (2 à 4 pouces)
en longueur ; leur pétiole est aplati et comme membraneux sur le
bord.

Les fleurs naissent à l'extrémité des rameaux et dans les aisselles
des feuilles supérieures tombées à l'automne précédent ; elles y
paraissent d'abord sous la forme de gros boutons écailleux qui se
développent bientôt en panicules plus ou moins rameuses, et l'ensemble de ces panicules forme au bout de chaque rameau un gros
bouquet jaunâtre sur les fleurs mâles et verdâtre sur les fleurs
femelles ; elles sont toutes deux développées à Paris le 15 mai.

Les fruits viennent également par bouquets ; ils sont à peu près
de la forme et de la grosseur d'une Olive, jaunâtres, ponctués de
blanc vers le temps de la maturité et lavés de rouge du côté du
soleil. On les ouvre facilement en les pressant seulement entre les
deux doigts pour en tirer l'Amande, qui est très-verte, et que l'on
nomme particulièrement *Pistache*. Elle est un peu huileuse, nourrissante et très-agréable au goût. On la mange ordinairement
comme les Noisettes ; mais elle est bien plus délicate et plus parfumée.

On en compose des crèmes, des glaces ; on en fait des dragées
en les couvrant de sucre, et des diablotins en les couvrant de cho-
colat. Les Pistaches sont recommandées pour adoucir la toux, fortifier l'estomac ; elles conviennent aux phthisiques et aux convalescents.

Toutes les parties du Pistachier, excepté l'embryon, répandent
de la térébenthine et en développent l'odeur.

L'obliquité du fruit du Pistachier m'avait porté à soupçonner un
avortement dans la fleur, et, par analogie, qu'on aurait pu y trouver trois ovaires ; mais mes recherches ont été infructueuses. Les
ovaires, si jeunes que je les eusse examinés, m'ont toujours
paru parfaitement isolés les uns des autres, et jamais je n'ai pu
découvrir à leur base aucun indice d'autres ovaires avortés. Cependant Duhamel dit positivement que, si on examine attentivement
les Pistaches, on aperçoit presque toujours auprès du gros fruit
deux autres petits fruits avortés, et que cela indique.le moyen de
distinguer les Pistachiers des Lentisques.

Si l'on plante le Pistachier le long d'un mur au midi, il végète parfaitement sous notre climat. Vers la fin du xviiie siècle on en voyait au jardin des Plantes de Paris deux pieds, et Thoüin m'a assuré qu'on ne les couvrait jamais : ils ont vécu là une soixantaine d'années et n'ont jamais rapporté de fruits, parce qu'ils étaient tous deux mâles, et, chose incroyable, on ne s'est pas avisé d'en rendre un femelle par la greffe. Si donc on voulait faire un espalier de Pistachiers, il faudrait en planter au moins trois ou quatre ; et, comme on ne sait s'ils seront mâles ou femelles, on greffera des rameaux mâles sur deux de ces plants et des rameaux femelles sur les deux autres plants ; de cette manière, on sera sûr d'obtenir des fruits. Duhamel nous rapporte qu'il y avait dans un jardin de Paris un Pistachier femelle qui fleurissait chaque année et ne fructifiait jamais. Un printemps, il fit apporter contre cet arbre un autre Pistachier mâle en caisse, et la même année on obtint des fruits en abondance. L'individu mâle ayant été enlevé, l'autre n'a plus donné de fruit.

Il est étonnant que, d'après une expérience aussi décisive, Duhamel, ne fût-ce que par un sentiment philosophique, n'ait pas pensé à greffer une petite branche de son Pistachier mâle sur ce pauvre Pistachier femelle.

Vers 1810, Turpin et moi avons dessiné le Pistachier commun, *Pistacia vera*, qui est dans nos arbres fruitiers. Les individus sur lesquels nous avons pris nos échantillons étaient tous deux en espaliers dans la pépinière du Roule, à Paris, qui avait été plantée par l'abbé Naulin, et qui alors était tenue par son neveu de Lesserne, son successeur, et auquel a succédé du Petit-Thouars, jusqu'à la suppression de cette pépinière. Les deux Pistachiers qui y existaient encore alors étaient plantés le long d'un mur au couchant, avaient chacun environ 20 pieds d'envergure, et paraissaient avoir soixante ou quatre-vingts années d'âge. Chaque automne, du Petit-Thouars nous en apportait des fruits mûrs à la Société d'horticulture. Il existait aussi, bien entendu, des Pistachiers au jardin des Plantes ; il en a existé aussi dans l'école des arbres fruitiers le long d'un mur, au Luxembourg, dirigée par Hervy; mais je n'ai pas su si ces arbres ont jamais rapporté des fruits. Il faut à cet arbre un bon abri ou un climat plus chaud que celui de Paris pour qu'il rapporte des fruits, à condition qu'il y aura toujours un individu mâle planté à coté de l'individu femelle, ou les deux sexes à côté l'un de l'autre.

Pistachiers cultivés chez divers pépiniéristes.

	Pistachiers.
Traité des arbres fruitiers, par Poiteau et Turpin, 1807. .	1
Manuel complet du jardinier, par L. Noisette, 1825. . .	1
Traité des fruits, par M. Couverchel, 1839.	1
Catalogue des arbres fruitiers cultivés par M. Jacquemet-Bonnefont, à Annonay (Ardèche), 1847.	1
Catalogue de M. Croux, pépiniériste à la Saussaye, 1843.	1
Catalogue des arbres fruitiers cultivés par MM. Jamin et Durand, à Bourg-la-Reine, 1848.	1
Catalogue des arbres fruitiers cultivés par madame Levacher-Bruzeau et fils, à Orléans.	1
Catalogue des arbres fruitiers cultivés par M. André Leroy, à Angers, 1849.	1
Le Bon Jardinier, par M. Decaisne, membre de l'Académie des sciences, 1851.	1

CINQUANTE-DEUXIÈME LEÇON.

29. **Mûrier**, Duh.; *Morus*, Lin.; Mulberry en *anglais*, Mulbeer-
baume en *allemand*, Moro en *italien*, Morel en *espagnol*.

Genre de la famille des Morées, composé d'arbres exotiques à
feuilles alternes, simples, et dont les fleurs unisexes et disposées en
chatons ont pour caractères communs

1° *Fleur mâle :* calice à quatre divisions ; point de corolle ; quatre
étamines opposées aux divisions du calice ;

2° *Fleur femelle :* calice comme dans la fleur mâle ; point de
corolle ; un ovaire supérieur, monosperme, surmonté de deux styles
aigus ;

3° Fruit composé de l'assemblage de toutes les fleurs femelles
d'un chaton dont les calices sont devenus charnus, succulents, et
renferment une graine à deux cotylédons, entourée d'un périsperme.

Histoire, usage et culture.

Le nom de Mûrier ou *Morus*, qui vient du celtique *Mor* et signifie noir, a été donné d'abord à l'arbre que nous appelons toujours Mûrier noir, et auquel les uns assignent, pour patrie, l'Italie,
et les autres la Perse. C'est la seule espèce que les poëtes aient
chantée. Avec le temps, on a découvert qu'il en croissait d'autres
espèces en Turquie, en Tartarie, en Chine et même en Amérique,
de sorte qu'aujourd'hui il y a une douzaine d'espèces et au moins
autant de variétés bien connues. Quoique les fruits de tous les Mûriers soient à peu près mangeables, il n'y a pourtant que ceux du
Mûrier noir et ceux du Mûrier rouge jugés dignes de paraître sur
les tables. On les appelle alors *Mûres*, et c'est lorsqu'elles sont si
pleines d'un jus coloré qu'on peut à peine les toucher sans se rougir
les doigts, qu'elles ont acquis toute leur saveur et sont propres à

être mangées. Les Mûres sont nourrissantes et rafraîchissantes à la manière des Groseilles, des Fraises et des Framboises ; mais elles n'ont, étant bien mûres, ni l'acide des premières, ni le parfum des autres ; elles leur sont même inférieures quant à la saveur, et on les mange plutôt dans une vue hygiénique, comme rafraîchissantes, que pour toute autre raison. Quoique la Mûre rouge d'Amérique soit, selon moi, aussi bonne que la Mûre noire, on la cultive peu ou point pour la table. Un seul pied de ce Mûrier suffit pour la plus grande maison ; mais quelques cultivateurs en élèvent un plus grand nombre pour en vendre le fruit aux pharmaciens, qui en extraient le jus et en font un sirop rafraîchissant.

Quoiqu'il n'y ait guère que les poules, les dindons et les enfants qui mangent le fruit du Mûrier blanc, et que je puisse, en conséquence, me dispenser de parler de cet arbre dans un ouvrage de la nature de celui-ci, je crois cependant devoir en dire quelques mots à cause de son importance, relativement à l'économie industrielle.

Le Mûrier blanc, ainsi que le ver à soie qui se nourrit de ses feuilles, sont l'un et l'autre originaires de la Chine. La culture de l'un et l'éducation de l'autre étaient pratiquées en Chine 700 ans avant Abraham, et 2,700 ans avant Jésus-Christ. Ce fut l'empereur Koung-ti (empereur de la terre), qui régna sur la Chine plus de cent ans, qui institua le premier l'éducation des vers à soie dans des maisons appropriées à cet usage, et l'impératrice sa femme qui, la première, enseigna à tisser les fils de soie. Leurs successeurs continuèrent, longtemps après, d'avoir, dans leur propre palais, des appartements destinés à l'éducation des vers à soie, à laquelle les princesses prenaient une grande part. De la Chine, le Mûrier et le ver à soie se répandirent dans l'Inde, en Perse, en Arabie, et enfin dans toute l'Asie. Les expéditions d'Alexandre firent connaître et introduisirent l'usage de la soie en Grèce, 500 ans avant Jésus-Christ. Les Phéniciens firent aussi le trafic de soie et en importèrent l'usage dans l'est de l'Europe. Sous l'empereur Sévère les étoffes de soie se vendaient à Rome au poids de l'or, et l'empereur fit promulguer des lois qui condamnaient à mort ceux qui en porteraient. Au vi^e siècle, deux missionnaires arrivèrent de la Chine, apportant à Justinien des graines de Mûrier, et firent connaître comment on élevait les vers à soie en Chine. Justinien, plus éclairé que ne l'avait été Sévère, renvoya ces missionnaires en Chine, d'où ils revinrent en 555, et apportèrent, à Constantinople, des œufs de vers à soie. Alors commença une nouvelle ère pour le commerce de la soie : la Grèce planta des Mûriers. Après la chute de l'empire romain, les Arabes étendirent la culture du Mûrier et l'éducation du ver à soie ; l'une et l'autre passèrent en Espagne, en Portugal avec les Arabes ou les Sarrasins vers 711. De la Grèce le ver à soie passa en Sicile et à Naples en 1146, et y resta sans utilité jusqu'en 1540, qu'il s'étendit jusqu'en Piémont, et enfin dans toute l'Italie. Sa première apparition en France fut en 1494 ; mais il ne s'y établit finalement qu'en 1603, sous le règne et par les soins de Henri IV. Après la mort de ce prince, l'éducation des vers à soie, mal dirigée, mal administrée, découragée, a presque été abandonnée dans le centre de la France, et ne s'est maintenue que dans quelques provinces du Midi. Depuis 1820, elle s'est réveillée aux environs de Paris ; et, grâce au zèle éclairé et persévérant de M. Camille Beauvais et à l'introduction de quelques variétés nouvelles de Mûrier jugées plus nutritives que les anciennes, on doit espérer que ce genre d'industrie prendra de plus en plus un développement considérable.

Puisque je remplis ici le rôle d'historien, je ne dois pas omettre d'expliquer que, malgré les écrits de Dandolo, Moretti, Loiseleur-Deslongchamps, Robinet et plusieurs autres, l'éducation du ver à soie serait probablement restée à peu près un objet de curiosité sous le climat de Paris, sans l'importation du Mûrier multicaule, que M. Perrottet, botaniste du gouvernement, a trouvé à Manille en 1820, qu'il a porté à Cayenne, et de là, en France, en 1822. Ce Mûrier était cultivé avec prédilection par un Chinois établi à Manille, et il l'estimait le meilleur pour la nourriture du ver à soie. C'est d'après ces notions, que M. Perrottet mit le comble à la réputation de ce Mûrier, qui se multiplie, d'une manière étonnante, de boutures, et auquel la reconnaissance attacha son nom, tandis que quelques auteurs tracassiers ou jaloux s'efforçaient de le faire désigner par les noms de Mûrier des Philippines et de Mûrier en capuchon. Ainsi c'est le Mûrier multicaule qui a ranimé l'espérance presque éteinte de pouvoir éduquer le ver à soie avec profit sous le climat de Paris ; et, si cette industrie s'y implante solidement et y prospère, si le mal appelé *muscardine* (1),

---

(1) Aucun auteur ne nous apprend que la muscardine soit connue en Chine, et il n'y a pas encore beaucoup d'années que cette maladie est connue en France. Je ne veux pas donner à mon opinion plus de mérite qu'elle n'en vaut ; mais je crois que le mal appelé muscardine a son origine dans la sève de quelques variétés de Mûrier dont on nourrit le ver à soie, et, si la chimie s'appliquait à analyser les feuilles de toutes les espèces de Mûrier avec lesquelles on nourrit les vers à soie, on découvrirait sans doute celle ou celles de ces espèces qui ont la propriété de produire la muscardine aux vers qui les mangent ; car il n'arrive rien sans cause, et la chimie paraît assez avancée pour découvrir cette cause.

qui donne des craintes, peut être combattu avec succès, la cause déterminante qui fait que le ver à soie enrichit la France sera due à la culture du Mûrier Perrottet.

Cependant les Américains des États-Unis, qui marchent à pas de géant dans toutes les améliorations, pourraient très-bien nous dépasser à la faveur de leur climat moins variable que le nôtre. Ils s'adonnent sérieusement à la plantation du Mûrier, à l'éducation du ver à soie et à la fabrication des étoffes de soie; et, s'il faut juger de leurs progrès par un ouvrage intitulé, *Ars of raising the Mulberry and Silk*, publié en 1835, peu d'années suffiront pour faire pencher la balance en leur faveur dans cet article important du commerce.

Quant à la culture et à l'éducation du Mûrier, je ne pourrais rien dire ici que je n'aie dit dans la culture des arbres fruitiers où je renvoie le lecteur. Je rappellerai seulement que les Mûres mûrissent de la fin de juillet jusqu'à la fin de septembre.

Mûriers cultivés dans diverses pépinières.

	Mûriers.
Traité des arbres fruitiers, par Poiteau et Turpin, 1807.	2
Catalogue des arbres fruitiers cultivés par Hervy, de la pépinière du Luxembourg, 1809.	3
Manuel complet du jardinier, par L. Noisette, 1825.	5
A guide of the orchard and kitchen garden, by John Lindley, 1831.	2
Traité des fruits par M. Couverchel, 1839.	3
The fruits and fruit trees of America, by A. J. Downing, 1846.	3
Catalogue des arbres fruitiers cultivés par Jacquemet-Bonnefont, d'Annonay, 1847.	3
Catalogue des arbres fruitiers cultivés par M. Croux, à la Saussaye, 1847.	3
Catalogue des arbres fruitiers cultivés par MM. Jamin et Durand, à Bourg-la-Reine, 1848.	4
Catalogue des arbres fruitiers cultivés par madame veuve Levacher-Bruzeau et fils, à Orléans, 1847-48.	1
Catalogue des arbres fruitiers cultivés par M. André Leroy, à Angers, 1849.	3
Le Bon Jardinier, par M. Decaisne, de l'Académie des sciences, 1851.	3

30. **Figuier**, Duh.; *Ficus*, Lin.; Fig en *anglais*, Feigenbaum en *allemand*, Fico en *italien*, Figuera en *espagnol*.

Personne n'a de vénération, plus que moi, pour la mémoire du très-savant Antoine-Laurent de Jussieu; mais cependant je ne puis être de son avis quand il a créé l'ordre *Ortie*, et qu'il a placé dans cet ordre le Figuier et le précieux arbre à pain. Puisqu'il a trouvé que l'Ortie avait des rapports avec le Figuier et l'arbre à pain, il était naturel de la mettre à la suite; et, depuis 1789 que Jussieu a écrit son livre, cela me fait mal toutes les fois que j'y pense. S'il avait établi l'ordre *Artocarpées* et qu'il eût mis les Orties à la fin de cet ordre, cela m'aurait semblé naturel; mais, tant que je vivrai, je verrai toujours avec peine qu'un botaniste aussi célèbre que Jussieu ait fait l'ordre des Orties, et qu'il y ait intercalé le célèbre arbre à pain.

Le genre Figuier est très-nombreux en espèces exotiques, et il en croît dans les quatre parties du monde, surtout dans les pays chauds. Plusieurs espèces sont des arbres énormes dans l'Amérique méridionale; tous ont la séve laiteuse; presque tous ont les feuilles entières, alternes, et le bouton recouvert de deux bractées en forme de gaîne. Les fleurs, toujours extrêmement petites, naissent sur la partie interne des réceptacles charnus, arrondis ou turbinés qui deviennent *Figues*. Les fleurs, dans nos Figuiers domestiques, sont simplement femelles et composées, chacune, d'un calice à cinq divisions lancéolées, et d'un style presque latéral, divisé supérieurement en deux ou trois stigmates aigus et divergents. Les ovaires se changent en de petites graines dont l'Amande, formée de deux cotylédons et d'une radicule supérieure, est entourée d'un périsperme charnu.

Observations. Je sais que les botanistes indiquent, dans le réceptacle florifère qui devient Figue, des fleurs mâles à trois étamines placées au-dessus des fleurs femelles; mais, depuis plus de quarante années que j'observe des fleurs de Figuier aux environs de Paris, je n'ai pu y découvrir une seule étamine.

L'histoire de la caprification, décrite par les anciens et observée par Tournefort dans les îles de l'Archipel, ne peut-elle pas faire soupçonner que nos Figuiers domestiques appartiennent à une race dioïque dont nous avons beaucoup multiplié les individus femelles et dont les individus mâles sont négligés ou ignorés? Mais comment tous nos Figuiers qui se trouvent toujours femelles et qui portent toujours des fruits qui mûrissent très-bien peuvent-ils mûrir sans avoir été fécondés , puisqu'on n'y trouve aucune étamine, au moins dans tous les Figuiers cultivés aux environs de Paris?

La caprification, pratiquée dans le Levant, observée par Tournefort, regardée comme indispensable pour obtenir des Figues , décrite par Jussieu, a été cependant regardée comme inutile par Olivier, de l'Académie des sciences. Cet auteur dit : « La caprification, dont quelques anciens et quelques modernes ont parlé « avec admiration , ne m'a paru autre chose qu'un tribut que « l'homme payait à l'ignorance et au préjugé. En effet, dans beau-« coup de contrées du Levant, on ne connaît pas la caprification... « On la néglige depuis peu dans les îles de l'Archipel, où on la « pratiquait autrefois, et cependant on obtient partout des bonnes « Figues à manger. »

Mais Olivier ne dit rien des étamines et ne réfute pas directement Tournefort, qui dit positivement que les Figues non caprifiées tombent toutes avant la maturité. De Candolle , qui écrivait en 1805, et qui , à l'article *Figuier*, cite Desfontaines, Gaertner, Duhamel, Rosier, Lamarck et Garidel, dit que les fleurs du Figuier ont de trois à cinq étamines ; mais moi, qui cherche ces étamines depuis quarante-cinq ans dans les Figuiers aux environs de Paris , et qui n'en ai jamais trouvé une, et qui pourtant remarque que les Figues viennent très-bien sans étamines , je suis obligé de me demander si les Figues peuvent mûrir sans fécondation préalable, ou si elles peuvent s'en passer, question que l'âge me force à laisser résoudre à quelqu'un de mes confrères.

Histoire , usage et culture.

La nature de cet ouvrage ne me permet pas d'entrer dans les grands détails de l'histoire des Figuiers : on sait que leur culture remonte à la plus haute antiquité ; on sait que les Romains les cultivaient, mais qu'ils n'en possédaient pas les plus belles variétés, car on raconte que Caton, qui sans cesse prêchait la ruine de Carthage, fit enfin résoudre Rome à la troisième guerre punique, en jetant au milieu du sénat des Figues venues de Carthage en trois jours de navigation. Lorsqu'il vit les sénateurs s'écrier sur la beauté de ces Figues, il leur dit : « Eh bien, la terre où croissent ces fruits merveilleux n'est qu'à trois journées de Rome. »

Dans les îles de l'Archipel, en Italie, en Espagne, et même en Provence, le Figuier s'élève sur une seule tige et devient un arbre de plein vent. Aux environs de Paris, il reste arbrisseau et produit plusieurs tiges qui ont besoin d'être préservées des fortes gelées ; aussi le plante-t-on ordinairement au pied des murs bien exposés au midi, et l'enveloppe-t-on encore de paille ou de Fougère aux approches de l'hiver. Cependant les habitants d'Argenteuil, village situé à 3 lieues au nord de Paris, le cultivent en grand et en plein champ, et c'est ce village qui, presque seul, alimente Paris de Figues fraîches dans la saison. Quand les gelées approchent, les cultivateurs font des fosses au pied de leurs Figuiers, en abaissent les tiges et les branches dans ces fosses, les y fixent avec des crochets de bois, et les recouvrent d'environ 6 pouces de terre ; ils buttent ensuite les arcs, les coudes et les branches qu'ils ne peuvent faire entrer dans ces fosses, en jetant de la terre dessus. Mais, soit qu'on enterre les Figuiers, soit qu'en les laissant debout on en rassemble les branches en paquet, et qu'on les couvre de paille ou de Fougère, il est rare de voir ces branches se conserver à Paris au delà de douze ou quinze ans, parce que, dans le courant de cette période, il arrive toujours une année où il gèle assez fort pour faire mourir toutes les plantes. Quand cela arrive, on coupe rez terre le bois gelé, et il sort de la souche de nouvelles branches qui donnent des fruits dès la troisième année.

Le Figuier vit très-longtemps : il n'est pas difficile sur la nature du terrain ; il craint cependant une humidité permanente, mais il aime les arrosements dans l'été. Il ne veut pas être taillé ; on doit seulement lui ôter le bois mort et supprimer les bourgeons trop faibles pour porter des fruits. Les cultivateurs d'Argenteuil pincent l'extrémité des branches fructifères quand les Figues sont bien arrêtées ; par ce moyen, ils hâtent la maturité et s'opposent ordinairement au développement des Figues d'automne, qui ne mûriraient jamais complétement, et qui, étant une anticipation sur l'année suivante, en diminuent le nombre et la valeur.

Quelques jardiniers de Paris cultivent les Figuiers en caisse et les rentrent, l'hiver, dans le fond d'une orangerie, où ils ne demandent aucun soin ni aucune mouillure jusqu'à leur sortie ; mais, une fois dehors, il faut les mouiller abondamment et fréquemment, si l'on veut que ces fruits ne tombent pas et qu'ils parviennent à une certaine grosseur, qui ne sera jamais aussi belle que si les arbrisseaux étaient tenus en pleine terre.

La multiplication du Figuier par graine n'est pas usitée à Paris. Cet arbrisseau pousse naturellement de sa souche beaucoup de bourgeons qu'on lève au bout d'un an ou deux avec leur talon presque toujours muni de racines, et qu'on replante en bonne terre à une exposition convenable ; mais les marchands ont aussi des mères de Figuiers, dont les scions, couchés et marcottés chaque année, offrent une multiplication aussi sûre qu'abondante.

Toutes les Figues cueillies aux environs de Paris se mangent fraîches ; celles du commerce, séchées au four ou au soleil, nous viennent la plupart de la Provence et du Languedoc, et sont des espèces que nous ne pourrions espérer cultiver ici avec succès. Les Figues fraîches paraissent sur les tables en hors-d'œuvre, et les Figues sèches au dessert : les premières rafraîchissent ; les secondes nourrissent et engraissent. Les unes et les autres se mangent avec du pain, et sont regardées comme un aliment sain et agréable.

Je ne dois ni ne peux rapporter ici les nombreuses variétés de Figues qui se trouvent dans les parties méridionales de la France, parce que, s'il y en a d'un mérite distingué, il y en a aussi qui sont inférieures et négligées dans les endroits où elles croissent, et que les meilleures ne peuvent être cultivées avec succès sous le climat de Paris. Parmi les cinq variétés qu'on trouve dans nos jardins, les cultivateurs d'Argenteuil n'en cultivent qu'une, *Ficus carica*, Lin., ou *Ficus sativa*, Duh., *fructu turbinato, albo, multifluo*, et c'est la meilleure de toutes les variétés pour notre climat, où elle commence à mûrir vers la mi-juillet.

Au reste, voir les articles intéressants de Bosc et de M. Couverchel au sujet du Figuier ; et, malgré une expérience du docteur Pernotti citée par M. Couverchel, je ne vois pas pourquoi ici je n'ai jamais trouvé d'anthères dans les fleurs de Figues pour les féconder, et que pourtant ces Figues mûrissent toujours bien.

Figuiers annoncés sur divers catalogues.

	Figuiers.
Catalogue des plus excellents fruits de la pépinière des Chartreux, à Paris, 1752.	3
Traité des arbres fruitiers, par Poiteau et Turpin, 1807.	3
Catalogue des arbres fruitiers cultivés par Hervy, à la pépinière du Luxembourg, 1809.	10
Manuel complet du jardinier, par L. Noisette, 1825.	37
Catalogue of the fruits cultivated in the garden of the horticultural Society of London, 1831.	89
A guide to the orchard and kitchen garden, by George Lindley, 1831.	27
Traité des fruits, par M. Couverchel, 1839.	37

51. NOYER, Duh.; *Juglans*, Lin.; Walnut en *anglais,* Wallnauss-
baum en *allemand*, Nocil en *italien*, Nogal en *espagnol*.

Genre de la famille des Amentacées, Juss., des Juglandées, Decaisne, qui comprend plusieurs grands arbres d'Europe et d'Amérique à fleurs monoïques.

CARACTÈRES GÉNÉRIQUES.

Fleurs mâles sur les pousses précédentes.
Fleurs femelles sur les pousses actuelles.
Mâle. Chatons longs, cylindriques, lâches, imbriqués d'écailles
lancéolées, distantes, terminées par une lame triangulaire. Chaque
écaille de ce chaton porte, du côté supérieur, un calice sessile, con-
cave, à six découpures ovales, entourant dix-huit à vingt-quatre
anthères sessiles, droites, bilobées, biloculaires, à loges oblongues,
distantes, s'ouvrant par le côté et unies par un connectif foliacé
plus long qu'elles.
Femelle. Ovaire uniloculaire, ovale, pubescent, couronné par
un petit calice obscurément denté, du fond duquel s'élèvent quatre
pétales lancéolés, droits, marcescents, et un style profondément divisé en deux grands stigmates divergents, couverts de papilles fo-
liacées.
Le fruit est une Noix ovale, bivalve, osseuse, recouverte d'une
enveloppe charnue appelée *brou:* cette Noix est divisée intérieure-

ment,.à la base, en quatre demi-loges, par des cloisons membraneuses, et contient une grande amande sinueuse, à quatre lobes, et radicule supérieure.

Histoire, usage et culture.

Au rapport de Pline, le Noyer ordinaire est originaire de Perse, d'où il a passé en Grèce, de Grèce en Italie, et enfin dans une très-grande partie de l'Europe, où il s'est naturalisé et a produit plusieurs variétés.

Rozier, dans son *Traité d'agriculture*, à l'article *Noix*, décrit longuement l'éducation du Noyer, discute à fond les avantages et les inconvénients de sa culture, et le considère enfin sous tous les rapports possibles. J'emprunterai donc à cet ouvrage la substance des faits qui peuvent entrer dans mon cadre, beaucoup plus étroit que celui de Rozier, et je renvoie à cet auteur ceux qui voudraient de plus grands détails sur le Noyer.

La grosseur du tronc de cet arbre, la vaste étendue de ses branches, l'ombre considérable qu'il porte, l'odeur forte de ses feuilles, le grand nombre d'années qu'il faut attendre pour jouir de ses fruits sont des raisons suffisantes pour autoriser son exclusion des jardins. Je crois même qu'il serait absurde de le cultiver, par spéculation lucrative, dans un terrain susceptible de toute autre culture. Il n'y a personne qui n'ait été frappé du tort considérable qu'il porte aux graines-céréales de son voisinage. Sa tête altière et superbe, ses racines longues et nombreuses ne permettent pas même aux arbres domestiques de croître auprès de lui; c'est un être insociable qu'il faut isoler, ou se résoudre à le voir dévorer tout ce qui l'entoure.

Mais, lorsqu'on plante un arbre, ce n'est pas toujours dans l'intention de s'enrichir; c'est souvent pour jouir de sa beauté et de ses fruits, sans s'embarrasser de ce que doit coûter cette jouissance. C'est ainsi que nous cultivons, à grands frais, dans un mauvais terrain, des légumes que nous payerions beaucoup moins cher sur les marchés de la capitale, et que nous plantons des arbres de pur agrément dans le meilleur terrain. Ne voyons-nous pas tous les jours des arbres nuire sensiblement à la salubrité d'une maison, en accélérer la ruine par leur trop grande proximité, et le maître s'obstiner à les conserver ?

Un coteau pierreux, au couchant, convient parfaitement au Noyer. Il végète très-bien dans les lieux bas et humides; mais il y craint trop les gelées tardives. Les carrefours, les lieux vagues, le bord des chemins où l'on ne cultive pas de céréales, les lisières des pâturages sont les endroits où l'on doit planter les Noyers lorsqu'on les considère comme des arbres fruitiers.

La multiplication ordinaire de cet arbre se fait par semis à demeure et en pépinière. Si le semis à demeure était toujours praticable, il serait beaucoup préférable à l'autre, en ce que par son moyen l'arbre conserverait son pivot, qui le ferait végéter avec vigueur; mais l'enfance d'un Noyer est si longue, et le lieu qu'on lui destine est toujours si éloigné de l'œil et de la main du maître, qu'il n'échapperait que par miracle aux nombreux dangers dont il serait entouré. L'usage le plus général est donc d'élever le Noyer de graine en pépinière, et de ne le planter en place que quand il est assez fort pour pouvoir se défendre; alors la reprise en est assez difficile : il en meurt ordinairement un certain nombre, ou ils languissent pendant quelques années, après lesquelles ils végètent avec vigueur. Pour en faciliter la reprise et ne pas tant risquer en les mettant en place, on doit les transplanter au moins trois fois dans l'espace de six à huit ans qu'ils restent en pépinière, afin de détruire leur pivot et les obliger à pousser des racines latérales qui en facilitent beaucoup la reprise.

Ce n'est qu'à l'âge de dix à quinze ans de plantation qu'un Noyer ordinaire rapporte du fruit d'une manière remarquable. Il paraît être dans sa plus grande croissance à l'âge de quatre-vingts ou cent ans, et c'est alors qu'il convient de l'abattre pour tirer le plus grand parti possible de son bois.

On cultive depuis longues années, au jardin des Plantes de Paris, un Noyer dit de la Saint-Jean, et qui a la singulière propriété de ne commencer à pousser que dans le mois de juin; de sorte que ses pousses ne sont jamais atteintes de la gelée, et qu'il produit des fruits tous les ans. Ces fruits ne sont pas très-gros, mais sont aussi bons que les autres, qui, cette année 1852, sont tous gelés aux environs de Paris, et produiront peu ou point de fruit; cette espèce mérite d'être plus multipliée qu'elle ne l'est.

Depuis dix années seulement, M. Jamin, habile pépiniériste à Bourg-la Reine, près Paris, a fait l'acquisition d'un Noyer qui fructifie la deuxième année de semis, et dont le fruit est également bon; c'est une des plus intéressantes espèces.

Toutes les Noix ne reproduisant pas constamment leur espèce, il serait bon que les pépiniéristes se missent tous dans l'usage de les greffer; car en semant telles Noix on n'est jamais sûr d'en recueillir de semblables. La greffe en flûte et en écusson se pratique avec succès dans plusieurs départements méridionaux selon Rozier, et tout invite les cultivateurs des environs de Paris à introduire cet usage, afin qu'on ne trouve plus, dans le commerce, des Noix si dures et dont l'amande est si difficile à extraire de la coquille, qu'on renonce à les manger.

L'hiver de 1709 fit périr la majeure partie des Noyers en France; ceux de 1769 et 1788 les endommagèrent beaucoup et leur occasionnèrent des crevasses longitudinales qui détruisirent une partie de leur organisation, affaiblirent leur végétation et altérèrent sensiblement la qualité de leur bois.

On sait que le bois du Noyer est très-recherché et très-cher, qu'il fournit des planches longues, minces, et qu'une fois sèches elles ont l'avantage de ne plus se tourmenter. Les menuisiers, les carrossiers, les ébénistes, les sculpteurs, les statuaires font beaucoup de cas du bois de Noyer, qu'ils remplacent très-difficilement par un autre bois indigène. Les meubles en Noyer tiennent le premier rang après l'Acajou; cependant, depuis quelques années, on en voit de très-beaux en Merisier, qui n'ont pas, il est vrai, sa solidité, mais dont la couleur rouge plaît davantage. En 1806, j'ai vu, à l'exposition des produits de l'industrie nationale, un superbe secrétaire destiné à l'empereur, fait de bois d'Orme crû en France. Ce bois avait les accidents les plus heureux et les plus rares, et rivalisait avec le plus riche Acajou.

Les chatons mâles du Noyer, séchés à l'ombre et mis en poudre à la dose d'environ 4 grammes (1 drachme) dans de l'eau de Plantain, sont recommandables pour la dyssenterie; cependant, dans d'autres cas, ils sont aussi émétiques et sudorifiques.

On fait usage de l'huile de Noix dans la médecine, dans les aliments et dans les arts : sa propriété siccative la fait employer en peinture, en place d'huile de Pavot, qui tient le premier rang; elle est aussi estimée bonne contre les vers et contre la gale qui vient au visage des enfants.

Les anciens ont reconnu dans la Noix une espèce de contrepoison. Pline rapporte que Mithridate faisait un grand cas d'un antidote composé de deux Figues, deux Noix et vingt feuilles de Rue avec un grain de sel. En Angleterre, les Noix rôties, mangées à jeun, sont regardées comme un préservatif contre le mauvais air.

On fait, dans les campagnes, un ratafia nommé *brou de Noix*, employé comme stomachique, et dont les bons effets me sont connus. Telle est sa composition : faites infuser une douzaine de Noix vertes avec leur brou et un peu concassées dans 1 litre d'eau-de-vie; trois semaines après, décantez la liqueur et ajoutez-y du sucre.

Tout le monde connaît et mange des cerneaux. Les Noix fraîches sont très-agréables ; elles excitent l'appétit dans les bons estomacs, mais les poitrines faibles les craignent. Il est inutile de les défendre quand elles sont vieilles, car alors elles sont rances, provoquent la toux, nuisent à la gorge, et rebutent quiconque voudrait en manger.

Enfin M. de Gasparin, membre de l'Institut, vient de traiter du Noyer dans son *Cours*, et je conseille au lecteur de le consulter, comme le fait dans le *Bon Jardinier* M. Decaisne, son confrère.

Noyers cultivés dans diverses pépinières.

	Noyers.
Traité des arbres fruitiers, par Poiteau et Turpin, 1807.	5
Catalogue des arbres fruitiers cultivés par Hervy, à la pépinière du Luxembourg, 1809.	15
Manuel complet du jardinier, par L. Noisette, 1825.	14
Catalogue des fruits cultivés dans le jardin de la Société d'horticulture de Londres, 1851.	51
Traité des fruits, par M. Couverchel, 1839.	13
The fruits and fruit trees of America, by A. J. Downing, 1846.	5
Catalogue des fruits cultivés par Jacquemet-Bonnefont, à Annonay, 1847.	7
Catalogue des arbres fruitiers cultivés par Croux, à la Saussaye, 1847.	7
Catalogue des arbres fruitiers cultivés par Jamin et Durand, à Bourg-la-Reine, 1848.	7
Catalogue des arbres fruitiers cultivés par madame Levacher-Bruzeau et fils, à Orléans, 1847-48.	4
Catalogue des arbres fruitiers cultivés par M. André Leroy, à Angers, 1849.	6
Le Bon Jardinier, par M. Decaisne, de l'Académie des sciences, 1851.	9

52. NOISETIER, Duh. ; *Corylus*, Lin. ; Hazelnut en *anglais*, Nassbaum en *allemand*, Avellano en *espagnol*.

Genre de la famille des Cupulifères, comprenant plusieurs grands arbrisseaux indigènes et exotiques à feuilles simples, alternes, stipulées, à feuilles monoïques, disposées en chatons, et dont le caractère est d'avoir

1° *Les fleurs mâles* disposées en longs chatons cylindriques , composés d'un axe filiforme, autour duquel sont insérées un grand nombre d'écailles imbriquées, trifides, à division intermédiaire dorsale.

2° Chaque écaille du chaton est munie, du côté intérieur, de huit ou douze anthères ovales, presque sessiles, uniloculaires, s'ouvrant de bas en haut, et terminées supérieurement par deux ou plusieurs petites soies.

3° *Fleurs femelles* placées au-dessus des chatons mâles, réunies en petits boutons ovales, formés d'écailles imbriquées, non tri-fides, et dont les plus extérieures recouvrent des rudiments de feuilles, tandis que les plus intérieures recouvrent chacune trois pistils.

4° Ovaires ovales, adhérents, entourés chacun, en particulier, d'une cupule frangée, et surmontés de deux styles très-longs, tou-jours rouges, terminés en pointe.

5° Une Noix osseuse, ovale, évalve, couronnée par un rudiment de calice, et entourée d'un grand involucre (cupule, *Rich.*) découpé ou frangé au sommet. Dans sa jeunesse, cette Noix contient deux ovules soutenus par un long cordon qui part de la base et s'élève jusqu'au sommet de la cavité : des deux ovules un seul persiste ordinairement, et il se développe une grosse amande qui emplit toute la cavité du fruit; cette amande, recouverte d'une mince membrane, se compose de deux grands cotylédons, d'une gemmule et d'une très-petite radicule à peine saillante au sommet.

Observation. Il y a, dans toutes les Noisettes, un très-grand pé-risperme, qui diminue de volume à mesure que l'embryon gros-sit, et dont il ne reste que les débris desséchés quand l'embryon est mûr. On trouve souvent des graines dont le périsperme très-mince est disparu plus ou moins à la maturité ; mais celui des Noisettes me semble faire une exception bonne à remarquer. Le contraire a lieu dans le *Cocos nucifera ;* là le noyau ne contient d'abord que de l'eau qui peu à peu se change en périsperme solide autour de l'in-térieur de la Noix.

Histoire et culture.

Linné, qui regardait les divers Noisetiers d'Europe comme des variétés les unes des autres, crut devoir les rassembler tous sous l'ancien nom *Avellana*, Aveline, nom tiré, dit-on, d'Avellino, ville du royaume de Naples ; mais, sans m'arrêter à analyser les lois éta-blies par Linné pour distinguer les espèces de variétés, je fais observer qu'aujourd'hui chaque botaniste fait d'une plante une espèce ou une variété, selon qu'il lui trouve une plus ou moins grande somme de caractères, et que (ce qui est inévitable) chaque botaniste, accordant à tel caractère une valeur plus ou moins grande, selon la justesse de son jugement, ou d'après les notions plus ou moins étendues qu'il possède sur l'objet examiné, il est impossible qu'il en résulte une décision uniforme. Nous devons donc nous attendre à voir continuellement une vacillation dans cette partie de la botanique, tant qu'on n'y appliquera pas de nouvelles lois basées sur une observation rigoureuse de celles de la nature.

C'est, en effet, parce que chaque botaniste agit *suo mente* que Willdenow a élevé au rang d'espèce, sous le nom de *Corylus tubulosa*, notre Noisetier franc, regardé par Linné comme une variété de celui des bois, et que de Candolle, dans la *Flore française*, publiée postérieurement au *Species* de Willdenow, n'adopte pas cette nouvelle espèce, et s'en tient au texte de Linné.

Les Noisetiers forment un genre très-simple et très-naturel, composé aujourd'hui de sept espèces et quelques variétés : deux nous sont venues d'Amérique, et sont les plus petites du genre ; trois croissent naturellement en Europe et se développent en grands arbrisseaux ; les deux autres, originaires d'Orient, sont de grands arbres. Toutes ont les jeunes pousses pubescentes et légèrement visqueuses, les feuilles simples, plissées, alternes, soyeuses dans leur jeunesse, et munies, en dessous, de glandules brillantes ; elles sont accompagnées de stipules d'une organisation plus simple qu'elles, qui adhèrent en partie au bourgeon et en partie au pétiole, et qui tombent de très-bonne heure. Ces stipules, qui ne sont autre chose que les écailles intérieures des boutons, n'offrent aucune différence dans les six espèces de Noisetier qui ont les boutons obtus ; les premières développées sont partout arrondies, les autres oblongues, les suivantes lancéolées, et enfin celles qui se trouvent à l'extrémité des rameaux sont linéaires. Ainsi, quand Linné, et après lui Willdenow, ont dit que telle espèce avait les stipules ovales et que telle autre les avait linéaires, c'est que dans la première ces auteurs ne voyaient que les stipules du bas d'un bouton, et que dans la seconde ils ne voyaient que les stipules du sommet.

Les fleurs des Noisetiers commencent à paraître en septembre, et sont parfaitement développées en mars aux environs de Paris. Les feuilles ne se développent que longtemps après les fleurs ; elles ont, dans leur involution, les deux demi-lames appliquées l'une contre l'autre, et recouvertes par les deux stipules. Le nombre d'ovaires contenus dans chaque bouton femelle varie, selon les espèces, de six à **vingt-quatre**; de sorte qu'il en avorte toujours un certain nombre.

Jusqu'à Gaertner, on avait nommé *calice* l'enveloppe de la Noisette; mais ce botaniste, ayant considéré comme un véritable calice la petite couronne qui termine le fruit, on fut obligé de nommer l'ancien calice *involucre*. Richard vint ensuite démontrer l'analogie de cet involucre avec la cupule qui soutient le gland du Chêne, et proposa de lui donner le même nom. Cette dernière vue, étant toute nouvelle, n'est pas encore généralement adoptée; mais elle est très-philosophique, et ne peut manquer d'être bien reçue par tous les botanistes qui travaillent aux progrès de la science.

La Noisette a déjà atteint sa grosseur naturelle avant que son amande ait encore pris aucun développement sensible; cette Noisette est alors remplie d'un grand périsperme d'une substance blanche, spongieuse, acidulée, qui disparaît ensuite peu à peu en faisant place à l'amande, qui se développe, sans doute, aux dépens de cette même substance.

La culture du Noisetier se réduit à bien peu de chose aux environs de Paris. Je la crois plus étendue vers l'Espagne et dans nos départements méridionaux; mais je n'en ai d'autre preuve que l'abondance des Noisettes qui nous viennent de ces pays.

On ne cultive dans nos jardins, comme arbres fruitiers, que la Noisette franche et l'Aveline; les autres espèces y sont considérées comme des arbres d'agrément. Elles aiment l'exposition du nord; aussi est-ce toujours à cette exposition qu'on établit la Noiseterie. Les jeunes pieds se plantent à 1 mètre du mur et à 3 ou 4 mètres l'un de l'autre, et, pourvu que la terre soit bien perméable aux racines et d'une moyenne fertilité, ils ne tardent pas à pulluler et à former autant de touffes, dont les tiges vigoureuses s'élèveront à la hauteur de 4 à 5 mètres, étendront leurs têtes en tous sens et donneront du fruit en quantité. On emploie ordinairement, pour former une Noiseterie, des drageons pris au pied d'anciens Noisetiers dont on connaît bien l'espèce, ou bien des marcottes élevées sur des *mères* dans les pépinières; mais on peut aussi employer avec succès des Noisettes choisies parmi celles qui se trouvent nouvellement dans le commerce, en les mettant en terre, soit en place, soit en pépinière, après les avoir stratifiées comme les autres noyaux. Il faut pourtant observer que les mulots, les rats en sont très-friands, et que, quoique germées par la stratification, ils en enlèveraient encore une bonne partie, s'ils les trouvaient. Forsyth dit : « J'avais une fois semé, dans le jardin botanique de Chelsea, « plusieurs mesures de la grosse Noisette de Barcelone, dans des

« pots placés dans deux châssis à une distance considérable l'un de
« l'autre ; ces Noisettes furent toutes enlevées par les rats en une
« seule nuit. En cherchant autour de l'enveloppe d'un châssis où
« nous avions tenu des plantes d'orangerie en hiver, je trouvai
« plus d'une mesure de Noisettes dans un tas, que je ressemai im-
« médiatement en les couvrant d'ardoises, et de ces Noisettes j'ob-
« tins plusieurs belles plantes. »

Quand une tige de Noisetier a de quinze à vingt ans d'âge, elle
commence à perdre de sa vigueur (1) ; alors il est bon de la couper
rez terre pour donner de l'air et de la force à plusieurs scions qui
ont poussé sur la souche et qui la remplaceront avantageusement.
En rajeunissant ainsi le Noisetier de temps en temps, il vit un très-
grand nombre d'années.

Les jeunes tiges de Noisetier sont très-flexibles et propres à divers ouvrages de vannerie et à faire de petits cerceaux. Lorsqu'elles
sont grosses, on en fait des tasses, des étuis, des pieux, des four-
ches, des claies, des échalas et du bois de chauffage. Le charbon de
Noisetier sert à faire des crayons, de la poudre à canon. Je connais plusieurs coteaux pierreux plantés en Noisetiers qui forment
taillis, et qu'on abat tous les dix ou quinze ans pour faire des
bourrées.

L'amande de la Noisette est inodore, d'une saveur douce et
agréable : on en retire un suc laiteux, émulsif, et une huile très-
douce employée à divers usages ; mais, en général, les Noisettes
sont plus destinées à être mangées fraîches ou sèches qu'à tout autre
usage.

Les jeunes gens de la ville ne se doutent pas du plaisir que les
jeunes gens de la campagne ont à aller cueillir la Noisette. Écoutez
Virgile : « Phyllis aime le Noisetier plus que tous les autres arbres ;
« eh ! pourquoi ? parce que c'est sous un Noisetier que le beau Co-
« rydon lui a juré un amour éternel. »

Noisetiers cultivés dans diverses pépinières.

Noisetiers.

Traité des arbres fruitiers, par Poiteau et Turpin, 1807. .   8
Catalogue des arbres fruitiers cultivés par Hervy, au Luxem-
    bourg, 1809.   8
Manuel complet du jardinier, par L. Noisette, 1825. . .   15

---

(1) J'excepte ici le Noisetier de Constantinople et celui du Levant, qui forment
de grands arbres.

CINQUANTE-TROISIÈME LEÇON.

53. **Chataignier**, Duh.; *Castanea*, Lin.; Chestnut en *anglais*,
Castainenbaum en *allemand*, Castagno en *italien*.

Genre à fleurs monoïques, les mâles en chatons, de la famille
des Quercinées, composé d'arbres à fleurs simples, munies de stipules caduques, et dont le caractère est d'avoir

Fleurs mâles : calice profondément divisé en cinq ou six découpures obtuses, soyeuses et concaves; il contient dix à douze étamines (quinze à vingt, selon Linné), à filets très-longs, menus,
aplatis en ruban, et dont l'extrémité supérieure est rabattue dans
le fond du calice avant l'anthère; ces filets se déploient ensuite,
deviennent droits, divergents, et l'anthère qu'ils portent à leur
sommet est ovale, bilobée, biloculaire.

Fleurs hermaphrodites : calice en cupule arrondie, d'une seule
pièce, mais divisible en plusieurs valves ouvertes et découpées au
sommet, couvertes en dehors de petites lames irrégulièrement imbriquées, renversées dans leurs parties supérieures. Ces petites lames
se dessèchent bientôt et sont remplacées par une grande quantité
de pointes rouges sur quatre rangs, et qui étaient déjà apparentes
entre les lames.

Chaque cupule contient de trois à huit ovaires figurés en bouteille, insérés au fond de la cupule, soyeux en dehors et en dedans,
évasés supérieurement en un petit calice à cinq ou six divisions
ovales-oblongues, obtuses et soyeuses comme dans le reste. A l'orifice de ce calice on trouve dix à douze étamines très-petites et stériles : une moitié est opposée aux divisions calicinales et a ses filets
de moitié moins hauts; l'autre moitié est alterne et a ses filets encore beaucoup plus courts que les premiers; les anthères sont
toutes bilobées, jaunâtres (rouges, selon de Candolle) : le centre est
occupé par cinq ou six styles subulés, roides, un peu divergents,

persistants, beaucoup plus longs que le calice, soyeux à la base et terminés en pointe obtuse.

Si nous ouvrons un jeune ovaire, nous voyons qu'il est divisé intérieurement en six ou huit loges soyeuses et dispermes; que les cloisons paraissent unies au centre par un axe au sommet duquel sont attachés latéralement dix à seize ovules arrondis par en bas, terminés en queue par en haut; l'ensemble de ces queues forme une pointe libre au-dessus de l'axe septifère.

Lorsque le fruit est mûr, la cupule, qui est devenue très-épineuse, s'ouvre en trois, quatre ou cinq valves, sur la base desquelles étaient attachés de trois à huit ovaires, mais dont une grande partie avorte constamment; ceux qui ont persisté sont changés en péricarpes évalves, coriaces, bruns, luisants, ventrus, convexes d'un côté et ordinairement aplatis de l'autre, marqués d'une grande cicatrice à la base et terminés en pointe au sommet. Les péricarpes s'appellent *Châtaignes* lorsqu'ils sont petits, étant mûrs, et *Marrons* lorsqu'ils sont gros. Les cloisons qui les divisent en plusieurs loges se détruisent dans la maturité; chaque cupule contient alors une, deux ou trois amandes parfaites (1), entourées chacune d'une membrane rousse, sèche et filamenteuse, incrustée de stries ou de rides sur toute la surface : ces amandes ont les deux cotylédons très-grands, souvent soudés ensemble, et la radicule petite, ovoïde, placée au sommet. .

Observation. Cette description générique est très-longue, plus longue que de coutume; mais je n'ai pu la faire plus courte, parce que la fleur du Châtaignier est la plus compliquée de toutes celles que j'ai rencontrées.

Histoire et culture.

Linné avait réuni le Hêtre et le Châtaignier sous un seul et même genre. Depuis Linné, les botanistes, leur ayant trouvé des caractères suffisants, en ont formé deux genres bien distincts. Le Châtaignier, *Castanea*, tire son nom de *Castane*, ville de la Pouille; il croît naturellement en France et dans une grande partie de l'Europe, où il a produit beaucoup de variétés. On en voit de vastes forêts en Scanie, en Smaland, et il y parvient à une grande hauteur; mais on ne le rencontre pas sous des climats plus

---

(1) Dans une Châtaigne mûre on retrouve aisément tous les ovules qui ont avorté : ils sont appliqués contre la pointe de l'amande, qui s'est développée.

au nord. Il croît aussi en Orient ; Olivier en a rencontré une forêt le long de la mer Noire.

Le Châtaignier est, sans contredit, le plus bel arbre forestier et fruitier propre à notre climat ; il croît rapidement, et son bois ne le cède guère qu'à celui du Chêne. Autrefois, de grandes forêts de cet arbre attiraient sur le sol de la France ces nuages salutaires, ces vapeurs bienfaisantes qui adoucissent la température et fertilisent la terre. Aujourd'hui nous ne jouissons plus de leur influence bénigne ; les Châtaigniers sont resserrés dans quelques coins reculés du royaume, et ceux que nous voyons encore çà et là dans la plaine ont pour nous un aspect tout à fait étranger. Cependant aucun arbre ne serait plus propre que le Châtaignier à dissiper les craintes, justement fondées, que font naître les dégradations et la diminution de nos forêts ; sa croissance rapide promet une prompte jouissance à celui qui le plante. Son beau et large feuillage, après avoir purifié et rafraîchi l'air pendant l'été, engraisse et fertilise la terre pendant l'hiver. Son bois fait d'excellentes charpentes ; ses fruits nourrissent les habitants de plusieurs départements ; on les mange rôtis ou bouillis dans un peu d'eau ; on en fait des compotes sèches appelées *marrons glacés* et recherchées sur les tables les plus somptueuses.

Le mérite du Châtaignier et les avantages que nous pouvons en retirer ont été sentis et décrits par tous les agronomes ; il en existe une infinité de mémoires et d'articles plus intéressants les uns que les autres. Voici ce qu'en a dit feu Desfontaines, professeur de botanique au muséum d'histoire naturelle :

« Le Châtaignier est indigène à la France ; on le trouve dans
« nos anciennes forêts, et il y existait du temps des Gaulois. Cet
« arbre a un beau feuillage, un port majestueux, et est un des
« plus utiles de notre continent ; il parvient quelquefois à une
« grosseur prodigieuse. J'en citerai pour exemple le fameux Châ-
« taignier du mont Etna, que l'on voit à peu de distance de la
« ville d'Aci, et que les voyageurs vont visiter comme un objet
« merveilleux. Houel, dans son voyage aux îles de Sicile, de Malte
« et de Lipari, a donné les dimensions de cet arbre monstrueux ;
« il dit que sa circonférence est d'environ 50 mètres : le tronc est
« creux, et on a construit dans son intérieur une habitation qui
« sert de retraite à un berger et à son troupeau. Houel rapporte
« aussi qu'il existe dans le voisinage plusieurs autres individus,
« dont un a 24 mètres (72 pieds) de contour (1).

____

(1) Plusieurs personnes pensent que ce fameux Châtaignier du mont Etna est

« Nous n'avons en Europe qu'une seule espèce de Châtaignier,
« d'où sont sorties un grand nombre de variétés, que l'on doit au
« sol, au climat et à la culture. Les Marronniers ne diffèrent de
« l'espèce sauvage que par la grosseur, la rondeur et la qualité du
« fruit. Le Châtaignier se plaît sur les coteaux et sur la base des
« montagnes; il aime les terres légères, sèches et sablonneuses,
« qui ont beaucoup de fond : il croît aussi dans les plaines ; mais
« il ne réussit ni dans le tuf ni dans les lieux aquatiques : la qua-
« lité de son fruit dépend beaucoup de l'endroit où il végète. Les
« Marrons du Dauphiné, que l'on vend à Paris sous le nom de Mar-
« rons de Lyon, parce que cette ville en est l'entrepôt, sont d'un
« gros volume et fort estimés. Les Vosges, le Jura, l'Auvergne, la
« Bourgogne, le Périgord, et surtout le canton de Luc en Pro-
« vence, produisent d'excellentes Châtaignes. On perpétue de
« greffes les bonnes variétés, et Duhamel pense que la greffe en
« sifflet est celle qui réussit le mieux.

« Le bois du Châtaignier est souple, pesant, élastique, d'une
« grande force, et d'une longue durée lorsqu'il est à l'abri de l'hu-
« midité (1). On en fait des poutres excellentes, des solives, des
« chevrons, des fûts de pressoirs et de bons meubles. Les Châtai-
« gniers, élevés en taillis, sont d'un bon produit; on en fait des
« cercles de cuves, de tonneaux ; on en fabrique aussi des claies et
« des treillages de clôtures pour les parcs et jardins.

« Lorsqu'on veut faire des semis de Châtaigniers, on arrache les
« broussailles, on prépare par des labours le terrain que l'on des-
« tine à cette culture ; on sème en automne ou au printemps,
« lorsque les gelées ne sont pas à craindre. Rozier croit que l'au-
« tomne est préférable. On choisit les plus grosses Châtaignes, et
« on les dépose ordinairement deux à deux dans les sillons tracés
« par la charrue, à environ 1 mètre de distance ; on les sème aussi
« à la volée, ou bien on les met sur de petites éminences à la sur-
« face du terrain, après quoi on y passe la herse pour les couvrir,
« et il ne faut pas que la terre soit trop humide, de crainte qu'ils
« ne pourrissent. Si l'on ne sème qu'après l'hiver, il faut étendre
« les Châtaignes sur un plancher, exposées à un courant d'air,
« pour que l'humidité qu'elles contiennent s'évapore; puis on les

---

formé de plusieurs arbres greffés ensemble; mais Houel s'efforce de prouver qu'il
n'existe aucune greffe ni naturelle ni artificielle, et que l'arbre est un seul individu.

(1) Quelques auteurs disent qu'on en fait des tuyaux de fontaine qui durent
très-longtemps.

« stratifie dans du sable, et, s'il gelait très-fort, on les couvrirait
« de paille. En mars on les retire du sable, en prenant garde de
« casser la radicule, et on les porte dans des paniers sur le terrain
« destiné à les recevoir. On laisse les Châtaigniers dans le sol où
« ils ont été semés, ou bien on les transplante au bout de quatre ou
« cinq ans ; on les met dans des fosses de 1 mètre de largeur et
« autant de profondeur, que l'on a eu soin de creuser quelque
« temps auparavant. Rozier conseille de faire cette plantation en
« automne, après la chute des feuilles, parce que la terre s'affaisse
« pendant l'hiver, qu'elle s'applique mieux sur les racines et qu'elle
« conserve plus longtemps sa fraîcheur et son humidité. Quelques
« agriculteurs couvrent la terre, en été, avec de la Bruyère ou de
« la Fougère, pour empêcher qu'elle ne se dessèche trop prompte-
« ment ; d'autres rechaussent les jeunes plants. On les élague avec
« précaution, et on laboure une fois l'an le Châtaignier comme
« une jeune Vigne. Pour conserver les Châtaignes, il faut les
« mettre dans un lieu sec, ne pas les entasser, et les remuer de
« temps en temps ; on peut aussi les garder dans du sable bien sé-
« ché. Parmentier conseille de les placer au soleil, et il assure que
« c'est un excellent moyen de les conserver longtemps ; mais alors
« elles se rident et perdent le poli de leur surface. Il dit aussi que
« si l'on veut en manger toute l'année, il suffit de les faire bouillir
« pendant quinze à vingt minutes, et de les faire sécher au four
« après que le pain en est tiré, et de les mettre ensuite dans une
« chambre bien sèche. Les habitants des Cévennes sont dans
« l'usage de les sécher au feu sur des claies, par un procédé dont
« Desmarest a donné la description dans le *Journal de physique*,
« années 1771 et 1772.

« Dans quelques cantons de la Toscane et aux environs de
« Sienne, on dessèche les Châtaignes dans des étuves appelées *se-
« natoji*, et dont plusieurs sont construites au milieu des châtai-
« gneraies. Ces étuves consistent en une chambre divisée en deux
« étages par des solives posées horizontalement à $2^m,68$ (8 pieds)
« au-dessus du terrain ; sur ces solives est posée une claie faite de
« petites lattes larges de 2 à 5 centim. (12 à 15 lignes), et pla-
« cées à un doigt de distance les unes des autres. On étend sur
« cette claie un lit de Châtaigne de 8 à 10 centim. (5 ou 4 pouces) ;
« on allume du feu dans la partie inférieure du chauffoir, et on
« retourne les Châtaignes jusqu'à ce qu'elles soient entièrement
« sèches ; alors on les retire, et on les bat afin d'en détacher l'é-
« corce ou la pellicule, puis on les envoie au moulin pour les
« moudre. On enferme la farine dans des coffres de bois, on la

« foule avec beaucoup de force, et, pour qu'elle se conserve mieux,
« on la couvre d'une légère couche de cendre. Une partie se con-
« somme dans le pays, et l'autre s'envoie au dehors, particulière-
« ment dans le *Maremma* et autres cantons, où elle est la nour-
« riture des laboureurs et des bergers pendant l'hiver.

« La Châtaigne de bonne qualité est un fruit excellent ; les ha-
« bitants de plusieurs cantons de la France s'en nourrissent toute
« l'année. On la mange bouillie ou grillée ; dans quelques can-
« tons, on la broie sous la meule et on la réduit en farine que
« l'on conserve dans des vases et dont on fait des galettes très-
« nourrissantes. La Châtaigne de médiocre qualité sert à en-
« graisser les porcs, les volailles ; les vaches, les chevaux, les
« chèvres, les moutons, les bêtes fauves, etc., la mangent avec
« avidité. »

Feu le comte Chaptal, ancien ministre, en voyageant dans les
Cévennes, a observé qu'un grand nombre de Châtaigniers étaient
creusés et avaient toute la surface interne charbonnée. Les habitants du pays lui dirent que cette pratique avait lieu pour arrêter
les progrès de la carie, qui, sans cela, dévorerait le végétal. Lorsqu'ils s'aperçoivent que cette maladie, très-commune et très-fu-
neste au Châtaignier, commence à faire des progrès et à excaver
le tronc de l'arbre, ils ramassent de la Bruyère et autres végétaux
pour les enflammer dans la cavité même, jusqu'à ce que la surface
soit complétement charbonnée ; il arrive rarement que l'arbre pé-
risse par l'effet de cette opération, et l'on voit constamment le remède suspendre l'effet de la carie.

Dans le long article de Desfontaines rapporté ci-dessus, il n'est
nullement question de la distance que l'on doit mettre entre les
Châtaigniers. Je dirai, à ce sujet, qu'il y a soixante ans j'habitais
Bergerac, ville du département de Lot-et-Garonne, où il y a beaucoup de Châtaigniers ; que j'ai eu l'occasion d'assister à la récolte
des Châtaignes, et que dans ce pays les Châtaigniers, déjà très-
gros, étaient plantés à 40 ou 50 pieds les uns des autres. J'ajouterai encore que, quoique les Châtaignes qu'on recueille à Bergerac soient plus grosses, plus belles que celles qu'on recueille à
Paris et dans les environs, elles sont cependant encore bien loin de
la grosseur de celles que l'on vend à Paris sous le nom de *Marrons
de Lyon ;* que depuis longtemps les pépiniéristes de Paris et des
environs sèment des Marrons de Lyon, et que cependant ils ne récoltent que des Châtaignes plus ou moins belles. Je suis donc obligé
de croire qu'il faut au Châtaignier une température particulière,
telle que celle de Valence, Grenoble, Privas, pour que son fruit

mérite le nom de Marron , et qu'on aura beau semer des Marrons
à Paris, on n'y récoltera jamais que des Châtaignes.

Châtaigniers cultivés dans diverses pépinières.

34. PIN, *Pinus*, Linn.

Genre de la famille des Conifères , composé de beaucoup de
grands arbres résineux, la plupart toujours verts, à feuilles engaî-
nées , à fleurs monoïques, disposées en chaton au sommet des rameaux.

CARACTÈRES GÉNÉRIQUES.

Mâle. Chaton oblong, formé d'écailles imbriquées en spirales
et arrondies au sommet, rétrécies à la base , arquées vers le milieu et portant de chaque côté, presque en dessus, une anthère ad-
née , allongée dans le sens de l'écaille, uniloculaire et s'ouvrant
longitudinalement. Le pollen est abondant et jaunâtre.

Femelle. Chaton plus court et plus arrondi que le mâle. Il ne se
montre d'abord que de petites écailles aiguës , colorées, imbri-

quées, qui ne grandissent guère et se dessèchent promptement; mais il sort bientôt de leurs aisselles d'autres écailles plus grandes, plus succulentes et taillées en tête de diamant au sommet. Ce sont ces nouvelles écailles qui forment le cône proprement dit; elles restent un peu bractées ou écartées les unes des autres, jusqu'à ce que l'acte de la fécondation soit opéré : pendant ce temps, on voit aisément que chacune d'elles porte à la base intérieure deux ovaires placés presque latéralement à peu près comme le sont les anthères dans les chatons mâles; que chacun de ces ovaires, couché sur l'écaille et y adhérant par tout un côté, se prolonge et fait saillie, en descendant, vers l'axe du chaton, et que l'extrémité de ce qui fait saillie est terminé par deux petits stigmates subulés, aigus, velus et très-rouges. Après la fécondation, les écailles se rapprochent et les ovaires grossissent ainsi clandestinement.

Le fruit est un cône ovale ou allongé; lorsqu'il est mûr, ses écailles s'écartent de nouveau à la chaleur, et l'on trouve à la base de chacune d'elles deux Noix ovales ou oblongues, osseuses ou crustacées, libres alors, munies, au bout supérieur, d'une aile membraneuse, plus ou moins solubles. Ces Noix s'ouvrent en deux valves dans la germination; elles contiennent sur leur membrane interne un grand périsperme blanc, charnu, dans l'axe duquel est un embryon presque cylindrique, allongé du côté où étaient les stigmates en radicule subulée, obtuse, et divisé, par l'autre bout, en huit ou dix cotylédons aigus, comprimés et aussi longs que la radicule.

Observation. Peut-être que quelques rigoureux auteurs trouveront que j'ai tort de mettre ici un Pin au rang de nos arbres fruitiers, puisqu'il est peu ou point connu à Paris pour produire des graines bonnes à manger; mais je leur répondrai que si le Pin-pignon, *Pinus pinea,* est peu ou point connu des habitants de Paris, il l'est beaucoup dans les départements méridionaux et dans les landes de Bordeaux, et que l'on y vend ses graines pour les manger. Je leur dirai, de plus, qu'il existe encore deux autres espèces de Pin, le *Pinus cembro,* qui croît dans les Alpes, et le *Pinus llaveana,* qui croît au Mexique, dont les amandes sont bonnes à manger, et que peut-être il en existe encore d'autres espèces; de sorte que je ne crois pas mal faire de terminer la série de nos arbres fruitiers par la description du Pin-pignon, puisque les amandes de cet arbre sont mangées dans beaucoup de départements de la France.

Le caractère du Pin-pignon, que je viens d'expliquer, convient également aux autres espèces de Pin que j'ai analysées, sauf la variabilité dans le nombre des cotylédons et dans la solidité de la Noix. Ce caractère est exposé très-imparfaitement par Linné et par Willdenow. Jussieu est le premier qui l'ait bien développé et qui ait reconnu que les écailles qui forment le chaton femelle dans sa plus grande jeunesse ne sont pas celles qui, dans la suite, forment le cône proprement dit (1).

Histoire.

La famille des Conifères est une des plus naturelles et des plus faciles à reconnaître. Les végétaux qui la composent sont de grands arbres et de grands arbrisseaux résineux toujours verts (excepté le Mélèze et le Cyprès distique) répandus dans toutes les parties du monde, mais plus abondamment vers les régions boréales et sur les hautes montagnes. D'après la nature de ces végétaux, la gradation des nuances qui s'observe dans leur port, dans la disposition et la forme de leurs feuilles, on aurait cru devoir retrouver le même enchaînement dans les caractères tirés des organes de la fructification ; cependant, au lieu de rencontrer ces nuances supposées, on est étonné de voir des croisements qui ne permettent guère de faire les coupes nécessaires à l'étude de la famille. Ainsi les Pins, qui se distinguent par des feuilles réunies dans des gaînes particulières à leur base, et par les bractées plus particulières encore, ont un aspect tout différent de celui du Cèdre, des Mélèzes, des Épicéas, qui ont tous les feuilles simples, dénuées de gaînes et de bractées ; eh bien, ces deux groupes se confondent ensemble par la direction renversée de leurs ovaires et par les ailes membraneuses de leurs graines. Parmi les autres groupes de la même famille qui ont l'ovaire droit, c'est-à-dire qui ont le style attaché au sommet de l'ovaire, on trouve le *Thuya orientalis*, qui a les graines nues, et le *Thuya occidentalis*, qui a les siennes ailées ; mais, comme il est très-avantageux, pour l'étude, de sous-diviser les familles nombreuses, je propose de partager les Conifères en deux sections basées sur les caractères suivants :

---

(1) Lorsqu'en 1808 je rédigeais l'article Pin-pignon pour notre *Traité des arbres fruitiers*, Turpin, mon confrère, ne put adopter la manière dont j'envisageais l'organisation des chatons florifères de cet arbre, et ne voulut pas en être responsable. J'ai donc mis dans notre ouvrage, à l'article *Pin*, une note signée de mon nom, où j'établis, je crois, de la manière la plus évidente, la véritable structure des chatons mâles et femelles du Pin-pignon, et, comme depuis cette époque l'examen réitéré de mes premières observations n'est pas changé, je les tiens toujours pour vraies.

PREMIÈRE DIVISION.

Style inséré à la base de l'ovaire. . { *Pinus, Cedrus, Abies, Larix,* etc.

DEUXIÈME DIVISION.

Style inséré à la base de l'ovaire. . { *Thuya, Cupressus, Juniperus, Taxus,* etc.

Ces deux coupes ne changent rien à la disposition des genres dans Jussieu, qui déjà en avait pressenti l'utilité ; elles ont l'avantage d'offrir à l'imagination des caractères intéressants dignes d'attirer l'attention et d'exciter les recherches des botanistes.

Parmi les arbres de cette nombreuse famille, les uns, tels que les Mélèzes, les Thuyas, les Genévriers et l'If, développent et mûrissent leurs fruits dans la même année ; d'autres, comme le Pin, mûrissent les leurs dans la seconde année ; d'autres enfin, comme le Cèdre du Liban, ne mûrissent les leurs que dans la quatrième année. Là, des écailles d'abord sèches et arides se soudent et se changent en un fruit pulpeux plein d'arome dans le Genévrier ; ici, des cônes, après avoir nourri dans leur sein le gage, le fruit de l'amour végétal, ouvrent enfin leurs écailles et remettent entre les mains de la nature ces germes innombrables qu'elle développe et renouvelle sans cesse, et qui attestent sa puissance et son inépuisable fécondité.

Si les botanistes classaient les objets qu'ils traitent suivant l'importance de ces mêmes objets, on verrait, à la première page de leur répertoire, le Cèdre majestueux qui élève sa tête jusque dans l'empire du tonnerre. Viendraient ensuite les superbes Sapins, ces fiers enfants du Nord, qui, après avoir préservé la France des violences de l'impitoyable Borée, nous conduisent dans des cités flottantes, depuis le pôle glacial jusqu'au delà des régions dévorées par les feux du soleil. Les Pins, presque aussi hauts et non moins utiles que les Sapins, les suivraient, et seraient eux-mêmes suivis de Mélèzes, dont la tendre verdure se renouvelle chaque année. Une sombre verdure, en faisant entrer dans notre âme la douce mélancolie et en nous rappelant des idées bien chères, nous annoncerait la place des Cyprès, fidèles gardiens des objets de nos tendres affections et de nos éternels regrets. Enfin l'If au bois rouge et incorruptible, et l'humble Ephédra battu par les vents et la tempête sur les rivages de la mer, termineraient la série.

Cette disposition paraît d'autant plus naturelle, qu'on n'a jamais pu jusqu'ici ranger les arbres verts sous aucun système ni sous aucune méthode sans faire violence à la nature ou sans abandonner les principes mêmes de la méthode. Linné, pour les assujettir à son système, les a dispersés dans différentes classes contre le vœu de la nature. Jussieu les a réunis en une seule et même famille ; mais, par cet arrangement très-naturel, ce célèbre botaniste a renversé de fond en comble les principes de sa propre méthode, car, d'après Gaertner (1), l'embryon de l'If n'a qu'un cotylédon, et j'en ai compté deux dans celui des Thuyas, cinq et six dans celui du *Cupressus disticha*, et huit et dix dans celui du *Pinus pinea*.

Les arbres verts sont le plus durable et le plus bel ornement de notre globe. Nous les employons à des usages de la plus haute importance et aussi nombreux que variés. L'architecture navale et l'architecture civile en connaissent tout le prix. Ils nous fournissent des résines, de la térébenthine, du goudron et d'excellent charbon pour l'exploitation des mines ; ils fixent le sable mouvant des landes, des dunes des bords de la mer, le transforment peu à peu en terre végétale et fertile, et étendent ainsi le domaine de l'agriculture.

Pins annoncés sur divers catalogues.

Pins

Traité des arbres fruitiers, par Poiteau et Turpin, 1807. .	1
Catalogue des arbres fruitiers cultivés par Hervy, à la pépinière du Luxembourg, 1809.	2
Manuel complet du jardinier, par L. Noisette, 1825. . .	1
Traité des fruits, par M. Couverchel, 1839.	2
Catalogue des arbres fruitiers du jardin des Plantes de Paris, 1839.	4
Catalogue des arbres fruitiers de Jacquemet-Bonnefont, d'Annonay (Ardèche), 1847.	2
Catalogue des arbres fruitiers cultivés par M. Croux, à la Saussaye, 1847.	2

---

(1) J'ai cru voir comme Gaertner ; mais j'avoue n'avoir pas poussé mes recherches bien loin sur l'embryon de l'If. Il n'en est pas de même sur l'embryon des Thuyas, du Cupressus et du *Pinus pinea*. Jussieu avait déjà dit que dans ces arbres leur graine n'avait que deux cotylédons divisés chacun en deux, quatre ou cinq feuilles. Après un bon examen, j'ai reconnu, en effet, qu'on pouvait dire que ces arbres n'avaient que deux cotylédons dans leur graine, et que ces cotylédons étaient divisés en deux, quatre ou cinq folioles.

CONCLUSION.

Je viens enfin d'achever l'histoire de nos trente-quatre genres
d'arbres fruitiers cultivés aux environs de Paris, et qui termine le
Cours d'horticulture dont j'ai entrepris la publication en 1845.
avec l'assistance bienveillante de la Société d'horticulture de Paris.
Il était temps, car, chargé du poids de quatre-vingt-sept années,
je remercie la Providence de m'avoir donné la force d'accomplir
cette œuvre, non comme je l'aurais désiré, mais telle que me l'a
permis la somme des facultés intellectuelles qu'elle a bien voulu
me conserver. Puissent les horticulteurs dont j'ai eu l'honneur
d'être si longtemps le collègue dévoué y trouver quelques idées
neuves et utiles!

C'est, au reste, le résumé fidèle des connaissances que je me suis
efforcé d'acquérir pendant ma longue carrière, dont quarante ans ont
été consacrés à l'exercice pratique du jardinage, dix à des voyages,
en qualité de botaniste, dans les colonies de Saint-Domingue, de
Cayenne et autres Etats-Unis d'Amérique, d'où j'ai rapporté
1,600 dessins et leurs descriptions. J'ai fait, en compagnie de
mon savant ami Turpin, l'ouvrage le plus complet qui existe encore aujourd'hui, le *Traité des arbres fruitiers*, orné de plus de
400 dessins de fruits peints d'après nature. J'ai eu l'honneur
d'être, pendant plus de vingt ans, rédacteur des *Annales* de la Société d'horticulture de Paris, la première fondée en France.

Fils d'un batteur en grange, maintenu jusqu'à vingt-trois ans
dans l'ignorance, dont je ne me suis affranchi que par les conseils
d'un homme qui s'intéressait à moi, j'ai lieu, en appréciant ce
point de départ, de me féliciter du succès de mes travaux. Je leur
dois, en effet, la considération que mes collègues veulent bien me
porter, l'honneur d'être devenu membre associé de la Société impériale d'agriculture depuis 1839, et celui d'avoir reçu, sous le

gouvernement de Louis-Philippe, la décoration de la Légion d'honneur, nouvelle preuve de l'intérêt personnel qui existe pour chaque homme, de ne rien demander qu'à son travail et de suivre le droit chemin.

Je ne déposerai pas la plume, que mes forces physiques m'interdisent désormais de reprendre, sans payer ici un juste tribut de reconnaissance à toutes les personnes qui ont bien voulu s'intéresser à moi et sans remercier du fond de mon cœur celles qui m'ont obligeamment rendu des services. On me permettra, car c'est un devoir que je remplis, de placer au premier rang la *Société impériale d'horticulture de Paris et centrale de France*, qui, en me donnant un successeur dans mon véritable ami M. Rousselon, m'a conservé le titre de rédacteur honoraire, et veut bien protéger, par une pension, les derniers jours d'une existence que je lui ai consacrée tant que la nature me l'a permis.

C'est dans ces sentiments que m'ont inspirés un très-grand nombre d'hommes, sans cesse disposés à offrir à leur semblable l'appui dont il a besoin, que je suis prêt, lorsque la volonté de Dieu aura prononcé, à quitter cette terre, vers laquelle je me suis incliné tant de fois, avec bonheur, pour étudier et surtout admirer l'œuvre miraculeuse de la création.

FIN DU DEUXIÈME VOLUME ET DERNIER.

PARIS. — IMPRIMERIE DE Mme Ve BOUCHARD-HUZARD, RUE DE L'ÉPERON, 5.